KB022806

과학의 '아버지'들을
추방하고
직접 찾아나선

버자이너

레이철 E. 그로스 지음 제효영 옮김

ᄔ

여성의 몸은 보여지는 대상이다. 그래서 여성은 자기 자신을 알 수 없다. 여성의 몸은 남성 공동체의 소유물이다. 그래서 여성의 몸은 여성의 것이 아니다. 이 책은 이러한 현실을 돌파하는 여성, 남성, 간성에 관한 과학이다. 몸이 자원이나 도구가 아닌 우리 자신이 될 때, 인간의 삶은 비로소 시작될 수 있다. 이 책은 그 여정을 위한 정확한 안내서이다. 모든 인구가 읽기를 희망한다.

정희진 | **여성학 박사, 〈정희진의 공부〉 편집장**

레이철 E. 그로스는 탁월한 스토리텔링과 치밀한 연구를 통해 우리가 인류 절반의 몸에 대해 얼마나 오랫동안 오해해왔는지, 아직도 배워야 할 것이 얼마나 많은지, 그리고 그 탐구가 얼마나 경이롭고 보람찬 일인지 보여준다. 《버자이너》는 신랄하고, 유머러스하며, 시사하는 바가 크고, 우리에게 꼭 필요한 책이자 손에서 좀처럼 내려놓기 어려운 최고의 과학 저술이다.

에드 용 Ed Yong | **《이토록 굉장한 세계》 저자, 퓰리처상 수상 작가**

《버자이너》는 열정적이고 공감을 불러일으키면서 격렬하며, 동시에 통찰력이 뛰어나고 영리하다. 여성 해부학의 역사, 과학, 정치에 대한 레이철 E. 그로스의 탐구는 여성, 남성, 그리고 우리가 진정 누구인지 더 잘 알고 싶어 하는 모든 사람이 읽어야 할 필독서이다.

데버러 블룸 Deborah Blum | **퓰리처상 수상 작가,**
전 전미과학저술가협회 회장, 세계과학기자연맹 북미위원

면밀히 조사되고 흥미진진하게 펼쳐지는 이 여성 신체에 관한 이 야기는 수 세기에 걸쳐 여성의 생물학적 특성에 대한 과학적 호기심이 턱없이 부족했다는 사실을 드러낸다. 하지만 《버자이너》의 가장 큰 미덕은 이 책이 예고하는 거대한 변화에 있다. 과학과 사회에 큰 반향을 불러일으킬 놀라운 책이다.

개브리엘 잭슨 Gabrielle Jackson | 《**가디언**》호주 부편집장

인체에서 가장 덜 연구되고 가장 오해받아온 여성의 신체 구조에 대한 언어적, 과학적 장막을 걷어내고, 그 속에 숨겨진 이야기들을 유려하고 훌륭하게 풀어놓는다.

에밀리 윌링엄 Emily Willingham | 《**페니스, 그 진화와 신화**》저자, 생물학 박사

여성들이 자신의 몸을 제대로 알지 못하는 데에는 분명한 이유가 있다는 사실을 밝히고, 지역, 문화, 시대, 심지어 종을 넘나드는 방대한 여정을 통해 서양 의학과 학계의 충격적인 불균형을 드러낸다.

《**뉴욕 타임스**New York Times》

마침내 과학자들이 여성 건강과 해부학에 제대로 관심을 기울이게 되었음을 밝히고 그 경위를 추적하는 가장 최신의 도서.

《**사이언스 뉴스**Science News》

고대 그리스 히포크라테스 때부터 시작된 의학 역사와 전 세계 연구실의 광범위한 인터뷰 및 과학적 탐구를 결합하여 여성의 생식 기관 전체를 신선하고 유익하게 살펴보는 생동감 넘치는 데뷔작. 눈이 번쩍 뜨이는 생물학적 여정.

《**커커스 리뷰**Kirkus Reviews》

이 책은 자기 몸인데도 낯설고 생소하다고 느껴본 적 있는 모든 여성과 모든 사람을 위해 썼다. 인체의 해부학적 정보가 담긴 자료들을 읽어보아도 자신이나 자신과 비슷한 사람들과는 관련이 없는 내용 같다는 의구심이 들었다면 이 책은 바로 여러분을 위한 것이다. 남들이 다 이해할 수 있는 내용들로는 자기 몸을 설명하지 못한다고 느끼는 사람, 태어날 때부터 가진 생식기관과 몸의 모든 세포 안에서 춤추는 염색체로 개개인에게 전해진 유산을 자세히 알고 싶은 사람이라면 모두가 이 책의 주인공이다.

이 책에서 만나게 될 멋진 여성들과 탐험가들이 나를 반갑게 맞아주었듯 여러분도 이 책을 통해 환영받기를 바란다.

차례

멋대로 이름 지어지고, 설명되고,
수치스럽다고 여겨진 그것

모든 여성에게는 자기 몸을 인간의 지식으로는 도저히 설명할 수 없다고 느끼는 순간이 찾아온다. 그때 여성은 의학계가 여성의 몸을 보는 방식으로 자기 몸을 보게 된다. 일종의 수수께끼, 또는 어떤 이유에서인지 아직 아무도 열어보지 못한 미지의 상자로 여기는 것이다. 이 책을 쓰면서 이야기를 나눈 여성들은 세상에서 오로지 자기 몸만 너무 복잡하고 마음대로 통제가 안 된다는 기분을 느꼈다고 했다. 아무래도 자기 탓인 것 같다고 의심의 화살을 자기 자신에게 돌린 사람들도 있고 남들로부터 네 잘못이라는 말을 노골적으로 들은 사람들도 있다. 수치스러운 게 당연하다고, 대체 무슨 짓을 했는지 잘 생각해보라고 말이다.

2018년 7월 나에게도 그런 순간이 찾아왔다. 스물아홉 살이던 그때 아무리 긁어도 시원해지지 않는 가려움증이 생겼다. 한 달쯤 전부터 외음부에 염증이 크게 생길 조짐이 보이기에 산부인과 의사를 찾아갔다. 체구가 작고 늘 진지한 로리 피코Lori Picco 박사는 처음에 심한 효모 감염이라고 진단했다.* 하지만 항진균제 치료를 받고 두 차례에 걸쳐 항생제 치료까지 받아도 차도가 없자 피코 박사는 나에게 나쁜 소식을 전했다. 나를 괴롭히는 문제의 원인이 생전 들어본 적 없는 세균 감염이라는 것이었다. 세균성 질염이 발생한 여성의 절반가량은 증상이 두더지 잡기 게임처럼 예고 없이 불쑥불쑥 계속 재발한다고도 했다.

피코 박사는 내가 해볼 수 있는 치료가 딱 하나 남았다고 했다. "엄밀히 말하면 쥐약입니다. 인터넷으로 찾아보면 아마 그런 설명이 나올 테니까, 제가 미리 알려드리는 게 나을 것 같군요." 피코 박사가 말한 치료법은 붕산이었다. 진균과 세균을 없애는 효과가 있어 1800년대부터 항균 연고와 생식기 세정제, 바퀴벌레와 개미 살충제에 쓰인 물질이다. 질 내부의 생태계를 전면 공격하여 나쁜 균과 유익한 균을 일단 전부 없앤 다음 처음부터 다시 새롭게 시작한다는 게 치료 전략이었다.

별로 좋은 방법 같지는 않았지만 평생 질염을 달고 살 수는 없었다.

더욱이 나는 원래 의사 말을 잘 듣는 사람이다. 의사인 엄마와 이론물리학자인 아버지, 분자유전학자인 새엄마까지 과학자들의 딸인 나는 과학 저널리즘으로 석사 학위를 받고 자연과학

---

*   칸디다라는 효모가 질이나 외음부에 과잉 증식하면 발진, 부종, 가려움증 등이 발생한다. 효모는 세균, 바이러스와 다른 균류라는 미생물의 한 종류다-옮긴이.

잡지《스미스소니언Smithsonian》에서 과학 분야 디지털 편집자로 일했다. 세포, 생물학, 인체 같은 주제에 익숙한 편이고 최소한 그런 주제로 사람들과 원활하게 대화를 나눌 수 있다는 나름의 자부심도 있었다. 그리고 나는 대체로 의학을 신뢰하는 편이었다. 특히 피코 박사는 내 생식기와 관련된 일에 늘 무뚝뚝하고 사무적이지만 능숙하게 접근하는 의사였기에 그분 말이라면 더욱 믿음이 갔다.

그래서 말 잘 듣는 환자답게 나에게 처방된 쥐약을 매일 밤 반듯하게 누워서 질에 넣었다. 10일간 매일 꼬박꼬박 삽입했다. 그러다 어느 날 밤 나는 실수를 저질렀다. 몇 주 동안 가려움증에 시달리면서 틈날 때마다 아무도 모르게 벅벅 긁고, 또 긁을 기회를 호시탐탐 노리고, 긁고 싶어도 참으려고 애쓰느라 지칠 대로 지쳐버린 나는 그날따라 일찍 잠이 들었다. 무언가 중요한 걸 잊어버렸다는 불편한 기분에 잠이 깼을 때는 새벽 3시였다. 잠이 반쯤 덜 깬 채로 비틀비틀 욕실로 가서 알약이 담긴 주황색 약통 뚜껑을 연 것까지는 좋았는데, 질에 넣어야 할 쥐약을 아무 생각 없이 입에 넣고 꿀떡 삼켜버렸다.

그러고 나서야 무슨 짓을 했는지 깨닫고 변기에 주저앉았다.

휴대전화를 꺼내 구글 검색창에 미친 듯이 단어를 입력했다. 맨 위에 나온 검색 결과는 연구 논문이었는데, 제목부터 〈붕산을 삼킨 후 사망한 성인의 사례Fatal ingestion of boric acid in an adult〉였고 서두는 이렇게 시작되었다. "붕산은 위험한 독이다. 중독 증상은 급성 또는 만성적으로 나타날 수 있다."[1]

나는 침실로 달려가 자고 있던 남자 친구를 흔들어 깨웠다.

하지만 입에서는 아무 말도 나오지 않았다. 그 순간까지 나는 내가 무슨 약을, 왜 먹고 있는지 남자 친구에게 한 번도 말하지 않았다. 내 몸 저 아래쪽에서 일어난 일은 무엇이 되었든 내 자존감에 아무 도움이 안 된다는 논리적인 판단도 있었지만 사실 내 마음속 깊은 곳에는 불결하다는 기분이 깔려 있었다. 오염된 기분, 방사능에 노출된 듯한 그런 기분이었다. 내 아랫도리 주변 전체에 수치심을 일으키는 거대한 힘이 존재하는 것만 같았다. 2018년에 나 같은 사람도 아랫도리가 가려워 죽겠다는 말을 편하게 하지 못했다.

"삼키면 안 되는 걸 삼켜버렸어." 나는 어린아이처럼 겁먹은 목소리로 남자 친구에게 속삭였다. 그는 내 손에 들린 휴대전화를 흘끗 보더니 신발을 신기 시작했다. 응급실로 가야 했다.

환한 형광등 아래 병원 침대에 누워 있을 때 내 몸이 얼마나 낯설게 느껴졌는지 지금도 생생하게 기억한다. 위세척을 받는 내 모습이 상상되기 시작하고 충격에 온몸이 떨렸다. 감당할 수 없는 힘에 사로잡힌 기분이 들었다.

내 몸과 단절된 듯한 감정의 기저에는 다른 무언가가 있었다. 배신감과 분노였다. 일어나서는 안 되는 일이었다. 스스로 배울 만큼 배운 사람, 이성적이고 과학을 잘 아는 여성이라 자부했고 내 인생을 스스로 통제하는 능력쯤은 충분히 갖추었다고 생각했는데, 이게 대체 다 무엇이란 말인가. 내 몸속에서 일어나는 일을 왜 몰랐을까? 나는 그렇다 치고 산부인과 의사와 과거에 만난 의사들 모두 평생 나 같은 환자의 몸을 연구하고 치료하면서 살아온 의학 전문가들인데, 그 사람들은 왜 몰랐을까? 산부인과 의사는 왜 나에게 쥐약을 주고 질에다 넣으라고 권했을까?

그때 번뜩 깨달았다. 내 생식기에 관해 내가 아는 게 거의 없다는 사실을.

이 책이 탄생한 순간이었다.

'누가 여성의 몸에만 있는 기관에
관심을 두겠습니까?'

나는 여성의 생식기에 관한 과학책을 써보기로 했다. 인체의 내밀한 곳을 심층 탐구하는 나의 여정은 〈신기한 스쿨버스〉에서 프리즐 선생님이 안내하는 여행처럼 신나고, 유쾌하고, 경이로움이 가득하리라는 기대에 부풀었다. 하지만 곧 문제가 생겼다. 알고 보니 여성의 몸은 아직도 밝혀지지 않은 부분이 엄청나게 많았다. 우리가 아는 인체에 관한 과학적인 지식은 대부분 남성의 몸을 연구하여 얻은 결과다. 미국에서는 여성건강운동*이 일어난 후인 1993년이 되어서야 임상 시험에 여성과 소수자도 반드시 포함되어야 한다는 연방 규정이 마련되었다.[2] 미국 국립보건원 Nation-

---

    *   여성해방운동의 한 갈래로 1960년대 말부터 시작된 운동. 피임, 출산에 관한 권리와
          의료 개선뿐 아니라 여성 인체에 관한 지식 확대, 여성이 자기 몸을 스스로 통제하
          는 권한 강화, 의료계의 여성혐오와 의사와의 일방적인 관계를 타파하는 것 등이 핵
          심 주제였다-옮긴이.

al Institutes of Health, NIH의 여성건강연구 부책임자 재닌 오스틴 클레이턴 Janine Austin Clayton은 2014년에 이런 상황을 다음과 같이 묘사했다. "여성의 생물학적 특성에 관한 지식은 모든 측면에서 남성의 생물학적 특성에 관한 지식보다 부족하다."

최근까지도 미국에서 여성이 대상인 의학 연구는 주로 생식 기능에 초점을 맞추었다. 한 자궁내막증 전문가는 나에게 이런 말을 했다. "아기가 들어 있지 않은 자궁에 진심으로 관심을 기울이는 국회의원은 아무도 없습니다." NIH에 외음부, 질, 난소, 자궁의 건강을 다루는 부인과가 개별 분과로 생긴 건 2014년이었다.** 미국의 연방연구기관에 이런 인체기관이 임신과 상관없이 여성의 건강에 중요하다는 사실을 인정한 분과가 사상 처음으로 생긴 것이었다(그나마도 NIH 산하 국립아동보건·인간발달연구소 내 분과로 마련되었다. "NIH의 어느 부서가 여성에게만 있는 기관에 관심을 두겠습니까?"[3] 이 연구소 소장인 다이애나 비앙키 Diana Bianchi의 말이다. "대부분 우리 연구소의 몫이죠.").

그래서 현재 여성의 몸은 해저나 화성 표면보다도 탐구가 덜 된 상황이다. 내가 만난 학자들은 여성의 몸을 수수께끼로 여기는 태도가 이런 지식 부족의 원인이라고 지적했다. 즉 여성의 신체를 아주 복잡하고 이해하기 힘든 것, 온갖 배관이 얽힌 기계처럼 여기는 것이 문제라는 의미다. 그 내부에 접근하려면 최첨단

**   흔히 산부인과로 불리는 의학 분야는 임신, 분만을 다루는 산과와 여성 생식기관에 생기는 질병, 여성호르몬 관련 질병을 다루는 부인과가 합쳐진 명칭이다—옮긴이.

영상 장비가 필요한데, 그런 도구는 최근 수십 년 사이에야 개발되었다. 나는 21세기 과학이 어떻게 이럴 수 있는지 의아했다. 화성에 탐사차가 돌아다니고, 세 부모 아기가 태어나고, 인공 자궁에서 새끼 양이 자라는 시대에 질 분비물이 어떤 물질로 구성되어 있는지조차 제대로 모른다니?

나는 이런 지식 부족의 원인이 그저 도구가 부족해서만은 아니라는 것도 알게 되었다. 의지가 부족해서였다. 먼 옛날 찰스 다윈Charles Darwin이 활동하던 시대에 과학자들은 여성의 생식기를 구성하는 모든 부분을 남성 생식기보다 덜 흥미롭고, 덜 중요하며, 덜 동적이라고 여겼다. 여성의 생식기에는 신경 쓰지 않거나, 민망하다고 여기거나, 여성을 아이 낳는 존재로만 보았을 뿐 특정한 성별을 가진 존재로 생각하지 않으려 했다. 정자와 여성 체액의 상호 작용을 연구하는 정자생물학자 스콧 피트닉Scott Pitnick은 나에게 "사람들은 보고 싶은 것만 본다"라는 말과 함께 이렇게 덧붙였다. "여성을 중요한 존재, 실질적으로 기여하는 존재로 보지 않는 한 적극적으로 연구하려는 의지도 생길 수 없습니다."

그렇다고 해도 지식의 격차가 이렇게까지 커진 이유가 무엇인지 내가 따져 묻자 피트닉을 포함한 여러 학자가 이 문제의 중심에는 과학계의 성차별과 여성의 몸을 다루는 연구자들이 있다고 인정했다. 여성의 몸은 지난 인류 역사 대부분의 시간 동안 보편적인 과학적 탐구 주제에서 제외되었다. 유색인종 여성과 성을 전환하여 여성이 된 사람들, 성소수자 여성들은 더더욱 그랬다. 내가 이 책을 쓰기 위해 취재하면서 확실하게 알게 된 한 가지는 과학에서 여성의 몸이 소외된 것과 과학계에서 여성이 소외된 것, 이 두 가지 문제가 불가분의 관계라는 것이다.

수치심이라는 꼬리표

이 같은 차별의 시초는 서양 의학이 탄생한 시대로 거슬러 올라간다. 산부인과 의사이기도 했던 가장 존경받는 고대 그리스 의사, '히포크라테스 선서'에 담긴 이름의 주인공 히포크라테스Hippocrates는 여성을 한 인간으로 연구한 적이 없었다. 여성의 몸을 보는 건 문화적으로 금기시되는 일이기도 했고 여성의 시신을 구하기도 어렵던 시대라 그는 주로 산파들이 하는 말이나 여성들이 자기 몸을 직접 검진하고 전하는 말에 의존했다. "내가 아는 건 여성들이 나에게 가르쳐준 게 전부다." 히포크라테스도 이렇게 말했다. 하지만 여성의 생식기는 잘 몰라도 각 부위에 직접 이름을 붙이고 싶은 의욕은 억누를 수 없었던 모양이다.

기원전 400년경 히포크라테스는 남성과 여성의 생식기를 '토 아이도이온τὸ αἰδοῖον'이라고 불렀다. 이는 그리스어로 '부끄러운 부위'라는 뜻으로 늘 얼굴을 붉히는 모습으로 그려지던 수치심과 겸손의 여신 아이도스Aidos의 이름에서 비롯되었다. 성에 관한 연구에 처음부터 수치심이라는 감정이 포함되어 있었던 셈이다. 하지만 수치심은 여성에게만 꼬리표처럼 따라다녔다. 1545년 음핵(클리토리스)을 해부한 프랑스의 한 해부학자는 '수치스러운 부위'라는 뜻으로 '망브르 옹퇴 membre honteux' 라는 이름을 붙였다. 의학 교과서에는 여성 생식기 바깥쪽 전체를 일컫는 외음부가 지금도 '부끄러워해야 하는 부위'로 해석되는 라틴어 '푸덴둠 pudendum' 으로 기재된 경우가 많다.[*4] 독일어로 음순은 '부끄러운 입술'을 뜻하는 '샴 리펜 Scham lippen' 으로 불린다.

이런 역사적 뿌리는 오늘날까지도 이어지고 있다. 이 책을 쓰는 동안 내가 사람들에게 지금 어떤 주제를 다루고 있는지 이야기하면 이런 책이 절실했다는 반응이 놀랄 만큼 많았다.《스미스소니언》에서 함께 일한 동료 중에 야단스럽고 심술궂은 농담을 곧잘 하는 베스에게 이야기했을 때 베스는 경탄의 눈빛으로 나를 바라보았다. 우리가 함께 일한 2년 동안 베스는 난소암 치료를 위해 몸에서 제거해야만 했던 기관을 기억하려고 라벤더색 펠트 천으로 직접 만든 난소 모형을 늘 책상 위에 올려두었다. 하지만 쉰다섯 살의 나이에도 '질'이라는 단어를 도저히 입 밖에 내지 못하겠다고 나에게 털어놓았다.

질을 말해야 할 때면 베스는 나에게 몸을 바짝 붙이고 민망한 목소리로 어린 시절 부모들이 아이들에게 알려주는 '엉덩이 앞면'[**]이라는 단어로 대신했다.

베스만 그런 게 아니다. 우리 사회 전체가 무지함과 먼 옛

---

[*]   그러나 열띤 논쟁 끝에 이 용어는 2020년 국제해부학사전에서 공식적으로 삭제되었다.

[**] 이제는 베스도 일상적인 대화 중에 '질'이라는 단어를 아무렇지 않게 말한다. 사실 굳이 말하지 않아도 되는 상황에서도 조금 과하게 말하는 편이다.

날부터 뿌리내린 수치심의 영향으로 자기 몸의 일부인데도 제대로 말하지 못한다. 영국 여성의 거의 절반(미국 여성의 4분의 1)은 의학적인 전신 그림에서 질을 구분하지 못하며 외음부나 자궁경부의 위치를 아는 여성은 소수에 불과하다는 조사 결과도 있다.[5] 영국에서는 여자아이들이 어릴 때 생식기를 '투펜스 tuppence', '푸푸 foo-foo', '페어리 fairy', '패니 fanny', '미니 minnie' 같은 귀여운 느낌이 나는 단어로 부르도록 가르친다. 자기 생식기 명칭도 제대로 모르는 아이들이 과연 자기 몸을 제대로 알고 자기 몸에 관한 권한을 올바르게 아는 어른으로 자랄 수 있을까?

　나는 이런 상황이 슬프고 화도 나는 한편, 혼란스러웠다. 기꺼이 내 인생의 3년을 투자하여 젊은 사람의 생식기, 노인의 생식기, 오리 생식기, 돌고래 생식기, 건강한 생식기, 병든 생식기, 부정을 저지른 생식기, 실험실에서 생명공학 기술로 만들어진 생식기까지 모든 종류의 여성 생식기에 관해 여러 사람과 대화를 나눈 이유도 그래서다. 내가 이런 일을 하게 된 건 나 말고는 아무도 하지 않은 일이라서, 그리고 스스로 알든 모르든 간에 그 무지함의 영향에 모두가 시달려왔기 때문이다.

동시대 과학자들은 새로운 세상을 개척한다

내 몸에 관한 나의 무지함이 낳은 결과는 다행히 가볍게 끝났다. 응급실 의사는 독극물 제거 팀에 연락한 후 삼킨 양이 적어서 위세척까지는 안 해도 될 거라고 나를 안심시켰다. 생식기에 생긴 감염도 얼마 후 사라졌다. 내가 이 책에서 소개할 다른 여성들과 마찬가지로 이 경험은 더 많은 것을 이해하기 위한 여정의 출발점이 되었다. 나처럼 병원 신세를 졌던 경험이 계기가 된 사람도 있고, 이런 경험을 토대로 아직 연구 단계인 실험적인 치료를 시도하거나 생식기관에 관한 연구를 직접 주도하게 된 사람도 있다. 그렇게 저마다 다른 경로로 우리 모두와 관련된 내밀한 의문의 답을 찾아 나섰다. 지식 부족으로 나보다 훨씬 더 심각한 결과를 맞이한 사람도 많다.

여성과 성소수자 과학자들이 직접 탐구에 나서면서 이전 세대가 놓친 것들이 계속해서 밝혀지고 있다. 이들이 새롭게 개척하는 세상은 히포크라테스가 만든, 수치심에 찌든 세상과는 전혀 다른 모습이 될 것이다. 이 새로운 세상에는 광활한 지하 왕국을 통치하는 음핵, 세균 병사들과 긴밀히 협력하는 질관, 새로운 난자를 배출하며 스스로 활력을 회복하는 난소가 있다.

이 책에는 오스트레일리아 멜버른대학교 해부학 실험실을 찾아가 의대생 시절 음핵은 작고 축소된 기관이라고 배웠던 의사들이 최신 영상 기술로 이 장엄한 기관의 본모습을 발견하게 된 이야기(2장)가 나온다. 자녀 세대부터는 환경이 건강에 연쇄적으로 미치는 영향에 시달리지 않도록 하겠다는 목표로 보스턴의 한 대학에서 인공 난소를 개발 중인 생물학자와도 만나고(6장), 캘리포니아주 샌머테이오로 가서 1990년대에 자신이 멕시코에서 성확정 수술을 받을 때는 누리지 못했던 것들을 지금 그 수술을 받는 환자들은 누릴 수 있도록 혁신을 일으키고 있는 외과 의사와도 만난다(8장).

우리의 여정에는 역사도 포함된다. 학계의 공식 기록에도 없고 정식 자격도 주어지지 않아 공식적인 학자로 인정받지 못했던 여성들이 이 분야의 역사에서 늘 한 부분을 차지하고 있었다는 사실을 소개한다. 그리고 히포크라테스가 살았던 고대 그리스부터 다윈이 활동한 빅토리아 시대 영국, 양차 세계대전 사이에 지크문트 프로이트Sigmund Freud가 머무른 오스트리아에서 각각 여성의 몸에 관해 어떤 주장이 제기되었는지도 살펴본다. 히포크라테스나 다윈, 프로이트는 스스로 미지의 땅에 최초로 발을 들인 대범한 탐험가라고 생각했지만, 사실 최초도 아니었고 그들이 밝힌 것도 정확하지 않았다. 마르고 닳도록 전해진 이 남성들의 이야기와 함께 난자의 체외수정에 최초로 성공한 미리엄 멘킨Miriam Menkin을 비롯하여 실험실에서 끈질기게 연구를 이어간 과학자들(5장)과 음핵이 무시와 경멸의 대상이던 시대에 정식으로 의학 교육을 받은 적은 없어도 이 기관에 관한 새로운 사실을 발굴한 마리 보나파르트Marie Bonaparte 공주 등 진정으로 새로운 길을 개척한 사람들도 소개한다(1장).

오늘날에는 여성의 몸이라는 개념에도 큰 변화가 일어나고 있다. 과학은 광범위한 인간의 몸을 오랫동안 남성과 여성 두 가지로만 분류했다. 현대 의학도 대체로 성별을 두 가지로만 나누며 두 성별은 평행한 철로를 달리는 기차처럼 각자의 길로 나아간다는 것을 기본 전제로 삼는다. 그러나 이런 식의 분류는 잘못되었다는 생물학적 근거가 계속해서 나오고 있다.[6] 이제는 생물학적 성별(섹스)과 사회적 성별(젠더)로만 나눌 수 없으며 성정체성, 염색체, 생식기, 생식선, 호르몬에도 명확한 경계가 거의 없다는 사실이 밝혀졌다. 사람의 몸은 넓은 범위 안에 존재하며 무한한 조합으로 제각기 가장 아름다운 형태가 된다.

이런 연결성을 받아들일수록 모든 몸에 관한 과학적인 지식도 더 크게 발전한다. 예를 들어 자궁내막증을 연구하는 학자들은 이 병에서 나타나는 염증 패턴이 남성의 신체 건강과 생식 기능에도 영향을 준다는 사실을 발견했다. 또한 질에서 발견되는 미생물군에 관한 새로운 연구 결과는 남성 생식기에 존재하는 미생물군의 역할을 더 자세히 이해하는 데 도움이 된다. 고환의 재생 기능에 관한 연구 결과도 마찬가지다. 그 지식을 난소에 적용하면 난소는 세월이 가면 기능이 축소되는 난자 저장고가 아니라 성장과 재생이 활발히 이루어지는 기관이라는 새로운 사실을 알게 된다.

상상할 수 없으면 볼 수 없다

나는 과학자들을 취재하면서 '너무 당연한 모든 주제'를 과학적으로 연구하기까지 왜 이렇게 오래 걸렸냐는 질문을 가장 많이 던졌다. 가령 여성 생식기의 건강한 생태계를 좌우하는 요소나 월경 주기가 진행되는 방식, 성감대라 불리는 것의 정체도 그렇다. 이 질문에 돌아온 대답들의 요지는 '보려고 하지 않으면 볼 수 없다', 또는 '보고 싶은 것만 보인다'였다. 그래서 이 책은 여러모로 기존과는 다른 시각으로 보는 법을 이야기하려고 한다.

과학은 과학자들이 하는 일이다. 과학자들은 그들만의 방식으로 그들만의 시대를 살아간다. 현미경, 망원경도 사용하지만 그들 역시 인간의 눈으로 세상을 본다. 그러나 인간의 눈에는 한계가 있다. 인류 역사에서 과학자는 대부분 서양의 백인 남성이었다. 이들이 활동한 각 시대의 태도와 정치는 과학자들의 일에 영향을 주었고, 그들이 생산한 지식은 다시 그 시대의 정치를 강화하고 영속시켰다. 이렇게 탄생한 과학적인 지식은 어떤 사람들을 침묵하게 만드는 수단이 되었고, 어떤 사람들에게는 특권을 부여했다. 가치 있는 몸과 가치 없는 몸을 정하는 기준이 되기도 했다.

나는 초기 해부학자들의 눈에 보이지 않았던 것들이 이 책에서 훤히 드러나기를 바란다. 그들이 생산한 지식이 객관적인 지식이라는 주장에 이의를 제기할 수 있기를, 지평선 너머에도 볼 것과 알아야 할 것들이 더 많다는 사실을 보여줄 수 있기를 바란다.

그 시기의 남성들이 여성을 보는 눈에는 생식 기능이라는 렌즈가 끼워진 경우가 많았다. 여성은 걸어 다니는 자궁, 아이 낳는 기계, 성적으로 남성과는 다른 존재로 여겨졌다. 오늘날 새로운 세대의 생각은 이런 틀에서 벗어나고 있다. 생식 기능으로만 묶여 있던 자궁, 난소, 질과 같은 인체기관이 이제는 더 큰 전체의 일부분, 동적이고 능동적이며 유연한 기관이자 치유와 재생 같은 인체의 보편적인 기능을 이해하는 창구로 탐구되고 있다.

볼 수 없는 건 상상할 수 없다. 하지만 상상할 수 없으면 볼 수도 없다. 이 책에서 만나게 될 사람들과 그들이 발견한 것들은 우리가 다르게 상상한다면 볼 수 있는 것들이 있음을 증명한다.

언어의 부적절성

이 책을 쓰면서 나는 적절한 용어와 표현이 없다는 사실을 깨달았다. 성별과 출생, 생식 기능, 그 밖의 수많은 기능에 관여하는 다양한 인체기관을 의학 용어에서는 '여성 생식계'로 통틀어 부른다. 괜히 어렵게 느껴지기만 하는 이런 용어는 실제로 존재하는 기관들을 다 아우르지 못한다. 예를 들어 음핵은 아예 생식기관으로 여겨지지 않는 경우가 많은데, 이 책에서 다루지 않는 유방은 반대로 생식기관으로 여겨진다(골수도 생식기관이라고 주장하는 학자들도 있다. 월경 주기에 따라 골수에서 만들어진 줄기세포가 자궁으로 이동하여 자궁내벽이 두꺼워지도록 돕기 때문이다).

'생식계'라는 표현이 충분하지 않은 이유는 또 있다. 난소는 난자가 자라는 곳일 뿐 아니라 심장, 뼈, 뇌에 이르기까지 사실상 인체 모든 기관계의 건강을 유지하는 다양한 호르몬이 분비되는 곳이다. 또한 질의 미생물군은 몸 내부와 외부의 경계인 질을 외부에서 침입하는 생물이나 물질로부터 보호하므로 인체 면역계의 확장으로 볼 수 있고, 동시에 인체의 평형 상태가 유지되도록 돕는 기능도 수행한다. 혈액, 골수를 통해 줄기세포와 면역세포가 오가는 자궁 역시 몸 전체의 복잡한 상호 작용이 일어나는 곳 중 하나다. 이 모든 기관이 촘촘하게 얽힌 강줄기와 여러 갈래의 길로 이루어진 커다란 체계를 이루고 서로서로 필요한 것을 제공하거나 협업하면서 인체의 균형을 유지한다.

이런 통합적인 기관을 가리키는 적절한 표현이 없다는 사실 자체에 문제의 실상이 여실히 드러난다. 우리는 우리 몸의 한 부분인 이 기관들을 여전히 제대로 말하지 못한다. 말 그대로 알맞은 표현이 없다는 뜻이기도 하고, 비유적인 의미에서도 그렇다. 침묵과 오명, 수치심은 아직도 여성의 몸에 관한 대화와 과학적인 탐구를 방해한다. 내가 책 제목부터 여성 생식기나 질을 뜻하는 단어 '버자이너vagina'를 쓴 이유는 그나마 많이 알려진 표현이기 때문이다. 이 책은 여성 생식기를 과학적으로 탐구하려는 목적에서 출발했지만 그 밖에도 아주 많은 것을 이야기할 것이다. 질과 그 밖의 수많은 기관을 일컫는 적절한 용어조차 없는 이유를 알게 될 것이고, 우리가 어떤 미래를 맞이하게 될지도 살짝 엿볼 수 있을 것이다.

'여성'이라는 정의

이 책 전반에 나오는 '여성'이라는 단어는 몇 가지 다른 의미가 있다. 역사적인 의미에서 남성이 특정 신체 부위를 가진 사람들을 하나로 묶어 '여성'이라는 범주로 분류할 때 적용된 그 의미인 경우도 많다. 여성을 이런 방식으로 분류한 남성들은 여성으로 태어난 사람은 곧 엄마, 아내로서 내조하며 살아갈 운명을 타고 났다고 보았다. 프로이트는 여성을 "남근이 없는 작은 존재"라고 아주 멋지게 표현했다. 나는 남성들이 만들어낸 이 분류에 해부학적으로 어떤 기준이 적용되었는지 주목할 필요가 있다고 생각한다. 그 기준은 나중에 그런 몸을 가진 사람들을 강압하고 제약하는 근거로도 쓰였다.

질과 자궁이 있다고 해서 무조건 여성은 아니며, 남근과 고환이 있다고 해서 다 남성이 아니다. '성별', '남성', '여성'처럼 객관적이라고 느껴지는 표현도 생물학적 범위를 명확히 나타내지 못한다. 태어날 때부터 음핵이 일반적인 기준보다 크거나, 난소가 없거나, 테스토스테론 수치가 높은 여성들도 있다. 자궁 절제술(적출술)이나 다른 치료로 난소와 자궁을 잃은 여성들도 있다. 이 책에서 다루는 신체 부위를 가지고 있지만 스스로 여성의 범주에 속하지 않는다고 느끼는 사람들도 있다. 이를테면 간성intersex(인터섹스),* 무성별nonbinary(논바이너리)**인 사람들과 성전환자(트랜스젠더)***와 같이 지난 역사에서 심판의 대상이 된 사람들이다. 나는 이들도 이 책에서 가치 있는 무언가를 찾기를 바란다.

---

* 생물학적 남성과 여성의 신체 정의에서는 어느 쪽에도 포함되지 않는 성별-옮긴이.

** 사회적 성별을 남성과 여성 두 가지로만 나누는 것을 거부하고 스스로 느끼는 성정체성이 둘 중 어느 쪽도 아니라고 보는 사람들. 제3의 성이라고도 한다-옮긴이.

*** 생물학적 성별과 사회적 성별이 다른 사람들-옮긴이.

이 책은 과거에 과학이 여성을 정의하던 몇 가지 방식에 관해서도 설명한다. 과거의 이분법적 정의에서 벗어나려고 노력했지만 부족한 부분도 있을 것이다. 내 궁극적인 목표는 우리, 즉 나와 독자 여러분, 그리고 과학이 여성을 새롭게 정의하는 것이다. 분명히 말하지만 여성의 핵심은 자궁이 아니다. 여성을 정의하는 주체는 생물학이나 사회, 과학, 남성, 다른 여성이 아니다. 스스로 자신이 여성이라고 생각한다면 여성이다. 이 책을 읽는 여러분이 '여성'인지, 아닌지를 결정하는 주체는 여러분 자신이다.

1장

음핵

프로이트는
틀렸다

이것 없이는 욕망도, 쾌락도 없다.

영국의 조산사, 제인 샤프

공주는 병원 침대에 반듯이 누워서 새로운 삶이 시작되기를 기다렸다. 양손은 가슴에 얹고, 두 눈은 잠든 것처럼 감고 있었다.

1927년 봄 마리 보나파르트는 파리의 저택에서 나와 기차를 타고 오스트리아 빈 중심부에 자리한 '뢰브 사나토리움Löw Sanatorium'이라는 한 개인 병원을 찾았다. 인생에서 가장 극적인 결정을 실행에 옮기기 위해서였다. 남편인 그리스-덴마크 왕자 요르요스Prince George of Greece and Denmark와 10대 자녀 둘과 함께 살던 집을 떠나온 마흔네 살의 공주는 이곳에서 요제프 폰 할반Josef von Halban 박사에게 그가 개발한 실험적인 수술을 받기로 했다. 공주는 1924년 한 의학 전문지에 이 수술을 지지하는 글을 쓰기도 했으므로[1] 그것이 어떤 수술인지는 아주 잘 알고 있었다. 마리는 이 수술을 이렇게 설명했다. "음핵의 걸이인대를 절단하고 더 아래에 있는 구조에 고정해서 음핵을 원래보다 더 아래쪽으로 옮기는 수술이다."[2]

마리는 절박했다. 20년 전 인생의 전성기이자 신혼이던 그때 마리는 자신이 불감증이라는 사실을 깨달았다. 다른 여성들도 같은 처지였다면 진심으로 안타까워할 만한 일이었다. 마리는 불감증을 정상 체위에서 오르가슴을 느끼지 못하는 것으로 이해했고 극복하기 위해 노력했다. 큰 키에 금발, 멋진 콧수염을 가진 요르요스 왕자와의 결혼은 늘 꿈꾸던 일이었지만 결혼 직후 남편이 그의 삼촌과 연인 관계이며 마리에게는 성적으로 거의 관심이 없다는 사실을 알게 되었다. "나도 당신만큼 하기 싫소."[3] 요르요스 왕자는 첫날밤에 마리에게 이렇게 말했다. "하지만 우리가 아이를 원한다면 억지로라도 관계해야 하오." 마리는 아들과 딸 각각 한 명씩, 건강한 후계자 둘을 낳은 것으로 의무를 다했다. 그 후로는 프랑스 수상을 열한 번이나 지낸 아리스티드 브리앙Aristide Briand을 비롯하여 유럽 전역의 고위급 남성들과 열정적인 연애를 이어 갔다.

길고 곱슬곱슬한 갈색 머리에 하트 모양의 얼굴, 모든 걸 다 알고 있다는 듯한 엷은 미소, 깊은 생각에 잠긴 듯한 분위기까지, 마리는 빼어난 외모의 여성이었다. 겉으로는 위엄 있는 여왕이자 어머니의 전형 같은 모습이었지만 내면은 혼란스러웠다. 어떤 연애도 만족스럽지 않았기 때문이다. "내 성욕은 전부 머릿속에만 존재한다."[4] 마리는 일기장에 이렇게 털어놓았다. 마리는 자신이 그토록 갈망한 '질 오르가슴'이 누구나 일상적으로 경험하는 일이 아니라는 사실[5]을 알지 못했던 탓에 그저 자신의 몸이 마음을 따라주지 않는다고만 생각했다.

침실 밖에도 고민거리가 있었다. 마리의 증조부와 형제 사이인 나폴레옹 1세의 치세에 프랑스는 '대국大國',[6] 즉 방대한 식민 제국이 되었고 인구도 계속해서 늘어났다. 하지만 제1차 세계대전에 휩쓸리게 된 이후 인구가 대폭 줄어들자 국가 전체가 전쟁으로 잃은 수많은 남성 인구를 보충하고 급격히 감소한 출산율을 높이기 위한 노력에 나섰다. 그 짐은 자연히 여성들이 지게 되었다. 여성은 아이를 많이 낳을수록 국민으로서 의무를 성실히 이행하는 것이라는 인식이 싹텄고, 아이를 많이 낳으려면 부부생활을 더욱 즐길 필요가 있었으므로 여성이라면 삽입 성교를 당연히 즐겨야 한다는 분위기가 형성되었다. 마리는 그 시기의 이상적인 여성상을 "평범하고 질과 모성애가 있는 여성"[7]이라고 묘사하기도 했다. 오르가슴은 부수적인 즐거움이나 특권이 아닌 사회적으로 필요한 일로 여겨졌다.*

하지만 마리는 아무리 노력해도 그 기쁨을 누리지 못했다. "성교는 쉬워도 쾌락la volupté을 얻기는 힘들다"라는 글도 남겼다. 정신분석학을 수년간 공부해도 이 문제에는 아무 도움이 되지 못했다. 그래서 다른 방법을 찾던 중 음핵의 위치를 아래쪽으로 옮기는 수술을 받아보기로 했다. 성관계에서 쾌감을 얻게 되기를 기대하며 내린 결정이었다. 마리는 자신이 갈망해온 성적 조화를 얻을 방법은 이 수술밖에 없다고 믿었다.

---

* 프랑스만 이런 분위기였던 건 아니다. 1920년대에는 미국에서도 여성이 남편과 성교 중에 오르가슴을 느끼지 못한다는 사실이 정당한 이혼 사유로 인정되었다.

할반 박사는 마리의 수술복을 들어 올려 외음부를 드러낸 후 국소마취제를 주사했다. 수술 내내 마리의 의식은 깨어 있었지만 골반 감각은 점차 사라졌다. 많이 긴장하지는 않았다. 어떤 면에서는 지나온 삶 전체가 마리를 그곳으로 이끌었다. 마리처럼 정신분석학에 막 발을 들인 동료 연구자이자 친구인 미국인 루스 맥 브런즈윅Ruth Mack Brunswick이 마리의 수술 과정을 함께했다. 루스는 마리보다 열다섯 살이나 어렸지만 두 사람은 자위 기술을 공유할 만큼 절친했다(마리는 루스가 "박사 학위를 열 개쯤 보유한 것보다 자신만의 자위 기술을 대단한 일처럼 여기며 자랑스러워한다"[8]라고 했다). 두 사람은 상담 중에 만난 불감증 환자들의 사례와 '음핵집착증 clitoridism' *에 관해 편지로 의견을 나누기도 했다. 마리는 자신도 음핵집착증이라는 자체 진단을 내렸다.

할반 박사는 메스를 들고 마리의 질 바로 위에 자리한 완두콩만 한 음핵 머리 부분(귀두)을 덮고 있던 얇은 피부를 조심스럽게 절개하기 시작했다. 그리고 두덩결합부(치골결합부), 즉 골반 좌우 양쪽의 단단한 연골과 음핵 사이에 연결된 인대를 잘라낸 후 쾌락의 중추이자 마리의 보석과도 같은 음핵을 질 입구와 좀더 가까워지도록 몇 밀리미터 아래로 옮겼다. 적당한 위치를 잡은 다음 봉합하여 음핵을 고정했다. 원래 음핵이 있었던 자리도 최대한 흉터가 남지 않도록 꿰매었다. 모든 과정은 22분 만에 끝났다.[9]

---

*   당시 정신분석가들과 의사들이 질을 통해 느끼는 쾌락보다 음핵의 감각을 더 중시하는 여성들을 가리킬 때 사용한 표현으로 성정체성 확립에 실패한 사람들에게 나타나는 일종의 장애로 간주했다-옮긴이.

마취에서 깨어났을 때 마리가 어떤 고통을 느꼈을지는 상상만 할 수 있을 뿐이다. 마리는 2주간 병원에 머물렀고 루스는 내내 그 곁을 지켰다. 하지만 마리의 인생에서 가장 중요한 인물은 보이지 않았다. 프로이트는 어디에 있었을까?

정신분석과의 허니문

지크문트 프로이트는 마리의 내면을 일깨운 사람이었다. 음핵 수술을 받기 훨씬 전인 1923년에 프랑스어로 번역된 프로이트의 저서 《정신분석 강의Introductory Lectures on Psycho-Analysis》를 처음 읽었을 때 마리는 꼭 반짝이는 빛을 만난 기분이었다. 전립선암에 걸린 아버지를 돌보던 때였다. 아버지가 돌아가신 후에도 마리는 어린 시절을 보낸 그 집을 떠나지 못하고 일곱 살 때부터 열 살 때까지 쓴 일기를 다시 읽기 시작했다. 과잉보호를 받던 편집증적인 성격의 아이가 쓴 암울한 시와 이야기가 일기에 고스란히 뒤엉켜 있었다. 정신분석학이 막 등장한 그때 마리는 이 새로운 학문이야말로 자신의 삶을 재해석하는 길이 될 수 있다고 생각했다. 그렇게 많은 연애를 했건만 왜 만족을 느끼지 못하는지, 어린 시절의 고민거리들이 왜 지금까지도 꿈에 나오는지 등에 대한 의문을 프로이트가 풀어줄 수 있으리라고 믿었다.

마리는 무의식의 세계를 개척한 존경받는 학자였던 그와 직접 만나기로 작정했다. 나중에 쓴 글에서 마리는 자신이 "성기

와 오르가슴의 정상적인 관계"[10]를 찾도록 도와줄 유일한 사람이
프로이트였다고 설명했다.

프로이트는 마리와의 만남을 그다지 반기지 않았다. 일흔
을 바라보는 노인이었던 그는 두 사람 모두와 친분이 있는 지인을
통해 마리의 이야기를 처음 접했다. 자신이 설립한 빈정신분석학
회가 미국과 러시아에서도 자리를 잡고 명실공히 존경받는 학자
가 된 후에도 그는 깊은 우울감에 빠져 있었다. 4년 전 스페인 독
감으로 사랑하는 딸 소피를 잃은 것으로도 모자라 아들과 손자마
저 차례로 잃었고 턱에 생긴 악성 종양 제거 수술을 받은 후에는
거추장스럽기 짝이 없는 보철물을 입에 끼운 채로 살아야 했다.
이 보철물 때문에 말할 때마다 통증을 느꼈고 담배도 마음대로 피
울 수 없었다. 그는 노년기의 고립감과 깊은 슬픔에 빠져 새로운
환자를 거의 받지 않았고 어쩌다 받는 환자도 극도로 까다롭게 골
랐다. 나중에 프로이트는 마리에게 두 사람이 만나기 전까지는 살
아갈 의지를 거의 잃은 상태였다고 말하기도 했다.

두 사람 모두의 친구였던 알자스 출신의 정신분석가 르네
라포르그 René Laforgue는 프로이트에게 마리에 관해서는 자신이 보증
할 수 있다고 단언하며 "분별력과 세심함을 갖춘 사람"이라고 소
개했다. 그리고 마리에게서 "남성성 콤플렉스가 뚜렷하게 나타난
다"라는 소견과 함께 마리가 "교훈을 얻기 위해서", 즉 배움을 목
적으로 정신분석에 관심을 보이는 것이라는 말을 덧붙였다.

치료와 정신분석학 공부를 동시에 원하는 환자를 만나는
건 드문 일이었다. 자신과의 만남에 하루 두 번, 총 2시간을 내달

라는 마리의 특별한 요청도 프로이트를 놀라게 했다. "제가 이 공주님께 해드릴 수 있는 건 아무것도 없을 것 같군요." 프로이트는 라포르그에게 이렇게 답장했다. "저는 환자를 아주 조금만 받고 있고, 분석하는 데 6주에서 8주가 걸리므로 그 요청대로 하려면 한 계절 내내 다른 환자는 포기하고 그분만 보아야 합니다. 별로 내키지 않는군요." 그러자 마리는 프로이트에게 직접 편지를 보냈다. 프랑스어로 작성한 후 독일어로 번역해서 보내느라 프로이트의 손에 편지가 전해지기까지는 시간이 조금 걸렸다. 하지만 "존경하는 선생님"으로 시작하는 마리의 편지를 받은 후 프로이트는 마음을 바꾸었다. 1925년 9월 30일 마리는 마침내 프로이트를 만났다.

빈의 중산층이 주로 거주하는 베르가세 19번지에 자리한 5층짜리 건물은 30년이 넘는 세월 동안 프로이트의 집이자 일터였다. 조약돌이 깔린 길에 우뚝 선 그 건물은 프로이트가 일하던 대학교와 정신분석연구소를 모두 걸어서 갈 수 있는 거리에 있었다. 건물 1층에는 정육점과 식품협동조합 매장이 있었고, 2층에는 프로이트의 유명한 서재가 뒷마당을 향해 있었다. 방 안은 벨벳으로 감싼 푹신한 소파와 각종 정신분석학 자료가 잔뜩 쌓인 책장으로 채워져 있었다. 프로이트와 아내 마르타 베르나이스Martha Bernays는 서재와 붙어 있는 가족 아파트에서 여섯 명의 자녀를 키웠다. 거리로 향한 석제 아치형 입구로 들어온 마리는 현관을 지나 환자 수백 명이 먼저 밟았을, 2층으로 이어진 널찍한 계단을 올랐다.

두 사람은 처음부터 잘 맞았다. 프로이트는 마리에게서 젊음과 신선한 공기를 느꼈다. 위대한 예술가들, 과학자들과 늘 교류하며 살아온 이 귀족 여성은 자신의 이론을 배우려는 열망이 대단했다. 심리분석학의 아버지와 마주한 마리는 프로이트에게 절실했던 찬사와 그가 갈망해온 숭배의 말을 쏟아내며 비위를 맞추었다.

마리에게 프로이트는 아버지 같은 존재이자 멘토였다. 처음 만나고 한 달도 채 지나지 않아 마리는 프로이트를 '친애하는 친구'라고 부르기 시작했고 그에게 사랑한다고 말하기도 했다(마리는 프랑스의 집으로 돌아가면서 빈에 있을 때 머물던 호텔에 우연히 결혼 반지를 두고 갔는데,[11] 이 일은 사실상 '프로이트의 실언'*이라고밖에 설명할 수 없다). 프로이트는 마리에게 암 투병 사실과 자신이 느끼는 슬픔, 돈 문제를 털어놓았다. 프로이트는 마리를 '친애하는 나의 공주님meine liebe prinzessin'이라고 불렀으며 마리는 프로이트를 '사랑하는 스승님Maître Aimée'이라고 불렀다. "그토록 경이롭고 특별한 분과 매일 만나는 건 내 인생 최고의 사건이다." 마리의 일기에 나오는 내용이다.

프로이트는 자신이 마리의 문제를 파악했다고 생각했다. 여성으로서 주어진 역할에 제대로 적응했다면 질 삽입 성교만을 원해야 하는데,[12] 마리는 그렇지 않았다. 그는 마리가 지금까지

*　'프로이트의 실언(Freudian slip)'이란 감추고 싶은 속마음을 무의식중에 드러내서 난처해지는 상황을 가리키는 표현으로 무의식 이론을 처음 정립한 프로이트의 이름에서 따왔다-옮긴이.

여성으로서 자신의 역할을 온전히 받아들인 적이 없으며 그가 '남성성 콤플렉스'라고 명명한 문제를 겪고 있다고 판단했다. 프로이트가 말하는 남성성 콤플렉스는 아버지를 대신하고 싶어 한 오이디푸스의 소망을 여성이 느끼는 것이었고, 그가 보기에 마리는 그런 열망을 누르지 못하는 명확한 사례였다. 마리는 프로이트가 여성의 남근이라고 즐겨 부르던 음핵에 집착했다. 프로이트는 마리가 '남성적인 여성'[13]에게 끌린다는 사실에도 주목했다. 돌아가신 마리의 할머니 피에르 보나파르트Pierre Bonaparte 공주도 그런 여성 중 하나였다. 승마와 야생 돼지를 사냥하는 실력이 출중했고 소변을 볼 때는 치마를 내리고 양다리를 굽힌 채 서서 해결했다고 널리 알려져 있다.

마리가 뒷날 쓴 글에 의하면 "할머니는 키가 크고 힘이 세고 엄했다. 명령조와 꿰뚫어 보는 듯 늘 침착한 까만 눈, 턱에 난 몇 가닥의 털은 완벽하게 '남성적인 여성'의 모습이었다." 마리가 기억하는 피에르 공주는 "여자아이들에게는 성적인 죄를 지으면 그에 대한 벌로 성기를 잃게 된다고 겁을 주면서 자신의 성기는 당당하게 잘 보존한" 사람이었다.

프로이트는 마리가 '양성애자'라는 결론을 내렸다. 그는 모든 인간은 원래 양성이며 "그중 하나의 성이 발달하고, 발달이 저해된 나머지 하나의 성이 조금은 남은 채로 살아가지만" 마리의 경우 남성의 특징이 두드러지게 나타난다고 평가했다. 양성적인 여성은 창의력이 뛰어나고 큰 성취를 이룬다고 보았으므로 칭찬의 의미였다. "전혀 내숭을 떨지 않는다"라거나 여성 정신분석가 중에 "정력과 진실성, 고유한 방식에서는 따라올 사람이 없다"라는 말 역시 마리에게는 기분 좋은 평가였다. 얼마 지나지 않아 마리는 프로이트의 딸 아나Anna가 부러워할 정도로 총애를 받게 되었다. 프로이트는 매일 2시간씩 상담받고 싶다는 마리의 요청도 받아들였고 자신이 마리의 심리 분석을 하는 동안 마음껏 기록하라고 허락했다. 프로이트는 마리에게 이렇게 말했다. "나보다 당신을 더 잘 이해하는 사람은 없습니다."

하지만 그가 마리를 이해한 수준은 여성의 성적 특성에 관한 이해만큼이나 불완전했다.

마리는 프로이트와 시간을 보내면서 "정신과 마음이 평온해지고 잘되리라는 가능성도 느꼈지만 생리학적 측면에서는 아무것도 해결되지 않았다"라는 글을 남겼다. 마리는 1년간 프로이트에게 상담받고도 만족스러운 결과를 얻지 못하자 1926년 7월 29일 처음으로 할반 박사를 찾아가 상담했다.

마리는 수술로 문제를 해결하는 데 아주 익숙했다. 가슴 '교정' 수술과 코에 생긴 흉터를 없애는 수술도 받았고 난소에 생긴 낭종을 제거하는 수술도 받았다.[14] 하지만 이번 수술이 마침표가 되리라는 예감이 들었다. 일기에도 "정신분석과의 허니문도 이제 끝"이라고 썼다. 정신분석학이 자신의 문제를 해결해주지 못한다는 사실을 인정한 것이다. 수년간의 탐구를 종결하고 여성의 성 발달에 관해 자신과 프로이트의 견해차가 점점 크게 벌어지는 상황을 끝내는 일이기도 했다. 여성성의 정점으로 여겨지던 질 오르가슴은 너무 오랜 세월 빈자리로만 남아 마리를 농락했다.

1927년 마리는 수술대에 누웠다.

'열등하고 발달이 덜 된 버전의 몸'

마리가 겪은 딜레마는 그 시대만의 문제가 아니었다. 여성의 생식기를 구성하는 요소들은 갈등관계에서 벗어나지 못한다는 생각, 즉 질과 음핵은 서로 상극이라는 생각은 먼 옛날로 거슬러 올라가야 할 만큼 뿌리가 매우 깊다.[*]

고대 그리스에서는 질이 음핵을 압도했다.[15] 그 이유는 고대 사상가들이 성별의 차이를 생각한 방식에서 찾을 수 있다. 고대 그리스 의사들은 남성과 여성이 본질적으로는 같은 존재라고 보는 경향이 있었다. 역사가 토머스 라커Thomas W. Laqueur는 이를 '상동성homology' 또는 '하나의 성모델one-sex model'이라고 칭했다.[16] 이런 사고 체계에서 질은(때로는 자궁까지도) 몸속에 있는 음경, 난소는 몸속에 있는 고환으로 여겨졌다.

상동성은 해부학적으로는 일정 부분 사실이다. 정자와 난자가 수정된 후 6주가 지나면 태아는 팔다리가 막 생겨나 쉼표를 닮은 덩어리 상태로 꼼지락대며 엄마 배 속을 떠다닌다.[17] 이 자그마한 덩어리에는 커다란 잠재력이 펄떡인다. 이 시기에 다리 사이에는 생식기 결절이라는 두툼한 조직이 형성되는데, 그 아래에 괄

---

[*]　스포일러 : 뿌리가 깊은 건 음핵도 마찬가지다.

호처럼 양쪽으로 볼록 튀어나온 부분이 있다. 그중 두툼한 부분이 나중에 음핵이나 음경으로 발달하고, 그 아래 튀어나온 부분은 음순이나 음낭이 된다. 이 두 부분 사이에 있는 구멍은 뮐러관으로도 불리는 중간콩팥곁관(여성) 한 쌍과 볼프관으로도 알려진 중간콩팥관(남성) 한 쌍씩 총 두 쌍의 관으로 발달한다. 수정 후 8주에서 9주가 지나면 여성이 될 태아에서는 볼프관 한 쌍이 퇴화한다. 이후 뮐러관 한 쌍이 V자 형태로 합쳐져 질 윗부분과 자궁이 되고 양쪽 끝은 나팔관이 된다.

한때 의학 교과서에서는 태아의 고환에서 분비되는 호르몬인 테스토스테론의 영향으로 이런 분화가 일어난다고 설명했다. 여성에게는 고환이 없다. 따라서 고환의 영향을 받지 않는 '기본' 설계대로 만들어진 것이 여성의 신체라고 보았다.[18] 아이폰에 비유하면 여성은 공장에서 출고된 초기화 상태의 아이폰이고, 남성은 거기에 각종 장식과 부가 기능이 추가된 결과물로 여긴 것이다. 하지만 난소는 남성의 생식기 못지않게 구조가 복잡하며 여러 요소가 능동적으로 작용해야 발달이 촉진된다(6장에서 자세히 설명한다).[19] 일반적으로 복부에 있던 세포가 여러 유전자와 호르몬의 영향, 그 밖에 다양한 요인으로 난소를 이룬다. 이렇게 생성된 난소는 생식기 결절이 음핵으로, 그 아래 불룩한 부분이 두 쌍의 음순으로 발달하도록 돕고 뮐러관이 자궁과 각종 관을 형성하고 그밖의 생식기 구조를 형성하도록 유도한다. 이것이 태아가 여성이 되는 전형적인 경로다. 남성은 테스토스테론의 영향으로 음경이 발달하고 생식기 결절 아래의 불룩한 부분이 합쳐져 음낭이 된 후 그 안에 고환이 자리를 잡는 것이 일반적이다.

수정 후 10주가 지날 때까지도 음핵과 음경은 크기가 비슷하다. 그러다 수정 후 3개월이 지날 무렵부터 음경은 밖으로 돌출되고 음핵은 안쪽으로 성장하면서 전체적인 형태가 서로 달라지기 시작한다.[20] 수정 후 네 번째 달이 끝나갈 무렵에는 소음순, 대음순 두 쌍과 음핵의 형태가 명확해진다(의사가 초음파 검사로 태아의 성별을 파악할 수 있는 가장 이른 시기가 임신 12주 무렵인 것도 그 때문이다). 그러므로 남성의 음경에 상응하는 여성의 생식기가 자궁이나 질이 아니라 음핵이라는 것만 제외하면 고대 그리스인들의 주장도 완전히 틀린 것은 아니다. 남성의 음낭은 여성의 대음순에 해당하고 고환은 난소와 비슷하다고 볼 수 있다. 이런 유사성은 계속 남아서 성인이 된 후에도 양쪽 기관의 조직, 세포, 구조는 놀라울 정도로 비슷하다.*

하지만 고대 그리스인들이 주장한 상동성에는 생물학적 특징이나 인체 구조를 넘어선 의미가 담겨 있었다. 성별의 해부학적 차이를 신이 정한 질서라고 믿었으므로 여성이 남성보다 열등하고 불완전한 존재라는 의미가 깔려 있었다. 라커는 "그리스인들은 남성의 몸이 표준이고 이상적인 결과물이며, 여성의 몸은 열등하고 발달이 덜 된 버전이라고 여겼다"라고 설명했다. "여성은

---

* 다른 성별의 잔재도 몸에 남아 있다.[21] 남성의 몸에는 중간콩팥곁관의 흔적이 아주 작은 Y자 형태로 요도에 남아서 '전립선 소실(prostatic utricle)' 또는 '수컷 자궁(uterus masculinus)'이라 불리고, 여성의 몸에는 중간콩팥관의 흔적이 나팔관 측면 줄기에 매달린 '부속 정낭(appendix vesiculosa)'[22]이라는 작은 완두콩 크기의 조직으로 남아 있다.

남성이 가진 기관을 똑같이 가지고 있지만 위치가 완전히 잘못되었다고 보았다." 여성은 음경, 고환 같은 기관과 정자를 생산하는 능력 등 꼭 필요한 기관이나 능력을 갖추지 못한 존재로 본 것이다. 히포크라테스도 여성의 몸에서 여성 정자 또는 '여성의 정수'가 만들어지며 성교를 통해 남녀가 각자 자기 정자를 사정해야 임신이 이루어진다고 단언했다. 여성이 성적으로 큰 쾌락을 경험할 수 있고 더 정확히는 그런 쾌락을 경험해야만 한다는 의미를 내포하고 있다는 게 그나마 이런 주장의 긍정적인 면이다.

히포크라테스는 (당연히 산파들이 알려주었겠지만) 음핵의 위치를 정확히 알고 있었고 다른 기관과 구분할 수도 있었다. 그가 음핵에 라틴어로 '작은 기둥'을 의미하는 '콜루멜라columella'라는 명칭을 붙인 걸 보면 발기 기능이 있다는 사실도 인지한 것으로 보인다. 얼마 후 아리스토텔레스도 비슷한 사실을 발견했다. 암컷 쥐가 수컷 쥐에게 다가갈 때 생식기 부위가 부풀어 오른다는 사실을 알게 된 것이다. 아리스토텔레스는 이를 인체에 대입하여 "손길이 닿았을 때 쾌감을 느끼는 부위는 여성과 남성이 같지만, 여성의 경우 그로 인해 액체가 배출되지는 않는다"라고 설명했다. 1세기에 에페수스 출신의 또 다른 그리스 의사 소라누스Soranus는 음핵의 위치를 설명하면서 님프nymph* 또는 현대의 명칭과 비슷한 클레이토리스kleitoris라고 칭했다. "이 작은 부위는 어린 신부가 면사포를

---

* 그리스 로마 신화에 나오는 숲, 강 등을 지키는 작은 소녀 모습의 정령으로 요정이라는 의미로도 쓰인다-옮긴이.

쓴 것처럼 음순 아래에 숨겨져 있어 님프라고 불린다."**[23]

그러나 여성이라는 성의 운명을 확정지은 사람은 페르가몬 출신의 갈레노스Claudios Galenos였다. 2세기의 영향력 있는 의사였던 갈레노스는 남녀의 생식기에 나타나는 상동성을 극단적인 논리로 해석했다. 여성의 생식계를 남성의 생식계가 안으로 뒤집힌 형태로 본 것이다. 따라서 자궁은 속이 빈 음경, 난소는 몸속에 생긴 고환이라고 주장했다. "여성의 생식기를 바깥으로 뒤집거나 남성의 생식기를 안으로 뒤집고 두 번 접으면 두 성별의 생식기가 같아진다." 갈레노스는 여성의 생식기를 두더지 눈에 비유하며 둘 다 좋게 보아야 "발현이 덜 된 기관"이고 몸속에 있다는 점, 제 기능을 하지 못한다는 점, 다른 동물들이 가진 같은 기관보다 불완전하다는 점이 공통점이라는 아주 인상적인 견해도 밝혔다. 갈레노스가 여성의 생식기에서 중요하다고 평가한 것은 질과 생식 능력뿐이었다.

갈레노스의 해석에 음핵이 들어설 자리는 없었다. 여성 생식기에 관한 갈레노스의 해부학적 설명에도 음핵에 관한 내용은 전혀 없었다. 여성이 성욕과 성적 쾌락을 느낀다는 사실도 생략되었다. 그보다 500여 년 전에 히포크라테스가 여성의 성적 쾌락에 관해 설명한 것과는 놀라울 정도로 상반되는 부분이다. 안타깝게도 이런 갈레노스의 주장은 하나의 학설로 자리 잡았고 적어도

**   17세기에는 'nymphae'가 여성의 생식기 바깥쪽 전체, 현재의 외음부와 비슷한 포괄적인 용어로 쓰이다가 나중에는 소음순을 지칭하는 표현이 되었다.

17세기까지 영향력을 발휘했을 뿐 아니라 이후에도 수 세기 동안 해부학의 기본 사상이 되었다. 바야흐로 음핵의 암흑기였다. 음핵은 남성들이 가득한 과학계에서 잊힌 채 수백 년간 무명의 어둠 속에서 자신을 구해줄 왕자님을 기다렸다.

그리고 마침내 한 명, 아니 두 명의 왕자가 나타났다.

해부학자들의 뒷북

나무로 지은 임시 수술장 안, 인체가 드러낼 비밀을 직접 보겠다는 열망으로 모인 학생들이 중앙을 둥글게 둘러싼 객석을 가득 채웠다.[24] 잔잔한 음악 소리가 부드럽게 흐르고 있었다. 이런 공간은 지역 교회나 어느 건물의 안뜰에 마련되었다. 장소가 어디든 시기는 항상 겨울이었다. 기온이 올라가면 더운 공기에 살이 썩는 악취가 진동했기 때문이다. 근대 해부학의 아버지라 불리는 안드레아스 베살리우스Andreas Vesalius는 수술장 중앙에서 시신을 절개하기 시작했다. 대부분 교수형 당한 범죄자의 시신이었다. 베살리우스는 다소 과장된 동작으로 시신의 살과 근육, 뼈 등 신체 각 부위를 청중들에게 보여주었다. 르네상스 학자들이 사람들 앞에서 책을 펼쳐 보이듯 베살리우스가 인체의 팔 근육과 힘줄을 드러내 보이며 청중을 응시하는 모습이 묘사된 그림도 있다.

16세기 이탈리아에서 인간의 몸은 정신의 새로운 개척지였다. 인체가 위대한 탐험가들이 새로운 발견을 기록하는 일종의 캔버스가 되자 남성들의 관심은 음핵으로 쏠리기 시작했다.

베살리우스는 갈레노스가 만든 해부학의 틀을 단숨에 무너뜨렸다. 옛 거장의 업적에서 수백 가지 오류를 찾아내고 바로잡은 것이다. 자궁에 뿔과 두 개의 방이 있다는 갈레노스의 주장은 사실이 아니라고 지적한 사람도 베살리우스였다. "갈레노스는 여성의 자궁을 꿈에서는 보았을지 몰라도 직접 본 적은 없으며 대신 소, 염소, 양의 자궁을 관찰했다."* 하지만 베살리우스도 해부할 수 있는 여성의 시신이 턱없이 부족했다. 교수형 당한 범죄자의 시신에 의존했던 터라 여성을 해부할 기회가 극히 드물었다. 또한 자궁을 몸 안에 형성된 음경이라고 한 갈레노스의 주장을 그대로 받아들여 자궁을 끝부분에 음모가 자란 속이 빈 음경이라고 묘사했다.[25] 그래서인지 건강한 여성은 음핵이 없다는 희한한 결론을 내리고 '자웅동체'인 경우에만 음핵과 같은 구조가 존재한다고 주장했다.

마테오 레알도 콜롬보 Matteo Realdo Colombo 는 베살리우스와 생각이 달랐다. 한때 베살리우스의 조수였던 이 젊은 해부학자는 스승의 가장 막강한 도전자가 될 조짐을 보였다. 사후에 출판된 콜롬보의 저서 《해부학에 관하여 De re Anatomica》(1559)에는 자신이 음핵을 처음 발견했다는 내용이 실려 있다.** 당연히 그 주장은 사실

---

* 이 동물들의 자궁은 가운데를 기준으로 두 부분으로 나뉘어 있으며, 양쪽이 숫양의 뿔처럼 바깥쪽으로 휘어진 형태다.

** 음핵의 존재를 여성들은 알고 있었다는 너무나 당연한 사실을 차치하더라도 1,000년도 더 전부터 그리스, 페르시아, 아랍 작가들의 글을 통해 이미 알려졌다.

이 아니었지만 콜롬보는 음핵이 여성에게 쾌락을 준다는 점을 강조했다. 베살리우스가 음핵을 "새롭지만 쓸모없는 부분"이라고 조소한 것과 달리 콜롬보는 "위대한 기술로 빚어진 너무나 아름다운 곳"이라며 시적으로 칭송했다. 또한 음핵은 "성교 시 여성이 느끼는 쾌락의 중추이며 남성이 음경으로 이곳을 문지르거나 새끼손가락으로 건드리기만 해도 쾌감을 일으켜 여성의 씨가 사방으로 흘러나오게 된다"라고 설명했다. 새로운 땅을 처음 발견한 탐험가라면 누구나 그렇듯 콜롬보도 이 새로운 부위에 직접 명칭을 붙여줌으로써 자신의 영역임을 표시하고자 했다. "지금까지 음핵에서 일어나는 이런 과정과 작용을 알아본 사람은 아무도 없었다. 그러므로 내가 발견한 이곳에 직접 이름을 붙여도 된다면 비너스의 사랑 또는 달콤함 amor veneris이 적절할 것이다."

2년 후 가브리엘레 팔로피오 Gabriele Falloppio라는 이탈리아인 해부학자는 콜롬보가 자신이 먼저 발견한 땅의 소유권을 빼앗으려 했다고 비난했다. 팔로피오는 자신의 저서《해부학적 관찰 Observationes Anatomicae》(1561)에서 음핵을 다음과 같이 설명했다. "해부학자들이 외면했던 숨겨진 곳 …… 깊이 숨겨진 이곳을 맨 처음 발견한 사람은 나다. 누구든 이 부위에 관해 이야기할 때는 제발 나와 내 제자들이 남긴 가르침임을 알길 바란다!" 오늘날 팔로피오의 이름은 음핵을 누가 최초로 발견했는지를 두고 벌인 이 다툼이 아니라, 질과 태반에 처음으로 이름을 붙이고 성교 시 음경이 자궁 안으로 들어간다고 생각한 당시의 통념이 잘못되었음을 지적하고 바로잡은 일로 길이 남았다. 나팔관을 뜻하는 영어 '팔로피

안 튜브Fallopian tubes'에도 그의 이름이 남아 있다.

17세기에는 음핵에 관한 지식이 한층 방대해졌다. 1671년에 출간된 영국의 조산사 제인 샤프Jane Sharp의 출산 안내서에서는 음핵을 "영혼이 들어올 때" 팽창하는 작은 남근이며, "여성에게 성욕을 일으키고 성교를 기꺼이 받아들이게 하는 곳, 이것 없이는 여성의 욕망도, 쾌락도 없다"라고 설명했다. 이듬해에는 네덜란드 의사 레이니르 더 흐라프Reinier de Graaf가 여성의 생식기를 해부학적으로 설명한 글을 썼다. 포괄적인 설명이 담긴 최초의 자료일 가능성이 높은 그 글에서 흐라프는 그동안 동료 의사들이 음핵을 제대로 이해하지 못했다고 나무랐다. "일부 해부학자가 세상에 음핵이라는 부위가 아예 존재하지도 않는 것처럼 언급조차 하지 않는 사실이 정말 놀라울 따름이다"라고 하며 다음과 같이 덧붙였다. "지금까지 해부한 모든 시신에서 우리는 음핵이 상당히 쉽게 눈에 띌 뿐 아니라 손으로 만질 수도 있는 실제 기관임을 확인했다."

음핵을 아주 색다르게 묘사한 그림도 등장했다. 1844년 독일의 해부학자이자 의학 일러스트레이터였던 게오르크 루트비히 코벨트Georg Ludwig Kobelt는 인간의 생식기관을 절개하여 유색 잉크를 주입한 후 드러난 모양을 정교한 선으로 그렸다. 코벨트는 음핵 몸통이 무릎을 굽힌 다리처럼 아래로 길게 이어지며, 음핵 귀두에는 다량의 신경이 "멋지게 발달해 있다"라고 설명했다. 코벨트의 그림 속 음핵은 귀두와 그 아래로 뿌리처럼 두 갈래로 갈라지는 몸통으로 구성되어 있다. 일반적으로 사람들은 음핵이라고 하면 귀두 부분이 전부라고 생각하지만 실제로는 질 내벽을 감싼 이 두 갈래의 몸통도 음핵에 포함된다. 음핵 몸통은 뇌와 비슷하게 겉이 구불구불한 물질로 이루어진다고 추정되며 음경 몸통처럼 발기성 조직이다. 코벨트는 음핵이 전체적으로 "두 부분, 즉 음핵과 해면체 망울로 구성되며 이 두 부분은 혈관으로 연결되어 있다"라고 설명했다. 음핵은 몸 바깥에 별도로 존재하는 작은 단추 같은 부위가 아니라 혈액과 신경이 대거 연결된 광범위한 기관[26]이라고도 했다.*

이로써 해부학자들은 여성의 성에 관한 갈레노스의 암울한 견해를 확실하게 뒤엎었다. 여성의 생식기 구조에 대한 자세한 탐구가 이대로 계속되었다면 이전에 어떤 주장이 나왔든 간에 실제 구조는 훨씬 복잡하다는 사실을 깨닫는 것이 논리적인 다음 순서였을 것이다. 하지만 역사는 그렇게 흘러가지 않았다. 수십 년 내로 음핵에는 사악한 의미가 부여되었고 다시 외면당하는 존재가 되어 역사의 쓰레기 더미에 버려졌다. 대체 무슨 일이 있었던 걸까? 한마디로 요약하면 프로이트가 그렇게 만들었다.

음핵의 수난 시대

마리는 음핵이 어떻게 기능하는지 잘 알고 있었다. 어릴 때부터

---

* 코벨트는 인간의 음핵을 말, 고양이, 개, 쥐, 돼지, 토끼, 여우원숭이의 음핵과 비교하고 이런 동물들의 음핵은 중심에 음핵 뼈(os clotoridis)가 있으며 수컷에도 이 뼈에 상응하는 음경 뼈(baculum)가 있다고 설명했다.

마리는 자신의 몸 어디든 만졌을 때 기분이 좋아지는 곳은 서슴없이 만지던 아이였다. 하지만 이 순수한 즐거움은 어느 날 갑자기 중단되었다.

마리에게는 유모가 있었다. 화사한 미모사 꽃다발을 안고 처음 현관에 모습을 드러낸 후로 마리가 미모Mimau라고 부르던 이 유모는 프랑스 생클루에 있는 마리네 저택에서 함께 지냈다. 얼굴이 둥그스름한 코르시카 출신 과부였던 미모는 마리의 어머니가 난산 끝에 세상을 떠난 후 마리의 주된 양육자였다. 미모는 친자식이 없었기에 마리를 진심으로 아끼고 사랑했지만 독실한 가톨릭 신자여서 자위행위는 몸과 영혼을 병들게 하는 죄라고 여겼다. 어느 날 저녁 미모는 마리의 방에 들어갔다가 어린 여자아이의 손이 파자마 속에 있는 것을 보고 말았다. "그건 죄야! 사악한 짓이라고! 그러다 죽어!"[27] 미모는 마리에게 이렇게 소리쳤다.

얼마 지나지 않아 미모는 마리에게 희한하게 생긴 옷을 입혔다. 금지된 행위를 하지 못하도록 아랫도리를 끈으로 졸라매는 형태의 잠옷이었다.

마리는 이미 병든 아이였다. 엄마의 갑작스러운 죽음에 죄책감을 느꼈고 자신도 일찍 죽게 되리라 확신했다. 한차례 결핵을 앓은 후에는 세균과 질병을 두려워했고 모르핀이 함유된 감기약 '플론 시럽sirop de Flon'마저 겁냈다. 그날 밤 미모의 꾸지람은 마리의 마음 깊이 남았다. 육체의 쾌락을 추구하다가 일찍 죽을지도 모른다는 두려움에 마리는 자위를 그만두었다. 이때가 여덟 살에서 아홉 살 무렵이었다.

자위를 죄로 여긴 사람은 미모만이 아니었다. 19세기 말과 20세기 초 유럽에는 자위행위를 극도로 꺼리고 두려워하는 분위기가 팽배했다. 여성들의 불안은 음핵에 집중되었다. 음핵이 여성의 쾌락에는 중요한 부위지만 생식 기능에는 아무 쓸모가 없다는 해부학자들의 주장도 이런 분위기에 일조했다. 음핵 오르가슴은 부부라면 아이 낳는 일에만 전념해야 한다는 신념을 위협했다. 의학 역사가 앨리슨 M. 다운햄 무어Alison M. Downham Moore에 따르면 당시 음핵 오르가슴은 짧은 머리와 담배, 헐렁한 옷차림과 하나로 묶여 부적절하고 남성적인 일이자 "국가의 생식 건강에 무익한 일"[28]로 여겨졌다. 일부 의사는 음핵이 두드러지는 여성은 "정열에 이끌려 타락할 가능성이 크며 히스테리, 색정증 같은 신경증에 시달리다 죽음에 이를 수 있다"[29]라고 믿었다.

그런 면에서 마리는 운이 좋았다. 1890년대에는 미모가 마리에게 입힌 '자위 방지용 속옷' 뿐 아니라 몸을 움직이지 못하게 고정하는 죔쇠나 다리를 분리하는 장치도 있었고, 심지어 자위한 아이는 손을 목 주변에 묶어두었다(이 상태로 발은 침대 발판에 묶어두는 이해하기 힘든 조치까지 감행되었다)는 기록도 있다. 이런 조치가 효과 없으면 수술이 기다리고 있었다. 미국에서는 음핵을 자극으로부터 '해방'해야 한다는 이유로 음핵 덮개를 제거하는 수술이 빈번히 행해졌다. 1850년대에 영국인 산부인과 의사 아이작 베이커 브라운Isaac Baker Brown은 히스테리, 동성애, 간질과 같은 '신경병' 치료에 효과가 있다며 음핵 절제술, 즉 음핵의 귀두와 몸통을 외과적으로 제거하는 수술을 권장했다.* 16세부터 57세에 이르는

버자이너

최소 48명의 여성이 이 의사의 손에 음핵을 잃었다.

1866년 베이커 브라운은 이 일로 큰 비난을 받고 런던의학회 대표 자리에서 쫓겨났다. 하지만 의사들은 그 같은 수술을 전면 거부하는 대신 좀더 신중하게 접근해야 한다고 보았다. 미국에서도 최소 1940년대 초까지 음핵 절제술이 무분별하게 시행되었다. 이 수술을 가장 적극적으로 지지한 사람 중 하나가 의사이자 콘플레이크로 엄청난 부를 이룬 존 하비 켈로그John Harvey Kellogg였다. 켈로그는 자위를 '역겨운 궤양', 사회의 최대 악이라고 여겼다. 그는 1892년에 석탄산을 음핵에 듬뿍 바르면 "의지력이 약해서 자위행위를 완벽히 통제하지 못하는 환자에게 비정상적인 흥분을 가라앉히고 그런 행위를 반복하지 않게 만드는 효과가 있다"[30]라고 주장했다.**

자진해서 이런 수술을 받는 여성들도 있었다. 마리는 1929년에 독일 라이프치히에서 "자위 횟수가 하루에 최대 열다섯 번에 이를 만큼 강박적인 상태라서 괴롭다"[31]라고 이야기하는 서른여섯 살 여성과 만났다. 마리의 저서 《여성의 성Female Sexuality》(1951)에는 이 여성이 "남편과 함께 있을 때는 성욕을 전혀 느끼지 못한다"라고 밝힌 내용이 나온다.***[32] 이 여성은 의사에게 수술

***

* 6장과 7장에 자세한 내용이 나온다.
** 희한한 사실은 음핵 수술이 여성의 쾌감을 증대하는 방법으로 광고되기도 했다는 점이다. 음핵 덮개(남성의 포피에 해당하는 부분) 제거술이나 음핵의 귀두에서 이물질을 제거하는 시술이 그런 목적으로 알려졌다.
*** 이 여성의 담당 의사도 그녀의 남편이 "성관계에 서투른 것으로 보이며, 전희 없이 성교부터 시도한다"라고 기록한 걸 보면 성욕을 느끼지 못한 것도 무리는 아니다.

로 자신의 병을 '고쳐달라'고 요청했다. 하지만 수술로 생식기 신경을 절단한 뒤 나팔관과 난소를 모두 제거하고 소음순과 음핵을 마모시키는 조치까지 취한 이후에도 이 여성은 "흉터만 남은 음핵을 자극하며 수술 전과 같은 빈도로 여전히 강박적으로 자위를 계속했다"라고 마리는 전했다. 마리가 특히 놀라워한 사실은 "수술 후 음핵의 민감도가 줄거나 질의 민감도가 더 커지는 변화는 일어나지 않았고, 자위할 때 수술 전과 정확히 같은 부위를 자극했다는 점"이었다.

마리는 이 놀라운 사실의 원인이 이 여성의 고집스러운 성격에 있다고 해석했다. 팔이 절단된 환자가 팔이 있던 자리에 통증을 느끼는 것처럼 이 여성도 '유령' 음핵에서 계속 쾌락을 느낀다고 생각했다.

여기서 주목할 만한 사실은 마리가 여성들에게 음핵을 통한 쾌락을 즐길 권리가 있다고 믿으면서도 모든 여성에게 같은 권리가 있다고는 생각하지 않았다는 점이다. 프로이트를 포함한 동시대 다른 사람들처럼 마리도 '문명화된' 사람들(유럽 사람들)과 '미개한' 사람들(아프리카와 중동 사람들)로 인종을 구분하는 뿌리 깊은 인종차별주의자였다. 생애 후반기에는 여성의 생식기를 절단하는 관습이 여성의 성을 억압하고, 나아가 여성에게 남아 있는 남성성의 흔적을 제거함으로써 여성을 더 '여자다운' 여자로 만들려는 시도라고 주장하며 유럽에서 오래전부터 행해진 음핵 절제술도 이런 관습과 비슷한 점이 있다고 밝혔다. 하지만 그런 신체 훼손 행위는 '미개한' 사회에서만 계속 자행되고 있다고 결론

지었다(미국에서 여전히 그런 수술이 행해지고 있다는 사실은 몰랐던 것으로 보인다).

자위행위를 극도로 두려워하면서도 호기심 많았던 마리는 답을 찾고 싶었다. 무엇이 '정상적인' 여성의 성생활인가? 그런 정상적인 성생활은 어떻게 발달하고, 음핵과는 어떤 관련이 있을까? 마리는 프로이트에게 답이 있을지도 모른다고 생각했다.

프로이트의 결정적인 맹점

프로이트와 처음 만났을 때 마르타 베르나이스는 그의 집 식탁에서 사과를 깎고 있었다.[33] 마리가 등장하기 한참 전인 1882년 프로이트의 누이들이 당시 스물한 살이었던 친구 베르나이스를 집에 초대했다. 그 시절의 초상화를 보면 베르나이스는 야윈 얼굴과 검은 생머리에 앞가르마를 곱게 탄 단정한 모습이다. 아버지가 돌아가신 지 얼마 안 되었을 때라 프로이트와 만난 날 베르나이스의 눈에는 우울함이 가득했다. 프로이트가 보낸 여러 통의 연애편지에는 그날 자신이 베르나이스에게 첫눈에 반했다는 내용이 담겨 있다.

프로이트가 처음으로 느낀 이 사랑의 감정은 4년이 넘는 긴 구애로 발전했다. 프로이트는 이 사랑을 계기 삼아 인생 계획도 다시 세웠다. 아직 스물여섯 살도 안 된 나이였고 정신분석학의 아버지도 아니었던 그 시절의 프로이트는 평생을 과학 실험에 바칠 계획이었다. 그래서 생리학 실험실에서 연구 보조로 일하며 가재의 신경세포, 장어의 생식기에 관한 논문을 발표했다. 뇌의 비밀을 과학적으로 밝혀내겠다는 목표도 있었다. 하지만 아직 부모님 집에 얹혀사는 가난한 학생이었고 늘 몸에 잘 맞지도 않는 정장을 걸치고 턱수염은 제멋대로 자란 모습으로 다녔다. 이런 그가 사랑하는 여성에게 무엇을 약속할 수 있었을까? 베르나이스와 만나고 6개월 후 프로이트는 실험실을 그만두고 훨씬 안정적이고 수입도 좋은 의사가 되어 빈종합병원에서 임상 보조로 일하면서 3년간 외과, 내과, 정신의학과에서 외로운 시간을 보냈다. 이 시간이 그를 정신분석학의 길로 이끌었다.

결국 프로이트의 인생을 바꾼 건 한 여성이었던 셈이다. 프로이트의 여러 전기에는 베르나이스가 독일어로 '하우스프라우Hausfrau'라 불리는 존재, 즉 아이들을 돌보고, 집 안 구석구석을 티끌 하나 없이 말끔하게 치우고, 식구들을 맞이하는 데 대부분의 시간을 보내는 가정주부housewife로 묘사된다. 그것도 사실이지만 베르나이스는 프로이트보다도 수준이 높은 지식인이었다. 정통파 유대인 부부의 딸로 태어나 책도 많이 읽었고 여러 언어를 구사했다. 프로이트가 베르나이스에게 처음 준 선물도《데이비드 코퍼필드David Copperfield》* 였다. 프로이트는 베르나이스에게 붉은 장미와 함께 라틴어로 쓴 시를 선물하면서 애정을 표현하기도 했다.

---

*   1850년에 출간된 찰스 디킨스의 소설-옮긴이.

베르나이스는 1886년에 프로이트와 결혼한 후부터 9년간 여섯 명의 아이를 낳느라 거의 계속 임신 상태였다. 결혼 전에 받았던 장문의 연애편지는 세탁할 옷들을 적은 목록으로 바뀌었다. 프로이트가 자기 일에 열정을 쏟을 수 있었던 건 베르나이스의 뒷바라지 덕분이었다. 베르나이스는 가정을 돌보며 아이들을 키우고 수요일 저녁이면 자신의 집 거실에 모여드는 정신분석학계의 거장들을 접대했다. 매주 모임이 있는 날이면 베르나이스는 손님들에게 블랙커피와 시가를 대접했는데, 프로이트는 아내의 접대가 끝난 후에야 의기양양하게 모습을 드러냈다. 프로이트가 세상을 떠난 후 베르나이스는 다음과 같은 글을 남겼다. "53년의 결혼 생활 동안 서로에게 화내는 말을 한 번도 하지 않았다는 사실이 아주 작은 위안이 된다. 남편이 자신의 길을 가는 동안 나는 일상에서 느끼는 절망감을 최대한 떨치려고 늘 노력했다."[34]

프로이트는 1905년부터 여성의 성에 관한 이론을 정립하기 시작했다. 사회가 열망하는 것이 무엇인지 인지했지만 여성의 역할은 가정을 돌보고 아이를 낳는 일임을 분명히 했다. 프로이트는 여자아이들이 어릴 때부터 남자가 되고 싶어 한다고 보았다. 그리고 남자가 될 수 없다는 사실을 자각한 후부터는 반항하며 자신의 성기와 성기가 주는 즐거움에 탐닉하다가 결국에는 여성으로서 자신의 운명을 받아들이게 된다고 설명했다. "성의 관점에서 여성의 인생은 보통 두 단계로 나뉜다. 첫 번째 단계는 남성의 특징을 보이는 시기고, 두 번째 단계가 되어서야 여성의 특징이 나타난다." 프로이트가 1931년에 쓴 에세이 《여성의 성 Female

Sexuality》에 나오는 내용이다. "여성의 발달 과정에는 이처럼 한 단계에서 다른 단계로 넘어가는 전환기가 있으나 남성의 발달 과정에는 그에 상응하는 시기가 없다."

프로이트는 음핵을 이 수수께끼 같은 과정의 열쇠로 보았다. 아동기에는 남자아이들의 음경이 그렇듯 여자아이들에게는 음핵이 자연스러운 쾌락을 느끼게 해주는 부위이며 음핵을 만지는 행위는 "아이가 최초로 느끼는 가장 원초적인 성적 충동" 중 하나라고 설명했다. 하지만 성인이 된 여성에게 음핵은 부적절하게 남은 유아기의 기관이며 음경을 가지고 싶었던 어린 시절의 유물, 즉 '정상적인 여성의 태도'를 갖추기 위해 포기해야 했던 그 꿈을 떠올리게 하는 것이라고 했다.[35] 또한 "여성의 성적 발달이, 처음에는 생식기 부위의 중심이 음핵이었다가 나중에는 질로 바뀌는 복잡한 과정을 거친다는 것은 오래전부터 알려진 사실이다"라고 했다.

프로이트가 과학을 무시한 건 아니었다. 신경학 전문의 과정을 공부한 만큼 여성이 느끼는 쾌락의 해부학적 원리가 서서히 드러나고 있다는 사실을 그도 알고 있었다. 음핵에 신경 말단이 밀집되어 있으며 음경처럼 발기하는 조직이라는 사실도 알고 있었다. 이를 바탕으로 음핵을 "남성의 생식기와 유사하다"라고 말한 적도 있다.* 《종의 기원》(1859)이 출간되었을 때 세 살이었던

---

*   1908년에 프로이트는 "해부학에서는 여성의 외음부에 있는 음핵이 음경에 상응하는 기관이라는 점을 인정한다. …… 이는 여성도 남성처럼 음경이 있었다는 유아기 성 이론을 뒷받침하는 증거이기도 하다"[36]라고 했다.

프로이트는 다윈을 숭배하며 자랐다. 인간의 생존 의지와 모든 생명을 지배하는 보편적인 법칙을 밝혀낸 다윈의 업적에 매료되어 "위대한 다윈"[37]이라고 부르기도 했다. 하지만 나중에는 자신이 진화의 아버지마저 넘어섰다고 여기게 되었다. 인간의 정신에는 다윈이 밝혀낸 생물학적 법칙이 적용되지 않는 부분이 있다고 판단했기 때문이다.

당시의 정신분석학은 한 인간이 사회가 부여한 역할에 얼마나 부합하느냐에 관한 것이었고, 여기에는 생물학적인 역할도 포함되었다. 여기서 말하는 여성의 역할이란 '남근이 없는 작은 존재', 즉 자신이 거세된 남성임을 받아들이는 것이었다. 따라서 여성이 사회에서 제 기능을 하려면 어린 시절에 즐거움을 주었던 음핵을 거부하고 남근을 수동적으로 받아들이는 법을 배워야 했다. 게다가 남근의 침투를 '즐겨야' 했다.

마리는 음핵을 태아의 콩팥과 비슷하게 한시적인 기관이라고 설명한 적이 있다.** 어린 시절에는 "성적 자극을 주는" 기관이지만 결국에는 뒤로 밀려나고 질이 그 자리를 차지하게 된다는 내용이었다. 또한 마리는 "여성의 성욕이 흐르는 경로도 강물이 흐르는 방향이 바뀌듯 바뀌어야" 하며 이는 "보통 유아기에는 성감대가 음핵이었다가 성장 후에는 성인의 명확한 성기관인 질로 바뀌어야 한다는 의미"라고 보았다.

** 태아의 콩팥은 엄마 배 속에 있는 동안 계속 발달하면서 형태가 잡히지만 출생 전까지 그 기능은 대부분 모체의 태반이 대신한다-옮긴이.

프로이트는 마리와는 다른 식의 은유를 즐겨 사용했다. 《성욕에 관한 세 편의 에세이Three Essays on the Theory of Sexuality》(1905)에서 그는 음핵을 소나무 부스러기에 비유했다. "단단한 땔감에 불을 붙이려면 먼저 소나무 부스러기에 불을 붙여야 하듯" 성적 흥분을 "인접한 다른 부위들"로 전달하는 것이 음핵의 기능이라고 설명했다. 이런 전환은 필수적인 과정이지만 여성이 이 과정에서 심리적으로 큰 대가를 치른다는 사실을 인정했다. "여자아이들은 과거에 선망하던 남성성을 억누르려고 하다가 전반적인 성생활의 큰 부분이 손상되는 경우가 많다." 프로이트가 쓴 글이다. 여성은 "자신이 거세된 존재임을 인정하고 남성의 우월성과 자신의 열등함을 인정하면서도 이 불쾌한 현실에 저항한다"라고 말했다. 어느 쪽도 포기하려 하지 않았던 마리에게 정확히 들어맞는 설명이었다.

여성에 관한 프로이트의 정신분석 이론은 그가 여성들과 맺은 관계와 깊은 연관성이 있다. 미국의 정신의학자 로버트 제이 리프턴Robert Jay Lifton의 말이 이를 가장 잘 설명해준다. "위대한 사상가 모두가 적어도 한 가지씩은 맹점이 있다. 프로이트의 맹점은 여성이었다."[38]

프로이트도 자신에게 여성은 수수께끼로 남았음을 인정했다. (나중에 마리가 프랑스어로 번역한) 1926년의 에세이에 여성의 성sexuality은 "심리학에서 말하는 '암흑의 대륙'"[39]과 같다는 유명한 말을 남기기도 했다.* 프로이트는 여성의 성이 발달하는 과정을 설명할 수 있다고 주장했지만 '생물학적 근거'는 제시하지 못했다. 《성욕에 관한 세 편의 에세이》에는 "성생활에 관한 연구는 대상이 (남성에) 한정된다"[40]라는 설명과 함께 여성의 성생활은 "베일에 가려져 안을 들여다볼 수 없다"[41]라고 쓰여 있다. 프로이트는 말년에 여성에 관해 더 깊이 알고 싶은 사람은 "자신의 경험을 탐구해보거나, 시인들의 이야기에 의지하거나, 과학이 더 깊이 있고 일관성 있는 정보를 제공할 때까지 기다려야 한다"라고도 했다.

프로이트 자신이 이 수수께끼를 풀기 위해 개인적으로 의지한 권위자는 따로 있었다. 프로이트의 전기를 보면 그가 마리에게 다음과 같이 고백하는 대목이 나온다. "지난 30년간 여성의 영혼을 연구했지만 '여성이 무엇을 원하는가?'라는 중대한 질문에 나는 여전히 답을 할 수가 없습니다."[42]

이 질문이 남은 평생 그를 괴롭혔다.

여성의 생식기에 관한 현장 연구

프로이트가 이렇게 여성의 성을 이론적으로 분석했다면, 마리에게 성은 생활의 한 부분이었다.

✱　인종차별적 의미가 내포된 표현이다. 식민지 개척자였던 헨리 모턴 스탠리(Henry Morton Stanley)는 아프리카 대륙을 침투하기 어렵고 살기에 적합하지 않은 수수께끼 같은 대륙이라는 의미로 암흑의 대륙이라 표현했는데, 프로이트도 비슷한 의미로 이 표현을 썼다.

아버지 롤랑 보나파르트 Prince Roland Bonaparte 와 스위스 알프스를 등산하던 어느 여름날, 마리는 아버지가 고용한 한 유부남 직원을 만나 처음으로 사랑에 빠졌다. 마리는 일기장에 다음과 같이 묘사했다. "코르시카 출신의 비서, 검은 머리에 파란 눈, 뾰족한 턱수염, 나는 열여섯 살이었고 그는 서른여덟 살이었다. 나는 못생겼고 그는 잘생겼다." 두 사람의 연애는 순수했다. 한 번의 키스와 저녁 식사 자리에서 식탁 밑으로 발 장난을 치는 정도였다. 어느 밤 그는 마리에게 머리카락을 한 뭉치만 잘라달라고 부탁했다(마리는 "앙투안 레앙드리 Antoine Léandri 께, 당신을 열렬히 사랑하는 마리로부터"라는 글과 함께 머리카락을 건넸다). 하지만 레앙드리가 바란 것은 머리카락 이상이었다. 그와 그의 아내는 마리에게 10만 금프랑*을 내놓지 않으면 마리가 보낸 열렬한 연애편지를 언론에 공개하겠다고 협박했다.

그때 마리는 남자들을 향한 열정이 자신의 약점이자 강점이 될 수 있음을 깨달았다. "우리 엄마의 보석 상자에 담긴 보석들은 진정한 내 재산이 아니다." 마리가 스무 살에 쓴 일기 내용이다. "내 감정, 내 마음이 진짜 내 재산이다. 내가 사랑을 받건 받지 못하건 상관없이 나는 사랑하는 법을 안다!"

마리는 자신이 여성으로 태어났다는 사실을 단 한 번도 온전히 받아들이지 않았다. "자연과 인생은 나에게 남성의 두뇌와 남성의 힘, 남성의 본능을 주었습니다."[43] 마리는 프로이트에게

---

* 1360년에 처음 도입되었다가 나폴레옹 시대에 재도입되어 통용되던 금화-옮긴이.

쓴 글에서 이렇게 설명했다. "그래서 나에게는 남성과 여성 양쪽 모두로 살아갈 권리가 있다고 생각합니다. 그리고 단언컨대, 이것이 잘못되었다고 생각하지 않습니다."

마리가 본격적으로 성적 탐구에 나선 것은 결혼 후였다. 30대가 되어 남편과의 관계가 소원해지고 어머니 역할에서도 성취감을 느끼지 못하자 정치인들, 의사들, 정신분석가들과 여러 차례 깊은 관계를 가졌다. 하지만 마리를 만족시키는 사람은 없었다.[44] 마리의 마음속에는 질 삽입 성교에 대한 두려움이 깊이 자리 잡고 있었다. 마리는 자신이 오르가슴을 느끼지 못한다는 생각을 떨치지 못했고 연인들이 "내 속살의 신비"를 맛보고 나면 자신에게 흥미를 잃을까 초조해했다.

1924년 자신의 성생활에 절망감을 느끼던 마리는 자신과 같은 처지인 여성이 많다는 사실을 알게 되었다. "남자들이 생각하는 것보다 훨씬 많은 여성이 이런 문제를 겪는다." 마리는 이런 글을 남겼다. 그리고 이 수수께끼의 근원을 파헤치기 위해 현장 연구를 시작하기로 했다.

마리는 원래 의학을 공부하고 싶었지만 지체 높은 여성에게 어울리는 일이 아니라며 반대하는 아버지 탓에 그러지 못했다. 그런데 이제 기회가 생긴 것이다. 마리는 파리와 빈에서 알고 지내던 의사들에게 연락하여 부인과 진료를 보러 온 환자들과 이야기를 나눌 수 있게 해달라고 부탁했다. 마리만큼 부유하고 인맥이 넓은 사람의 부탁이 아니었다면 의사들은 터무니없는 소리로 여겼을 것이다. 하지만 다른 사람도 아닌 마리의 부탁이었다. 그때부터 마리는 의사들이 진료를 보는 동안 곁에 앉아서 여성 환자들에게 내밀한 질문을 던졌다. 20세부터 62세에 이르는 다양한 연령대의 여성 총 243명에게 자위 습관과 당시에는 성교 중에 느껴야 '정상'이라고 여기던 질 오르가슴을 경험하고 있는지와 같은 가장 사적인 질문을 던졌고, 여성들의 생식기 치수도 측정하여 기록했다.[45] 당시 마리는 "이 과정에서 여성 생식기의 해부학적 구조가 불완전한 성적 반응과 관련이 있는지 조사해야겠다는 생각이 들었다"라고 했다.

　　마리는 수집한 데이터에서 한 가지 패턴을 발견했다. 음핵의 크기는 성교 중에 여성이 느끼는 오르가슴에 아무런 영향을 주지 않는 것으로 보였고 영향을 주는 유일한 요소는 음핵 밑부분과 요도의 거리인 듯했다. 즉 음핵이 요도와 가까울수록 오르가슴을 느낄 가능성이 높았고, 멀수록 '뛰어넘기에는 너무 먼 간격'인 것처럼 오르가슴을 느낄 확률도 감소하는 듯 보였다.* 마리는 노트 한쪽 구석에 늘어난 레몬과 비슷한 모양으로 질의 구조를 그리고, 이 조사로 알게 된 여성들의 음핵 위치를 크게 세 군데로 나누어 표시했다.[46] 마리는 자신이 조사한 여성들의 성 불감증을 두 가지 유형으로 나누었다. 하나는 정신분석의 도움을 받을 수 있는 유형이었고, 다른 하나는 순전히 해부학적 문제와 관련 있는, 즉 음핵과 질 입구가 너무 멀리 떨어진 유형이었다. 마리는 1924년에 이

＊　　이것이 오르가슴에 영향을 주는 유일한 요소는 아니지만, 마리가 수집한 데이터를 현대에 들어 다시 분석한 여러 연구에서 음핵과 질의 거리[47]는 실제로 여성이 삽입 성교 중에 느끼는 오르가슴에 영향을 주는 것[48]으로 밝혀졌다.

연구 결과를 학술지《브뤼셀 의학Bruxelles-Médical》에 A. E. 나르자니A. E. Narjani라는 남성 이름을 가명으로 써서 발표했다.

마리는 자신의 생식기도 측정했다.[49] 그 결과 자신의 음핵이 성교 중에 오르가슴을 확실하게 느끼기에는 질과 너무 멀리 떨어져 있다는 사실을 알게 되었다.[50] 마리는 이것이 자신이 겪어온 불감증의 원인이라고 믿었다. '텔레클리토리디엔téléclitoridienne (멀리 떨어진 음핵)'이 마리 스스로 내린 진단이었다. 마리는 자신처럼 '고집스러운 음핵'을 가진 여성들에게 이례적인 해결책을 제안했다. "음핵과 질의 간격이 너무 멀고 음핵이 적정 위치에 고정되어 있지 않다면 수술로 간격을 좁힐 수도 있다는 생각이 떠올랐다." 다시 말해 음핵을 질과 더 가까워지도록 옮기면 성교 중에 좀더 확실히 자극받지 않겠냐는 의미였다. 마리는 이 방법으로 오르가슴이 발생하는 체계를 바로잡으면 자기 몸의 한계라고 여기던 문제가 해결될 수도 있다고 생각했다.

해부학적인 이 문제를 거스를 수 없는 운명으로 받아들여야 할까? 마리는 그렇지 않다고 생각했다. 마리의 1924년 논문은 그녀가 개발에 도움을 준 수술, 즉 음핵을 질과 가까운 위치로 옮기는 할반 박사의 수술을 강력히 지지한다는 증표였다. 마리는 이 수술을 '할반-나르자니 수술'이라 불렀고 여성이 겪는 성적 문제는 생각에 불과한 게 아니며 적어도 일부는 해부학적 문제라고 보았다.

그리고 프로이트의 생각과는 달리 해부학적인 문제는 해결할 수 있다고 믿었다.

혼란스러운 수술의 결과

수술을 마치고 며칠 후 마리는 정원에서 지저귀는 찌르레기 소리에 잠을 깼다.[51] 더없이 화창하고 맑은 날이었다. 4월 24일 오전에 의사가 수술 부위를 봉합한 실을 제거했다. 다 잘된 듯했다. "할반 박사가 훌륭하게 해낸 것 같아요!"[52] 마리는 프로이트에게 신이 나서 알렸다. "결과가 어떨지는 두고 봐야겠지만요!"

마리는 그 주 중반쯤 뢰브 사나토리움을 떠날 예정이었다. 당시 프로이트는 턱에 생긴 암 때문에 여러 차례 수술을 받고 회복 중이었는데, 비슷한 시기에 그도 퇴원하기로 되어 있었다. 하지만 4월 28일이 되어도 마리는 퇴원하지 못했다. 수술 부위에 약간의 감염이 생긴 것이다[53](마리는 항바이러스 치료를 직접 지휘했다고 자랑스럽게 보고했다). 그래도 수술이 잘되었을 것이라는 희망은 놓지 않았다. "여러 단서로 볼 때 저는 이번 수술이 성공적이라고 생각합니다." 마리는 편지에도 이렇게 썼다.

그때까지도 프로이트는 병문안을 오지 않았다. 그는 편지로 "영웅적인 일"을 해냈다고 축하 인사를 전하며 마리가 회복하는 동안은 바빠서 찾아볼 수 없을 것 같다고 분명히 전했다. 어쨌든 이제 마리에게 자신의 도움은 필요 없을 것 같다는 말도 덧붙였다. 프로이트의 말은 마리에게 큰 충격이었다. 마리의 삶에서 유일하게 아버지 같은 존재였던 사람, 자신의 지성과 잠재되어 있던 창의력을 알아본 유일한 사람에게서 버림받는다는 건 견디기 힘든 일이었다. 몇 주 후 프로이트는 결국 마리를 만나러 오겠다고 했다. 하지만 마침내 마리를 만났을 때 프로이트는 그는 이런 수술을 결정했다는 사실에 계속해서 불쾌감을 표시했다. 마리는 자신의 선택을 의심하기 시작했다. '내가 정말 끔찍한 실수를 저지른 건 아닐까?'

얼마 후 마리는 생클루의 저택으로 돌아왔다. 정원에 만발한 아름다운 꽃들을 보아도 아무 감흥이 없었다. 그렇게 2주가 흘렀을 무렵 꿈을 꾸는 듯한 혼란이 일어나기 시작했다.[54] 그 꿈에는 평소에 믿지도 않았던 신과 천국이 모두 나오곤 했다. 마리는 자신이 큰 죄를 저질렀다고 느꼈다. "선생님을 불쾌하게 했다는 사실이 슬픕니다. 더 심각한 문제는 이제 저도 그런 저를 싫어하게 되었다는 것입니다." 마리는 프로이트에게 편지로 이렇게 전했다. "선생님은 몽유병으로 걸어 다니는 사람의 팔을 붙잡아서 깨우듯 저를 깨웠습니다." 마리는 자신이 신경증 상태이며 "거의 정신병에 가까운 것 같다"라는 말도 덧붙였다. 마흔다섯의 나이에 잔뜩 겁먹은 소녀로 돌아간 기분이었다.

마리의 수술 결과에는 많은 게 달려 있었다. 지금껏 모든 일에 그랬듯 마리는 이 수술에서도 연구와 즐거움을 모두 추구했다. 같은 수술을 받은 다른 여성들을 관찰하고, 그 결과를 정리해서 할반 박사와 함께 이 수술에 관한 논문을 써야겠다는 계획이 그나마 위안이 되었다. 수술이 잘되면 다른 의사들도 배우려 할 테고, 그러면 수술을 하는 사람도, 받는 사람도 많아질 터였다. "이번 일에 관해 제가 만족할 수 있는 단 한 가지는 연구의 남은 단계들을 함께 마무리할 것이라는 점입니다. 할반 박사님께도 그렇게 이야기할 생각입니다." 마리는 프로이트에게 이렇게 전했다. 그렇게 해서 학문적인 성취를 얻고 사람들의 기억 속에 자신의 이름을 남기고 싶었다.

음핵과 질의 조화로운 협력

5월 18일 마리는 프로이트에게 성적으로 '완벽한 만족감volle Befriedigung'을 느꼈다는 놀라운 소식을 전했다.[55] "이제는 대단히 수월하게 느낄 수 있습니다. 재미있는 사실은 예전과 같은 상황을 겪지 않았다면 지금 느끼는 이 만족감이 무엇인지조차 몰랐을 것이라는 점입니다." 마리는 독일어와 프랑스어를 섞어 쓰며 편지로 이렇게 전했다. 마리의 오랜 고민이 마침내 끝난 듯했다.

하지만 끝난 게 아니었다. 마리가 느낀 성적 만족감은 환상이거나 우연이었다. 나중에 마리는 수술이 실패했으며 그토록 오랫동안 원했던 결과는 전혀 얻지 못했다고 밝혔다.

수술로는 원하던 만족감을 얻을 수 없었다. 할반-나르자니 수술을 받은 다른 여성들도 마찬가지였다. 처음에 마리는 다섯 명의 여성에게 수술 이후 긍정적인 변화가 생겼다고 했지만 나중에는 처음에 썼던 보고서에 "분석이 부족했고 오류가 있었다"[56]라고 인정했다. 음핵의 위치를 옮긴 후 오르가슴을 느끼는 부위가 질로 '바뀐' 사례는 단 한 건도 없었다. 마리는 수술 후에도 대부분 "음핵이 여전히 주된 성감대였다"라고 기록했다. "이

혼한 서른다섯 살의 여성"이라고 밝힌 한 여성은 왜 이 수술을 받겠다고 했는지 모르겠다며 분개했다. 수술 전에는 그래도 상대방 위에 올라앉은 자세로 성교할 때만은 오르가슴을 느낄 수 있었는데, 이제는 수술 부위가 감염된데다 기대했던 새로운 오르가슴도 느끼지 못했기 때문이다. "이 여성의 남성성 콤플렉스는 이례적일 만큼 강했다." 마리는 이렇게 설명했다. 이런 생각은 상황을 수습하는 데 별로 도움이 되지 않았을 것이다.

2년 후 마리는 두 번째 수술을 계획했다. "정신분석으로 얻을 수 있는 건 기껏해야 체념이고 이제 나는 마흔여섯이다." 마리의 일기에 나오는 내용이다. "지금 나는 두 번째 수술을 생각하고 있다. 섹스를 포기해야 할까? 그저 일하고, 글 쓰고, 분석하면서 살아야 할까? 하지만 금욕생활은 두렵다." 마리는 "수술 전에 음핵이 있던 자리가 계속 민감하게 반응한다"라고도 했다. 결국 마리는 다시 한 번 수술대에 누웠다. 1930년 할반 박사는 마리의 수술을 위해 파리로 왔다. 나팔관이 부어 통증을 느끼는 난관염으로 몇 주 동안 고생한 뒤라 이 두 번째 수술에서는 음핵의 위치를 옮기는 동시에 자궁과 난소를 제거했다. 결과적으로 완경기가 앞당겨졌다.

마리는 자신의 경험을 바탕으로 여성의 성에 관한 이론을 계속해서 발전시켰다. 프로이트로서는 분개할 일이었지만 음핵의 역할을 거부하려고도 하지 않았다. 오히려 마리는 자신의 음핵과 그것이 줄 수 있는 쾌락에 집중했다. 그리고 "여성의 성적 쾌락은 여성이 하나의 유기체로서 보유한 남성성에서 비롯되는 것 같다"라는 말과 함께 어릴 때는 이 "남성성의 잔재"를 통해 처음으로 "성적 자극"을 느끼지만 이것이 지나치면 음핵에 과도하게 집착하게 되는 탓에 쾌락이 질로 전달되지 못하게 된다고 설명했다.

1934년 11월 눈가에 주름이 잡히기 시작하고 머리가 희끗희끗해진 쉰두 살의 마리는 영국의 버킹엄 궁전으로 향했다. 공식적인 방문 목적은 그리스 왕자 니콜라스의 딸이자 마리의 조카인 마리나와 켄트 공작의 결혼식에 참석하는 것이었으나, 결혼식 중에 슬쩍 빠져나와 영국 정신분석학회의 런던 사무소로 향했다. 그리고 남성이 대다수인 청중 앞에서 여성의 성을 주제로 강연했다. 마리는 음핵과 질의 "조화로운 협력"[57]이 중요하다고 당당히 강조하며 삽입 성교에 대해 여성들이 느끼는 공포에 관해서도 설명했고, 여성은 몸의 "특정 부위"가 아니라 몸 전체에서 쾌락을 느낀다고 했다.

마리는 이중생활을 했다. 왕족인 가족들에게는 모두에게 사랑받는 '마리 숙모'이자, 정신분석가였던 한 친구의 표현을 빌리면 "대단히 멋진 늙은이"[58]였다. 마리는 동료들에게는 다소 괴팍해도 여성의 성에 통달한 존경할 만한 전문가였다. 삽입 성교에서 쾌락을 느끼려고 평생을 애쓴 사실이 알려지면서 갈망과 충족되지 않은 욕망의 상징처럼 여기는 사람도 많다. 루마니아 조각가 콩스탕탱 브랑쿠시Constantin Brancuși는 마리가 오르가슴에 집착했다는 사실에서 영감을 얻어 번쩍이는 황동 남근상을 제작하고 마리를 기리는 의미로 그 조각에 〈X 공주Princess X〉라는 작품명을 붙이기도 했다. 하지만 마리에 대한 이런 인식은 사실과 다르다. 마리는 음핵을 포기하고 소극적인 삶을 추구하는 대신 음핵과 질이라는 두 세계를 하나로 합치려고 노력했다. "때때로 인류는 만족스러운 타협에 도달하는 법을 안다." 마리가 쓴 《여성의 성》에 나오는 내용이다.

하지만 자기 삶에서는 그런 통합을 이루지 못했다. 사람들에게는 성적 조화의 중요성을 설교했지만 정작 자기 자신은 둘로 분열된 존재라고 느끼며 살았다. 자신에게 남녀 양성의 정체성이 모두 있다고 여기며 살았던 점, 의사를 꿈꾸면서도 결국 상속받은 유산으로 살았던 점, 성역할에 관한 시대의 통념에 맞추기 위한 수술의 흔적이 몸에 고스란히 남았다는 점에서도 그런 이중성이 드러난다. 마리의 인생은 굽이쳐 흐르는 강물과 같았다. 지적인 성취를 추구했지만 늘 사회의 요구에 부딪히고 꺾였다.

마리가 받은 수술도, 정신분석학도 분열된 두 자아를 잇는 다리가 되지 못했다.

겉으로 드러나지 않은 음핵의 거대한 제국

학자들은 자연선택설을 정립한 다윈이 수도사 출신의 식물학자 그레고어 멘델 Gregor Mendel과 만나 멘델이 완두로 거둔 유전학 연구의 업적을 접할 기회가 없었다는 사실을 안타까워한다.[59] 멘델은 다윈이 살아 있을 때 자연선택설의 메커니즘을 설명했다. 지금은 유전자로 밝혀진 생물의 개별적인 특정 단위를 통해 유전 물질이 전달된다는 내용이었다. 다윈은 유전에 관한 위대한 이론의 바탕을 알아내기 위해 평생 동안 탐구했지만 결국 밝혀내지 못했다.

마리 역시 생전에 수많은 책을 읽었지만 독일의 해부학자 코벨트의 책은 단 한 권도 읽지 못했다. 코벨트의 책을 읽었다면 마리는 자신이 무엇을 잘못 생각했는지 단번에 알아차렸을 것이다.

마리가 한계에 부딪힌 이유는 정신분석에 관한 이해가 부족해서가 아니라 마리 자신과 마리가 만난 의사를 비롯하여 세상 누구도 여성의 해부학적인 특징을 제대로 이해하지 못했기 때문이다. 마리는 음핵을 축소된 음경이라고 생각했다. 하지만 마리가 보석처럼 귀중하게 여긴 그곳은 빙산의 일각, 즉 음경 귀두에 상응하는 음핵 귀두일 뿐이라는 사실이 밝혀졌다. 음경에는 음경 전체 길이의 3분의 1을 차지하는 신경 뿌리가 있고 이것이 골반 쪽으로 깊이 이어져 있다. 그리고 음핵에도 겉으로 드러나지 않는 거대한 제국, 포피 아래에 신경들과 혈관들이 얽힌 궁전이 있다. 그 꼭대기에 자리한 것이 음핵이다.

프로이트는 틀렸다. 음핵과 질은 끊임없이 갈등하는 별개의 기관이 아니다. 신경으로 서로 얽혀 있고 서로의 운명도 내밀하게 얽혀 있다. 한 가지를 이루는 두 핵심부다. 음핵은 해저 화산 또는 대부분이 모래 속에 묻혀 있는 피라미드와 같고 해파리의 촉수처럼 여성의 몸 안에서 골반 구석구석 틈마다 뻗어 있다. 그리고 마리가 받은 수술로는 건드릴 수 없는 강력한 감각 물질로 이루어져 있다.

마리가 갈구한 조화로운 성적 쾌락은 마리 안에 이미 존재
하고 있었다. 찾아내는 방법을 몰랐을 뿐이다.

2장

몸 내부의 음핵

화성의 표면보다도
연구가 덜 된 곳

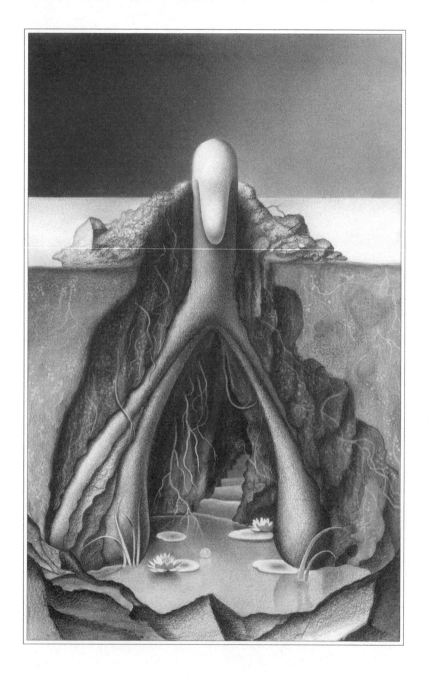

우리는 보려고 한 것만 보고 나머지는 무시한다.

헬렌 오코넬, 2004년

"정말 특별하죠?"

헬렌 오코넬Helen O'Connell의 목소리에 경외심이 묻어났다.[1] 숭배에 가까운 감정이었다. 쉰아홉 살의 이 오스트레일리아 출신 비뇨기과 전문의가 가리키는 이미지를 처음 보았을 때는 불그스름한 실개천과 분화구로 가득한 화성 표면에 위성이 하나 떠 있는 광경인 줄 알았다. 하지만 내가 본 건 '붉은 행성'으로 불리는, 화성의 표면보다도 연구가 덜 된 음핵 몸통의 횡단면으로, 조직 내부의 미세 구조였다. 오코넬은 가운데에 있는 하트 모양의 구조를 가리켰다. 붉은색의 두툼한 내벽으로 둘러싸인 두 개의 반구가 양쪽으로 갈라져 있었다. 자그마한 구멍들이 가득한 다공성 구조였다. "관이 얼마나 많은지 보이시죠? 전부 발기성 조직입니다. 해면 조직spongy tissue이라고도 하죠." 남성이 성적으로 흥분하면 발기 조직으로 구성된 음경의 좌우 기둥(음경해면체)이 혈액으로 채워지듯 여성은 같은 상황에서 음핵에 있는 이 관들이 전부 혈액으로 채워진다.

음핵 몸통 내부에는 서로 밀고 밀리는 희끄무레한 소용돌이가 보였다. 그 모양이 마치 인상파 화가 반 고흐의 〈별이 빛나는 밤〉에 묘사된, 소용돌이처럼 휘몰아치는 광풍 같았다. 음핵이 접촉에 극히 민감하게 반응하도록 만드는 신경 말단이 조밀하게 모여 있는 모습이다.[2] 신경 말단은 음핵의 귀두와 발기성 몸통에 촘촘히 밀집되어 있어서 작은 압력과 진동에도 반응한다. 음핵 몸통 양쪽에는 테두리가 붉은 제법 큰 구멍이 하나씩 있다. 골반 부위의 감각이 집중되어 있는 음핵에 혈액을 퍼 나르는 음핵 동맥이다. 오코넬은 이 동맥들과 한 묶음으로 자리한 큼직한 신경을 가리켰다. 영아기에도 지름이 2밀리미터나 되어서 육안으로 확인할 수 있을 만큼 굵은 신경이다.

"신경이 분홍빛인 거 보이시죠? 정말 놀랍지 않나요? 조직 끄트머리에 이렇게 가까운데도 신경 몸통이 있는 겁니다. 신경 섬유는 없고, 거대한 신경이 온전하게 그대로요."

2004년에 출판된 오코넬의 박사 학위 논문《음핵의 해부학적 검토》133쪽에도 나오는 내용이다.[3] 지금까지 발표된 모든 자료를 통틀어 붉은색 가죽으로 장정된 이 논문만큼 인간 음핵의 해부와 역사를 상세히 다룬 자료는 없을 것이다. 나는 2020년 2월 말에 오코넬을 만나러 오스트레일리아 멜버른으로 향했다. 멜버른에서 서쪽으로 8킬로미터쯤 떨어진 곳에 자리한 거대한 의료복합단지 풋츠크레이Footscray의 웨스턴병원Western Hospital이 목적지였다.

오코넬은 우리가 만나기 전에 그 박사 학위 논문을 찾아 먼지를 털어두었다(코로나19가 아직 오스트레일리아를 덮치기 전이라 그날도 오코넬은 병원에서 평소처럼 일하고 있었다). 웨스턴병원의 비뇨기과 과장인 오코넬은 수술복 대신 깔끔한 블랙스트라이프 정장 차림이었다. 오코넬의 상징과도 같은, 양쪽 귀퉁이가 위로 살짝 올라간 밤색 안경테 너머 파란 눈에서 예리함이 느껴졌다. 오코넬이 열심히 책장을 넘기며 보여주는 사진들을 계속 보다보니 처음에는 영 생경하기만 하던 음핵의 모습에 점차 익숙해졌다. 마음에 드는 어떤 장소의 지도를 보는 기분이었다.

음핵의 해부학적 구조를 조사하다보면 어떤 경로로든 오코넬로 통하게 되어 있다. 오코넬은 일을 시작한 이후로 쭉 이 특정한 신체 부위가 베살리우스부터 프로이트를 거쳐 자신이 공부하던 의대 강의실에 이르기까지 철저히 부당한 대우를 받아왔다는 사실을 알게 되었다. 교과서도, 교수들도 대부분 음핵을 음경과 비교하면서 음경의 작고 열등한 사촌 정도로만 묘사했다. 하지만 오코넬은 그런 말들을 전혀 믿지 않았다. 연구하기 까다롭다는 점은 인정했다. 음핵은 전체 구조의 대부분이 지방으로 둘러싸여 있는데다 골반 가장 아래쪽에 있는 두덩활(치골궁) 밑에 숨겨져 있어 까다로울 수밖에 없었다. 하지만 이렇게까지 부당한 대우를 받는 데는 다른 이유가 있음을 직감적으로 알 수 있었다. 다들 음핵을 제대로 살펴보지 않은 것이다.

"초기 해부학자들은 음핵에 관심이 없었습니다. 음경에 훨씬 관심이 많았죠."[4] 오코넬은 BBC 방송에서 이렇게 설명한 적이 있다. "음경이 더 크고, 안경을 안 써도 볼 수 있었으니까요."

오코넬은 의대 입학 후 첫 3년 내내 그리스어, 라틴어로 된 인체 각 부위의 명칭을 외우며 보냈다. 그것만으로도 버거웠는데, '끔찍한 책'까지 보아야 했다. 바로 1985년 판《라스트 해부학Last's Anatomy》*이라는 의학 교과서로 외과 시험을 통과하려면 반드시 읽어야만 하는 책이었다. "젊은 여성에게는 다소 모욕적으로 느껴질 만큼 저급한 책이었습니다." 오코넬은 이렇게 기억했다. 그 책에서 음핵은 카메오에 불과했다. 여성의 골반 횡단면 그림에는 음핵이 아예 빠져 있었다. 반면 음경에 관한 설명에는 4쪽이 할애되었다. 여성의 생식기는 남성 생식기가 형성되다가 "실패"[5]한 결과라는 내용도 있었다. 오코넬은 그 부분에 청색 펜으로 밑줄을 그어두었다. 여성의 질에 관해 언급한 몇몇 구절, 이를테면 "단단한 지지체 결여", "제대로 발달하지 못함", "분비샘 없음"과 같은 문장도 함께 표시해두었다.

"성적 기능이 발휘될 때 구조가 바뀐다는 언급도 없음! 발기 메커니즘도 빠짐." 책 여백에 오코넬이 휘갈겨 쓴 내용이다.

그때 오코넬은 20대 중반이었고 기혼이었다. "나는 내 몸을 아니까, 그 내용이 다가 아니라는 사실을 알고 있었습니다. 그런데《라스트 해부학》에는 아무것도 없었어요. 그건 잘못된 거죠. 여성의 생식기가 실제로 어떤지, 해부학적 구조가 실제로 어떤지는 답 없는 질문으로 남아 있었습니다."

＊   레이먼드 잭 라스트(Raymond Jack Last)가 쓴 대표적인 해부학 교과서 ―옮긴이.

이후 오코넬은 멜버른의 한 여성건강센터에서 일하면서 생물학자, 심리학자, 사회과학자 등 다른 분야의 연구자들과 어울렸다. 그중 한 사람이 그동안 접해본 것과는 차원이 다른 해부학 자료 하나를 소개해주었다.《여성의 인체에 관한 새로운 시각A New View of a Woman's Body》(1981)이라는 그 자료에는 음핵이 길쭉하고 몸통 양쪽에 날개 같은 부위가 달려 있다는 설명이 있었다.[6] 미국인 여성들이 결성한 한 페미니스트 건강 단체가 제작한 자료였다. 집필진은 해부용 시신을 구할 수 없어서 자진하여 옷을 벗고 서로의 외음부를 관찰했다.** 그리고 자신들이 본 것이 일반적인 해부학 자료에 나오는 여성의 인체에 관한 내용과 큰 차이가 있음을 알게 되었다. "연구 방법이 정말 놀라웠습니다." 오코넬은 이렇게 말했다.

오코넬은 일단 그 내용을 마음속에 잘 간직했다. 오스트레일리아 최초의 여성 비뇨기과 전문의가 되겠다는 목표를 이루려면 아직 가야 할 길이 멀었기 때문이다. "하지만 기회가 되면 그 내용을 더 자세히 연구해봐야겠다고 다짐했습니다. 그 계획이 늘 머릿속에 있었어요."

남성들 천지인 비뇨기과의 세계에서 본격적으로 일을 시작하자 무지함에서 발생하는 문제가 더욱 명확히 드러났다. 의사들은 전립선 수술을 할 때 신경이나 혈관을 건드리지 않도록 주의

** 이 관찰 연구에 참여한 사람 중 하나는 성적 흥분이 일어날 때 음핵과 주변 구조의 단계별 변화를 일러스트레이터가 자세히 볼 수 있도록 그 앞에서 오르가슴을 느낄 때까지 자위했다고 한다.

한다. 잘못해서 신경이나 혈관을 자르기라도 하면 환자의 성생활에 문제가 생길 수 있기 때문이다. 그런 기준에서 보면 여성의 생식기는 지뢰밭이나 다름없다. 그런데도 어떤 신경이 있고, 신경이 어떻게 연결되어 있는지 정확히 아는 사람이 아무도 없었다. 여성의 생식기를 다룰 때 남성의 생식기를 다룰 때만큼 미세 구조까지 신경 쓰는 사람도 없었다. 하지만 요도 수술과 자궁 절제술, 겸자 분만은 물론 요실금 치료를 위해 요도에 감아둔 요도 지지용 테이프를 골반에서 제거할 때도 음핵에 심각한 영향을 줄 수 있었다. "외과 의사로서 용납할 수 없는 일입니다."[7] 오코넬이 1998년에 한 말이다.

의대 공부가 끝날 무렵 오코넬은 여성의 아랫도리에서 일어나는 일들을 제대로 알아내기로 마음먹었다. 페미니스트들이 쓴 자료들과 남성 해부학자들이 쓴 자료들에서 본 내용, 그 사이 어딘가에 답이 있으리라고 생각했다. 오코넬은 베살리우스의 방식을 따르기로 했다. 이미 출간된 책과 옛 대가들의 업적에만 의존하지 말고 기본으로 돌아가 직접 인체를 해부해보기로 한 것이다. 그것도 아주 많이 말이다. "진실은 무엇이었을까요? 직접 확인해야 합니다."

마침내 모습을 드러낸 음핵

1998년 오코넬은 동료인 미세해부학자 로버트 플렌터 Robert Plenter 와 함께 허벅지 중간과 허리뼈(요추골)를 절단하여 골반 부위만 남긴 해부용 시신을 집중적으로 해부하기 시작했다. 멜버른대학교의 한 동료는 두 사람이 다루는 시신을 보고 꼭 "반바지 같다"[8]라고 묘사하기도 했다. 오코넬은 머리부터 발끝까지 청색 수술복으로 빈틈없이 덮고 금발 머리는 뒤로 질끈 묶은 후 플라스틱 보안경을 착용했다. 손에는 방부제로 사용한 포름알데히드(포르말린)의 시큼한 냄새가 배지 않도록 라텍스 장갑을 두 겹씩 꼈지만 소용없었다. 머리 위에서는 시종일관 금속제 후드가 웡웡 돌아갔다. 조직의 부패 속도를 늦추기 위해 사용한 고정액에서 뿜어져 나오는 독성 물질을 빨아들이기 위해서였다.

　　미세 조직을 다루는 수술, 특히 생쥐 심장 이식 수술 분야의 전문가인 플렌터는 시신에서 음핵을 찾아 오코넬에게 보여주었다. 그냥 아무 음핵이 아니라 사인死因이 안면 종양으로 추정되는, 키가 크고 체격이 좋은 30대 여성의 음핵이었다. 그동안 두 사람이 해부한 시신은 전부 노인이라 오코넬과 동료들이 본 건 나이가 들면서 쪼그라든 음핵뿐이었다[9](시신의 방부 처리에 대부분 사용되는 포름알데히드도 조직을 수축시킨다). 30대 여성의 음핵은 이전에 본 표본들과 달리 젊고 건강한 음핵이 어떤 모양인지 보여주었다. 발기 조직과 여러 갈래로 뻗은 신경으로 가득 차 있었다. "해부가 멋진 일로 느껴질 만큼 너무나 완벽한 모습이었습니다"라고 오코넬이 말했다. 분포 방식이 다를 뿐 음핵에도 음경만큼이나 발기 조직이 많다는 사실에 충격을 받은 동료도 있었다.*

　　일찍 세상을 떠난 이 불운한 여성은 오코넬과 동료들이 찾던 보물, 왕관 한가운데에서 빛나는 보석 같은 존재였다. 그동안 노인들의 시신을 해부하면서 알게 된 사실들을 이 여성의 음핵을 해부하면서 확신할 수 있었다.

오코넬과 플렌터가 멜버른대학교 의과대학 5층의 한 작은 해부실에서 해부학적 진실을 찾아 나서기 시작한 해는 1996년이었다. 고고학자가 흙과 먼지를 조심스럽게 제거해나가면서 땅에 묻혀 있던 유물의 형체를 되살리듯 두 사람은 여성 생식기의 조직을 체계적으로 꼼꼼하게 한 겹씩 벗겨냈다. 현대 과학의 새로운 영토를 개척하는 일이었으므로 천천히 나아가야 했다. 조직 몇 밀리미터를 해부하는 데만 몇 시간이 걸렸고 골반 전체를 해부하는 데는 수 개월이 걸렸다.[10] 미세 조직을 해부할 때는 치과 의사와 외과 의사가 안경 위에 끼워서 사용하는 소형 확대경(루페)을 썼다. 사진도 계속 찍었다. "다행히 저는 인내심이 많기로 유명한 사람입니다." 플렌터의 말이다.

이들의 눈앞에 마침내 모습을 드러낸 음핵은 단일기관이 아니라 질관과 요도를 감싸고 있는 여러 발기 조직의 집합체였다. 아래로 구부러진 남근과 비슷한 부분이 있는데, 그 양쪽으로 팔처럼 두 갈래로 나뉜 조직이 길게 이어졌다. 최대 9센티미터에 이르

* 오코넬은 사회가 여성의 생식기를 남성의 생식기와 자꾸 비교하려 한다고 한탄했다. 그런 집착도 남성의 몸이 인체의 기본이고 여성의 몸은 기준에서 벗어난다고 보는 해묵은 사고의 덫이라는 게 오코넬의 생각이다. 교과서에도 대부분 음경에 관한 설명이 먼저 나오고 음핵은 음경을 기준으로 할 때 어디가 비슷하고 어디가 다른지 설명한다. 오코넬은 사람들이 여성의 몸을 독자적으로 보고, 음핵도 그 멋진 형태와 인상적인 크기, 구조를 있는 그대로 보았으면 좋겠다고 말했다.

는 이 양쪽 가지의 뒷면은 골반의 일부인 두덩뼈(치골)에 닿아 있었다. 그리고 눈물방울 모양의 망울(전정구) 한 쌍이 질관과 요도를 양쪽에서 감싸고 있었다. 교과서에 2차원 평면으로 묘사된 음핵의 모습으로는 전혀 상상할 수 없는 구조였다. 음핵이 질을 어떻게 감싸고 있는지, 골반의 주변 조직으로 어떻게 퍼져 있는지는 직접 보아야만 알 수 있었다. 겉으로 드러나는 부분, 마리가 음핵이라고 생각했던 부위는 발기성 조직의 끄트머리일 뿐이었다. 사막에서 거대한 몸체 대부분이 모래에 묻혀 있는 피라미드와 비슷했다.

해부하는 시신이 늘어날수록 오코넬은 음핵의 구조에 확신이 생겼지만 더 정확한 확인을 위해 건강한 젊은 여성 열 명의 음핵을 MRI(자기공명영상장치)로 촬영하여 해부로 관찰한 결과와 교차 비교했다.[11] 음핵의 혈류량이 MRI 영상에서 밝은 흰색으로 나타날 만큼 엄청나다는 사실도 확인했다. 2005년에는 그동안 검토한 문헌 자료와 미세 해부 결과, MRI 영상을 모두 종합하여 음핵의 해부학적 구조를 모든 각도에서 조명한 결과를 발표했다. 이 연구로 질은 발기 조직이 아니며 특별한 감각기관도 없다는 사실이 밝혀졌다. 성적 쾌락과 흥분은 질이 아니라 음핵과 질의 밀접한 관계에서 생기는 것이었다.

기존의 인식을 완전히 뒤집은 결과였다. 그때까지도 음핵 귀두 부분을 음핵의 전부인 양 설명하는 의학 교과서가 많았다.[12] 하지만 오코넬의 말대로 "음핵 귀두는 음핵 몸통에서 위로 뻗어 나온 작은 단추 같은 구조"이며 음경 귀두와 비슷하다. 음핵 전체는 대다수가 생각하는 크기보다 약 열 배 더 크다.[13] 그리스어로 음핵은 '낮은 언덕'＊이라는 의미가 있지만 실제로는 발기성 조직 이 산처럼 쌓여 있다. 또한 주변의 모든 기관과 밀접하게 연결되 어 있다.

오코넬의 연구로 질과 음핵을 별개로 나눈 프로이트의 시 각이 잘못되었다는 사실이 명확해졌다. 프로이트를 비롯한 정신 분석가들은 음핵이 주는 쾌락은 '유아기'의 쾌락이므로 성인이 되면 이를 포기하고 질을 포용해야 한다고 가르쳤다. 하지만 오 코넬의 연구 결과를 보면 질 삽입은 어떤 감각도 일으키지 않으며 삽입 성교로 발생하는 감각은 질 벽을 통해 음핵의 여러 부위에 자극이 전해진 결과임을 알 수 있다. 음핵을 연구한 미국의 페미 니스트 단체와 마리는 여성이 느끼는 쾌락을 대부분 음핵으로 설 명할 수 있다고 주장했는데, 그것이 사실이었다. 음핵과 질은 서 로 대립하는 별개의 부위가 아니라 하나의 부위로 드러났다. 오 코넬은 귀두를 포함하여 혈액과 신경을 공유하고 자극에 한 묶음 으로 반응하는 조직들이 상호 연결된 이 네트워크에 '음핵 복합체 clitoral complex'라는 이름을 붙였다.

오코넬의 발견은 사람들의 신경을 제대로 건드렸다. 말 그 대로든 중의적인 의미로든 말이다. 언론은 오코넬을 여성의 몸 에 관한 인식에 변화를 일으킨 선구적인 해부학자이자 '음핵 전문

＊　그리스어로 음핵을 가리키는 단어 '클레이토리스(κλειτορίς)'에는 '문지르다'라는 의미도 있다. 그래서 고대 그리스인들이 언어유희로 이런 이름을 붙였을 것이라고 보는 학자들도 있다. 정확한 사실은 아무도 모른다.

가'[14]라고 불렀다. "남근 선망penis envy ** 은 이제 과거의 유물이 된 듯하다."[15] 오코넬의 첫 논문이 발표된 후 과학 잡지《뉴 사이언 티스트New Scientist》에 실렸던 글이다. "음핵은 '낮은 언덕'이 아니었 다. …… 몸속 깊이 뻗어 있고 전체 크기는 대부분의 해부학 자료 에 언급된 것보다 최소 두 배 이상 크다." 오코넬의 연구로 마침내 "음핵이 인체 지도에서 제 위치를 찾았다"라는 내용도 있었다[16] (학창 시절 오코넬의 해부학 강사였던 노먼 아이전버그Norman Eizenberg는 자신 이 개발한 가상 학습 프로그램 '아나토미디어Anatomedia'의 강의 내용에 오코넬 의 연구 결과를 반영했다. 아이전버그는 오코넬이 해부한 30대 여성의 "완벽 한" 음핵이 강의의 주요 표본으로서 "모든 영광을 누리고 있다"[17]라고 했다. 멜버른대학교 해부학박물관에는 특수 보존 처리***된 음핵 표본이 있다. 이 표본의 귀두에는 '바깥으로 드러난 음핵의 끝부분', 나머지 부분에는 '음핵' 이라고 적힌 라벨이 붙어 있다).

오코넬이 베살리우스에 버금가는 학자는 아닐지 몰라도 이 발견은 해부학의 아버지라 불리는 베살리우스가 여성의 몸에 관해 펼친 주장을 영면에 들게 할 만했다.

오코넬은 제2의 베살리우스가 될 생각이 없었다. 의학에 서 발견한 가장 확연한 문제점 몇 가지를 해결하고 싶었을 뿐이

** 프로이트가 제시한 개념. 여성을 남근이 없는 남성이라고 본 프로이트는 여성이 자 신에게 남근이 없다는 사실을 깨달으면 남성을 부러워하게 되며, 이것이 여성의 여 러 행동에 영향을 준다고 보았다(프로이트는 남근 선망을 극복할 수 있는 방법은 자녀 출산 이 유일하며, 여성은 이때도 남근 선망 때문에 남자아이를 원한다고 주장했다) - 옮긴이.

*** 플라스티네이션(plastination)이라는 기술로, 수분을 제거하고 합성수지를 주입하여 신체 부위를 보존하는 처리법이다 - 옮긴이.

다. "아직 해야 할 연구가 남아 있습니다." 오코넬의 이야기다. "저는 제가 해부학자라고 생각하지 않아요. 저는 의사입니다. 비뇨기과 전문의, 외과 의사죠. 그저 무언가를 객관적으로 관찰하고 거기에 이바지할 기회가 있었던 것뿐입니다."

오코넬은 코벨트의 주장을 현대 과학으로 확인하고 수면 위로 끌어올려 다시 세상의 관심을 받도록 한 것이 자신이 한 일이라고 생각한다. 하지만 코벨트는 전체를 다 파헤치지 못했다. 음핵의 망울을 그림으로 나타내기는 했지만, 질로 이어지는 일종의 대기실 같은 공간이라는 뜻으로 '어귀vestibule'라는 단어를 사용하여 이를 '질어귀망울'로 칭했다. 그리고 음핵을 구성하는 모든 부분을 한데 묶어서 "수동적인 여성의 성기관"[18]으로 간주했다. 게다가 요도를 포함한 주변 조직과 음핵의 관계도 간과했다. 오코넬은 이 모든 부분이 어떻게 함께 작동하는지 밝혀냈고, 이는 요도 수술 시 음핵 신경이 손상될 위험이 있다는 사실을 이해하는 데 도움이 되었다. 오코넬의 연구는 코벨트가 이해한 수준을 넘어 음핵의 모든 부분이 하나의 통합된 상위 구조라는 사실을 밝혀냈다.

주변 조직으로 넓게 펼쳐진 음핵처럼 오코넬의 연구 결과는 문화 전반으로 퍼져나갔다. 산부인과 전문의들, 예술가들, 보석세공사들, 학자들은 음핵에 관한 새로운 지식을 토대로 여성의 쾌락을 다시 생각하기 시작했다. 오코넬의 데이터는 음핵의 해부학적 구조에 가장 관심이 많은 성 교육자, 섹스 치료사, 음경을 질과 음핵으로 바꾸는 성확정 수술을 집도하는 외과 의사, 생식기 절단을 겪은 여성들의 생식기 재건 수술에 힘써온 의사들이 활용할 수 있는 음핵의 3차원 모형에도 반영되었다. 치료사들이나 의사들은 이 3차원 모형으로 음핵의 입체적인 구조를 알게 되었고 환자들은 자신의 몸을 더 정확히 이해할 수 있게 되었다.

분홍색 덩어리

아미나타 수마레Aminata Soumare가 그 단어를 처음 들은 건 열일곱 살 때였다. 프랑스의 한 국립고등학교에 다니던 2017년 초 2학년 생물 수업 시간에 선생님이 성별에 따라 반을 나누고 수마레와 다른 15명의 여학생에게 여성의 생식기에 관해 설명했다.[19] 선생님은 여성의 외음부를 근거리에서 촬영한 사진을 화면에 띄우고 대음순, 소음순, 질 입구, 요도 등 각 부위에 대해 알려주었다. 질 입구 위쪽에는 서로 맞닿은 작은 입술 모양의 구조가 있었다. 선생님은 주름진 피부가 한 겹 덮인 그 분홍색 덩어리를 가리키며 음핵이라고 했다. 아미나타는 생전 처음 듣는 단어였다.

저게 뭐야?

"저는 사진을 보면서 생각했어요. 왜 저런 게 있지? 나는 없는데!" 아미나타는 당시를 회상하면서 길을 잃은 기분이었다고 했다. "그 사진에는 '일반적인 형태'라고 적혀 있었거든요. 기분이 좀 이상했어요. 저는 다르다는 걸 깨달았죠." 2019년 11월에 처음 만난 스물한 살의 아미나타는 둥근 얼굴에 입술이 두툼하고 눈가에는 까만 아이라이너를 칠한 모습이었다. 코에는 작은 은색 장식용 징을 달고 있었고 곱슬곱슬한 검은 머리는 하나로 묶고 있었다. 영어의 "그런 거 있잖아요," "아시죠"에 해당하는 말을 프랑스어로 모든 말에 덧붙이는 것이나 이야기 도중에 갑자기 다른 화제로 훌쩍 넘어가는 것이 말투는 꼭 10대 같았다.

2017년 그날 생물 수업을 들으면서 머릿속에 수많은 질문이 떠올랐지만 아미나타는 모두가 지켜보는 앞에서 선생님에게 물어볼 용기가 나지 않았다. 그래서 수업을 마치고 엄마, 세 명의 형제자매와 함께 사는 생드니 외곽의 아파트에 도착하자마자 자신의 방에 들어가서 구글 검색창에 '음핵'이라는 단어를 입력했다. 그리고 '이미지' 탭을 눌렀다. 여성의 생식기 사진이 줄줄이 나왔다. 아미나타는 전신 거울 앞에 의자를 놓고 앉아 자신의 다리 사이를 관찰했다. 사진 속 여성들의 생식기에 있는, 피부가 한 겹 덮인 분홍색 덩어리가 자신에게는 없었다. 대신 그 자리가 계곡처럼 푹 들어가 있었다. 아미나타는 그것을 "구멍 un creux"이라고 표현했다.

엄마와는 이런 이야기를 편하게 나누는 사이가 아니었으므로 차마 물어볼 수 없었다. 대신 여동생에게 '아랫도리'를 좀 보자고 했고 동생도 자신과 같다는 사실을 확인했다. 두 사람은 같은 일을 겪은 게 분명했다.

그날 생물 수업 시간에 선생님은 극단적인 형태의 여성 생식기 절단을 경험한 한 아프리카 여성에 관한 영상을 보여주었다.* 영상 속 여성은 소변과 월경혈이 나올 수 있을 정도의 작은 입구만 남기고 음순을 전부 꿰매는, '음부 봉쇄 infibulation'로 알려진 일을 당했다. 아미나타는 몸서리치게 하는 그 영상을 보면서 신이 도운 덕분에 자신은 저런 일을 겪지 않았다고 생각했다.

하지만 어쩌면 자신도 그 여성과 비슷한 일을 겪었을지도 모른다는 생각이 들었다.

관습의 폭력에 신음하는 여성들

아미나타는 열두 살 때부터 프랑스에서 살았다. 태어난 곳은 말리의 수도 바마코였다. 생물 수업 이후 아미나타는 말리가 여성 생식기 절단행위가 합법적으로 널리 행해지는 아프리카의 몇 안되는 국가 중 하나임을 알게 되었다. 2019년 국제연합아동기금 UNICEF 보고서에 따르면 말리에서는 여자아이 열 명 중 약 여덟 명

---

*   세계보건기구(WHO)는 이런 관습을 '여성 생식기 훼손(female genital mutilation)'으로 통칭하고 이를 "비의학적인 이유로 여성의 생식기 일부 또는 전체를 제거하거나 어떤 식으로든 여성의 생식기관에 손상을 가하는 모든 행위"로 정의했다. 그러나 학자들은 설득력 있는 몇 가지 이유를 들어 이 용어가 부적절하다는 주장을 펼쳤다.[20] 첫째, 이 용어의 일관성이다. 세계보건기구가 정의한 대로라면 (미국을 비롯한 여러 나라의 여성 청소년들에게 행하고 있는) 미용 목적의 소음순 수술과 질 성형, 성기 피어싱도 훼손에 해당되지만 현실에서는 그렇게 여겨지지 않으므로 일관성 있는 정의가 아니라는 것이다. 두 번째 문제점은 용어의 부정확성이다. 실제 여성 생식기 절단 방식은 건강한 조직을 제거하지 않고 '베기만 하는' 행위부터 음부를 꿰매서 막는 극단적인 행위까지 다양하지만 세계보건기구의 용어는 이를 모두 포괄하지 못한다. 마지막으로 이 용어에 쓰인 '훼손'이라는 단어 때문에 실제로 그런 일을 겪은 일부 여성에게 사회적으로 낙인 찍는 것과 같은 피해를 줄 수 있다는 것이다. 그래서 나는 특정 문화권에 편중되어 있거나 서구 중심적인 시각이라는 논란이 조금은 덜한 '여성 생식기 절단(female genital cutting)'이라는 표현을 사용하기로 했다.

이 이와 같은 일을 당한다.[21] 아미나타의 고향인 말리의 수도 바마코는 그 비율이 더 높다. 생식기 절단은 보통 여자아이들이 다섯 살이 되기 전에 행해진다. 아미나타는 도저히 이해할 수 없었다. 그해에 방학을 맞아 말리를 방문했을 때 아미나타는 그런 관습을 알게 된 후부터 늘 궁금했던 것을 할머니에게 물어보기로 했다. "대체 여자들에게 왜 그런 짓을 하나요?"

"애야, 그건 전통이란다." 아미나타는 지금도 할머니의 대답을 생생하게 기억한다. "내가 어릴 때도 마찬가지였어. 다들 그렇게 해야 여자가 몸을 팔지 않는다고 이야기해."

"하지만 왜 그래야 하죠?" 아미나타는 다시 물었다. 말리에서 여성은 부모가 동의하고 판사가 승인하면 열다섯 살부터 합법적으로 혼인할 수 있다.[22] 열 살에 결혼하는 일도 드물지 않다. 그렇게 일찍 결혼하는데, 왜 헤픈 여자가 되리라는 걱정을 할까?

"그건 우리가 정하는 게 아니다. 그저 늘 그래 왔던 거지."

답은 프랑스어에 있을지도 모른다. 세계 대부분의 나라가 '여성 생식기 훼손' 또는 '절단'이라는 용어를 사용한다. 그러나 프랑스에서는 '성 훼손mutilation sexuelle'이라는 표현(또는 '절제excision'라는 포괄적인 표현)을 주로 쓴다. 프랑스에서 쓰는 이 성 훼손이라는 표현은 성적 쾌락을 담당하는 유일한 기관인 음핵과 생식 기능을 담당하는 다른 기관들을 구분한다. "이 '수술'은 생식에 필요한 기관, 즉 생식기관은 건드리지 않습니다."[23] 프랑스, 말리, 부르키나파소 등 전 세계에서 생식기를 절단당한 여성들과 만나온 '여성생기훼손철폐네트워크End FGM Network'의 공동 대표를 지낸 소키나 폴

바-Sokhina Fall Ba의 설명이다. "여성의 출산을 막는 게 아니라 여성의 성을 공격하는 겁니다."

여성의 생식기를 절단하는 관행은 다양한 문화권에 퍼져 있지만 핵심은 거의 같다. '성 훼손'이라는 용어는 그 핵심이 무엇인지를 짚어준다. 마리 보나파르트가 살았던 시대에 유럽과 미국에서도 같은 이유로 비슷한 일이 벌어졌다. 당시 아이작 베이커 브라운, 존 하비 켈로그 등 여러 유명 인사가 여성의 자위를 천벌받아 마땅한 행위이므로 이런 습관을 고치려면 음핵을 절제해야 한다고 주장했다. 여성의 몸에서 성적 쾌락을 느끼는 부위를 제거하여 여성의 성적 욕망을 줄이고 생식 기능만 남기자는 것이 그 주장의 요지였다. 1977년 에스터 오군모데데 Esther Ogunmodede 기자는 나이지리아 잡지《드럼 Drum》에 이렇게 썼다. "우리 선조들은 과학자가 아니었지만 여성의 몸에서 성적 쾌락을 느끼는 곳이 어디인지, 그리고 그게 무엇인지도 알았다. 그래서 여성들이 스스로 그곳을 발견하기 전에 잘라냈다."[24]

말리에서 다시 프랑스의 집으로 돌아온 아미나타는 마침내 용기를 내어 엄마에게 생식기 절단에 관해 아는지 물어보았다. "그럼, 알지. 나도 당했으니까." 아미나타 자매처럼 엄마도 태어난 직후, 너무 어려서 아무것도 기억하지 못할 나이에 그 일을 당했다.[*] 아미나타는 엄마의 대답만으로는 만족할 수 없어 산부인과 진료를 예약했다. 그리고 의사로부터 음핵 맨 윗부분이 잘렸다는 확인을 받았다. 의사는 아미나타에게 폭행당한 여성들을 돕는 '여성의 집 La Maison de Femmes'이라는 단체를 알려주면서 그곳에 가면 더 많은 정보를 얻을 수 있을 거라고 했다. 어쩌면 그들이 아미나타가 겪은 일을 되돌릴 수 있을지도 모른다는 말도 덧붙였다.

음핵의 회복력

여성의 집 건물은 삭막한 풍경 속에서도 화려한 색들로 눈에 띄었다.[25] 지붕이 비스듬하게 경사진 큰 주택처럼 생긴 본관 벽에는 각각 생기 넘치는 자홍색과 레몬 빛깔 노란색, 풋사과 같은 녹색으로 페인트칠 되어 있었다. 건물 밖은 풀밭이었고 쇠사슬로 연결된 높은 울타리가 그 주변을 둘러싸고 있었다. 건물 안에는 강제 결혼, 강간, 근친상간을 포함하여 성기반폭력gender-based violence, GBV의 피해자들을 위해 일하는 사람들이 있다. 프랑스 본토metropolitan France에서 가장 가난한 지역인 센생드니주 생드니에 자리한 이곳을 찾아오는 이들은 대부분 프랑스로 이주한 지 얼마 안 된, 모국에서 폭력을 피해 도망쳐온 사람들이다. 이들은 시민권을 획득하기가 어렵고 합법적으로 일하기도 힘들다. 프랑스 국적의 여성들도

---

*   그 과정을 전부 기억하는 여성들도 있다. 내가 인터뷰한 스물다섯 살의 코트디부아르 출신 코린은 낫처럼 생긴 칼날과 자신의 비명 소리와 피 냄새를 전부 기억하고 있었다. "오늘 있었던 일처럼 기억해요." 코린의 말이다. "그런 상황에서는 제발 빨리 끝나기만을 기도하게 됩니다. 할 수 있는 게 그것밖에 없으니까요."[26] 코린은 자신이 열한 살 때 일어난 일이었고, 누군가 강제로 눕힌 후 어떤 여성이 팔다리를 붙잡더니 강제로 다리를 벌렸으며, 다른 여성이 다리 사이에 쭈그려 앉아 생식기를 절단했다고 했다. "무슨 말을 할 수 있겠어요? 너무 고통스러웠지만, 반드시 겪어야만 하는 통과의례였습니다."

매년 수백 명씩 이곳을 찾아온다. 프랑스의 가정 폭력은 오랫동안 쉬쉬해온 문제인데, 2020년 코로나19 대유행에 따른 봉쇄 조치로 대폭 늘었다.[27]

아미나타는 예전부터 여성의 집 주변을 자주 지나다녔다. 하지만 안에 들어가본 적은 한 번도 없었던 터라 2019년 1월에 막상 방문 예약을 하고 나니 긴장되었다. 세네갈 출신의 같은 학교 친구도 아미나타와 동일한 일을 겪은 것 같다고 해서, 둘이 함께 가기로 했다. 예약한 날 두 사람은 여성의 집에 도착하여 초인종을 눌렀다. 로비가 보이고 하늘을 향해 위쪽으로 경사진 나무 기둥이 훤히 드러난 현관이 나타났다. 천장의 채광창과 바닥부터 지붕까지 이어진 커다란 창으로는 햇살이 가득 들어오고 있었다. 형광 분홍색 페인트가 칠해진 벽들, 춤추는 모습의 형형색색 빌렌도르프의 비너스상도 하나 보였다. 한쪽 구석에 마련된 어린이를 위한 공간에는 책과 플라스틱 가구들이 놓여 있었다. 바닥에는 "비밀 엄수 구역입니다. 잘 지켜주세요"라는 프랑스어 문구가 적힌 노란색 띠가 있었다.

아미나타와 친구는 로비에 앉았다. 잠시 후 간호사 한 명이 다가와서 뒤쪽 대기실을 가리키며 그쪽으로 가라고 친절하게 알려주었다. 생식기 절단을 겪은 여성들, 임신중지나 가족계획 관련 상담을 하러 온 사람들을 위해 따로 마련된 대기실이었다. 건물 안 다른 곳들에 비해 소박한 느낌의 그곳 벽에는 붉은색과 녹색 색종이로 만든 추상화가 몇 점 걸려 있었다. 빈 들판이 내다보이는 쪽에는 커다란 붉은색 소파가 놓여 있었다. 그리고 다른 곳보다 조용했다. 접수처에서도 아주 작은 소리로 이야기를 나누고 있었다. 들리는 소리라곤 여러 언어로 이야기하는 여성들의 낮은 음성과 간간이 들리는 유모차에 탄 어느 아기의 부드러운 옹알이 소리가 전부였다. 하얀 가운을 입은 직원이 가끔 나타나서 이름을 불렀다. 크리스티나. 코린. 미리암.

아미나타의 이름이 친구보다 먼저 불렸다. 체구가 작고 명랑함이 느껴지는 가다 하템^{Ghada Hatem} 박사는 옅은 푸른색 눈에 갈색 머리카락이 사자 갈기처럼 풍성했다. 하템의 안내로 상담실에 들어서자 색감이 화려한 프리다 칼로의 초상화가 보였다. 하템은 아미나타에게 발걸이가 달린 라임색 의자를 가리키며 검진할 수 있도록 앉아서 다리를 벌려달라고 했다. 잠시 후 박사가 아미나타 쪽으로 바짝 몸을 기울였다.

검진은 그리 오래 걸리지 않았다. 하템은 음핵이 잘려나간 게 분명하다고 했다. 하지만 아미나타가 그곳을 찾아온 정확한 이유는 무엇이었을까?

아미나타는 자신이 무슨 일을 당했는지 생물 수업 시간에 처음으로 알게 되었다고 했다. 요로 감염이 잦은 것 외에 의학적으로 별다른 문제는 없었지만 성기 한 부분이 푹 파여 있다는 사실이 너무 신경 쓰였다. 자신이 무슨 일을 겪었는지 알게 된 후로는 날마다 온종일 신경이 거슬렸다. "하루하루가 악몽이었어요. 아침에 일어나면 가장 먼저 그 생각이 떠올라요." 아미나타는 박사에게 털어놓았다. "신경 쓰이고, 자꾸 의식하게 돼요. 내가 남들과 같지 않다는 것, 무언가 잃어버렸다는 생각을 떨칠 수가 없어요."

하템은 아미나타에게 섹스 경험이 있느냐고 물었다. 1년 쯤 사귄 남자 친구가 있고 섹스 경험도 있다고 답했다. 그러자 하템은 남자 친구가 그 일에 신경을 쓰느냐고 물었다.

아미나타는 자신이 먼저 말하기 전까지 남자 친구는 전혀 몰랐다고 했다. 성관계를 할 때나 자위할 때 아무것도 느낄 수 없다는 사실이 신경 쓰이는 건 아미나타 자신이었다. "제가 좀비처럼 느껴져요. 이런데 연애가 무슨 의미가 있나요. 사람마다 다르겠지만, 저는 정말 너무 괴로워요."

아미나타의 말을 듣고 있던 하템은 음핵이 잘려나간 여성과 그렇지 않은 여성의 성기 사진을 보여주었다.[28] 그리고 책상 서랍에서 입체 모형을 하나 꺼냈다. 음핵의 해부학적 형태를 정확하게 본뜬 모형으로 몸통이 양 갈래로 나뉜 형광 분홍색 음핵이 고무 같은 실리콘 재질의 외음부에 박혀 있었다. 20년 전 오코넬이 수집한 데이터를 토대로 제작한 교육용 모형이었다. 하템은 찾아오는 환자들에게 이 모형을 보여주며 음핵이 원래 어떤 형태인지를 설명했다. 그날 아미나타에게도 이 모형을 보여주면서 어떤 부분이 잘렸고, 어떤 부분이 남아 있는지 알려주었다.

아미나타는 일단 모형이 너무 커서 놀랐다. 수업 시간에 본, 생식기 절단 과정에서 잘려나간 작은 덩어리는 빙산의 일각에 불과했다. 그 모형대로라면 진짜 중요한 부분은 겉에서는 보이지 않는 지하 왕국이었다. 양쪽으로 갈라진 다리와 망울도 있었다. 펭귄 같기도 하고, 우주선 같기도 했다.

하템은 음핵의 회복력이 알려진 것보다 훨씬 뛰어나다는

사실을 사람들이 잘 모른다고 했다. 전체 음핵의 약 90퍼센트와 신경 말단의 대부분은 포피 아래에 감추어져 있다. 아미나타의 음핵도 아래에 묻혀 있을 뿐 대부분이 체내에 남아 있다는 의미였다. 하템은 간단한 수술로 피부 아래 남아 있는 음핵을 두덩뼈와 분리하여 위로 끌어내면 신경 말단도 드러나게 되어 음핵을 느낄 수 있게 된다고 설명했다(아미나타와 함께 온 친구는 음순만 절단되어 이런 재건 수술이 필요하지 않았다).

아미나타는 마음이 한결 가뿐해졌다. 다른 선택지가 있다는 사실을 알고 나니 아무 일도 없었던 것처럼 지낼 수가 없었다. 집으로 돌아와 하템이 알려준 수술 영상을 유튜브로 찾아보고 피를 많이 흘려야 한다는 사실을 확인한 후에도 생각이 바뀌지 않았다. '이건 나에게 필요한 수술이야.' 아미나타는 생각했다. '어릴 때 당한 그 수술과는 달라.' 아미나타는 재건 수술을 받는다고 해서 자신이 완벽해지거나 음핵이 절단된 사실조차 몰랐던 때로 돌아가지 못한다는 것을 알고 있었다. 하지만 아미나타는 이렇게 말했다. "남들과 완전히 똑같지는 않아도, 조금은 비슷해질 테니까요."

잃어버린 명성을 되찾기 시작한
상처투성이 음핵들

"온전해진 기분을 느끼고 싶어요." "평범하다는 느낌을 알고 싶어요." "내 정체성을 되찾고 싶어요."

하템과 같은 의사들이 늘 듣는 말이다. 이런 말을 반복해서 듣다보면 눈에 보이는 이 작은 살점 하나가 얼마나 많은 것을 의미하는지 확실히 깨닫게 된다. 음핵 재건술은 몸을 회복하는 일일 뿐 아니라 자율성과 정체성을 회복하는 일이기도 하다. 하템의 환자들은 잃어버렸다고 느끼는 자신의 일부를 되찾고 싶어 한다.

2013년에 하템은 여성의 집과 가까운 생드니종합병원의 산부인과 과장이었다. 회갈색의 병원 건물은 여성의 집에서도 보일 만큼 가까운 거리에 있었다. 상처투성이 음핵이 있거나 눈에 보이는 바깥쪽 음핵이 없어진 여성들, 음순에 베인 상처와 흉터가 있는 여성들이 꾸준히 병원을 찾아왔다. 하템이 말해주기 전까지는 자신의 성기가 절단되었다는 사실조차 몰랐던 사람들도 있었다.

다른 병원에서 일할 때도 이런 환자들을 본 적이 있지만 어쩌다 한 번 정도였다. 그런데 생드니종합병원에서는 매주 그런 여성들이 찾아왔다. 하템은 레바논 출신 이민자였다. 1977년 내전을 피하기 위해, 의학을 공부하기 위해 프랑스로 이주했다.[29] "저는 전쟁이 어떤 것인지 압니다. 그래서 어떤 형태든 간에 폭력은 용납할 수 없습니다." 하템이 2021년에 프랑스의 일간지《르몽드 Le Monde》와의 인터뷰에서 한 말이다.

하템은 환자 데이터를 종합해보았다. 자신이 일하는 병동을 찾아오는 연간 4,700명의 여성들 중 14퍼센트에서 16퍼센트가 생식기 절단을 겪었다는 사실을 알게 되었다. 대책이 필요했다.

하템은 그런 일을 겪은 여성들이 갈 수 있는 장소를 그려보기 시작했다. 소독약 냄새가 진동하는 암울한 병원 복도와는 달리 환영받는 기분을 느낄 수 있는 밝고 경쾌한 곳이면 좋겠다는 생각이 들었다. 의사는 물론이고 성의학자·치료사·간호사·조산사가 있는 곳, 여성들이 각자의 상태에 따라 정서적·성적·의학적으로 필요한 보살핌을 받을 수 있는 곳, 허점투성이인 프랑스 의료 체계 속에서 도움을 얻으려고 헤매지 않아도 되는 그런 곳이 필요했다. 하템은 이곳이 그런 일을 겪은 여성들이 지나가는 길, 또는 거쳐가는 과정이 되어야 한다고 생각했다.

무엇보다 모든 서비스가 무료로 제공되는 것이 중요하다고 판단했다. 그래서 여성의 집은 생드니종합병원 부속 자선기관으로 출발했다. 그곳을 찾아오는 사람들은 돈을 한 푼도 내지 않아도 된다. 생식기 절단으로 고통받아온 여성들의 음핵을 복구하는 음핵 재건술도 마찬가지로 비용을 부담할 필요가 없다. 2004년 프랑스 의회는 그런 일로 큰 고통을 겪은 여성들의 재건 수술 비용을 국가가 부담한다는 결정을 내렸다. 이후 지원 대상 범위가 더 확대되어 생식기의 물리적인 형태나 성적 감각을 개선하기 위한 수술 비용도 국가가 부담하게 되었다. 수술 비용이 무료라는 데 중요한 의미가 있다. 아미나타도 수술을 결심했을 때 고등학교를 막 졸업하고 여동생, 엄마와 한집에 살면서 간호조무사가 되기 위한 교육을 받고 있었다. "무료가 아니었다면 수술하지 못했을 거예요." 아미나타의 말이다.

현재 여성의 집을 찾아오는 여성의 약 3분의 1이 생식기 절단을 겪은 사람들이다. 음순이 '살짝 베인' 경우부터 음핵 귀두가 제거되고 질 입구가 봉합되어 출산에 심각한 문제가 생길 수 있는 경우까지 생식기의 손상 정도도 다양하다. 정부가 수술 비용을 부담한다는 결정을 내린 후부터 찾아오는 여성들의 수가 점차 늘고 있다. 하템이 집도하는 음핵 재건술만 해도 연간 100건이 넘는다. 코로나19 대유행으로 치료가 1년 이상 지연되었다가 다시 시작된 2021년에는 더 많은 사람에게 서비스를 제공할 수 있도록 시설을 확장했다.

하템은 환자들에게 재건 수술에 너무 큰 기대를 걸지 말라고 충고한다. 수술로 이미 일어난 일을 없었던 일로 만들 수 없으며 잃어버린 것을 완벽하게 복구할 수 있는 수술은 없기 때문이다. 성적 쾌락과 오르가슴도 보장되지 않는다. "전보다는 나아지지만 완벽하지는 않습니다." 하템의 설명이다. 음핵을 복구하는 수술법을 최초로 개발한 프랑스 외과 의사 피에르 폴데Pierre Foldès도 하템이 환자들에게 전달하는 주의 사항에 공감한다. 폴데는 음핵 재건술의 경과는 해부학적 결과가 아니라 환자가 수술 후 자기 몸을 어떻게 느끼게 되었는지를 기준으로 판단해야 한다고 생각한다.

폴데는 청년 시절이던 1980년대에 부르키나파소에서 의료 봉사를 했다. 출산 시간이 길거나 난산일 때 직장과 질 사이에 비정상적인 통로가 생기는 직장질루 치료를 주로 담당했는데, 그 일을 하면서 생식기 절단을 당한 여성들이 있다는 사실을 알게 되었다. "환자들이 가장 많이 호소하는 문제는 통증이었습니다." 폴데의 말이다. 하지만 폴데도 오코넬처럼 비뇨기과 전문의라 음핵에 관해서는 아는 게 거의 없었다. 사실 제대로 아는 사람은 아무도 없었다. 폴데는 프랑스로 돌아온 후 해부용 시신을 절개하기 시작했다. 초음파 장비로 살아 있는 여성들의 골반 쪽을 살펴보고 오래된 해부학 교과서들도 샅샅이 뒤졌다. 코벨트가 그린 놀라운 그림들도 발견했다.

마침내 폴데는 포피 아래에 묻힌 음핵의 신경을 위로 끄집어낼 수 있다는 사실을 알게 되었다. 이에 따라 폴데는 음핵에서 흉터로 남은 반흔 조직을 제거한 후 손상되지 않은 부위를 원래 있어야 할 자리로 끌어올리는 간단한 수술법을 개발했고 나중에는 하템을 비롯한 다른 의사들에게도 가르쳐주었다. 또한 음순이 손상된 사람들의 음순을 재건하고 피부의 주름을 사용하여 음핵 덮개를 새로 만드는 법도 익혔다. 다시 부르키나파소로 돌아갔을 때 폴데는 여성들에게 "해결할 방법이 있다"라고 이야기할 수 있게 되었다.*

현재 음핵 재건술을 시행하는 의사들은 대부분 폴데에게 수술법을 배웠다. 지금까지 폴데가 수술한 여성은 최소 6,000명으로 추정된다. 하지만 그도 이 수술이 만병통치약이 아니라는 사실을 잘 알고 있다. 개인의 성생활은 음핵의 감각만으로 이루어

---

* 나는 폴데와 대화를 나누던 중 그가 여성의 성을 계속 '음핵 위주'와 '질 위주'로 구분하여 언급한다는 사실을 깨닫고 무슨 의미냐고 물었다. 폴데는 '질 위주의 성'이란 음핵 귀두보다 음핵다리(음핵각)와 망울에서 더 큰 쾌락을 느낀다는 의미라고 설명했다. 나는 그 말을 듣고 잠시 멈칫했다. 100년도 더 전에 프로이트가 여성을 '유아기' 수준의 성에 머문 여성과 '성숙'한 여성으로 나누었고 그런 분류 방식이 널리 알려졌던 사실이 떠올랐기 때문이다. 음핵에 드리워진 프로이트의 그림자가 아직도 완전히 사라지지 않은 것 같다.

지는 게 아니다. 스스로 자기 몸을 느끼는 방식, 자신을 바라보는 방식, 상대와 소통하는 방식을 아우른다. 음핵 재건술을 받는 환자들이 치료 과정에서 가장 의미 있다고 생각하는 것도 성의학자, 치료사, 그 외 다양한 분야의 전문가들과 이야기를 나누면서 경험하는 전체론적인 접근 방식의 치료다. 하템이 그렸던 전체적인 '과정'이 바로 그것이다. 하템은 환자들이 이 과정을 거치면서 성적 쾌락을 느끼지 못하는 것이 생식기 절단과 직접적인 연관이 없다는 사실을 깨닫기도 한다고 이야기했다. "생식기 절단 때문인 경우도 있지만, 부모가 성이나 생식기 훼손에 관해 한 번도 설명해준 적이 없어서인 경우도 있어요. 자위 경험이 전혀 없어서 그런 경우도 있습니다. 아무것도 모르고 수치심을 느껴서인 경우도 있고요."

폴데에게 수술의 성공 여부를 판가름하는 기준은 간단하다. "여성들이 스스로 평범해졌다고 느끼는 것"[30]이다. 여성의 성에서 '평범하다'는 건 무슨 의미일까? 새로운 질문은 아니다. 마리가 살던 시대에 이미 학자들이 같은 질문을 하기 시작했지만 빅토리아 시대의 도덕률과 여성의 성을 질과 음핵의 대립으로 간주했던 프로이트의 환원주의적 구도가 수십 년간 발전을 가로막았다. 1930년대부터 미국의 성의학자들과 산부인과 전문의들은 프로이트의 비과학적인 이론에 의문을 제기하고 여성의 성적 쾌락과 관련된 해부학적 이해를 넓히기 위해 음핵으로 시선을 돌리기 시작했다. 그리고 그들 손에서 음핵도 잃어버린 명성을 되찾기 시작했다.

쾌락의 중추

로버트 라투 디킨슨Robert Latou Dickinson 박사도 관심의 초점을 음핵으로 돌린 학자 중 한 사람이었다. 부부 가족 상담 치료사이자 산부인과 전문의로 통계학에도 관심이 많았던 온화한 성격의 디킨슨은 브루클린에서 개인 병원을 운영했다. 그리고 자신의 병원을 찾아온 환자 수천 명의 사례를 심층 조사한 결과를 토대로 "생식샘의 욕구는 영원하다"[31]라는 사실을 입증했다. '평범한 성생활'에 관한 연구가 거의 없다는 데 놀란 그는 확실한 데이터를 근거로 성과학sex science이라는 새로운 분야를 개척했다.*

디킨슨이 가장 먼저 떠올린 목표는 주로 중산층이나 부유층인 백인 이성애자들이 배우자와 조화로운 성생활을 즐기도록 돕는 일이었다. 불감증부터 조루증까지 다양한 잠자리 문제를 해

---

*   디킨슨이 나서기 한참 전에도 음핵의 중요성을 널리 알린 사람들은 있었지만 그들의 연구는 과학적이라고 보기 힘들다. 1918년 당시 서른여덟 살이던 영국의 고식물학자 마리 스토프스(Marie Stopes)는 결혼 첫날밤 잠자리 문제로 결혼이 취소된 후 여성의 관점을 솔직하게 밝힌 섹스 안내서 《결혼 후의 사랑(Married Love)》을 썼다.[32] 베스트셀러가 될 만큼 큰 인기를 끈 이 책은 성관계에 적극적인 합의가 전제되어야 한다는 원칙의 초기 버전을 제시했을 뿐 아니라("남성이 여성에게 구애하고 성관계를 가지는 절차는 결혼 후에도 지켜져야 한다. 남성은 성관계 전에 항상 여성에게 간청해야 한다."), 상호 간 성적 쾌락을 구하는 과정에서 음핵이 하는 중요한 역할에 대해 상세히 설명했다. 스토프스는 음핵이 음경과 마찬가지로 "촉각에 극도로 민감하다"라는 설명과 함께 다음과 같이 덧붙였다. "질 입구 안쪽을 둘러싼 가장자리에 전면을 향해 자리한 음핵의 작은 봉우리는 여성이 실제로 흥분하면 부풀어 오른다. 그리고 움직임을 통해 이 부분에 자극이 가해지면 강한 흥분이 발생하여 여성의 몸 전체로 퍼진다." 그러나 스토프스와 함께 피임법 확산에 앞장섰던 미국인 동료 학자 마거릿 생어(Margaret Sanger)처럼 스토프스도 우생학자였고, 그런 사실을 스스로 인정했다.

결하겠다는 의미였다. 하지만 디킨슨은 여성들이 겪는 문제에 특히 더 관심이 많았고, 여성들의 상황을 더 깊이 조사할수록 배우자와의 성관계에 만족하는 여성이 매우 드물다는 충격적인 사실을 알게 되었다. 그는 1931년에 발표한 보고서 〈천 쌍의 부부A Thousand Marriages〉에는 조사한 부부의 2퍼센트만이 배우자와의 성생활에서 오르가슴을 자주 느낀다는 결과가 담겨 있다(디킨슨은 이런 부부들이 주로 정상 체위로 사랑을 나눈다는 사실에 주목하고, 이것이 결론과 관련이 있을 수 있다고 생각했다).[33] 자위할 때 만족감을 느낀다고 답한 여성이 전체의 3분의 2에 달한 것과 극명히 대조되는 결과였다.

디킨슨은 생식기의 해부학적 구조와 성행동에서 정상의 기준이 무엇인지 찾기 위해 '생식기 정밀 측정'을 시작했다. 환자 수천 명의 질을 검진하고 치수를 잰 것이다.** 그림 실력이 출중했던 그는 투사지에 내밀한 부위의 해부학적 형태를 직접 스케치하고 섬세하게 음영을 넣어 질감까지 표현하면서 몸의 자세, 상태에 따라 달라지는 생식기의 형태를 포착했다. 1933년에 출간된 디킨슨의 저서 《인체의 생식기 해부 도감Atlas of Human Sex Anatomy》은 이렇게 그린 그림들로 절반이 채워졌다. '성생활의 과학과 기술'에 중점을 둔 이 책은 소음순부터 음핵 귀두까지 인체의 성과 관련된 기관이 얼마나 다양한 모양인지를 해부학적으로 보여주는 관찰 결과와 그림으로 가득하다. 디킨슨은 예술적 재능이 워낙 뛰어나

** 이 모든 관찰이 전부 윤리적으로 이루어진 것은 아니다.[34] 진료실 화분에 카메라를 몰래 숨겨두고 진료 중 적절한 시점에 몰래 스위치를 눌러서 촬영한 사진들로 문서 기록을 보완했다고도 한다.

서 '부인과 분야의 로댕'이라는 별명도 얻었다.

디킨슨은 이 연구를 통해 그동안 저평가되어온 음핵이야 말로 여성들에게 성적 쾌락을 선사하는 쾌락의 중추임을 확신하게 되었다. 그의 설명에 따르면 "여성 생식기는 남성 생식기보다 훨씬 작지만, 여성 생식기에 있는 신경의 규모와 음핵 귀두에서 발견되는 신경 말단의 수는 남성 생식기와 놀라울 만큼 큰 차이가 있다. …… 즉 음경 귀두보다 음핵 귀두에 훨씬 더 많은 신경이 모여 있다."(참고로 현대에 실시된 한 연구에서도 음경보다 음핵의 신경 밀도가 더 높을 가능성을 제시했으나 실제로 그 수를 세어본 사람은 없다.[35]) 디킨슨은 음핵이 어떻게 발기하여 "완두콩 반쪽 정도의 크기로 둥글고 단단하게 돌출"되는지를 세밀한 그림으로 보여주며 "그때 만져보면 규칙적인 떨림이 느껴진다"라고 설명했다.

디킨슨은 앞장서서 음핵을 알렸지만 급진주의자는 아니었다. 독실한 영국 성공회 신자이자 두 딸에게 헌신적인 아버지였던 그는 '평범한' 성생활이란 무엇인지에 각별한 관심이 있었을 뿐이다. "우리처럼 의학계에 몸담은 사람들은 …… 도덕과 정상성의 결합이 이루어지도록 사람들을 설득할 책임이 있다." 디킨슨의 글에 나오는 대목이다. 의사로 일하는 내내 디킨슨은 여성이 자위와 상대를 가리지 않는 난교, 동성애 같은 '일탈적인' 성행위를 계속하면 음핵이 비정상적으로 커질 것이라는 근거 없는 믿음을 가지고 있었다. 1940년대에는 '열려 있는 성인 여성의 외음부 모습'을 소재로 여러 개의 조각상을 제작했는데, 그중 질 입구가 늘어지고 주름이 많은 조각상에는 '자위하는 사람', 음핵 덮개가 커진 또 다른 조각상에는 '동성애자'라고 쓴 라벨을 붙였다.

1940년대에 디킨슨은 조각가 에이브럼 벨스키Abram Belskie와 함께 '토종 백인' 남녀 수만 명을 대상으로 미국 정부가 실행한 신체 측정 결과를 바탕으로 실물 크기의 남녀 조각상을 제작했다. 디킨슨과 벨스키는 이 조각상에 '평균적인' 미국인 남녀를 대표한다는 의미로 '노먼Normman'과 '노마-Norma'라는 이름을 붙였다.* 그리스 신들을 연상하게 하는 표정과 비율로 백인 이성애자의 모습을 형상화한 이 하얀 석고상은 미국인이 마땅히 동경해야 할 이상형을 상징했다.[36] 디킨슨은 노마를 "완벽한 여성, 평균적인 미국인"으로 묘사했다. 제2차 세계대전이 끝난 뒤에는 오하이오주에서 노마와 가장 닮은 여성을 찾는 대회가 열리기도 했다. 하지만 노마의 가슴이 부자연스럽게 크고 둥근 탓에 우승자를 찾기가 어려웠다.

디킨슨이 생각한 '평범함'에는 이렇게 우생학적인 관점이 담겨 있었다. 하지만 그는 '정상적인' 성생활에서 여성이 오르가슴에 도달하는 방법은 한 가지밖에 없다는 견해에 반대했다. 부부관계 상담에서는 성교 중에 음핵과 음순을 자극하고 음핵이 맞닿는 느낌을 여성이 더 수월하게 통제할 수 있도록 여성이 남성의 위로 올라가는 자세를 택하라고 권하기도 했다. 전기 진동기로 자위한다고 밝힌 여성 환자의 사례를 비난 없이 기술한 적도 있다.

---

*   노먼과 노마 모두 '평범한, 정상적'이라는 뜻의 영어 단어 'normal'을 연상하게 하는 이름이다-옮긴이.

"질 오르가슴을 높이 사면서 음핵으로 느끼는 성적 만족감을 매도하는 것은 여성들에게 큰 좌절감을 준다." 그는 이렇게 설명했다. "어떤 방식으로 느끼건 오르가슴은 오르가슴이다."

감각은 반드시 음핵으로 돌아온다

디킨슨은 뒤이어 일어난 성혁명을 보지 못하고 세상을 떠났다. 1960년 미국 식품의약국FDA이 합성 에스트로겐과 프로게스테론이 혼합된 경구피임약을 승인하자 생식활동과 섹스가 분리될 것이라는 전망이 나왔다. 피임약 이용자는 5년 만에 650만 명에 이르렀다.[37] 1965년에는 대법원이 19세기에 연방의회에서 제정된 '콤스톡법Comstock Act'을 폐기한다는 결정을 내렸다. 콤스톡법은 "외설적이고 선정적이며 음란한" 내용이 담긴 자료를 우편으로 판매 또는 배포하는 행위를 불법으로 규정했는데, 피임에 관한 정보도 포함되었다. 대법원의 폐기 결정은 여성에게 사생활을 보호받을 권리가 있음을 인정하는 것으로 해석되었고, 이는 1973년에 '로 대 웨이드Roe v. Wade'* 판결로 임신중지가 합법화되는 길을 열었다.

이 모든 변화를 직접 보지 못했지만 디킨슨은 혁명의 도화

* 법에서 정한 사유에 해당하지 않는 임신중지를 불법으로 규정하는 것은 헌법에서 보장하는 개인의 사생활을 침해하는 것이라는 한 여성의 주장을 1973년 미국의 대법원이 인정한 판결. 2022년 이 판결은 무효라는 결정이 다시 내려졌다-옮긴이.

선에 불을 붙인 인물이었다. 아내와 사별한 직후 80대였던 디킨슨은 자신의 뒤를 이을 사람을 만났다. 연구비 지원 신청서를 검토하던 중에 사례 연구를 통해 남성 동성애자들을 분석한다는 앨프리드 킨제이Alfred Kinsey의 신청서를 발견한 것이다. 디킨슨은 이 젊은이의 연구 목표와 연구 방법론의 범위에 놀라움을 금치 못했다. 본래 곤충학자인 킨제이는 인디애나대학교에서 동물학 교수로 지내면서 혹벌의 개체 수를 파악하는 연구에 매진했다. 그런데 수업 후 결혼 문제를 들고 자신을 찾아오는 학생들이 생기면서 그들에게 도움이 될 만한 실제 데이터가 거의 없다는 사실을 알게 되었다. 그 일은 킨제이가 성으로 연구 방향을 바꾼 계기가 되었다. 디킨슨은 킨제이야말로 성 연구를 객관적이고 과학적으로 수행하여 훌륭한 결과를 얻을 만한 적임자라 판단하고, 1950년 세상을 떠나기 전 평생 쌓아온 학계의 인맥과 5,200건이 넘는 자신의 사례 연구 자료를 축복의 말과 함께 그에게 물려주었다.

킨제이는 1948년에 디킨슨의 바람대로 객관적이고 과학적인 관점으로 수행한, 큰 파급을 일으킨 연구 결과를 《남성의 성행동Sexual Behavior in the Human Male》이라는 책으로 공개했다. '도덕과 정상성의 결합'이 목표였던 디킨슨과 달리 킨제이는 도덕을 전부 배제하는 것이 목표였다. 킨제이는 엄격한 감리교도였던 아버지의 억압 아래서 자란 양성애자였다. 그래서 사회의 도덕관념을 잣대로 누군가의 성향을 재단하는 것이 얼마나 큰 상처를 주는 일인지 누구보다 잘 알고 있었다. "킨제이 박사는 생물학자가 생물학적 현상을 연구할 때와 같은 방식으로 인간의 성현상을 연구했다." 이 연구의 주요 자금처인 록펠러재단의 한 후원자가 이 책 서문에 쓴 말이다. "그가 제시하는 근거에는 도덕적 편견이나 현재 금기시되는 일들에 대한 선입견이 없는, 과학자의 관점이 담겨 있다."

하지만 록펠러재단이 인간의 성행동에 관한 킨제이의 연구 결과가 객관적 사실이라고 아무리 강조해도 미국인들은 도덕률에 어긋나는 소리라며 분노했다. 1953년에 출간된 후속편《여성의 성행동-Sexual Behavior in the Human Female》은 더 큰 논란을 일으켰다. 이 책은 킨제이와 동료 학자들이 약 5,940명의 미국인 백인 여성을 대상으로 성관계 경험을 조사하고 이를 통계적으로 분석한 결과를 밝힌 것으로, 건조하고 전문적인 어조를 유지하면서도 놀라울 만큼 생생하고 상세한 묘사로 미국 사회가 여성의 성을 얼마나 왜곡해왔는지를 설명했다.

킨제이의 조사를 통해 여성들은 순수하지도, 순결하지도 않으며 정상 체위로 남편과 관계를 맺는 것만을 바라지도 않는다는 사실이 드러났다. 대다수가 자주 자위한다고 밝혔고 결혼한 여성 절반이 혼전 성경험이 있다고 답했다.

이전까지는 여성이 성적으로 흥분하기 시작하여 오르가슴을 느끼기까지의 과정이 남성보다 더디고 이것이 남녀의 근본적인 차이에서 비롯한다는 게 당연한 이치인 듯 여겨졌다. 하지만 이것 역시 사실이 아닌 것으로 밝혀졌다. "성관계 시 평균적으로 여성이 남성보다 반응 속도가 느린 것은 사실이나, 이는 일반적인 성관계 방식의 문제로 보인다." 남성들의 성급한 삽입을 지적한 말이었다. 여성들이 알아서 하게 두면 자연스럽게 오르가슴을 경험하게 된다는 내용도 있었다. 여성들이 오르가슴을 경험할 수 있는 가장 확실한 방법은 자위였다. 여성 대다수가 음순과 음핵을 자극하면 5분 내로 쉽게 오르가슴을 느낀다고 답한 것이다. 이와 비슷하게 동성끼리 성관계를 하는 여성들의 만족도가 더 높은 것으로 나타났는데, 이는 아마도 서로가 상대방의 해부학적 특징을 잘 알고 음핵에 집중하기 때문일 것이라고 추정되었다. 이성 간의 성관계에서도 도움이 될 만한 정보였다.*

킨제이는 프로이트를 비롯하여 속 빈 강정이나 다름없는 이론을 내놓은 정신분석가들을 가차 없이 비난했다. 무엇보다 그런 이론이 사람들의 정신과 자존감에 명백히 해를 끼쳤다는 점을 지적했다. 킨제이의 책 서문에는 "프로이트가 여성에 관한 이론을 수립했다면, 킨제이는 여성을 연구했다"라며 두 사람의 차이를 강조한 내용도 있었다. 킨제이는 다음과 같이 결론내렸다. "일부 정신분석가와 임상의들은 질 자극과 '질 오르가슴'만이 '성적으로 성숙한' 여성의 심리적 만족감을 최고조로 끌어올릴 수 있는 유일한 방법이라고 주장한다. 그러나 성적 반응이 일어나는 해부학적 구조와 생리적 특징에 관해 현재까지 밝혀진 사실들을 종합해보면, '질 오르가슴'이라는 것이 대체 무엇인지 이해하기 어

---

* 킨제이는 여성이 남성보다 다른 여성과 성교할 때 오르가슴을 더 많이 느낀다고 주장했다. 이와 더불어 사람들 대부분의 성적 지향이 실제로는 이성애와 동성애 사이 어딘가에 있다는 사실을 지적하며 모든 사람이 동성애자 또는 이성애자 둘 중 하나라는 통념에 이의를 제기했다. 배타적인 이성애자와 배타적인 동성애자 사이에 있는 사람들을 총 여섯 등급으로 나눈 킨제이 척도(Kinsey Scale)는 《남성의 성행동》에서 처음 소개된 후 널리 알려졌다.

럽다."

킨제이는 오르가슴을 느끼는 부위가 음핵에서 질로 바뀐다는 주장은 터무니없으며 그런 일은 있을 수 없다고 했다. "그런 신체 변화를 입증하는 해부학적 데이터는 지금까지 발표된 적이 없다." 여기에 덧붙여 "우리 연구에 참여한 수백 명의 여성이 그랬듯 그런 터무니없는 주장을 하는 일부 임상의와 만난 수천 명의 여성이 생물학적으로 불가능한 이런 일을 경험하지 못했다는 이유로 느꼈을 혼란을 생각하면" 정말 안타까운 일이라고 했다. 마리가 들었다면 공감했을 이야기다.

킨제이의 연구 결과는 페미니스트들이 '제2물결'로 다시 결집하여 성혁명이 시작되는 출발점이 되었다.* 킨제이가 세상을 떠난 후 성 연구자인 윌리엄 매스터스William Masters와 버지니아 존슨Virginia Johnson은 킨제이의 주장을 뒷받침하는 근거를 추가로 제시했다. 1966년의 공저 《인간의 성반응Human Sexual Response》에서 두 사람은 '질 오르가슴'과 '음핵 오르가슴'에 어떤 구체적인 차이가 있느냐는 질문을 던졌다. 그들은 이전 세대 연구자들이 상상도 하지 못한 최신 도구들로 무장했다. 이를테면 광섬유를 장착한 음경 모양의 플라스틱 카메라를 이용하여 이 연구에 참여한 각 커플의 성적 반응이 고조되는 과정에서 일어나는 체내의 변화를 빠짐없이 관찰하며 영상으로 기록했다. 그 결과 남녀 모두 비자발적 경련

---

* 서구 페미니즘의 역사는 흐름에 따라 19세기부터 1950년대까지를 제1물결, 본문에서 다루고 있는 성혁명의 시작인 1960년대부터 1980년대까지를 제2물결로 구분한다-옮긴이.

이 0.8초 간격으로 연달아 발생하는 형태로 오르가슴을 경험하며, 이때 생식기로 향하는 혈류량이 증가하고 근육과 신경의 활동도 활발해진다는 사실을 알게 되었다. 또한 이들은 남녀의 성적 반응이 진행되는 과정을 성적 각성기(흥분기)-안정기-오르가슴-해소기의 4단계로 구분하고 이를 이해하기 쉬운 도표와 그래프로 설명했다.

매스터스와 존슨은 여성의 경우 질 바깥쪽과 자궁, 항문에서 근육의 수축이 느껴질 수 있지만 어느 부위에서 느껴지든 그 감각은 반드시 음핵으로 돌아온다고 밝혔다. 이어 음핵을 "인체 해부 구조를 통틀어" 성적 쾌락이 유일한 기능인 "독특한 기관"이라고 선언했다. 그리고 "문헌 자료들에는 음핵 오르가슴과 질 오르가슴을 대조한 내용이 많지만" 해부학적 관점에서 볼 때 그 두 가지는 구분할 수 없다고 했다. 오르가슴의 종류는 한 가지, 음핵으로 느끼는 오르가슴뿐이라는 의미였다.[38]

난생처음 느껴보는 새로운 기관의 감각

재건 수술을 받고 며칠 후 아미나타는 자기 음핵을 살펴보고 충격을 받았다. 크고, 불그스름하고, 부어 있었다. 그다음 주에는 용변을 보고 일어났을 때 출혈이 시작되어 서둘러 응급실로 가야 했다. 의사는 수술 후에 충분히 생길 수 있는 일이고 심각한 문제가 아니라고 했지만 아미나타는 겁이 났다. 그러나 몇 주 후 통증이 가라앉았고 음핵에 딱지가 앉기 시작했다. "아물기 시작한 거죠. 그때부터는 통증도 거의 없었어요." 2019년 11월 두 번째 후속 치료를 받기로 한 날 아미나타가 나에게 한 말이다.

12월 말이 되자 음핵은 마침내 아미나타의 피부와 비슷한 색깔을 띠기 시작했다. 아래쪽부터 아물어서 윗부분은 아직 붉은 빛이 돌았다. 수술 부위를 봉합했던 실도 헐거워지기 시작했다. 아미나타는 이미 자기 몸에 전보다 더 큰 애정을 느꼈다. "일단 예전과는 달라졌다는 게 기뻐요."

해부학적으로 새로워진 구조가 아미나타에게 더 큰 즐거움을 줄 것인지를 판단하기에는 아직 이르다. 하지만 서른여덟 살의 여성 아이사 에돈Aïssa Edon은 2005년에 폴데에게 수술받은 후 처음으로 음핵이 반응했던 순간을 생생하게 기억한다. 수술 후 6개월쯤 지난 어느 날 태어나서 처음으로 청바지를 입고 파리 거리를 걷고 있을 때였다. 갑자기 한 번도 느껴본 적 없는 감각이 스파크처럼 번쩍하고 느껴졌다. "아랫도리에 전기 충격이 오는 것 같았어요." 에돈은 가장 가까운 화장실로 달려가서 바지를 내리고 살펴보았다. 음핵이 충혈되어 있었다. "부풀어 있었어요. 꽉 조이는 청바지에 반응한 거죠. 얼마나 놀랐는지 모릅니다."

아이사는 여섯 살 때 말리에서 의붓어머니 손에 이끌려 생식기를 절단당했고, 스물세 살 때 파리에서 재건 수술을 받았다.[39] 아이사가 수술을 결정한 이유는 성적인 것과 무관했다. "완전해지기 위한 결정이었어요. 내 몸, 내 힘을 되찾고 싶었습니다." 이 말을 하면서 아이사는 양손을 앞으로 뻗어 공기를 자신의 가슴 쪽으로 끌어오는 듯한 손짓을 했다. 보이지 않는 자신의 본질을 되찾고 싶었던 마음, 그 절실함이 느껴졌다. 재건 수술 후에는 좋은 일이 많아졌다고 했다. 수술 후 재건된 음핵을 '새로 생긴' 기관이라고 부르는 건 별로 좋아하지 않지만 음핵의 감각은 정말 새로웠다. "원래 내 몸 안에 있었지만 그전까지는 어떤 모습인지 그려볼 수도 없었고, 직접 볼 수도 없었어요. 그러니 내 몸이지만 새로 배우고, 그게 어떻게 기능하는지도 새로 배워야 했습니다. 이 '새로운 기관'을 가진 나에게 익숙해져야 했어요."

해부학적인 배움을 넘어서는 재학습이었다. 내 몸과 몸이 원하는 것, 내 몸의 상처에 귀 기울이는 법, 내 몸을 스스로 믿는 법, 연인과 함께할 때 믿는 법을 배웠다. "우리 여성들은 자기 자신에게 귀 기울이는 데 서툴러요. 아프리카 여성들은 훨씬 더 서툴죠." 아이사의 말이다. 섹스는 나쁘고 더럽고, 수치스러운 일이라고만 여겼던 아이사는 그런 잘못된 생각에서 벗어나기 위한 치료도 받기 시작했다. "내가 스스로 생각할 수 있다는 사실을 아는 것이 굉장히 중요했습니다." 아이사가 이어서 말했다. "하고 싶지 않은 사람과는 성관계할 필요가 없다는 것, 내 결정에 달렸다는 것을 알게 됐어요." 아이사는 그간의 경험을 토대로 생식기 절단을 겪은 여성들의 출산을 전문적으로 돕는 조산사 교육을 받았다. 지금은 국경없는의사회에서 조산사들의 활동을 관리하고 있다.

음핵 재건술은 아이사에게 평화를 선사했다는 점에서 중요한 의미가 있었다. "이건 제 여정이고, 제 이야기입니다. 이제는 누구도 저와 같은 일을 겪지 않기를 바랍니다. 그 수술로 정말 큰 희망이 생겼고, 그 이상으로 많은 것을 얻었습니다."

'마법의 버튼' 지스폿?

2010년 오코넬은 자신이 도움을 줄 수 있는 새로운 기회를 접하게 되었다. 음핵의 해부학적 구조에 대해 강연할 때마다 청중들의 다양한 질문이 쏟아졌는데, 기자 한 사람이 꾸준히 던지는 질문이 있었다. 바로 지스폿G-spot에 관한 질문이었다. 대중문화에서 '마법의 버튼'처럼 여겨지는 지스폿은 질 내부에 다량의 신경이 모여 있는, 강렬한 오르가슴의 비밀을 품고 있는 부위로 널리 알려져 있었다. 그 기자는 오코넬에게 그런 부위가 해부학적으로도 실재하는지, 아니면 근거 없는 믿음에 불과한 것인지 물었다.

오코넬도 궁금했다. 정말로 그런 부위가 있다면 해부할 때 왜 보지 못했을까? "그 기자에게 우리는 한 번도 본 적이 없다고, 하지만 찾아보지 않은 것도 사실이라고 답했습니다. 과학적으로 접근 방식이 다른 일이니까요." 오코넬의 말이다. "그래서 한번 진실을 밝혀보기로 했습니다."

지스폿 개념을 처음 제안한 것은 남성이었지만 널리 알려진 것은 한 여성을 통해서였다.[40] 유대계 독일인 에른스트 그레펜베르크Ernst Gräfenberg는 1920년대에 독일 베를린에서 산부인과 의사로 일하며 오늘날의 자궁 내 장치intrauterine device*를 최초로 발명한 인물이다. 1930년대 들어 세력이 막강해진 나치가 피임에 관한 연구를 통제하기 시작하자 그레펜베르크는 독일을 떠나 미국 뉴욕에 산부인과 병원을 열었다. 그곳에서 그도 디킨슨처럼 여성 환자들이 성관계 시 오르가슴을 느끼는 때가 아주 드물다는 사실을 알고 당황했다.[41] 1950년에 그는 "성 연구자들이 자신이 탐구하는 기관을 더 정확히 알게 된다면 해결책도 쉽게 찾을 수 있을 것이다"라고 했다.

여성이 느끼는 쾌락의 중추는 음핵이며 질에는 신경이 거의 없다는 주장이 점차 힘을 얻어가고 있던 무렵이었다. 킨제이는 다섯 명의 산부인과 의사와 함께 약 900명의 여성을 대상으로 음핵을 비롯한 생식기의 여러 부위를 유리, 금속 또는 면으로 끝부분을 감싼 탐침을 이용해 부드럽게 쓸어보면서 민감도를 확인하는 실험을 했다. 그 결과 대다수가 음핵으로는 촉감을 느꼈으나 질에서 자극을 감지한 여성은 14퍼센트에 불과했다. 이에 킨제이는 질을 '무감각한 구멍'으로 결론내렸다.

하지만 그레펜베르크는 질을 포기하지 않았다. 그는 질의 특정 부위, 즉 입구에서 안쪽으로 몇 센티미터 들어간 복부 쪽 내벽에서 무언가 흥미로운 일이 벌어진다고 생각했다. 여성의 요도는 남성의 요도와 마찬가지로 발기 조직에 둘러싸여 있고 이 조직은 성적 흥분이 일어나면 움직이고 부풀어 오른다. 그레펜베르크

---

*   피임을 목적으로 자궁강 내에 장착하는 기구-옮긴이.

는 모든 여성의 '요도'에 이와 같은 '성감대'가 있으며 이 부분을 통해 오르가슴을 느끼는 일부 여성은 "몸 밑에 큰 수건을 깔지 않으면 침구가 엉망이 될 만큼 다량의 체액이 분비된다"라고 했다. 그는 성교 시 오르가슴을 느끼지 못했다고 이야기하는 여성이 그토록 많은 이유도 여기에 있다고 생각했다. 이 마법 같은 부위를 잘 모르기 때문이라는 것이다.

이런 내용이 담긴 그레펜베르크의 논문은 이목을 끌지 못했고 금방 잊혔다. 미국 럿거스대학교의 성 연구자이자 여성 요실금 환자들의 치료를 전담하는 임상 전문 간호사였던 베벌리 휘플 Beverly Whipple이 아니었다면 그대로 영원히 묻혔을 것이다. 성교 중 체액이 몸 밖으로 흘러나오는 여성들이 있다는 사실을 알게 된 휘플은 질 입구 쪽 내벽에 성적 쾌락을 느낄 때 부풀어 오르는 특이한 부위가 있다고 주장했다. 그리고 1981년에 〈도나휴 Donahue〉라는 유명 TV 토크쇼에 출연하여 자신이 알아낸 것들을 언급했다. "그부분을 자극하면 오르가슴에 금방 도달합니다. 보통 1분 내로요." 휘플은 두 명의 남성 의사와 나란히 앉아서 설명했다. "이 방식으로 오르가슴을 여러 차례, 수시로 느꼈다는 사람이 많습니다."

그리고 다음과 같이 덧붙였다. "정상 체위로는 안 됩니다."[42]

진행자 도나휴는 너무 놀라 입을 다물지 못했다.

처음에 휘플은 그 부위에 동료 하나가 농담조로 건넨 '휘플 티클Whipple Tickle'＊이라는 이름을 붙이려고 했다. 그런데 당시 두 루마리 화장지 브랜드 차밍Charmin의 광고에 등장하는 가상 인물의 이름이 하필 미스터 휘플Mr. Whipple이었기에 '휘플 티클'이라고 하면 사람들이 광고 캐릭터부터 떠올릴 가능성이 컸다. 휘플은 여성 생식기의 해부학적 구조와 쾌락의 관계를 밝히는 데 기여한 그레펜베르크의 업적을 기리는 의미로 그 부위를 '그레펜베르크 스폿 Gräfenberg spot, G-spot'이라 부르기로 했다. 지스폿을 주제로 한 책도 공동 저술했다. 그 책을 읽은 수많은 독자가 신비로운 쾌락의 영역을 찾아나섰다. 지스폿이 실재하는지 여부와 상관없이 휘플이 여성의 성적 쾌락과 생식기의 해부학적 구조에 대중의 관심이 쏠리게 만든 것은 분명한 사실이다.

이후 10년 동안 지스폿은 요도와 인접한 질 안쪽의 단단한 부위이며 자극이 가해지면 커질 수 있다는 연구 결과들이 발표되었다. 반대로 지스폿은 가상의 개념일 뿐이라며 '일종의 해부학적 미확인 비행물체'이자 '사람들의 관심을 끌려고 지어낸 부인과 분야의 허위 정보'라는 주장도 제기되었다.[43] 2012년에 플로리다의 한 산부인과 의사는 폴란드에서 83세 여성의 시신을 해부한 결과 새로운 조직을 발견했다고 주장했다 (미국의 해부용 시신 연구 관련 규정을 피하려고 그곳까지 다녀온 것으로 추정된다). 그의 말에 따르면 지스폿은 발기 조직이 포도알처럼 모여 있는 아주 작은 주머니처럼 생겼고 질 내벽을 이루는 여러 조직층 사이에 "깊숙이, 아주

＊   'tickle'은 간지럽힌다, 자극한다는 뜻이다-옮긴이.

깊숙이"[44] 자리 잡고 있다. 나중에 이 의사는 '지스폿 성형술'을 비롯하여 생식기 관련 의료 서비스를 제공한다고 광고해온 성형외과 의사로 드러났다. 이 주장의 신빙성에 관해서는 각자 결론을 내릴 수 있을 것이다.

지스폿은 분명 흥미로운 개념이었지만 데이터가 부족했다. 그리고 데이터를 수집하는 건 오코넬이 가장 잘하는 일이었다.

여성의 성적 쾌락을 단순화하려는 신화

오코넬은 해부 횟수가 늘어날수록(50명에서 60명의 여성 몸을 해부했다) 음핵에 있는 두 개의 망울에 깊이 매료되었다. 튤립의 알뿌리를 납작하게 눌러 편 것처럼 생긴 이 두 개의 망울은 질 벽을 감싸고 있었고 움직임이 굉장히 힘차고 활발했다.* 거미줄처럼 얇고 탄성 있는 막에 둘러싸여 있어 크기와 형태가 광범위하게 달라질 수 있다는 사실도 알게 되었다.

오코넬이 공부하던 시절의 해부학 관련 서적에는 이 두 개의 망울에 음핵 귀두, 그리고 음핵각으로도 불리는 음핵의 양쪽 다리와는 다른 색이 칠해져 있고, '질어귀망울'이라고 표기되어 있다. 오코넬은 삽입 성교에 초점을 맞춘 코벨트가 이 망울의 주된 기능을 음경을 조이는 것이라고 주장했다는 사실에 주목했다.

---

*   코벨트는 망울을 "거머리가 엄청나게 늘어난 듯한 형태"라고 묘사했다.[46]

코벨트의 설명에 따르면 "망울의 외벽이 뻣뻣해지면서 …… 흡입관으로 변하고 …… 질 입구에 이 망울과 함께 스펀지처럼 탄성 있는 질관의 충전재가 더해지면 질의 주된 기능, 즉 부드러우면서도 강하게 움켜잡는 기능이 훌륭하게 발휘된다."[45]

그러나 오코넬이 보기에 이 두 개의 망울은 분명 질이 아닌 음핵의 일부였다. 민감한 발기 조직 덩어리를 이루며 음핵 뿌리 쪽에서 음핵 몸통과 연결되어 있고, 조직도 음핵 몸통이나 음핵 다리와 같은 발기성 해면 조직이었다. 오코넬은 음핵의 망울 두 개와 양쪽 다리는 음경의 발기성 기둥(음경해면체)과 정확히 대응되며, 음경은 그것이 기둥 하나로 이루어져 있고 음핵은 그와 달리 여러 갈래로 펼쳐진 형태라고 보았다. 이렇게 확신할 수 있었던 근거는 무엇일까? "제가 보여드릴게요." 오코넬은 이렇게 말하고 자신의 학위 논문을 뒤적이더니 골반뼈를 제거한 상태에서 음핵의 망울을 촬영한 사진이 나온 쪽을 내밀었다. 망울이 양쪽으로 벌어진 음핵 뿌리와 어떻게 연결되어 있는지 보여주는 사진이었다.

"'전부 한 덩어리인가? 서로 연관되어 있나?' 이 의문에 대한 답은 각자 찾을 수 있을 겁니다. 하지만 '망울이 이 한 덩어리의 일부가 아니라 질어귀에 속해 있다'고 하는 건 말이 안 됩니다. 도움도 안 되고요. 전혀요." 중요한 차이점은 망울이 자유롭게 팽창할 수 있다는 점이다. 음핵 다리는 두꺼운 섬유질 백색막

tunica albuginea (백막)에 둘러싸여 있어서 형태가 바뀔 수 없지만* 망울은 밖으로 팽창할 수 있어 음순을 부풀어 오르게 만든다. "음순이 불그스름해지는 것 역시 그 영향이라고 볼 수 있겠죠?" 오코넬이 의미심장한 미소를 지으며 말했다. 아직은 누구도 그 기능에 관한 연구를 하지 않아서 확신할 수는 없다. 오코넬은 누군가 연구해주기를 바라고 있다.

아마도 이 망울들이 '지스폿'이라 불리는 부위의 비밀을 푸는 열쇠일 것이다. 2017년 오코넬은 동료 연구자들과 함께 32세부터 97세까지 다양한 연령대의 여성 시신 총 13구의 요도와 질을 해부했다. 먼저 요도와 질의 긴 벽을 조심스럽게 절개하고 MRI 영상으로 주변 부위를 자세히 조사한 결과, 음핵을 제외하고는 어디에서도 발기 조직이나 해면 조직이 발견되지 않았다. 이 연구에서 지스폿이라 불리는 부분은 음핵 몸통과 음핵 다리, 망울이 전부 합쳐지는 지점, 즉 요도 일부가 눌리는 부분일 것으로 추정되었다.[47] 질에는 발기 조직이 없지만 이 부위에 압력이 가해지면 성적 자극을 받은 체내의 음핵, 특히 망울을 통해 그 압력이 느껴질 수 있다. 사람에 따라 이 감각을 강하게 느끼는 여성들이 있어서 일부 해부학자가 특정한 부위가 있다고 여긴 것이다. 그러나 지스폿은 "해부학적 구조가 별도로 존재하지 않는다"라는 것이 오코넬의 결론이었다.

***

* 오래전 음핵은 '팽팽하다'라는 의미의 '텐티고(tentigo)'라고 불리기도 했는데, 의미로 보면 그것도 정확한 이름이었다는 사실이 흥미롭다.

지스폿이 대단한 무언가로 여겨지게 된 것은 질 오르가슴의 개념과 비슷한 면이 있다. 즉 여성들에게는 잠자리에서 반드시 경험해야만 하는 일이라는 압박감을 주고, 반면 남성들은 잠자리에서 별로 노력할 필요가 없다고 안심시키는, 사실상 신화에 가까운 발상이었다. 여성의 성은 단순해서 얼마든지 충족할 수 있다는 인식이 깔려 있다는 것도 지스폿과 질 오르가슴의 공통점이다. "질에 마법의 버튼이 있고, 그것 하나만 찾으면 전부 해결된다는 식의 신화적인 욕망입니다." 오코넬은 낮은 목소리로 한탄했다. "그래서 남성들에게 여성이 어떻게 느끼는지 알려고 애쓸 필요가 없다고, 마법의 지팡이를 정확하게 찔러 넣기만 하면, 그리고 여자 쪽에서 할 일을 제대로 해주기만 하면 다 잘될 거라고 하는 겁니다."

'질 오르가슴'이란 발상도 남성들에게 잠자리에서 어떻게 하건 상관없다는 식의 확신을 가지게 했다. 하지만 여성이 오르가슴을 느끼려면 남성의 찔러 넣기가 음핵의 망울을 간접적으로 자극해야 한다는 것이 오코넬의 설명이다. 불가능한 일이 아니다. "비현실적인 일이 아닙니다. 간접적으로 접근하면 된다니까요?"** 오코넬은 음핵의 바깥 면이 요도, 질과 어떻게 상호 작용하는지를 보여주는 사진을 손가락으로 쭉 따라가면서 가리켰다. "여기 보시면 음핵이 부메랑처럼 생긴 부분이 있죠. 이 부분을 신경 쓰지 않으면 좋은 결과를 기대할 수 없습니다."

** 몇몇 조사에서는 20퍼센트에서 30퍼센트의 여성이 삽입만으로 오르가슴을 느낀다고 답했다. 높은 비율은 아니지만 낮은 비율도 아니다. 삽입으로 느끼는 오르가슴도 지스폿처럼 질 벽을 통해 음핵에 가해지는 자극으로 설명할 수 있다.

지스폿과 질 오르가슴은 여성이 느끼는 성적 쾌락의 중추를 음핵 아니면 질, 둘 중 하나로 한정하려는 생각에서 비롯된 발상이다. "하지만 그건 사실이 아닙니다."[48] 오코넬은 웃으면서 말했다. "그랬으면 좋겠다는 간절함은 알겠지만, 그건 아니에요."

여성은 모두 다르다

지스폿을 처음 생각해낸 장본인도 세상이 자기 생각을 받아들이는 방식을 달가워하지 않았다. 이제 여든일곱 살이 된 휘플은 그런 마법의 버튼을 찾아내려고 한 적이 없었다. 여성들의 실제 경험을 연구로 입증하여 그게 이상한 일이 아니며 혼자만 겪는 일도 아니라는 사실을 알리고 싶었을 뿐이다. 40여 년이 지난 지금 휘플은 언론이 자신의 지스폿 개념을 여성이 오르가슴을 느끼는 해부학적 구조가 지극히 단순하다는 의미로 해석한 것은 유감스러운 일이라고 말한다. 그리고 지스폿은 켜고 끌 수 있는 스위치나 버튼이 아니라고 강조했다. 실제로 휘플은 그 후에도 연구를 계속하며 지스폿은 분비샘들과 음핵의 발기 조직을 포함한 여러 조직이 만나는 복합적인 접합부라고 설명했다.

하지만 그런 설명에는 아무도 귀를 기울이지 않는 듯했다. 다들 마법의 버튼을 바랄 뿐이었다. "우리가 사람들을 오해하게 만든 것 같습니다. 지스폿은 작은 한 지점이 아니라, 전체적인 한 영역입니다." 휘플은 2016년에 〈사이언스 브이Science Vs〉라는 팟캐스트에서 이렇게 설명했다. "하지만 처음에 그런 식으로 이름을 붙였으니, 우리가 오해를 자초한 셈이죠." 이미 판도라의 상자 밖으로 튀어나온 악을 다시 집어넣을 수는 없다.

휘플은 지금도 그 부위에 그레펜베르크의 이름에서 따온 명칭을 붙인 것이 당연한 일이라 믿는다. 다만 시간을 되돌릴 수 있다면 '그레펜베르크 지점G-spot'이 아닌 '그레펜베르크 부위G-area'라 명명했을 것이라고 했다. "이제는 우리 여성 모두가 다양한 방식으로 성적 쾌락을 경험할 수 있다는 사실을 알았으면 합니다." 2021년에 휘플이 줌Zoom으로 대화할 때 나에게 한 말이다. "지스폿이나 음핵만이 쾌락의 중추는 아니라는 뜻입니다. 우리 몸에는 그보다 훨씬 더 많은 것이 있으니까요."[49] 최근에 휘플은 몸 전체에서 느끼는 쾌락의 확산을 중점적으로 연구하고, 이를 토대로 부부나 연인끼리 활용할 수 있도록 35곳의 신체 부위와 서로를 애무하는 요령을 정리한 '생식기 외부 관계망'을 만들었다. "때로는 그저 손을 잡거나 가볍게 만지는 것만으로도 기분이 좋아집니다." 2016년 휘플은 팟캐스트에서 이렇게 말했다.

휘플은 개인적으로 남편이 엄지발가락을 빨아주는 것을 좋아한다고 이야기하면서 "하지만 사람마다 좋아하는 게 다르다"라는 말도 덧붙였다. 지스폿의 문제는 여성이 다 똑같다고 착각하게 만들었다는 것이다.

3장

질

보려고 하지 않으면
볼 수 없다

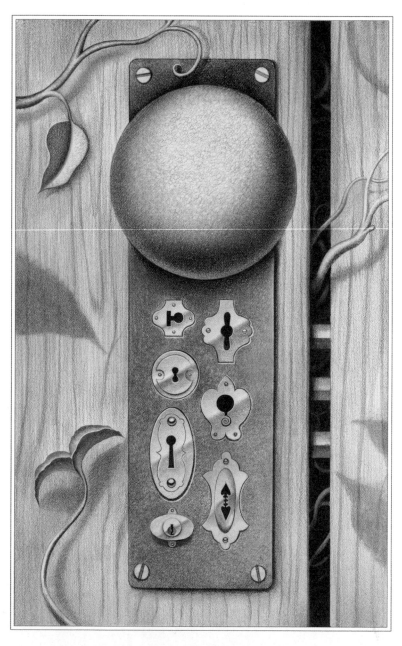

분비샘이 가득하고, 근육과 콜라겐이 가득합니다.
끊임없이 변화하면서 항상 병원체와 싸우죠. 정말 놀라운 곳입니다.

패티 브레넌

패티 브레넌^{Patty Brennan} 박사는 질의 대변자가 될 생각이 없었다. 브레넌의 연구는 사실 음경으로 시작되었다.

스물여덟 살이었던 2000년 늦여름의 어느 오후 콜롬비아 출신 생물학자 브레넌은 코스타리카의 울창한 열대우림에서 한창 연구 중이던 동물을 쫓고 있었다. 회청색 몸에 꼭 쪼그리고 앉은 것처럼 생긴 도요타조(티나무로도 불린다)라는 새였다. 숲은 무성한 잎들이 햇빛을 전부 집어삼켜 바닥이 늘 어둑하고 그늘져 있었다. 숨이 턱턱 막힐 정도로 습한 날씨에 땀이 보호복 안으로 줄줄 흘러내렸다. 모기가 쉴 새 없이 앵앵대는 소리, 새들의 구슬픈 울음소리가 사방에서 들려왔다. "그 숲에서 죽으면 몇 달 내로 흔적도 없이 사라질 겁니다."[1] 브레넌은 그때를 회상하며 말했다. "완벽하게 사라질 수 있는 곳이에요."

그러다 문득 어디선가 휘파람 소리 같은 청량한 소리가 들렸다. 수컷 도요타조가 짝을 부르는 소리였다. 숨을 가다듬고 둘러보자 빽빽한 덤불 속에서 암컷 한 마리가 나타났다. 암컷은 수컷에게로 달려갔다가 잠시 물러나더니 다시 수컷을 따라갔다. 그러고는 마침내 바닥에 쪼그리고 앉아서 꼬리를 위로 치켜들었다. 올라타라는 신호였다. 브레넌은 수컷이 엉거주춤 암컷의 등에 올라타는 광경을 쌍안경으로 지켜보았다. 암컷은 양 날개를 펼쳤다. "암컷이 얼마나 불편해 보였는지 안타까울 정도였습니다." 브레넌은 수컷이 균형을 잡으려고 부리로 암컷의 목을 물자 암컷이 움찔했던 모습을 기억했다.

그다음 순간 브레넌이 평생 잊지 못할 일이 벌어졌다.

새들의 짝짓기는 아무런 기술도 필요 없는 경우가 대부분이다. 새들은 외부 생식기가 없고 꼬리 아래쪽에 배설물 배출과 알 낳기, 짝짓기에 모두 쓰이는 다목적 구멍* 하나가 전부라서 암컷과 수컷이 이 구멍을 맞대고 잠시 비벼대는, '배설강 맞춤'이라 불리는 행동을 한다. 이때 수컷의 정자가 암컷에게 전달되며 단 몇 초 만에 전체 과정이 끝난다. 그런데 브레넌이 지켜보고 있던 그 도요타조 한 쌍은 몸이 찰싹 달라붙더니 함께 흔들리기 시작했다. 그리고 수컷이 몸을 앞뒤로 움직였다. 수컷이 암컷에게서 떨어졌을 때 브레넌은 수컷 몸에 길고 하얀, 꼬부라진 무언가가 매달려 있는 것을 보았다.

---

*   생물학자들은 보통 '하수도', '하수관'이라는 뜻의 라틴어에서 유래한 명칭인 배설강(cloaca)으로 부르지만, 브레넌은 이 구멍이 다른 동물의 질과 같은 기능을 하면서 몇 가지 기능을 추가로 수행하는 곳이라 보고 질이라 부른다.

'저게 대체 뭐지? 오, 세상에, 벌레가 붙었나봐.' 처음에는 그렇게 생각했다.

하지만 갑자기 다른 가능성이 떠올랐다. '설마, 저거 음경이야?'

그때까지 브레넌은 조류는 음경이 없다고 생각했다. 조류 연구 분야에서 세계 최고로 꼽히는 뉴욕 코넬대학교에서 2년간 공부하는 동안 동료들이 조류의 음경에 관해 언급하는 것을 한 번도 들어본 적이 없었다. 게다가 그날 숲에서 본 것은 브레넌이 아는 그 어떤 음경과도 닮은 구석이 없었다. 유령처럼 새하얗고, 코르크스크루처럼 나선형으로 꼬인데다 삶은 스파게티 한 가락만 한 굵기에 지나지 않았다. 다른 새들은 퇴화되어 사라진 기관이 왜 도요타조에는 남아 있을까? 왜 남는 방향으로 진화했을까? 그게 정말로 음경이라면 '가장 희한한 진화'의 사례가 되리라고 생각했다.

학교로 돌아온 브레넌은 조류의 음경에 관한 연구 자료를 전부 찾아보기로 했다. 하지만 많지 않았다. 전체 조류 종의 97퍼센트는 음경이 없다.[2] 다만 타조, 에뮤, 키위 등이 예외적인데, 이 새들도 외부 생식기의 형태가 포유류의 생식기와는 상당히 다른 나선형으로 꼬부라진 모양이다. 또한 발기하면 혈액이 아닌 림프액이 몰리면서 단번에 폭발적으로 부풀어 올라 암컷의 몸 안으로 삽입된다. 정자는 생식기 바깥 면에 있는 몇 개의 긴 홈을 따라 나선형으로 흘러내려 암컷에게 전달된다.

장난기 어린 미소에 활달한 성격, 뱀을 해부하다가 장에서 기생충을 발견하면 얼른 카메라를 들이대고 아무렇지 않게 사진을 찍는 이 여성 연구자는 도요타조라는 특정한 종의 새가 가진 삽입형 음경의 최초 목격자가 되었다. 브레넌은 시간이 더 흐른 뒤에야 어떤 동료도 한 적 없는 질문을 떠올렸다. 그게 정말로 음경이라면 질은? "삽입할 곳이 없다면 당연히 음경도 필요할 리 없잖아요." 브레넌은 2007년《뉴욕 타임스》와의 인터뷰에서 이렇게 말했다. "차가 있으면 주차할 차고가 있어야 합니다." 브레넌은 바로 그 차고의 크기와 형태, 기능이 처음으로 궁금해졌다.

음핵의 부상, 질의 추락

생물학자들은 음경을 정말 좋아한다. 그럴 만한 이유가 있다. 음경은 동물계에서 가장 다종다양한 기관이기 때문이다.[3] 맛을 느끼거나 냄새 맡거나 소리 낼 수 있는 음경이 있는가 하면, 코르크스크루처럼 나선형으로 생긴 음경도 있고 지렛대 모양의 음경도 있다. 광선검처럼 푸른빛을 띠는 음경도 있다.[4] 몸길이의 최대 아홉 배까지 뻗어 나오는 음경(따개비)도 있고, 몸에서 분리되는 촉수 형태에 빨판으로 덮여 있는 음경(조개낙지)도 있으며, 빛을 감지하는 세포가 있어 목적지를 '보면서' 찾아가는 음경(일본 호랑나비)도 있다. 암컷의 생식기는 몸속에 있지만 음경은 밖으로 나와 있어 연구하기 쉽다는 점도 생물학자들이 선호하는 이유다.

하지만 수 세기 동안 질이 외면당한 데는 더 심오한 이유가 있다. 학자들은 오래전부터 암컷의 생식기가 수컷의 생식기보다 수동적이고 덜 중요하다고 여겨왔다. 질이 여성의 상징이라는 프로이트의 주장에도 이런 생물학적인 시각이 깔려 있었다. 프로이트가 생각한 질의 기능은 단 하나, 음경을 수용하는 일이었다. '질'을 뜻하는 '버자이너'라는 영어 단어 자체에도 그런 시각이 반영되어 있다. 이탈리아의 해부학자 가브리엘레 팔로피오가 '칼집', '외피', '덮개'를 뜻하는 라틴어에서 따온 이 용어에는 칼을 보관하는 것이 주된 기능이라는 의미가 담겨 있다(희한하게도 음경을 뜻하는 '페니스penis'는 칼이 아니라 '꼬리'를 뜻하는 라틴어에서 유래했다). 그러므로 질을 중심으로 여성의 성욕을 논하는 관점에는 이렇게 음경을 받아들이고 아기를 낳는 일이야말로 여성들이 수용해야 할 바람직한 여성의 역할이라는 시각이 담겨 있었다.

제2물결로 재결집한 페미니스트들은 프로이트의 주장에 반박했다. 이들은 질 오르가슴은 프로이트가 발명하고, 여성의 성을 영원토록 통제하려는 남성들이 강화해온 개념이라고 주장했다. "사실 질은 그렇게 민감한 부위도 아니고, 오르가슴을 느끼도록 만들어진 곳도 아닙니다."[5] 뉴욕에서 활동한 페미니스트 앤 코트Anne Koedt가 1970년 〈질 오르가슴의 신화Myth of the Vaginal Orgasm〉라는 제목의 강연에서 한 말이다. "여성이 느끼는 성적 감각의 중심은 음핵이고, 음핵은 남성의 음경에 상응하는 기관입니다."* 코

---

*   코트는 이 강연에서 마리 보나파르트를 가부장제에 푹 빠진 프로이트의 추종자 중 한 사람이며, 마리가 "그들의 기본 전제에 맞춰 여성의 해부학적 특징을 바꾸려는 터무니없는 시도에 몰두했다"라고 개탄했다.

트의 주장은 음핵을 여성의 독립성과 자유의 상징으로 격상하는 데 일조했다. 하지만 의도치 않은 결과도 초래했다. 이제는 질이 특별히 언급할 만한 가치가 없는 곳으로 취급되기 시작한 것이다.

교미의 비밀 상자

동물 연구자들도 오랫동안 질을 외면했다. 특히 곤충학자들은 곤충의 음경을 기준으로 종을 나누고 기술한 역사가 깊다. 그들은 수컷의 생식기를 귀중하게 여기며 연구하고 설명하면서도 암컷의 생식기는 무시했다. 짝짓기 중인 곤충을 관찰할 때는 암컷의 몸속에서 일어나는 현상을 더 잘 볼 수 있도록 암컷의 생식관을 미리 '청소'해두었다. 저널리스트이자 생물학자인 에밀리 윌링엄 Emily Willingham도 《페니스, 그 진화와 신화 Phallacy: Life Lessons from the Animal Penis》(2020)를 집필하는 과정에서 이런 사실을 알게 되었다.*

윌링엄은 대학원에서 생물학 수업을 들을 때부터 수컷에 관한 연구가 훨씬 더 많다는 사실을 알고 있었다. "하지만 암컷의 생식관을 그렇게 의도적으로, 노골적으로 무시하고 있는 줄은 몰랐습니다." 윌링엄의 말이다. 그리고 생물학계의 이런 연구 현실

---

* 여성으로서는 미국 최초로 신경학과 교수가 된 프랜시스 콘리(Frances Conley)도 1960년대에 스탠퍼드대학교 의과대학에서 해부학 실습 시간에 비슷한 일을 겪었다. "여성의 시신을 해부할 때 유방은 불필요한 부속물로 여겨서 메스로 대충 몇 번 그어 제거한 다음 가슴벽(흉벽) 앞쪽의 근육계가 드러나면 거기서부터 상세히 살펴보았다."

이 편향적일 뿐 아니라 비과학적이라는 사실도 깨달았다. 생식기 구조는 수 세대에 걸쳐 암수가 서로 영향을 주고받으며 형성된다. "암수 생식기의 구조는 서로 매우 긴밀하게 연관되어 있을 뿐 아니라 서로의 생식 기능과도 밀접한 관련이 있다. 적응 능력과 직결된다는 의미다."[6] 과학은 어째서 이런 명백한 사실을 무시했을까?

현재는 브레넌과 같은 학자들을 통해 질이 생각보다 복잡하고 가변적인 기관이라는 사실이 서서히 드러나고 있다. 질은 수동적이지 않다. 침입자를 받아들일지 말지, 들어온 정자를 어떻게 처리할지, 암컷에게 정자를 전달하려는 수컷을 도울지 말지를 결정하는 등 능동적인 역할을 할 때가 많다. 브레넌은 돌고래부터 뱀, 알파카, 박쥐에 이르기까지 다양한 동물을 대상으로 스스로 '교미의 비밀 상자'라 명명한 암컷 생식기의 실체를 밝혀냈다. 질은 그 자체로 놀라운 기관이라는 것이 브레넌의 설명이다. "분비샘이 가득하고, 근육과 콜라겐이 가득합니다. 끊임없이 변화하면서 항상 병원체와 싸우죠. 정말 놀라운 곳입니다."

브레넌은 이 미지의 땅을 탐험 중인 몇 안 되는 과학자 중 한 사람이다. "흥미진진하지만 좌절감도 느낍니다. 연구를 시작하면 동물마다 질이 왜 이렇게 기능할까 하는 의문이 생기게 마련인데, 그때마다 그걸 아는 사람이 아무도 없다는 사실을 알게 되거든요." 브레넌의 말이다. "그래서 답을 찾는 길을 늘 제가 먼저 일궈야 합니다."

하지만 그 길로 가기 전에 잠시 음경으로 되돌아가야 한다.

음경을 거부하는 정교한 장치

2005년 브레넌은 음경을 연구하기 위해 영국의 셰필드대학교로 갔다. 시골 농경지에 둘러싸인 캠퍼스가 널찍한 곳이었다. 브레넌은 '조류 생물학의 가장 기초가 되는 지식에 커다란 구멍'이 있다는 사실을 깨달은 후 연구 방향을 바꾸어 그곳에서 박사 후 연구원으로 일하면서 조류 음경의 진화를 중점적으로 연구했다. 셰필드대학교로 온 이유는 정자 경쟁sperm competition을 탐구하는 진화 조류학자 팀 버케드Tim Birkhead 박사로부터 조류의 생식기를 해부하는 기술을 배우기 위해서였다. 그곳에서 브레넌은 먼저 외부 생식기가 거의 없는 메추라기와 되샛과 새들의 생식기부터 해부했다. 그다음에는 근처 농장에서 구해온 수컷 오리의 배를 갈랐다. 그러자 숨이 턱 막히는 광경이 펼쳐졌다.

도요타조의 음경은 스파게티 가락처럼 가늘었는데, 오리의 음경은 두껍고 거대했다. '잠깐, 그럼 이게 어디로 들어간다는 거지?' 브레넌은 궁금해졌다. 답을 아는 사람은 없었다. 일반적인 조류 해부 기술은 거의 다 수컷에 초점이 맞추어져 있다는 게 문제였다.[7] 암컷 오리의 생식기를 해부할 때는 보통 질의 측면을 길게 절개한다. 정자가 저장된 난관은 자궁('난각선Shell gland'*이 자궁 역할을 한다) 가까이에 있고, 암컷 오리의 생식기 해부에서는 이 난관을 얻는 것이 주된 목표였다. 그래서 질은 측면을 따라 전체

---

* 알의 단단한 맨 바깥층인 난각 형성에 필요한 물질이 분비되는 곳이다-옮긴이.

가 절개되어 해부 과정에서 구조가 다 망가졌다. 게다가 난관을 확보하고 나면 그 밖의 다른 부분은 자세히 살펴보지 않고 폐기했다. 버케드에게 암컷 오리의 생식기 내부가 어떻게 생겼냐고 물었을 때 브레넌은 그가 한 답변을 기억한다. 다른 조류들과 마찬가지로 단순한 관 모양일 것이라는 추측이 전부였다.

하지만 브레넌은 수컷 오리의 음경처럼 복잡하고 특이한 부속기관이 단독으로 그렇게 진화했을 리가 없다고 생각했다. 음경이 긴 나선형이라면 질도 그만큼 복잡한 구조여야 했다.

우선 암컷 오리부터 구해야 했다. 브레넌은 남편과 함께 인근 농장을 찾아가 그곳에서 페킨 종 오리 암컷 두 마리를 사 왔다. 그리고 특별한 의식 없이 건초 다발 위에서 안락사시킨 후** 생식관 측면을 절개하는 대신 층층이 쌓인 조직을 한 겹씩 차례로 벗겨내기 시작했다. 질을 싸고 있던 여러 겹의 결합 조직을 조심스럽게 제거할 때는 "꼭 선물 포장지를 벗겨내는 기분"이었다. 마침내 질의 복잡한 형태가 드러났다. 나선형으로 꼬인 구조가 마치 곁에서는 보이지 않는 통로와 숨겨진 구획들로 이루어진 미로 같았다. 더욱 놀라운 사실은 꼬인 방향이 수컷의 음경이 꼬인 방향과 '반대 방향'이라는 것이다.

브레넌은 결과를 버케드에게 보여주었다. 두 사람 다 처음에는 어리둥절해하다가 형태를 알아보고는 깜짝 놀랐다. 버케드

**　　브레넌의 남편은 이런 나들이에 익숙한 편이라고 한다. "도로에서 차에 치여 죽은 동물의 사체를 발견하면 저에게 선물로 가져오곤 합니다." 브레넌은 웃음을 터뜨리며 전했다. "저를 정말 잘 아는 사람이에요."

는 그런 건 한 번도 본 적이 없다고 했다. 혹시 우연일까? 그래서 남은 한 마리마저 해부해보았지만 결과는 같았다. 그러자 버케드는 프랑스에 있는 동료에게 연락했다. 오리의 생식기 해부 분야에서 세계적인 전문가로 인정받는 사람이었다. 그에게 암컷 생식기가 이런 구조라는 이야기를 들어본 적 있느냐고 묻자 금시초문이라는 답이 돌아왔다. 그 동료는 버케드와 이야기를 나눈 후 자신이 가지고 있던 암컷 오리 표본을 조사했고 그 역시 이 '놀라운 질'의 모습을 직접 확인했다고 전했다.

"비밀은 절개 방식에 있었다."[8] 버케드와 브레넌은 이렇게 기록했다. "여러 개의 낭이 질 벽과 촘촘한 연결 조직으로 붙어 있는 탓에 질의 소용돌이 구조가 덮여 있었다. 그래서 언뜻 보면 낭과 소용돌이가 모두 보이지 않았다. 결합 조직을 조심스럽게 벗겨낸 후에야 비로소 암컷 오리의 가장 놀라운 생물학적 비밀이 드러났다."

형태를 보면 암컷의 생식기가 어떤 식으로든 수컷의 생식기에 맞춰졌거나 그 반대로 맞춰진 것을 알 수 있었다. 그런데 암컷의 질은 음경을 받아들이기 쉬운 방향으로 진화한 게 아니라 오히려 피하는 방향으로 진화한 것처럼 보였다. "이해할 수가 없었어요. 뭐가 뭔지 모르겠더라고요." 브레넌은 그때를 회상하며 말했다. 포름알데히드가 채워진 병에 해부한 그 구조물들을 담아두고 며칠씩 들여다보면서 이 복잡한 관계를 어떻게 설명할 수 있을지 고민했다.

그때 브레넌은 오리들의 싸움을 떠올렸다. 오리의 교미는 폭력적이기로 악명이 높았다. 오리들의 짝짓기는 최소 한 계절 동안 계속되는 경향이 있는데, 수컷들은 날개 안에 몸을 감추고 있다가 암컷이 보이면 짝이 있건 없건 개의치 않고 괴롭히며 올라탈 기회를 노린다. 다윈이라면 '명백한 성폭행'이라고 표현했을 법한 수준이다. 이 과정은 격렬한 다툼으로 이어지는 경우가 많고 이때 수컷이 암컷에게 상처를 입히거나, 심하면 암컷을 익사시키는 일까지 벌어진다. 종에 따라서는 짝짓기의 최대 40퍼센트가 이렇게 강제로 이루어진다. 이런 갈등의 원인은 암컷과 수컷의 목표가 어긋나기 때문으로 추정된다. 수컷은 가능한 한 자손을 많이 얻으려고 하는 반면, 암컷은 자신이 낳을 새끼의 아버지를 직접 선택하고 싶어 한다. 때때로 수컷은 저항하는 암컷을 힘으로 누르고 짝짓기를 강행한다.

　　브레넌은 이런 갈등의 역사가 암수 생식기의 형태에도 영향을 미쳤을 수 있다고 생각했다. "처음에는 '설마!' 했어요." 브레넌의 말이다. "그게 사실이라면 정말 굉장한 일이었으니까요." 브레넌은 더 많은 표본을 얻기 위해 북미와 남미 전역의 과학자들에게 연락했다. 그중 한 명이 알래스카대학교의 유전학자 케빈 매크래컨Kevin McCracken이었다. 마침 겨울을 맞아 잠시 여행을 떠났던 매크래컨은 아르헨티나 푸른부리오리를 우연히 발견했다.[9] 조류 중 수컷의 생식기가 가장 길다고 알려진 이 오리는 생식기의 총길이가 무려 약 43센티미터에 달하는 것으로 알려졌다. 매크래컨은 눈짓을 보내고 쿡쿡 찌르는 행동으로 호감을 표현하는 암컷에 수컷이 반응을 보이는 듯하다는 사실은 알고 있었지만 정작 암컷 오리를 조사할 생각은 하지 못했다.

매크래컨은 표본이 필요하다는 브레넌의 요청을 기꺼이 수락했다. 시간이 흐른 지금 매크래컨은 그때 암컷의 생식기는 들여다볼 생각조차 하지 않은 것은 자신도 남성편향적인 시각이 있었기 때문인 것 같다고 인정했다. "암컷에 관한 추적 조사는 여성 연구자가 할 일이라고 생각했습니다. 굳이 남자가 할 일은 아니라고 말이죠."* 10

브레넌은 오리를 포함하여 최종적으로 물새 16종의 표본을 모아서 암컷의 질을 분석했다.[11] 그리고 질이 다른 어떤 조류와도 비교할 수 없을 만큼 다양하다는 사실을 알게 되었다. 암컷 오리의 질 내부에서는 정말 많은 일이 벌어졌다. 수컷의 생식기가 하려는 일을 방해하는 것이 질의 주된 목적으로 보일 정도였다. 중세의 정조대처럼 수컷의 강한 공격을 무너뜨리기 위해 만들어진 기관 같았다. 암컷의 질이 수컷의 음경과 같은 소용돌이 모양이기는 하지만, 반대 방향으로 꼬여 있어서 음경이 완전하게 팽창할 수 없을뿐더러 질 내벽에 낭이 잔뜩 붙어 있어 정자가 들어가도 그대로 사멸할 수밖에 없는 구조였다. 또한 암컷의 배설강 주변에는 근육이 있어서 원하지 않는 수컷의 접근은 차단하고 마음에 드는 수컷이 접근하면 근육이 이완된다는 사실도 알아냈다. 암

---

*   매크래컨은 나와 대화를 나눈 후 그 유명한 아르헨티나 푸른부리오리 수컷의 생식기 사진을 이메일로 보내왔다. "질에 관한 책을 쓰고 계시니까 질과 한 세트인, 잘린 음경 사진이 있으면 도움이 되지 않을까 해서 보냅니다."[12] 병에 담긴 오리의 생식기는 꼭 오색 빛깔 장난감 스프링이 쭈그러들면서 오리의 피부색으로 바뀐 듯한 모습이었다.

컷이 협조하지 않으면 수컷은 암컷의 몸에 온전하게 들어갈 수 없는 것이다.

브레넌은 《뉴욕 타임스》와의 인터뷰에서 음경의 크기와 형태는 질의 그것과 '놀라울 정도로 밀접한' 상관관계가 있다고 설명했다. "오리 암수 중 한쪽의 생식기를 해부해보면 다른 한쪽의 생식기가 어떤 형태일지도 쉽게 예측할 수 있습니다."[13]

암컷 오리들의 전략은 오리 종류마다 달랐지만 성공률은 높았다. 브레넌은 강제 짝짓기를 통해 태어나는 새끼의 비율이 2퍼센트에서 5퍼센트에 불과하다는 사실을 알아냈다. 수컷의 공격력과 짝짓기 능력이 높을수록 암컷의 생식기도 공격을 더 확실하게 피할 수 있도록 길고 더욱 복잡한 구조로 발달했다. 몸의 자율성보다는 번식을 통제하는 노력이 더 집중적으로 이루어지는 것이다.[14] 즉 수컷의 물리적인 공격을 피하지는 못하더라도 강제로 짝짓기가 이루어졌을 때 암컷이 새끼의 유전자를 스스로 통제할 수 있도록 암컷의 해부학적 구조가 도와주는 셈이다. 브레넌은 질이 결코 수동적이지도, 단순하지도 않다는 사실을 깨달았다. 윌링엄이 《페니스, 그 진화와 신화》에서 언급했듯 질은 음경을 거부하는 정교한 장치였다.

브레넌은 이런 사실이 밝혀지기 전까지 생물의 생식 기능을 연구하는 생식생리학자들이 '수컷의 정자가 이동하기에는 암컷의 생식기가 해부학적으로 너무 길고 복잡한 구조일 것이라고만 추측했다'고 했다. '암컷은 생식활동에서 수동적인 역할만 한다고 미루어 짐작한 것이다.' 하지만 적어도 물새류는 암컷과 수컷의 생식기가 동반 진화한 것이 분명했다. 그런 역사가 암수 양쪽의 생식기에 모두 남아 있었다.

브레넌의 눈앞에 새로운 세상이 펼쳐졌다. 오리뿐 아니라 다른 동물들도 질이 제각각 다를 텐데, 그에 관한 연구는 거의 백지상태였다. 해부학자들은 수 세대에 걸쳐 수컷의 음경을 찬양하고 그 길이와 둘레, 무기로서의 가치를 샅샅이 연구했다. 그와 달리 브레넌은 암수 양쪽의 생식기를 둘 다 살펴보고 두 기관이 어떤 방식으로 서로 협력하는지를 알아냈다. 단순해 보이지만 이런 연구 방식이야말로 브레넌이 이 분야에 가장 크게 기여한 부분이다. "제가 정말 운이 좋아서 어쩌다 우연히 이런 기가 막힌 생물의 적응 현상을 찾아낸 걸까요?" 브레넌의 말이다. "운이 그렇게까지 따라주지는 않습니다. 장담하는데, 생각보다 일반적인 현상인데도 제대로 보려고 한 사람이 아무도 없었을 뿐입니다. 그래서 제가 직접 확인해보기로 한 것이고요."

왜 아무도 암수 양쪽의 생식기를 다 살펴볼 생각을 하지 않았을까? 다윈이 그렇게 하지 않은 이유와 같은 이유였을 것이다.

다윈과 성선택

1879년, 다윈은 원숭이 엉덩이 관찰이라는 고생길을 자처했다. 고령에 접어든 이 동식물 연구자는 원숭이 엉덩이를 들여다보느니 차라리 병에 공기를 채우는 편이 시간을 훨씬 더 유익하게 보내는 방법이라는 신랄한 조롱을 들었다. 다윈이 원숭이 중에는 빨간 엉덩이를 여봐란듯이 드러내는 '흉측한 습성'이 있는 종류가 존재한다는 글을 쓴 후에 쏟아진 비난이었다. 다윈은 한 친구에게 쓴 편지에서 "러스킨 씨가 그런 말을 한 걸 보니, 아무래도 내가 특정 원숭이의 밝은색 엉덩이에 아주 깊은 애정을 쏟고 있다는 사실을 정확히 아는 것 같다"[15]라고 재미있다는 투로 응수하기도 했다.

다윈이 원숭이의 색이 선명한 엉덩이에 흥미를 느낀 배경에는 성선택sexual selection이 있었다. 그는 학자 인생 후반기에 유명한 자연선택설에 이어 생물 종의 형성에 영향을 주는 또 한 가지 힘을 제시했다. 이 두 번째 힘의 본질은 암컷의 선호도였다. 유전자를 물려주고 싶다면 짝짓기를 해야 하고* 짝짓기에 성공하려면 이성에게 호감을 사야 한다. 정교하게 발달한 수컷의 형질 중에는 환경에 적응하는 데 필요한 것도 있지만, 개구리들의 합창이나 새들의 화려한 깃털처럼 짝짓기 상대를 고르는 중인 암컷의 관심을 끌기 위한 것도 있다. 다윈은 수컷 원숭이의 부풀어 오른 엉덩이도 공작의 꼬리처럼 암컷에게 구애할 때 환심을 사기 위한 성적 장식물이라고 추측했다. 다윈은 "수컷의 엉덩이 색깔은 본래 암컷보다 밝지만, 짝짓기 시기가 되면 색이 더욱 밝아진다"라고 설명했다.[16]

희한한 것은 이것이 비단 수컷만의 특징이 아니라는 점이

---

* 대부분은 그렇다. 다음 장에 자세한 설명이 나온다.

다. 다른 저서들에 비해 덜 알려진 다윈의《인간의 유래와 성선택 The Descent of Man, and Selection in Relation to Sex》(1871)에는 붉은털원숭이 암컷의 꼬리 주변 맨살이 "밝은 암적색"을 띠고 "주기적으로 색이 더욱 선명해진다"[17]라는 내용이 있다. 짝짓기 시기가 되면 나중에 다윈이 "인접 부위"라고 조심스럽게 표현한 암컷의 외음부에 혈액이 몰려서 팽창하는데, 이는 짝짓기할 준비가 되었다는 신호와도 같다. 다윈은 검은짧은꼬리원숭이 암컷도 이와 비슷한 특징이 있다고 기술했다. "암컷은 그르렁거리는 소리를 내면서 몸을 돌려 수컷에게 엉덩이를 보여주었다. 이때 엉덩이 색깔은 이 동물에게서 한 번도 본 적 없는 붉은색이었다. 그 모습을 본 수컷은 흥분하여 창살을 거세게 치며 큰 소리로 그르렁거렸다."*

하지만 붉은털원숭이 수컷은 엉덩이 피부색이 변하지 않았다. 다윈은 자신의 이론과 맞지 않는 이 내용은 지나가듯 언급했다. 대신 스스로 위안하듯 붉은털원숭이 수컷의 몸집과 이빨, 수염에 관해 언급하면서 "수컷이 암컷보다 우월하다는 일반적인 규칙에 부합하는 특징들"이라고 썼다.

붉은털원숭이 암컷에 관한 내용은 다윈이 모든 동물을 통틀어 암컷의 외음부나 질에 관해 가장 자세히 언급한 사례였다. 《인간의 유래와 성선택》에서 다윈은 제목이 무색하게 성적 특성이 나타나는 핵심기관인 생식기를 자세히 다루지 않으려고 애를

---

* 다윈은 이 부분을 독일어로 썼다. 여성들이 읽으면 당황할 법한 내용은 대부분 그런 방식을 사용했다.

버자이너

썼다. 스스로도 생식기는 "책 내용과 무관하다"라고 밝혔다. 생식기는 장식물이 아니라 특정 기능이 있는 기관이므로 성선택을 좌우하는 힘과는 무관하다는 것이 다윈의 판단이었다. 따라서 처음부터 책에서 다루는 범위를 짝짓기할 때 암컷을 유혹하기 위해 수컷에게서 나타나는 "큰 몸집, 힘, 호전성, 경쟁자를 공격할 때 쓰는 무기나 방어 수단, 화려한 색, 다양한 장식물, 노래 실력" 등으로 한정했다.**

다윈은 자신이 해도 되는 일과 하면 안 되는 일을 잘 알고 있었다. 젊은 시절에 다윈은 동물계에서 성기가 가장 길다고 알려진 따개비의 음경에 관해 장황한 글을 쓴 적이 있다. 음경 길이가 몸길이의 여덟 배에서 아홉 배에 달한다는 이 따개비에 관해서만 네 권의 책을 썼고, 모두 합쳐 1,200쪽이 넘는 이 시리즈에서는 따개비의 음경을 "거대한 벌레처럼 돌돌 말린 형태로 멋지게 발달한 기관"이라고 묘사했다.*** 하지만 이제 다윈은 더 이상 따개비의 열성 팬들이나 읽을 법한 글을 쓰는 사람이 아니었다. 희끗희끗한 턱수염에 시선도 우아한 유명 인사가 되었기 때문이다. 더욱이《종의 기원》에서 지구상의 모든 동물은 성스러운 신의 손길

**   턱수염도 포함된다. 다윈은 인류의 선조들이 "이성에게 매력적으로 보이려고, 또는 이성이 좋아할 만한 장식물로 턱수염을 길렀을 것"이라고 설명했다. 그의 상징처럼 여겨지는 턱수염도 쉰세 살에 아내의 요청으로 기른 것이다.

***   따개비는 일반적으로 바위나 암초에 붙어 고착생활을 한다. 거의 항상 자웅동체로 존재하는 생물이라 수컷과 암컷의 생식기를 다 가지고 있지만 다른 개체와도 교미한다. 음경이 있는 이유도 그 때문이다. 음경이 있어야 자가수정에만 의존하지 않고 멀리 있는 다른 따개비를 향해 정자를 분출할 수 있기 때문이다.

로 빚어진 게 아니라 일련의 무작위적인 사건과 자연법칙에 의해 지금의 모습을 갖추게 된 것이라고 주장한 이후로 자신의 사명이라 여기며 해온 일들이 신성 모독으로 여겨지는 판국이었다. 인간의 명예를 더럽힌다는 소리까지 들었다.

민감한 일을 하고 있다는 사실은 다윈 자신도 잘 알고 있었고 그런 만큼 신중해야 했다. "다윈의 이론을 믿는 사람들은 카이사르의 아내처럼 의심받을 만한 일은 피해야만 했습니다."[*][18] 과학 역사가이자 《다윈과 성선택의 탄생 Darwin and the Making of Sexual Selection》(2017)의 저자인 에벌린 리처즈 Evelleen Richards의 말이다. "다윈주의자들은 크게 존경할 만한 신사의 이미지를 유지해야 했습니다. 그들이 내놓는 의견이 큰 논란을 불러일으켰기 때문이죠." 그러므로 다윈 자신도 감히 음경이나 질을 언급할 수 없었을 것이다.

하지만 다윈의 글을 읽어보면 행간에서 또 한 가지 예외적인 사항을 발견할 수 있다. 《인간의 유래와 성선택》에서 다윈이 이룩한 가장 큰 개념적 도약은 성선택이 피부색부터 생식기의 형태에 이르기까지 인종의 다양성을 설명할 수 있을 만큼 영향력이 강력하다고 보았다는 점이다. 다윈은 식민지 개척에 나선 유럽인들이 남아프리카공화국의 케이프타운 출신 코이코이 KhoiKhoi족 여성들의 독특한 엉덩이에 대해 쓴 글[19]을 핵심 근거로 인용했다.[20] 다윈은 코이코이족 여성들의 "엉덩이가 유난히 크게 톡 튀어나와

[*]   율리우스 카이사르는 아내가 당시 평판이 좋지 않던 한 정치인과 연인 사이라는 추문이 돌자 공인의 가족은 부적절한 일로 사람들 입에 오르내려서는 안 된다는 의미로 "카이사르의 아내는 의심조차 받아서는 안 된다"라는 말을 남겼다고 한다–옮긴이.

있다"라는 설명과 함께 "바로 그 주변부 또는 돌출부가 우리 눈에는 혐오스럽게 보이지만, 같은 부족 남성들에게는 상당히 매력적으로 여겨진다"[21]라는 주석을 (라틴어로) 달았다. 여기서 주변부란 아래로 길게 늘어진 소음순을 일컫는 은밀한 표현이다. 실제로 유럽의 해부학자들은 이 부족 여성들의 이 같은 특징에 오랜 세월 호색적인 관심을 쏟았다.[**][22]

다윈은 책에서 생식기에 대한 언급을 어떻게든 피하려고 애썼다. 그런데 왜 원숭이와 코이코이족 여성의 외음부에는 그토록 오랫동안 관심을 기울였을까? "사람으로 보지 않았기 때문입니다."[23] 미국 애머스트의 매사추세츠대학교에서 여성, 사회적 성, 성적 특성 분야를 가르치는 교수이자 《다윈 괴담: 변이의 과학과 다양성의 정치학Ghost Stories for Darwin: The Science of Variation and the Politics of Diversity》(2014)의 저자 바누 수브라마니암Banu Subramaniam의 말이다. 다윈의 눈에 원숭이와 코이코이족 여성은 유럽의 세련된 백인 여성으로 진화하기 전 인류의 원시 조상, 어쩌면 인간 이전의 동물이었다. 따라서 이들의 해부학적 성을 설명하는 것은 빅토리아 시대의 올바른 여성을 기준으로 한 해부학적 성을 이야기할 때처럼 위험한 일로 여기지 않은 것이다.

인간의 서열을 나누던 사람들에게 아프리카 남부 지역 여성의 성적 특성은 두개골 크기나 피부색과 더불어 서열상 최하위

[**] 다윈에게 이런 정보를 알려준 '전문가'는 남아프리카공화국에서 30년간 근무하고 은퇴한 군의관이었는데, 유럽으로 돌아온 후 다시는 아프리카 대륙을 밟지 않았다고 한다.[24]

임을 나타내는 증거로 여겨졌다. 제국주의 원칙이 여전히 잔존하는 나라에서는 참으로 편리한 개념이었다. "성과 인종은 서로 얽혀 있습니다." 수브라마니암의 설명이다. "성은 항상 인종에 따라 나뉘었고, 인종은 성별에 따라 구분됐어요. 흑인 여성을 과도하게 성적 대상화한 이미지 속에는 우리의 이런 시각이 여전히 남아 있습니다. 그래서 저는 과학의 역사가 중요하다고 생각합니다. 과학의 역사를 보면 오늘날의 인종주의는 노예제도가 남긴 유해한 유산이라는 사실을 이해하는 데 도움이 됩니다."

수동적이고 아둔한 여성

다윈이 비글호HMS Beagle에 올라 전 세계를 항해하던 1830년대에 영국 여성들은 투표권이 없었고 대학에 진학하거나 재산을 소유할 수도 없었다. 여성과 남성은 서로를 보완하는 반쪽이며 남녀가 하나로 합쳐져야 문명화된 완전한 존재가 된다고 여겨졌다. 그러나 다윈이《인간의 유래와 성선택》을 집필하던 무렵에 사회 통념이 바뀌기 시작했다. 영국에서는 여성의 참정권을 옹호하는 사람들이 여성의 투표권을 요구하고, 여성도 고등 교육의 기회를 누리고 직업도 가질 수 있어야 한다고 주장했다. 전국여성참정권협회National Society for Women's Suffrage도 막 조직되었다. 철학자 존 스튜어트 밀John Stuart Mill을 포함한 저명한 사상가들은, 여성은 본래 열등한 존재라는 통념에 이의를 제기하기 시작했다. 밀은《여성의 종속

The Subjection of Women》(1869)에서 여성의 현재 지위는 여성이 타고난 능력을 나타내는 게 아니라 여성이 사회적으로 처한 여건을 여실히 보여준다고 주장했다. 그리고 여성을 동등한 존재로 대하면 남녀의 차이라고 인식하던 것들도 사라질 것이라고 했다.

구시대의 산물이자 기둥인 다윈은 동의하지 않았다. 결혼을 심사숙고하던 젊은 시절에 쓴 일기에도 나오듯 다윈은 여성을 "참하고 부드러운 아내"가 되어야 하는 존재이자 "사랑받는 존재, 데리고 놀 대상, 어쨌든 개보다는 나은" 존재로 여겼다(여성도 돈이 있어야 한다는 점도 강조했다). 밀의《여성의 종속》이 출판되고 얼마 지나지 않아 다윈은 웨일스의 어느 시골길을 거닐다가 우연히 그 책을 읽은 사람과 만났다.[25] 영국의 열성적인 페미니스트이자 동물보호운동가인 프랜시스 파워 코브Frances Power Cobbe였다. 코브가 있던 곳보다 18미터쯤 높은 언덕길에서 다윈은 코브를 향해 여성의 지위에 관한 자기 생각을 설파했다. "밀은 물리학을 좀 배워야 합니다" 하고 아래쪽으로 고함쳤다. "남자들은 생존을 위한 투쟁, (특히) 여성을 얻기 위한 투쟁에서 활력과 용기를 얻는다는 사실 말입니다."*

---

*   다윈은 피임도 강력히 반대했다. 좋은 집안에서 자란 학식 있는 여성이 피임을 할 수 있게 되면 가난하고 핍박받는 대중, 즉 열등하고 '무모한' 사람들에게 금세 따라잡힌다는 것이 그의 생각이었다. 다윈은 "가족의 유대는 여성의 순결에 달려 있는데, 미혼 여성들 사이에 피임법이 퍼지면 순결을 잃는 여성들이 생겨날 것이고, 그러면 가족의 유대도 약해질 것이다. 이것이야말로 인류에게 일어날 수 있는 최악의 일"이 될 것이라고 경고했다. 그의 인생을 보면 이런 생각을 굳게 실천하며 살았음을 알 수 있다. 그의 아내 에마(Emma Darwin)는 총 열 명의 아이를 낳았고, 그중 일곱 명이 성인으로 자랐다.

코브는 참을성 있게 다윈의 말이 끝나기를 기다렸다가 이마누엘 칸트Immanuel Kant가 '도덕 감정'에 관해 쓴 책을 내밀면서 읽어보라고 권했다. 다윈은 거절했다.

다윈이 여성을 대하는 태도는 다른 동물을 보는 관점의 직접적인 소산이었고, 그 두 가지는 서로를 보강했다. 그는 과학자로 활동하는 내내 모든 동물의 암컷은 수컷보다 능력도, 지능도 떨어진다는 관점을 고수했다.[26] 그리고 거의 모든 종의 "수컷은 경쟁자들과 맞붙어 싸우며 암컷 앞에서 정성스레 자신의 매력을 발산한다. 그리하여 경쟁에서 승리한 수컷은 자손에게 자신의 우월한 형질을 물려준다"라고 주장했다. 그는 대체로 수컷이 암컷보다 '강하고 사나운' 이유, 공작의 멋진 꼬리 같은 극히 정교한 형질이 수컷에게 발달한 이유도 그 때문이라고 생각했다. 다윈의 이런 논리는 인간에게도 적용되어 "남성은 궁극적으로 여성보다 우월하다"라는 결론을 내렸다.*

다윈에게 여성은 아둔하고 순결한 성별이었다. 동물의 암컷과 여성은 모든 면에서 부족한 존재였다. 뿔도 없고, 광채도 없고, 멋과 지능도 부족한 존재, 남성을 밝게 빛나고 돋보이게 하는 그림자에 지나지 않았다. "수 세기 동안 여성은 남성을 실제보다 두 배는 더 커 보이게 비추는, 아주 기분 좋게 해주는 마법 같은 거울로 살았다."[27] 수십 년 뒤에 버지니아 울프Virginia Woolf가 한 말이다. "나폴레옹과 무솔리니가 여성을 열등한 인간이라고 그토록

---

* 그러면서 위로라도 하듯 "아름다움은 여성이 낫다"라고 했다.

강력하게 주장한 이유도 그래서다. 여성이 열등하지 않으면 자신들이 거대해질 수 없기 때문이다."

여성은 번식을 담당하도록 만들어졌고 남성은 더 높은 목표를 추구하도록 만들어졌다는 다윈의 주장은 여성이 100년 가까이 학계에 발을 들이지 못하게 만드는 근거로 활용되었다. 다윈이 활동하던 시대의 학계 권위자들은 여성들이 고등 교육을 받으면 난소가 쪼그라들어서 어머니로서의 의무를 다하지 못할 수 있다고 생각했다. "고등학교나 대학을 졸업하고 우수한 학자가 되었으나 난소가 미성숙한 여성들을 본 적이 있다. 그들은 결혼 후 아이를 낳지 못했다."[28] 1873년 하버드대학교 의과대학의 에드워드 클라크Edward Clarke 교수의 말이다. 제2차 세계대전 중에는 하버드대학교 의과대학에서 여학생의 입학을 허용할 것인지를 두고 논쟁이 벌어진 적이 있다. 이때 한 교수가 "출산과 양육이 여성의 주된 기능임은 생물계의 기본 법칙"[29]인데, 여학생을 받는 것은 이 법칙에 어긋나는 일이라고 주장했다.

다윈도 프로이트처럼 여성을 보는 시각에 맹점이 있었다. 생물의 점진적인 변화를 설명한 이론으로 불멸의 명성을 얻게 된 사람이 유독 여성만은 변하지 않고, 변할 수도 없는 존재로 여겼다. 다윈은 종교의 발달 과정을 설명하면서 인간이란 존재는 생물학적으로 어떤 '다른 존재'를 믿어야 할 필요가 있다고 한 적이 있는데, 과학자들 또한 자신보다 열등한 다른 인간이 있어야 그와 대조되는 자신의 우월성이 강화되고 유지된다고 생각한 듯하다. 다윈에게 남성과 여성의 이런 차이는 신념이자 원칙이었다. 다윈은 여성의 열등한 형질이 생물학적 특징에 고스란히 담겨 있다고 보았다.

이렇듯 여성은 한결같이 수동적이고 아둔한 존재라고 여기는 다윈의 세계 속에 살고 있던 과학자들은 여성의 생식기를 굳이 탐구해야 할 필요성을 느끼지 못했다. 결론은 이미 내려져 있었다. 수동적이고 아둔한 존재. 이상 끝.

정말 그럴까?

이런 생각이 깨지기까지 근 100년의 세월이 걸렸다.

암컷의 비밀스러운 선택

이후 한 세기가 흐르는 동안 생물학자들은 생식기가 엄청나게 다양하다는 사실을 알게 되었지만 위와 같은 결론으로는 그 이유를 설명할 수 없었다. 그래서 '자물쇠와 열쇠'의 비유에 의존하곤 했다. 맞지 않는 열쇠로 자물쇠가 우연히 열릴 수 없고 그 반대도 마찬가지라는 의미로, 생식기는 생물 종마다 특이성이 있다는 다윈주의 개념이었다. 다시 말해 동물마다 생식기가 다른 것은 자연이 만든 일종의 2단계 인증 절차이며 서로 맞지 않는 열쇠와 자물쇠를 억지로 맞출 수는 없다는 의미였다.

하지만 이런 식의 설명은 한계가 있었다. 적어도 코스타리카에 있는 스미스소니언열대연구소Smithsonian Tropical Research Institute의 곤충학자 윌리엄 에버하드William Eberhard는 그렇게 생각했다. 에버하드가 처음 연구한 대상은 거미였다. 거미강에 속하는 동물들은 암컷의 생식기 일부가 몸의 겉면에 있는데다 단단한 외골격으로 되어 있어 연구자들의 눈에 뚜렷하게 구분된다. 거미의 수컷과 암컷의 접촉도 대부분 몸 바깥쪽에서 이루어진다. 에버하드는 거미 수컷의 생식기가 생물 분류상 굉장히 가까운 종에서도 매우 다양하며 암컷에게 정자를 전달하는 부속기관치고는 지나치게 정교한 경우가 많다는 사실을 알게 되었다.

에버하드는 성선택이 짝짓기할 것인지를 결정하는 데서 끝나지 않는다는 사실을 깨달았다. 이유는 알 수 없지만 다윈은 모든 교미행위가 무조건 번식으로 이어지지는 않는다는 사실을 간과하는 중대한 실수를 저질렀다. 예를 들어 교미 중에 수컷과 암컷 사이에 이루어지는 복잡한 의사소통도 교미의 결과가 번식으로 이어질 것인지에 영향을 주었다. "다윈이 놓친 것 중 하나가 성선택의 연구 역사에 이토록 긴 그림자를 드리웠다는 사실이 놀랍다."[30] 에버하드가 쓴 글이다.

그는 수컷이 교미 중에 상대의 호감을 얻고 상대를 흥분시키려고 열심히 노력한다는 사실에 주목했다. 교미하면 무조건 자손이 생긴다는 것이 보장된다면 신경 쓸 필요가 없는 일이었다. 그래서 에버하드는 음경이 그저 정자를 나르기만 하는 게 아니라 구애의 도구일 수도 있다고 생각했다. "짝짓기 상대에게 몸을 비비고, 상대방을 주무르고, 흔들고, 톡톡 두드리고, 먹이를 가져다주느라 분주한 수컷들을 보면서 다른 무언가가 있다고 생각했습니다." 에버하드가 나에게 보낸 이메일에서 설명한 내용이다.

"수컷은 암컷을 설득하여 교미에 성공한 후에도 암컷에게서 긍정적인 반응을 끌어내야 한다는 사실을 알게 되었습니다." 에버하드는 이를 토대로 깊이 연구한 끝에 1985년에 펴낸《성선택과 동물의 생식기Sexual Selection and Animal Genitalia》에서 생식기의 진화 과정에 대한 새로운 가능성을 제시했다.

안타깝게도 에버하드의 책을 읽은 사람들은 다윈과 같은 결론을 내렸다. 암컷은 다양성이 떨어지고, 질은 별로 흥미롭지 않으며, 주인공은 음경이라는 인식이 더욱 굳건해진 것이다(한 예로, 에버하드는 수컷을 운동선수에 비유하면서 암컷을 "수컷들이 시합을 벌이는 경기장"[31]이라고 표현했다). 음경에 관한 연구는 차고 넘쳤고 질에 관한 연구는 여전히 뒷전이었다. 에버하드도 결국에는 암컷의 몸 안에서 무슨 일이 일어나고 있는지를 알아야 한다는 사실을 깨달았다. "수컷의 생식기가 구애의 도구라면, 그 구애의 구체적인 기능은 무엇일지 궁금해졌습니다. 그제야 수컷이 암컷과 교미하더라도 자손이 생기려면 암컷이 통제하는 여러 중요한 과정을 거쳐야 한다는 사실이 눈에 들어오기 시작했어요."[32] 에버하드가 이메일에 남긴 글이다.

문헌을 찾아본 후 에버하드는 암컷의 몸속에서 정자들이 경쟁을 벌이는 시점에도 암컷에게는 그 경쟁에 영향을 줄 수 있는 비장의 무기가 있다는 결론을 내렸다.[33] 에버하드는 두 번째 저서《암컷의 통제Female Control》(1996)에서 암컷이 수컷에게서 얻는 자손의 유전적 형질을 통제하기 위해 활용하는 수많은 전략을 소개했다. 그중 상당수는 암컷 생식기관의 놀라운 해부학적 특징에서 비롯되는 것으로 나타났다. 특히 암컷의 질은 정자를 저장하고, 원치 않는 정자는 거부하거나 파괴한다. 암컷의 생식기가 하는 기능은 다음과 같다.

- 때에 따라 짝짓기한 수컷의 정자를 폐기한다.
- 때에 따라 수컷 생식기의 완전한 삽입과 사정을 막는다.
- 때에 따라 정자를 저장기관이나 수정이 이루어지는 부위로 옮기지 않는다.
- 때에 따라 다른 수컷과 다시 짝짓기한다.
- 때에 따라 배란하지 않는다.
- 때에 따라 자궁이 배아의 착상을 위한 준비를 하지 않는다.
- 때에 따라 수정란을 없앤다.
- 난자에 가까이 다가온 정자 중에서 원하는 것을 선택한다.
- 때에 따라 수컷의 정자가 전달되기 전에 교미를 강제로 중단한다.

에버하드는 이런 전략을 "암컷의 비밀스러운 선택"이라고 불렀다. 비밀스럽다는 표현에는 과학자들은 물론 짝짓기하는 상대에게도 보이지 않는 전략이라는 의미가 담겨 있다. 에버하드는 교미 후에도 통제권은 암컷이 확실히 쥐고 있다는 결론을 내렸다.

그의 연구를 시작으로 암컷 생식기의 진화에 관한 연구가 광범위하게 이어졌다(아쉽게도 인간을 대상으로 한 연구는 거의 없다). 에버하드는 자신이 과학계가 무엇을 놓치고 있었는지를 깨닫기까지 그토록 오랜 시간이 걸렸다는 사실이 놀랍다고 했다. "우리가 부지불식간에 가지게 된 편향성이 우리가 던지는 질문은 물론 의식적으로 보려고 하는 것에도 엄청난 영향을 끼친다는 사실을 분명하게 알 수 있습니다." 그가 이메일로 전한 말이다. "저에게도 그런 편향이 있었습니다. 예전에도, 그러니까 생식기의 진화(그리고 암컷의 비밀스러운 선택)를 떠올리기 전에도 동물들이 교미를 목적으로 구애하는 행동을 관찰했지만, 노트에 기록조차 해두지 않았습니다. 그런 행동을 하는 이유에 대해서는 더더욱 관심이 없었죠."

보려고 하지 않으면 볼 수 없다는 말이 새삼 떠오른다.

생식기 연구의 성편향

브레넌은 암컷의 생식기가 수컷의 생식기보다 다양성이 떨어진다는 주장은 어느 정도 일리가 있는 주장이라고 본다. 과학자들이 정자 전달에 쓰이는 부속기관을 전부 음경으로 정의하기 때문이다. 팔, 지느러미, 촉수, 더듬이 등 몸의 거의 모든 부위가 정자를 전달할 수 있도록 용도에 맞게 진화할 수 있다.

암컷의 몸 안에는 이미 정자를 받아들일 수 있는 구조가 형성되어 있다. 바로 자궁에서 몸 바깥쪽까지 연결된 관인 산도^{birth} canal다. 음경이 진화라는 무대에 등장하기 훨씬 전부터 산도는 기본적으로 난자를 밖으로 배출하는 기능을 했고, 이후 다양한 기능을 담당하는 기관이 되었다. "암컷의 이런 생식관에는 선택에 영향을 줄 수 있는 다양한 기능이 있다. 짝짓기뿐 아니라 정자의 저장, 산란, 새끼를 낳을 때도 쓰이며 생식관이 소화관 말단부와 접한 경우도 많다." 브레넌이 2015년에 쓴 글이다. 따라서 암컷의 생식관은 이런 여러 가지 기능을 유지하는 범위 내에서만 변화할 수 있다.* 34

그러므로 암컷의 생식기가 제약이 더 많은 것은 사실이다. 수컷의 생식기가 특별한 형식이 없는 자유시라면 암컷의 생식기는 정해진 형식을 지켜야 하는 소네트**에 가깝다. 하지만 그런 제약이 있다고 해서 폭넓은 변화가 아예 불가능한 건 아니다(윌리엄 셰익스피어의 소네트 〈당신을 여름날에 비할 수 있을까?Shall I compare thee to a summer's day?〉와 실비아 플라스Sylvia Plath의 소네트 〈시간에게To Time〉를 비교해 보라). 문제는 학자들이 암컷의 생식기가 수컷의 생식기보다 정적일 것이라 지레짐작하고 오랜 세월 제대로 연구하지 않았고 그 바람에 그런 추정이 더욱 굳어졌다는 사실이다.

2014년에 생식기 연구에서 나타나는 성편향gender bias을 메타 분석한 결과가 발표되면서 이 문제가 수면 위로 떠올랐다. 연구진은 생식기의 다양성을 다룬 논문 364편을 분석한 결과 연구

---

*   코알라와 캥거루는 주목할 만한 예다. 이 두 동물의 생식기는 질이 세 개로 구성된 드문 구조이고 음경이 삽입되는 질과 새끼를 낳는 질이 분리되어 있다. 두 개는 수정이 이루어지는 곳이고, 가운데 있는 하나는 출산에 쓰인다. 그래서 코알라와 캥거루는 안타깝게도 계속 임신할 수 있다.

**   각 행을 10음절로 구성하고 복잡한 운(韻)과 세련된 기교를 사용하는 14행의 짧은 시 – 옮긴이.

가 수컷의 생식기 연구에 쏠리는 상황이 오랫동안 지속되었고, 이런 편향은 시간이 갈수록 심해졌다고 했다.[35] 생식기의 다양성에 관한 연구 대부분은 암컷의 생식기를 간과했을 뿐 아니라 암컷 생식기의 형태를 수학 모형으로 추측하려는 시도도 있었다. 그러나 연구진은 "생식기 연구에서 성편향이 지속되는 이유를 연구자의 접근성에 영향을 주는 해부학적 차이 한 가지만으로 설명할 수는 없다"라고 하면서 "이런 편향은 짝짓기 과정에서 수컷의 생식기가 지배적인 역할을 한다거나 암컷의 생식기는 다양성이 떨어진다는 오랜 추정에서 나온 결과로 보인다"라고 했다.

질은 부족한 기관이다. 아름다움과 강인함, 활력이 부족한 게 아니라 질에 관한 지식과 데이터, 호기심이 부족하다. "시대착오적인 성편향은 생식기 진화에 관한 연구에 걸림돌이 된다." 연구진이 내린 결론이다.

각양각색의 질에서 정확히 무슨 일이 일어나고 있는지 밝혀내야 할 게 많다는 의미이기도 하다.

질과 음경의 공진화

2013년 3월 브레넌은 그날도 매사추세츠대학교 사무실에서 '오리 생식기'와 관련된 정보를 훑어보고 있었다. 관심 가질 만한 소식이 생기면 알려주는 구글 알림 서비스를 이용 중이었는데, 브레넌의 알림창에 새로운 기사 하나가 떴다. 언론의 '좌편향'에 대응하는 것을 사명으로 여긴다는 보수 성향의 CNS 뉴스 웹 사이트에 게시된 기사로, 국립과학재단National Science Foundation이 예일대학교의 오리 음경 연구에 38만 4,949달러의 연구비를 지원하기로 했다는 소식을 전하면서 납세자들의 돈을 낭비하는 일이라는 의견을 덧붙였다.

　　브레넌은 그냥 무시했다. 하지만 얼마 지나지 않아 관심을 기울일 수밖에 없는 일들이 일어났다. 신문마다, 웹 사이트마다 이 연구비 지원에 관한 기사가 헤드라인을 장식한 것이다. "오바마 대통령의 경기 부양책 중 하나입니다. 그렇지 않아도 심각한 수준에 이른 부채와 적자를 더 가중하는 여러 지출 결정의 한 예시일 뿐이고요." 폭스Fox 뉴스의 앵커 섀넌 브림Shannon Bream은 생방송에서 이렇게 전했다.[36] 폭스 뉴스 웹 사이트에는 이에 관한 설문이 게시되었다. "오리 음경 연구에 세금을 쓰는 것이 적절하다고 보십니까?" ("아니요. 이게 무슨 꽥꽥대는 소리인지 모르겠군요!"와 같은 답변이 가장 많이 달렸다.) 잡지 《마더 존스Mother Jones》는 언론의 이런 폭발적인 보도 상황을 "오리 음경 스캔들Duckpenisgate"이라고 했다.[37]

　　브레넌은 자신의 연구 분야가 이렇게 아무 맥락 없이 사람들 입에 오르내린다는 사실에 경악했다. "저의 과학자 인생을 통틀어 최악의 시기였습니다." 브레넌은 이렇게 회상했다. "책상 밑에 들어가서 다시는 나오고 싶지 않을 정도로요." 그러나 가만히 두고 볼 수만은 없다고 생각했다. 대중이 정확한 사실을 알 수 있도록 대화에 끼어들 필요가 있었다. 동료들은 만류했지만 브레넌은 기초과학의 가치를 옹호한다는 내용의 평론을 써서 온라인 잡지 《슬레이트Slate》에 기고했다. "친애하는 독자 여러분, 생식기는 진화의 핵심입니다."[38] 브레넌이 쓴 글이다. "생식활동에서 왜 남들보다 성공률이 높은 사람이 있는지 확실하게 이해하려면 생식기 연구보다 더 나은 방법은 없습니다."

오리 생식기에 관한 연구로 이미 한 번 세상을 놀라게 한 브레넌은 암컷의 생식기가 주목을 받고, 질과 그 주변기관이 음경 못지않게 흥미롭고 연구할 만한 가치가 있다는 사실을 깨닫도록 다른 과학자들을 설득하는 일을 자신의 또 다른 사명으로 삼기로 했다. "앞으로 제가 하는 연구는 전부 거기에서 출발할 겁니다." 조류 연구 과정에서 암수 생식기의 공진화共進化, coevolution를 보여주는 생생한 사례를 발견한 것으로 끝내지 않고 시야를 넓혀서 다른 동물들의 생식기도 연구해보겠다는 뜻이었다. 최근에는 뱀 암컷의 질이 두 개고 형태가 길쭉하다는 사실을 알아냈다. 수컷의 음경이 두 개인 것과 일치하는 특징이었다. 암컷 뱀의 질 모양을 파악하기 위해 브레넌이 떠올린 것은 치과에서 쓰는 실리콘이었다. 질 내부에 실리콘을 주입한 뒤 굳을 때까지 기다렸다가 이쑤시개로 뽑아냈다. 질을 거푸집으로 이용하여 질 내부의 본을 뜬 것이다. "제가 질 막대사탕을 만들어요, 레이철." 연구실로 찾아갔을 때 브레넌이 죽은 뱀을 보면서 나에게 한 말이다. "저는 이런 인생을 살게 됐어요."*

2015년 브레넌은 한 생물학회에서 큰돌고래의 성을 해부학적으로 연구하는 캐나다 출신의 다라 오바크Dara Orbach 박사와 우연히 만났다. 그해 학회에서는 음경의 다양성에 관한 심포지엄이

버자이너

열렸고 브레넌은 생식기 공진화의 중요성을 주제로 발표할 예정이었다.[39] 한편, 오바크는 돌고래와 고래, 알락돌고래의 생식관에서 발견한 특이한 특징을 조사하고 있었다. 생식관 내부 구조가 접이식 깔때기처럼 생긴 뚜껑 같은 두툼한 조직이 연속으로 자궁경부까지 길게 이어져 있었기 때문이다. 지난 수십 년간 과학자들은 '질 주름vaginal folds'으로 알려진 이 구조의 주된 기능을 바닷물이 자궁까지 들어오는 것을 차단하여 정자의 사멸을 방지하는 것으로 추정했다.[40] 그러나 오바크는 그런 기능 하나만으로는 이 생식관의 다양성을 설명할 수 없다고 생각했다.

1년 후 오바크는 냉동 보관해두었던 여러 동물의 질을 가지고 브레넌의 연구실로 찾아갔다. 그때부터 두 사람은 자연사한 고래와 돌고래, 알락돌고래의 표본을 추가로 수집했다. 해양 포유류의 질은 입체적으로 어떤 구조이며, 음경과 어떻게 상호 작용

---

* 실리콘을 활용하는 기술은 사람의 질 형태와 크기를 연구한 몇 안 되는 연구자 중 한 명이었던, 이제는 은퇴한 해부학 교사 폴라 펜더그래스(Paula Pendergrass)의 연구에서 영감을 얻었다.[41] 펜더그래스는 1990년대에 탐폰과 기저귀를 생산하던 업체 탐브랜즈(Tambrands)로부터 탐폰을 최적화된 형태로 설계할 수 있도록 입체적인 질 내부의 자연스러운 형태를 조사해달라는 요청을 받았다. 펜더그래스는 자신이 다니던 치과에서 의사와 이 독특한 연구에 관한 대화를 나누다가 소형 탐폰을 '회수용 몸체'로 활용해서 치과용 실리콘으로 질 내부의 본을 뜨면 되겠다는 아이디어를 떠올렸다. 펜더그래스는 이 방법으로 지원자 80명의 본을 떴고, 사람마다 질의 형태가 다르다는 사실을 알게 되었다. 그리고 질을 형태에 따라 원뿔형, 측면이 평행한 모양, 하트 모양, 호박씨 모양, 그리고 공교롭게도 '달팽이 모양'까지 총 다섯 가지로 분류했다. (탐폰은 삽입 후 주변 형태에 맞게 팽창되므로) 질의 형태는 탐폰의 형태와 무관한 것으로 밝혀졌지만 펜더그래스가 알아낸 정보는 질에 쓰는 각종 기구와 질에 사용하는 의약품을 특정 인구군에 맞추어 제작할 때 활용할 수 있고 질 재건술에도 참고 자료가 될 수 있다.

하는가?[*] 두 사람은 이 질문의 답을 찾아 나섰다.

두 사람은 매사추세츠대학교에서 생식기를 중점 연구하는 동물학자 다이앤 켈리Diane Kelly에게 도움을 청했다. 켈리는 동물의 음경과 질을 해부로 분리하고 창의적인 방법으로 각각 부풀려서 이 두 기관이 어떻게 결합하는지 수십 년간 연구해왔던 터라 오바크와 브레넌은 기발한 전략을 배울 수 있었다. 일단 음경을 부풀리려면 적절한 압력이 필요하므로 소형 금속제 맥주 통을 사용하여 음경에 식염수를 주입하고 부풀려서 해동된 질과 어떻게 결합하는지 확인했다. 그런 다음 스캔해서 두 생식기가 상호 결합한 형태를 파악할 수 있는 일종의 지형도를 만든 뒤 질에 실리콘을 채워서 3차원 본을 떴다. 그 결과 돌고래의 음경은 크고 뾰족하며 끝부분에 코르크스크루 모양의 구조가 덧붙여진 형태라는 사실을 알게 되었다. "약간 프랑켄슈타인 같다고나 할까, 어쨌든 그런 게 떠오르는 장면이었습니다." 브레넌의 말이다.

일부 암컷 돌고래의 질은 암컷 오리와 비슷한 나선형이었다. 그리고 질 주름이 가득했다. 돌고래의 음경은 끝부분에 연골이 손가락처럼 돌출되어 있었는데, 이 부분은 꼭 괄약근처럼 형성된 뚜껑 같은 질의 주름들을 열고 자궁경부에 도달하기 쉬운 방향으로 진화한 듯 보였다. 켈리와 오바크, 브레넌은 정자가 자궁에 도달하려면 정확한 지점에서 정액이 분출되어야 하며 암컷이

※ 한번은 40톤짜리 고래를 해부하다가 엄청난 악취 탓에 생물학과 건물에 있던 사람 모두가 대피하는 소동이 벌어지기도 했다. "세상에, 혹등고래 질 냄새보다 더 지독한 악취는 없습니다." 브레넌의 말이다.

몸의 위치를 살짝만 바꾸어도 그 정확도에 영향을 줄 수 있을 거라고 추측했다. "암컷이 교미를 통제하기는 힘들겠지만, 수정의 성사 여부는 암컷이 통제할 수 있다고 생각합니다." 켈리의 설명이다.

2018년 세 사람은 고래목 동물들에게서 나타나는, '전례 없는' 질의 다양성에 관한 연구 결과를 발표했다.[42] 이 연구로 음경만이 종을 판별하는 기준은 아니라는 사실이 밝혀졌다. 오바크는 질만 보고도 어떤 종인지 알 수 있을 만큼 동물의 질이 다양하다고 설명했다.** [43] 현재 텍사스 A&M대학교에서 해양생물학과 부교수로 재직하고 있는 오바크는 지금까지 밝혀진 모든 척추동물 중 고래목 동물들의 질이 가장 다양하다고 말했다.

브레넌은 다른 두 사람과 같이 돌고래의 질을 해부하다가 다른 쪽에 시선이 사로잡혔다. "질을 연구하려고 정말 쉬지 않고 해부했어요. 그러다가 이 거대한 음핵을 보게 되었죠." 돌고래가 성적 쾌감과 사회적 유대를 위해 1년 내내 짝짓기한다는 사실은 잘 알려져 있다. 생식기를 모래나 다른 돌고래, 심지어 장어의 몸에 대고 문지르며 자위하는 모습이 목격되기도 했다. 그런 점에서 돌고래의 음핵이 잘 발달한 것은 당연한 일이라고 생각했다. 하지만 아무리 뒤져보아도 절대 못 보고 지나칠 수 없을 정도로 거대

** 아주 드물지만 수컷이 아닌 암컷의 생식기로 종을 구분할 수 있는 곤충도 있다. 마다가스카르에 서식하는 잎사마귀도 그중 하나다. 이 사마귀의 학명은 성평등을 위해 노력한 고(故) 루스 베이더 긴즈버그(Ruth Bader Ginsburg) 미국 대법관의 이름을 딴 '일로만티스 긴즈버개(Ilomantis ginsburgae)'다.

한 이 음핵에 관해 언급한 자료를 전혀 찾을 수 없었다.

브레넌은 인간의 음핵이 어떤 취급을 받아왔는지, 과학계에서 얼마나 오랫동안 무시당해왔는지 잘 알고 있었고, 진화와 인간의 성행동에 관한 자신의 수업에서도 그런 내용을 가르쳐왔으므로 어떤 상황인지 곧바로 이해했다. 돌고래가 오르가슴을 느끼는지는 누구도 정확히 증명할 수 없겠지만 브레넌은 돌고래의 음핵에 그런 기능이 있다고 결론내렸다. 음핵에 발기 조직과 혈관이 조밀한데다 형태도 인간의 음핵과 놀라울 정도로 비슷했다. 브레넌과 오바크는 돌고래의 성을 해부학적으로 다룬 최초의 연구 논문을 쓰기 시작했다. "질이 있으면 대부분 가까운 곳에 음핵이 있습니다. 그걸 살펴보지 않는 건 기회를 날려버리는 것이나 마찬가지예요."

음경 크기에 대한 신물나는 주장

브레넌은 음경과 질의 진화를 양쪽 모두에게 발언 기회가 있는 이성 간의 대화에 비유한다. 그러나 이 대화는 동등하지 않을 수 있으며 상대를 더 크게 압박하는 쪽은 질로 추정된다. "연구 결과 질이 우세했습니다. 저는 그게 당연하다고 생각하고요." 브레넌의 말이다.

그 이유를 이해하려면 질이 음경보다 변화가 제한적이라는 사실로 돌아가야 한다. 음경이 존재하기 전부터 일부 동물의 암컷은 체내수정이 발달했으므로 난자를 난소 밖으로 내보낼 관이 필요했다. 음경을 받아들이는 것이 아닌 바로 이 난소 운반이 질의 최초 기능이다. 로드아일랜드대학교에서 생식 기능의 진화를 연구하는 진화학자 홀리 던스워스Holly Dunsworth는 최소한 인간의 질이 진화하는 과정에서는 이 기능이 더 큰 영향을 주었다고 본다.

2014년에 던스워스는 '남성의 거대한 음경'을 주제로 대중매체가 쏟아낸 각종 기사에 주목했다. 그중 가장 큰 관심이 쏠린 이론은 암컷의 선택에 관한 다윈의 주장과 일치했다. 여성들은 음경이 클수록 남성에게 더 큰 매력과 만족감을 느껴서 큰 음경을 선호하며, 음경이 큰 남성들이 여성들의 선택을 받게 되자 음경은 점점 더 커지는 방향으로 발달하고 질도 그 흐름에 맞는 크기로 발달했다는 것이 그 이론의 요지였다. 근거는 빈약했지만 문화적으로는 확실한 호응을 얻은 것 같았다.[44] 여성들이 큰 음경을 좋아한다는 건 누구나 아는 사실처럼 여겨졌으니 말이다.* [45]

"그런 기사들을 읽다보니 정말 신물나더군요." 던스워스의 말이다. "반박하고 싶었어요." 그래서 논문을 뒤지다가 학계가 음경을 얼마나 귀중하게 여기는지를 알게 되었다. 브레넌이 지적한 대로 질의 '진짜 중요한' 두 번째 기능, 즉 질이 아기를 밖으로 내보내는 기능을 한다는 사실을 학자들 대다수가 완전히 잊어

---

* 다른 영장류와 비교해보면 남성의 음경은 폭이 비교적 넓긴 해도 특별히 더 길지는 않다.

버린 것처럼 보일 정도였다.

인간의 아기는 영장류 중 머리가 가장 큰 편에 속한다. 아기의 뇌와 머리가 갈수록 커지자 골반과 산도도 더욱 넓어지는 진화가 일어났다. 우리가 휴식을 취할 때, 가령 다리를 꼬고 앉아 있을 때는 몸에 그런 관이 있다는 게 전혀 느껴지지 않는다. 평상시 질 입구는 지름이 약 2.5센티미터고 질 벽들도 서로 맞닿아 있다. 그러나 출산할 때는 접혀 있던 아코디언이 펴지듯 질이 열리기 시작하여 아기의 머리 크기에 맞게 300퍼센트 이상 늘어나[46] 둘레가 평균 35센티미터에 이른다.[47] 비단뱀이 돼지 한 마리를 통째로 삼키는 것과 비슷한 일이 반대 방향으로 일어나는 셈이다. 더욱 놀라운 점은 출산 후 6주에서 12주 내에 질의 크기가 다시 평소대로 돌아온다는 사실이다.[48] 어떻게 돌아오는지는 누구도 정확히 알지 못한다. "질이 멜론 한 통이 빠져나올 만큼 늘어났다가 다시 그 전과 같은 상태로 돌아온다는 것은 정말 기적 같은 일입니다." 헬렌 오코넬의 음핵 영상 분석 연구를 함께했던 골반 MRI 전문 산부인과 전문의 존 디랜시John DeLancey의 설명이다. "인체의 가장 놀라운 일 중 하나지만 한 번도 연구된 적이 없어요."[*][49]

던스워스는 질이 점차 커진 이유도 성교를 위해서가 아니

---

[*] 임신 중에는 다른 변화도 일어난다. 골반으로 향하는 혈류량이 늘어 정맥이 커지면서 음순이 보랏빛이 도는 푸르스름한 색을 띠고, 태반에서 분비되는 호르몬의 영향으로 골반 근육이 유연해져 잘 늘어나게 된다. 그 결과 골반뼈 주변에 형성된 근육('케겔' 운동을 할 때 조이는 근육들)이 아래쪽으로 둥글게 내려가서 골반이 전체적으로 둥근 그릇 같은 모양이 된다. 얕은 수프 접시가 속이 더 깊고 둥근 시리얼 그릇으로 바뀐다고 생각하면 이해하기 쉽다. 음핵도 형태가 달라지고 더 커진다.

라 출산을 위한 것이며, 음경도 질의 크기에 맞게 진화하는 부수적인 영향이 발생했다고 본다. 2015년에 〈왜 사람의 질은 그렇게 클까?〉라는 제목으로 쓴 블로그 게시물에서 던스워스는 답은 "아주 간단"[50]하며, 음경이 질의 크기에 맞춰 발달한 것이라고 설명했다. 그다지 매력적이지 않은 설명이라고 느낄 수도 있지만 던스워스는 과학적으로 훨씬 타당한 설명이라고 말했다. "열쇠의 크기와 모양은 당연히 자물쇠의 크기와 모양에 좌우되는 것이 아닐까?" 던스워스의 글에 나오는 내용이다. "인간의 음경이 굉장히 큰 것이 대단히 특별한 일처럼 여겨지지만, 그건 여성의 오르가슴이나 여성의 음란한 생각, 여성의 욕정 가득한 눈길로 생긴 결과가 아니라 섹시함과는 거리가 먼 '아기가 세상에 나오는 길'이라서 생긴 결과다."** [51]

진화와 관련된 '왜'라는 질문은 대부분 답을 찾기가 까다롭기로 악명 높다. 그래서 던스워스는 자신의 견해도 그저 또 하나의 이론일 뿐이라고 인정한다. "화자가 누구냐에 달려 있습니다." 이 말의 요지는 인간의 진화에 관한 연구가 너무나 오랫동안 인간의 특별함을 강조하는 인간예외주의human exceptionalism를 강화하는 방향으로 진행되어왔다는 것이다. 음경이 클수록 여성들이 더 큰 매력을 느끼고 만족한다는 견해는 근거가 희박한데도 오랜 세월 유지되었고 질의 크기는 그런 주장을 뒷받침하는 편리한 근거

** 던스워스는 최근에 전문가 검토를 거쳐 발표한 다른 논문에서 출산을 제외하고 인간의 골반이 지금과 같은 크기가 된 가능성 있는 다른 이유 몇 가지를 제시했다. 여성의 골반 부위에 장기가 더 많기 때문이라는 시시할 만큼 당연한 이유도 그중 하나다.

로 여겨져왔다. 이렇게 직관적으로 그럴듯한 주장에 의존하면 진실이나 더 창의적인 가능성과는 멀어진다.

무지개 안에 무지개

훨씬 더 극단적인 가능성도 있다. 생식 기능을 전부 건너뛰고 생각한다면? 다윈의 주장과 달리 암수 생식기의 기능은 기계적으로 형태가 맞물리는 것이 다가 아니다. 잠재적인 짝짓기 상대만이 아니라 그와 같은 집단의 다른 구성원들을 향한 신호, 상징, 성적 자극의 기능도 한다. 인간과 돌고래, 그 밖의 여러 동물에게 교미는 한쪽이 가진 정자를 다른 쪽에 전달하는 목적을 넘어선 더욱 다양하고 복잡한 기능이 있는 활동이다. 우정과 동맹을 강화하는 수단이자 지배와 종속을 표현하는 방식이기도 하며 화해와 중재 같은 사회적 협상의 한 부분이 되기도 한다. 이것이 생태학자이자 진화생물학자인 조앤 러프가든Joan Roughgarden이 2004년에 출간한《변이의 축제: 다양성이 이끌어온 우리의 무지갯빛 진화에 관하여Evolution's Rainbow: Diversity, Gender, and Sexuality in Nature and People》에서 주장한 내용이다.

　　동물의 생식기가 인간의 표준적인 질이나 음경과는 전혀 다른, 괴상하고 멋진 모양인 이유도 교미의 목적이 이렇게 다양해서인지도 모른다. 암컷 거미원숭이의 음핵은 아래로 길게 늘어져 있고 냄새를 발산한다. 수컷의 음경과 크기가 같기로 유명한 하이에나의 음핵은 배설과 교미, 출산에 모두 사용된다. 긴꼬리원숭이와 드릴개코원숭이, 맨드릴개코원숭이의 무지갯빛 생식기와 발정기가 되면 붉게 부풀어 오르는 암컷 짧은꼬리원숭이의 생식기를 비롯하여 다윈이 '특정 원숭이'에만 있다고 강조한 여러 인상적인 생식기는 사회적 지위를 나타내고 다른 집단과의 갈등을 피하는 데 도움이 되기도 한다. 이런 (러프가든의 표현을 그대로 쓰면) "생식기의 기하학적 특성"[52]은 생식기가 번식 외에도 다양한 용도로 쓰인다는 사실을 보여준다.

"우리 몸의 모든 기관은 다양한 기능을 한다. 생식기라고 예외일까?"[53] 러프가든은 이렇게 지적했다.

동성 간 짝짓기는 동물계 전반에서 광범위하게 나타나는 현상이다. 보노보처럼 암컷이 우세한 종에서는 동성 간 짝짓기가 이성 간 짝짓기만큼 흔하다. 암컷 보노보의 음순은 멜론과 비슷한 크기로 팽창하고 음핵은 발기하면 6센티미터 이상 커진다. 영장류학자들 중에는 음핵이 질 안쪽에 있는 돼지나 양과 달리 보노보의 음핵이 사람처럼 정면에 있는 이유는 동성 간 생식기 접촉이 수월하도록 발달한 결과라고까지 주장하는 사람들도 있다.[54]

"그들의 성관계 방식에서, 말하자면 효율적인 흐름의 측면에서 그게 유리해 보입니다."[55] 보노보 사회가 모계 중심이라는 사실을 처음으로 밝혀낸 보노보 전문 영장류 학자 에이미 패리시Amy Parish의 말이다. 같은 영장류 학자인 프란스 드 발Frans de Waal도 "보노보의 외음부와 음핵이 몸의 정면에 있는 것은 암컷의 생식기가 동성 간 교미 방식에 걸맞게 적응해왔음을 강력히 시사한다"[56]라고 설명했다.

러프가든은 보노보 음핵의 이 이례적인 구조를 '사포의 표식Mark of Sappho'*이라 칭했다. 보노보의 유전자가 인간의 유전자와 98.5퍼센트 일치하고 다른 침팬지들과 함께 진화적으로 인간과 가장 가까운 동물임을 생각하면, 왜 더 많은 과학자가 인간에게도 그런 적응이 일어났는지를 연구하지 않는지 의아하다고 밝혔다.

사실 성선택을 공격적인 수컷과 까다로운 암컷으로 단순화하여 이해하는 현재의 사고 체계에서는 그런 의문을 떠올리기 힘들다. 다윈은 암수 한 쌍이 자연의 기본 단위이며 짝을 이룬 쌍들은 반드시 번식활동을 한다고 생각했다. 이 기준을 벗어나는 불편한 사례는 무시하거나 예외로 치부하고 수컷과 암컷에게 좁은 의미의 성역할을 부여했다. 다윈이 제시한 이론, 즉 암컷이 자신을 차지하려고 경쟁하는 수컷 중 하나를 수줍게 선택한다는 이론은 모든 성행동 중 극히 일부만 설명할 수 있을 뿐이다. 다윈의 뒤를 이은 진화생물학자들도 대부분 그와 비슷하게 이성 간의 사랑만을 '유일하게 바람직한 성One True Sexuality'으로 간주하고 그 밖에는 전부 일탈로 취급했다. 곤혹스럽고 예외적인 행동이라거나 호기심을 자극하는 재미있는 행동 정도로 여기면 그나마 나은 편이다. 최악의 경우 동물이 자기 유전자를 전하기 위해 쓰는 일종의 속임

＊   사포는 기원전 6세기 고대 그리스에서 활동한 시인이다. 시에 등장하는 인물은 대부분 여성이며 주로 여성을 주체적으로 그린 사랑에 관한 시를 썼다-옮긴이.

수라고 해석하기도 한다.

이런 식의 분류는 그 영향이 생물학의 영역을 벗어난 곳까지 미치게 된다. 동물들의 동성애를 묵살하고 그런 행동을 보이는 동물을 기이한 사례로 취급하는 시각은 여성 동성애자와 남성 동성애자, 양성애자, 무성애자를 포함한 성소수자에 대한 부정적인 태도가 우리 사회에 뿌리내리는 데 일조했다. 다윈의 이론도 프로이트의 이론처럼 인간의 본성은 이래야만 한다, 혹은 이래서는 안 된다는 식의 단정적이고 잘못된 주장에 오용될 때가 많다. 《변이의 축제》를 집필하기 몇 년 전에 성별을 전환한 여성인 러프가든은 이런 고정관념이 얼마나 심각한 피해를 초래하는지 누구보다 잘 안다. 러프가든의 책에는 이런 내용이 있다. "성선택 이론은 타고난 나의 본성을 거부하고, 아무리 노력해도 도저히 받아들일 수 없는 정형화된 사고방식에 나를 끼워 맞춘다."**

러프가든은 던스워스처럼 생물학은 어떻게 이야기하느냐가 중요하다고 지적한다. 지금까지 생물학자들은 성선택에 관한 뻔한 한 가지 이야기에서 헤어나지 못했다. 암컷과 수컷이 '성대결battle of the sexes'에 가까운 극적인 성적 갈등을 겪는 몇 가지 사례에만 주목하면 생식기 형태에 영향을 주는 놀랍도록 다양한 다른 힘은 놓치게 된다. 그뿐 아니라 앨버트로스와 펭귄처럼 평생 일부일

** 러프가든의 책이 출간되기 직전에 한 기자가 이런 글을 썼다. "저자가 인정할지는 모르겠지만, 일부 과학자는 저자가 사회적으로 배척당한 경험 때문에 자연계를 편향된 시각으로 보게 되었을 가능성은 없는지 개인적으로 궁금하다고 이야기한다."[57] 이와는 대조적으로 다윈처럼 생물학적 성별과 사회적 성별이 일치하는 백인 남성이 같은 주제를 편향된 시각으로 연구했을 가능성을 제기하는 사람은 거의 없다.

처제를 고수하는 바닷새를 비롯하여 암수가 서로 협력하고 타협하면서 살아가는 많은 생물은 열외가 되어버린다. "생물학이 생물의 가능성을 제한하면 안 된다. 자연이 생물에게 제공한 삶의 방식은 무궁무진하다."[58] 러프가든의 설명이다. 그리고 현실은 모든 동물이 둘씩 짝을 지어 깔끔하고 정결한 노아의 방주에 오르는, 빅토리아 시대에나 어울릴 법한 광경과는 다르다는 말도 덧붙였다. "현실은 무지개 안에 무지개가 있고, 그 안에 또 다른 무지개가 무한히 이어진다."

'질! 질! 질!'

브레넌은 생물학계가 이런 새로운 진화 이론을 다루려면 생물학자들이 물려받은 다윈주의식 결벽증에서 벗어나야 한다고 생각한다. 가령 브레넌은 곱상어의 질이 임신 중에 어떻게 변화하는지 조사하다가(새끼가 자라면서 자궁 아래쪽으로 내려오므로 질은 점점 더 비대칭적인 형태로 바뀐다) 해부학 교과서에서 곱상어의 질은 아예 무시하고 난각선과 난소만 주요하게 다룬다는 사실을 알고 크게 실망한 적이 있다. 그런 적이 한두 번이 아니다. 동물마다 자궁이나 그 주변기관은 자세히 설명하면서도 질에 관해서는 아무런 설명이 없는 경우가 허다했다. "다들 점잔 떠는 겁니다. 교과서에 '질'이라는 소제목을 넣고 싶지 않은 거죠."[*59]

이런 과도한 신중함은 과학계에서 비롯되었다. 브레넌은

인간의 질이 임신 기간에 어떻게 바뀌는지를 연구한 문헌도 거의 없다는 사실을 알게 되었다. "저는 임신을 두 번 했습니다. 그래서 질이 아주 많이 변한다는 사실을 분명하게 알고 있어요. 달라진다는 건 알지만 구체적으로 어떤 변화가 있었을까요? 그건 모릅니다. 알았다면 얼마나 좋았을까요."

브레넌이 이런 연구를 할 수 있게 된 배경에는 몇 가지 개인적인 이유와 함께 성장 환경도 있다. 브레넌은 콜롬비아의 수도 보고타에서 네 명의 자매와 함께 자랐고 가톨릭계 여자고등학교에 다녔다. 그래서 남자들이 할 수 있는 건 무엇이든 여자들도 할 수 있다는 걸 분명하게 깨달았다. 브레넌이 다닌 학교는 종교적으로 매우 엄격한 곳이었지만 콜롬비아에서는 대체로 "금기시되거나 '나쁜 것'으로 치부되는 게 많지 않았다." "콜롬비아 사람들은 섹스에 관해서도 편하게 이야기합니다." '음경'과 '질' 같은 단어를 입 밖에 내지 않는 분위기도 전혀 아니었다. 섹스는 일상생활의 한 부분이었다. "누구나 제대로 알아야 하는 기본적인 일이었죠. 저는 섹스 이야기만 나오면 할 말이 너무 많을 정도로 관심이 많았고요."**

자신의 연구 주제인 동물의 생식기를 살짝 언급하는 것조차 다른 사람들에게는 부적절한 일이 될 수 있다는 사실을 처음

---

*   그래서 브레넌은 매 학기 강의 첫날, 본격적인 강의에 앞서 학생들이 그런 점잔을 떨치도록 먼저 "질! 질! 질!" 하고 큰 소리로 외친 다음 "음핵! 음핵! 음핵!"을 외치게 한다.

**   브레넌의 자녀들은 저녁 식탁에서 누가 가장 기이한 화제를 꺼내는지 경쟁하곤 하는데, 브레넌이 돌고래 질 이야기를 꺼내면 지는 경우가 거의 없다고 한다.

깨달은 건 2009년에 한 대학의 강사직에 지원했다가 떨어졌을 때였다. 나중에 그 자리를 얻은 남성과 우연히 마주쳤을 때 브레넌은 불합격 소식을 듣고 솔직히 조금 실망했다고 말했다. 그랬더니 그가 브레넌에게 물었다. "사람들이 당신의 연구 주제를 개의치 않는다고 생각하십니까?" 힘 빠지는 소리였다. 브레넌은 그런 줄 몰랐다고 했다.

브레넌은 한 번도 그런 생각을 해본 적이 없었다. "그 말을 듣기 전까지 제가 하는 연구를 모두가 놀랍고 흥미진진하다고 여길 줄 알았어요." 그제야 브레넌은 자신이 면접에서 한 이야기가 어떻게 받아들여졌을지를 깨달았다. 젊고 쾌활한 라틴계 여성이 나이 지긋한 백인 남성들 앞에서 오리 음경에 관해 눈 하나 깜짝하지 않고 장황한 설명을 늘어놓은 것이다. "그 70대 교수님들이 제 말을 들으면서 무슨 생각을 했을지, 이제는 짐작이 갑니다. '오, 세상에, 앞으로 학과 회의 때마다 저런 소리를 들어야 하나?'라고들 생각했을 거예요." 브레넌의 말이다.

하지만 이 분야의 대표적인 학자들 중에는 브레넌의 연구가 얼마나 가치 있는 일인지 알아본 사람도 있다. 은퇴 후 코스타리카에서 지내는 에버하드도 지금까지 연구에서 많이 다루어진 동물들은 암컷의 생식기가 정적인 경우가 많았지만, 아직 연구되지 않은 동물들이 훨씬 더 많다는 사실을 인정했다. 브레넌은 바로 그런 동물을 연구하고 있다. "저는 이 분야를 연구하면서 정말 많은 질을 봤습니다. 하지만 단 한 번도 '그래, 정확히 내 예상대로야'라고 느낀 적이 없어요. 늘 뭔가 새로운 것, 여태껏 누구도

버자이너

알지 못했던 사실들을 발견하곤 합니다."

이제는 브레넌이 학회에 초청받아 발표자로 연단에 오를 때마다 오리 음경 연구자라는 소개가 빠짐없이 나와서 무슨 연구를 하는지 모르는 사람이 없을 정도다. 그럴 때면 브레넌은 상냥하게 자신은 음경만 연구하는 게 아니라 '음경과 질'을 연구한다고 소개말을 바로잡곤 한다. 둘 중 하나만 연구해보아야 아무런 도움이 되지 않는다. 초점의 범위를 넓혀서 그 두 가지를 한꺼번에 보아야 다양성과 가능성이 전부 눈에 들어온다.

음경과 질을 한꺼번에 보아야 한다는 이야기는, 다르게 말하면 질 연구에 더 집중해야 한다는 뜻이다. 일단 지금은 그렇다. "음경만 연구해서도 안 되고, 질만 연구해서도 안 됩니다. 둘 다 연구해야 해요." 브레넌의 설명이다. "하지만 지금은 음경에 관해 밝혀진 내용에 비해 질에 관해 밝혀진 내용이 훨씬 부족합니다. 질에 관한 기초적인 생물학적 지식이 음경과 같은 수준에 이르려면 아직 갈 길이 멀어요. 밝혀진 것이 비슷해져야 그 둘을 함께 놓고 볼 수 있습니다."

그러려면 질 연구가 훨씬 더 많이 이루어져야 한다.

4장

질
미생물군

**사소한 여자들 문제가
아니다**

어떻게 해야 질이 건강해지는지 우리는 사실 아무것도 모릅니다.

캐럴라인 미첼 박사

아히노암 레브사기Ahinoam Lev-Sagie 박사는 난감했다. 2014년 진료실에서 만난 환자가 또 절망감에 눈물을 흘렸다. 예루살렘 하다사 대학교 메디컬센터에서 산부인과 전문의로 일하며 난치성질질환클리닉을 운영해온 레브사기는 성교 시 겪는 통증부터 산후기 감염, 체내 호르몬으로 인한 알레르기 질환에 이르기까지 질에 생긴 온갖 문제에 익숙했다. 하지만 가장 흔하면서도 가장 절망적인 문제는 따로 있었다. "데이트를 못 한다고 이야기하는 환자들이 있습니다." 레브사기의 설명이다. "본인도 참기 힘들 정도로 냄새가 너무 고약해서 1년 또는 2년 동안 성관계를 하지 못했다고 합니다."[1]

알마Alma도 그중 한 사람이었다. 마흔여덟 살의 이 이스라엘 여성은 스스로 늘 자기 몸을 잘 이해하고 있다고 생각했다. 특히 '나의 요니yoni'라고 부르는 자신의 질에 관해서는 더욱 그런 줄 알았다("전 요니를 아주 잘 알아요."[2] 알마의 표현이다). 하지만 질에 생긴 세균 감염이 알마를 3년간 끈질기게 괴롭혔다. 그동안 항생제도 복용하고 프로바이오틱스Probiotics*도 먹어보고 식생활도 바꾸었지만 어떤 것도 효과가 없었다. 평생 자기 몸과 성생활에 자신감이 있었던 알마는 이제 그 두 가지 모두 통제 불가능한 상태가 되었다고 느꼈다. "제 자신이 역겨웠어요." 알마의 말이다. "도무지 깨끗하다는 느낌이 들지 않아요. 어떻게 해도 절대 깨끗해질 수 없는 사람이 된 것처럼요." 알마는 감염이 세 번째 재발했을 때 레브사기를 찾아왔다.

레브사기는 알마에게 세균성 질염이라는 병이며 질에 원래 서식하는 세균 중 특정 균이 과도하게 증식하는 것이 원인이라고 설명했다.** 세균성 질염은 여성 세 명 중 한 명꼴로 발생한다. 미국질병통제예방센터Centers for Disease Control and Prevention에 따르면 미국의 경우 환자가 최대 2,100만 명에 이른다.[3] 세균성 질염에 걸리면 보통 흰색이나 회색을 띠는 묽은 분비물이 생기고 외음부 주변이 가렵다. 게다가 세균이 '카다베린cadaverine'과 '푸트레신putrescine'이라는 화학 물질을 생성하는 탓에 질에서 '비린내'가 난다. 아주 흔한 병인데도 레브사기는 효과적인 치료법을 찾을 수 없었다. 항생제를 더 처방하는 게 할 수 있는 최선이었지만 워낙 끈질긴 감염이라 늘 재발하고 그때마다 환자의 병세는 전보다 더 심해졌다.

---

*   건강에 이로운 영향을 주는 세균, 효모 등 살아 있는 미생물─옮긴이.
**   프롤로그에서 언급한 내 병도 세균성 질염이다.

레브사기는 이런 상황을 처음 인지했을 때부터 더 나은 치료법이 개발될 거라고 생각했다. 그러던 중 태반을 연구하는 연구실 동료로부터 미생물 이식을 이용하는 획기적인 치료법에 관한 논문이 새로 발표되었다는 이야기를 들었다. 대변을 활용하는 방법이었다.

대변 이식, 더 점잖은 표현인 분변 이식은 2013년에 떠오른 치료법이다. 그해 존스홉킨스대학교 연구진은 '클로스트리듐 디피실Clostridium difficile'이라는 장 미생물 감염을 근본적으로 치료할 수 있는 방법을 소개했다. 클로스트리듐 디피실은 항생제 치료 후 체내에 과잉 증식해서 장 생태계를 장악하고 극심한 설사와 대장의 염증을 일으킨다. 노인이나 면역력이 약한 환자는 사망에 이를 수도 있다. 존스홉킨스대학교 연구진은 건강한 사람이 공여한 분변을 희석하여 이 균에 감염된 환자의 장에 주입하면(지금은 이 과정이 대장내시경을 통해 이루어진다) 장내 환경이 재활성화되어 환자가 빠르게 건강을 회복할 수 있다고 설명했다.[4] 효과는 처음 계획한 연구기간이 절반쯤 지났을 때 참가자 모두에게 분변 이식을 결정할 만큼 뚜렷했다.

레브사기는 세균성 질염도 체내 생태계의 균형이 깨진 데서 비롯한다는 사실을 깨닫게 되었다. 현미경으로 관찰하면 질 생태계는 장과 큰 차이가 있다. 건강한 장에는 300종에서 500종의 세균이 서식하지만 일반적으로 질에는 젖산균Lactobacillus이라는 한 종류의 세균이 지배적으로 존재한다.[5] 하지만 치료의 기본 개념은 비슷했다. 건강한 질 미생물을 새로 집어넣으면 질 환경을 바꿀 수 있지 않을까?

　시중에는 젖산균이 다량 함유된 다양한 질 프로바이오틱스 제품들이 이미 나와 있고 질 건강 개선에 도움이 된다고 광고한다. 그러나 과학적인 뒷받침이 부족한데다 대부분 별 효과가 없다고 알려져 있었다(미국에서 프로바이오틱스는 보통 식이보충제로 분류된다. 식이보충제는 FDA의 규제를 받지 않는다). 레브사기는 보다 과감한 계획을 세웠다. 세균성 질염으로 오랫동안 고생한 환자들에게 건강한 여성의 질에 서식하는 미생물군을 통째로 이식한다는 계획이었다.

　분변 이식처럼, 질을 보호하는 인체의 자연적인 기능이 다시 균형을 찾을 수 있도록 해줄 미생물을 다시 이식하는 것이 목표였다. 레브사기는 환자의 질 생태계가 바뀌면 감염과 재감염이 반복되는 악순환의 고리가 끊어질지도 모른다고 기대했다.

사소한 '여자들 문제'

하지만 질 미생물군 이식과 분변 이식이 완전히 똑같은 것은 아니다. 무엇보다 클로스트리듐 디피실에 의한 감염은 목숨을 위협할 만큼 심각한 문제다. 해마다 50만 명에 이르는 미국인이 감염되고 사망자도 1만 5,000명인 것으로 추산된다.[6] 히포크라테스가 극단적인 병에는 극단적인 치료가 필요하다고 한 것처럼 분변 이식도 한때는 최후의 수단으로 여겨졌다. 하지만 지금은 만성 클로스트리듐 디피실 감염증 환자의 표준 치료법으로 활용되고 있다. 그뿐 아니라 궤양성대장염과 과민성대장증후군, 그 밖의 다른 만성 장 질환에도 분변 이식을 치료법으로 활용할 수 있는지에 관한 연구가 진행 중이다.

질 미생물 이식은 큰 반발을 일으킬 만한 일이다. 치료 방식이 '역겹다'는 인상을 준다는 것 외에도, 의학계에서 세균성 질염은 대체로 사소한 '여자들 문제' 정도로 경시된다. "세균성 질염은 삶의 질을 위협하는 감염증입니다."[7] 매사추세츠종합병원에서 외음질염 연구실을 운영하며 인체와 체내 미생물의 상호 작용을 연구하는 산부인과 전문의 캐럴라인 미첼Caroline Mitchell의 말이다. "하지만 여성의 성건강과 삶의 질에 진지하게 관심을 기울이는 사람은 거의 없죠." 미첼도 레브사기처럼 자주 재발하는 세균성 질염이 여성의 자존감과 대인관계, 건강에 얼마나 끔찍한 영향을 주는지 눈으로 직접 확인했다.[8] 미첼이 만난 환자 중에는 무허가 질 프로바이오틱스를 수백 달러를 주고 구매한 사람도 있고, 증기를 이용한 질 세척 같은 위험하고 검증되지 않은 방법을 시도하는 사람도 있었다.

미첼은 이런 상황을 자세히 이야기해보았자 NIH 같은 기관에서 연구비를 지원받는 데는 별 도움이 되지 않는다고 생각했다. 그래서 연구비 신청서에 세균성 질염은 여성의 고통이라는 차원을 넘어 인간면역결핍바이러스HIV나 자궁경부암, 조산 같은 광범한 공중보건 문제로 다루어야 한다는 주장을 폈다. 실제로 세균성 질염 환자는 조산과 유산의 위험이 두 배 높고[9] HIV나

성병을 유발하는 병원체에 감염될 위험도 훨씬 높다.[10] "중요한 문제라는 사실을 알리려면 이렇게 해야 합니다." 미첼의 말이다. "여성들의 삶의 질, 여성들의 성건강, 여성들이 겪는 증상이라고만 하면 설득력이 떨어집니다. 그저 '질에 생긴 문제'로만 보일 뿐이죠."*

2021년 가을 미첼은 매사추세츠종합병원에서 질 내부의 건강한 박테리아 환경을 구성하는 요소를 알아내기 위한 질 미생물군 이식 임상 시험을 시작했다. 이듬해 5월 나는 이 임상 시험에 희망을 걸고 참여했다는 스물네 살의 빅토리아 필드Victoria Field와 만나 대화를 나누었다. 필드는 질에 문제가 생겨 임상 시험에 참여한다는 사실을 아무에게도 알리고 싶지 않아서 자신이 사는 이타카와 병원이 있는 보스턴을 차로 오갈 때마다 휴대전화의 GPS 위치 추적 기능을 끄고 다녔다고 했다. "너무 사적인 일이라서요."[11] 필드의 말이다. "하지만 이 문제는 양날의 검 같아요. 너무 사적이고 민망해서 아무한테도 말하고 싶지 않았어요. 하지만 지금도 모두가 쉬쉬한다는 게 문제인데, 제가 말을 안 하면 저 역시 문제를 키우는 데 일조하는 격이니까요." 필드는 질염에 걸린 여성들이 이런 모욕적인 상황에서 벗어나는 데 보탬이 되고자 나에게 자신의 경험을 이야기하기로 결심했다.

레브사기도 비슷한 편견에 부딪힌 적이 있다. 임상 시험

---

* 이와 달리 발기부전을 해결하기 위한 임상 시험은 해마다 여러 건이 진행되고 수백만 달러가 투입된다. 발기부전이 목숨을 위협하는 문제도 아닌데 말이다.

을 하겠다는 뜻을 처음 내비쳤을 때 남자 동료들은 하나같이 그럴 가치가 없다는 반응을 보였다. "비린내 좀 난다고 죽진 않잖아요." 그들이 한 말이다. 그러나 알마와 같은 환자들의 상황을 너무나 잘 아는 레브사기는 꼭 필요한 일이라고 확신했다. 환자들이 처음에는 이런 치료법에 '역겹다'는 반응을 보이더라도 결국에는 시도해보려고 할 만큼 절박하다는 것도 알고 있었다. 레브사기가 NIH의 임상 시험 등록 사이트 clinicaltrials.gov에 임상 시험 계획을 올리자 멀리 유럽과 미국에서도 참여하겠다는 여성들의 요청이 쇄도했다. 치명적인 운동신경 질환인 근위축성측색경화증(루게릭병) 시험에 이어 그 사이트에서 두 번째로 인기가 높은 임상 시험이 될 정도였다. "시험에 참여하려고 기꺼이 이스라엘까지 오겠다는 사람들의 심정을 떠올려보세요." 레브사기의 말이다. "세균성 질염이 얼마나 힘든 병인지 조금은 이해할 수 있을 겁니다."

레브사기는 2015년에 환자 다섯 명을 대상으로 예비 연구를 시작했다. 알마도 그 다섯 명 중 한 명이었다. 먼저 모든 참가자가 일주일간 질 항생제 치료를 받았고 이어서 두 번째 단계로 미생물 이식을 진행했다. 건강한 여성의 질 분비액에 유리 주사기를 담갔다가 참가자들의 질에 넣고 몇 분간 휘젓는 방식이었다. 알마는 이식을 시작한 첫 주에 총 두 번을 이식받았다. 그리고 몇 달 후 다시 감염 증상이 느껴졌을 때 한 번 더 이식받았다. 레브사기가 알마의 질 분비물을 현미경으로 검사한 결과 미생물군에 뚜렷한 변화가 나타났다.[12] 알마는 만난 적도 없는 한 여성으로부터 받은 이 내밀한 선물 덕분에 "인생을 되찾고 자유를 되찾았다"라고 말했다. "이젠 죄책감도 들지 않고, 더럽다는 느낌도 없고, 수치스럽지도 않아요." 내가 알마와 이야기를 나누었을 때는 레브사기의 임상 시험에 참여하고 2년이 지난 후였는데, 알마는 여전히 아무런 증상 없이 건강하게 지내고 있다고 했다.

레브사기는 이제 질 미생물군 이식을 예전과는 다른 관점으로 보고 있다. 여러 연구를 통해 여성이 다른 여성과 장기간 성관계를 맺으면 두 사람의 질 미생물군이 놀랍도록 유사해진다는 사실이 드러났다.[13] 따라서 레브사기는 질 미생물 이식이 여성에게 새로운 성관계 파트너가 생기는 것과 비슷할 수 있다고 생각한다. 차이가 있다면, 질 미생물 이식은 이식 전에 공여자가 필요한 모든 검사와 검진을 받으므로 이식받는 사람의 질 생태계는 반드시 '유익한' 방향으로 바뀐다는 것이다. 하지만 레브사기도 인정하듯 더 많은 연구가 필요하다. "무작위 대조 시험*에서도 효과가 확인되어야 합니다. 저는 효과를 확신합니다."

질 미생물군 이식은 기본 원리의 타당성이 이미 검증된 논리적인 해결책이었다. 너무나 논리적이어서 가끔은 레브사기와 미첼 두 사람 모두 왜 전에는 아무도 이런 시도를 안 했는지 의아해할 정도다. 세균성 질염은 수치스러운 병이 아니라 장 생태계를 바꾸듯 질 생태계를 바꾸면 치료할 수 있는 병인데, 이런 정보가

＊   연구 참가자를 치료나 기술을 적용하는 그룹과 그 치료나 기술 외에 다른 조건이 모두 동일한 그룹 중 하나에 무작위로 배정하고 양쪽 그룹의 결과를 대조하는 방식의 시험–옮긴이.

여성들에게 전해지기까지 왜 그렇게 오랜 시간이 걸렸을까? 질 감염에 관한 연구 과정은 결코 순조롭지 않았다. 과거에도 의사들이 이런 이식 실험을 시도했지만 방식도, 목적도 다 정반대였다. 즉 세균성 질염에 걸린 여성의 질에서 채취한 물질로 건강한 여성의 감염을 유도했다. 그런 식으로 전염될 수 있다는 사실을 증명하기 위해서였다.

현대 부인과학의 '어머니들'

1955년 미국 텍사스주 휴스턴에 자리한 베일러대학교의 세균학자 허먼 L. 가드너 Herman L. Gardner 의 관심은 일부 여성의 생식관에서 한데 뭉쳐진 형태로 발견되던 아주 작고 둥근 형태의 세균에 쏠려 있었다. 가드너는 이 세균을 당시에도 오늘날과 같이 세균성 질염이라 불리던 질환의 주요 원인으로 지목했다.[14] 세균성 질염의 가장 두드러지는 증상은 외음부가 가렵고 화끈거리는 것, 그리고 '불쾌한 냄새'가 나는 회색 분비물이 생기는 것이었다. "심각한 병은 아니지만 건강에 좋지 않고 미적으로도 거부감이 드는 병이다. 이 병은 모든 질은 청결하지 않으므로 수시로 씻어야 한다는 일반적인 생각을 확실하게 뒷받침한다."**[15] 가드너가

** 참고로 이 말은 사실이 아니다. 사실이 아니라고 굳이 말해야 하는 이 상황이 정말로 어이가 없다.

쓴 글이다.

가드너는 이 세균이 세균성 질염의 원인균임을 증명하기 위해 한 동료와 끔찍한 실험을 감행했다. 세균성 질염 환자 15명의 질 분비액을 이 병에 한 번도 걸린 적 없는 여성들의 질에 옮긴 것이다. 가드너가 운영하는 '무료 클리닉'에 찾아와 실험 대상이 된 건강한 여성들 중에는 임신한 사람도 있었다. 감염자의 질 분비액을 옮긴 지 일주일도 되지 않아 대다수가 세균성 질염 증상을 보였지만 연구진은 최대 4개월까지 치료하지 않고 방치했다. 전염된 실험 대상자들에게서 얻은 질 체액을 관찰한 결과 가드너가 주목한 그 둥근 세균이 다른 세포들을 몰아내고 질 생태계를 장악한 사실이 확인되었다. 문제의 세균과 다른 세포의 비율이 무려 100대 1이었다. 전염된 여성들의 남편들도 요도에 균이 옮아 감염되었다. 가드너는 이런 결과야말로 이 세균이 "세균성 질염의 주된 원인, 어쩌면 유일한 원인"이라는 확실한 근거라고 주장했다.[* 16]

가드너의 생애 막바지 무렵인 1980년에는 그의 업적을 기리는 의미로 이 세균에 '가드네렐라 바지날리스 Gardnerella vaginalis'라는 이름이 새로 붙여졌다. 그의 실험 대상자들은 어떤 공도 인정

---

[*] 가드너는 세균성 질염을 성병으로 간주했지만, 이에 관해서는 아직 의견이 엇갈린다. 성관계 경험이 없는 여성들 중에서는 이 질환에 걸린 사람을 찾기 힘들고, 성별과 무관하게 감염자와 성관계를 가진 사람에게 전염될 수 있다(남성의 경우 세균성 질염의 원인균이 요도 내부와 포피에 군락을 형성한다. 그 두 부위에도 각각 고유한 미생물군이 서식하고 있다). 그러나 세균성 질염은 한 가지 미생물이 유발하는 질환이라기보다는 체내 생태계의 교란에서 비롯되는 병이라고 보는 편이 더 타당하다.

받지 못했다.

가드너는 참가자들이 자원했다고 했지만 실제로 그 실험에서 무슨 일을 겪게 될지 정확히 알고 동의했는지는 알 수 없다. 가드너의 논문에는 그런 내용이 없다. 사실 의학계에서는 수감자들과 힘없고 약한 사람들, 실험 동의 조건을 제대로 이해하지 못하는 사람들을 대상으로 실험하는 것이 오랜 관행이었다. 악명 높은 터스키기 매독 연구Tuskegee Syphilis Study**도 그런 사례였고, 최초로 개발된 경구피임약도 복용 시 어떤 위험이 따르는지 제대로 알려주지 않은 채 푸에르토리코 출신 여성들에게 투여했다. 헨리에타 랙스Henrietta Lacks라는 여성의 자궁경부에서 채취한 세포들을 연구에 활용하려고 당사자의 허락 없이 (죽지 않고 대를 이어 증식하는) 불멸 세포주로 만든 것도 마찬가지 사례다. 더 멀리는 미국 남부의 노예 소유주이자 의사로 '현대 부인과학의 아버지'라 불리는 제임스 매리언 심스James Marion Sims까지 거슬러 올라간다.

미국 부인과의 역사는 심스가 앨라배마주 몽고메리에서 15킬로미터쯤 떨어진 가족 농장 한 귀퉁이에 임시로 마련한 병원에서 시작되었다고 생각하는 사람들이 많다.[17] 하지만 심스는 자신의 전문 분야를 업신여겼다. "내가 세상에서 정말 싫어하는 게 있다면, 그건 여성들의 골반에 있는 기관들을 살피는 일이다." 심스의 자서전에 나오는 글이다. 그래도 그 일을 계속한 이유는 그

**　　미국 공중보건국이 1932년부터 1972년까지 앨라배마주 터스키기 지역의 흑인 남성 주민 중 매독 환자를 관찰한 연구로 환자들에게 연구 목적, 질병 정보를 전혀 알리지 않았고 치료도 하지 않았다-옮긴이.

를 필요로 했기 때문이다. 인근의 다른 노예 소유주들이 '방광질누공(샛길)'을 앓는 여성 노예들을 데리고 그를 찾아왔다. 방광질누공은 방광과 질 사이의 벽에 구멍이 생기는 병으로 분만 과정에서 외상을 입거나 난산일 때 발생할 수 있다. 이 병으로 요실금이 생기면 일하기에 '부적합한' 노예가 된다는 것이 문제였다. "노예 여성들의 건강한 자궁과 건강한 출산은 노예제의 엔진이나 마찬가지였다."[18] 네브래스카대학교 링컨에서 인종과 의학의 역사를 연구하는 역사가이자 《치유와 억압의 집, 여성병원의 탄생Medical Bondage: Race, Gender, and the Origins of American Gynecology》(2017)의 저자인 디어드러 쿠퍼 오언스Deirdre Cooper Owens의 말이다. 이런 이유로 노예 소유주들과 의사들은 여성 노예들의 생식기 건강에 신경을 썼다.

심스는 노예제의 엔진에 기름칠하는 사람이었다. 그는 이 고질병으로 고생하는 환자들을 찾아서 실험적인 수술을 시도하며 치료법을 개발하려고 노력했다. "수술 환자가 없는 날이 단 하루도 없었다." 심스의 글에 나오는 내용이다. 그의 의료 기록에 등장하는 여성 환자는 12명 남짓이다. 그러나 이름이 기록된 여성은 루시Lucy와 베치Batsy, 아나카Anarcha 단 세 명뿐이다. 그중 아나카는 열일곱 살 때 출산한 지 얼마 안 된 상태에서 처음으로 심스를 만나 치료를 받았고 그가 개발한 실험적인 수술을 30회 이상 받았다. 1849년 심스는 4년간의 실험 끝에 명주실이 아닌 은제 봉합사를 사용하고 수술 후 카테터catheter(가는 관 모양의 의료용 기구)나 스펀지로 방광에 남은 소변을 빼내는 방식으로 방광질누공을 치료하는 수술법을 마침내 '완성'했다. 이 수술법은 전 세계로 퍼져

버자이너

나갔고 지금도 널리 쓰인다.

당시 의학 전문 학술지에는 흑인 여성들의 특이성과 특수성을 강조하는 내용이 많았다. 그중에는 흑인 여성들은 음순이 길게 늘어졌다거나, 성욕이 과다하다거나, 엄청난 고통도 견디는 능력이 있다는 등의 잘못된 고정관념도 포함되어 있었다.[19] 사실과 다르다는 것이 관찰 연구로 명확히 입증된 후에도 이런 고정관념은 사라지지 않았다. 심스의 기록에도 "루시의 고통이 극에 달해서" 조수들이 수술 중에 루시의 몸을 꽉 붙잡고 있어야 했다는 내용이 있다. 한번은 소변이 질로 새어 나오도록 스펀지를 일부러 몸속에 남겨둔 채 수술 부위를 봉합하기도 했다. 나중에 심스는 "누구도 견딜 수 없을 만큼 고통스러운" 수술이었다고 사실을 인정했다. 그는 환자들이 기꺼이 수술에 동의했다고 했지만[20] 그의 말 외에는 다른 근거가 없다. 노예 여성들은 주인의 재산으로 간주되던 시대였으므로 환자가 수술에 동의할 자격은 주어지지 않았을 것이다.

심스는 오로지 혼자 힘으로 자신이 이 분야를 선도했다고 생각했다. 하지만 그가 이런 성과를 거둘 수 있었던 것은 노예제라는 미국의 거대한 제도 덕분이었다. 이 제도 아래 흑인 여성들은 자유를 누릴 자격도, 극심한 고통을 면할 자격도 없는 인간 이하의 존재였다. 그러면서도 의학적 성과를 백인 여성들에게 적용해도 되는지 먼저 확인해볼 수 있는 다른 인간으로는 여겨졌다. 아주 편리한 인지부조화였다. 노예 소유주들이 노예들에게서 노동력을 착취하듯 의사들은 과학과 탐구라는 미명 아래 이 여성들의 몸에서 자신들에게 필요한 의학적 지식을 얻었다. 심스는 그가 개발한 대표적인 의료 기구인 질확대경speculum을 백랍제 숟가락 손잡이를 사용하여 처음 만든 날을 회상하며 다음과 같이 말했다. "구부러진 숟가락 손잡이를 통해 나는 지금까지 누구도 본 적 없는 것들을 보았다. 그것으로 관찰하면 질과 방광 사이에 난 구멍이 사람 얼굴의 코만큼이나 뚜렷이 보였다."[21] 심스의 전기 작가는 그가 개발한 질확대경을 천문학의 망원경에 비유하며 자연을 이긴 과학의 승리라고 평가했다.*

심스는 미국에서 명성이 자자한 일류 부인과 의사가 되었다. 1855년에는 뉴욕에 자선기관인 여성병원Women's Hospital을 설립하고 빈곤층, 이민자 여성 수천 명을 치료했다. 그의 연구에 필요한 참가자도 이 환자들로 채워졌다. 나중에는 미국부인과학회American Gynecological Society 설립에도 힘을 보탰고 미국의학협회American Medical Association 회장도 역임했다. 뉴욕 센트럴파크에는 심스를 기리는 동상이 화강암으로 만든 기단 위에 100년 가까이 서 있었다.[22] "그의 눈부신 업적 덕분에 미국의 외과학이 전 세계에 명성을 떨쳤다." 동상의 명판에 쓰인 문구다. "과학과 인류라는 대의를 위해 헌신한 공로를 기리며." 뉴욕시는 2018년에 마침내 심스의 동상을 철거했다. 샬러츠빌에서 백인 우월주의자들의 집회가 있은 후 뉴욕시가 '혐오의 상징'이 될 만한 인물을 검토했고 결국 이 동상을

---

* 심스는 환자가 옆으로 누워서 한쪽 팔은 등 뒤로 돌리고 한쪽 무릎을 다른 쪽 무릎보다 높이 올리는 자세를 취하게 한 뒤에 검진했다. 나중에 '심스 체위'로 불리게 된 자세다.

없앤 것이다.**

심스와 달리 그가 실험한 여성들은 무명으로 남았다. 그들의 목소리는 그대로 역사 속으로 사라질 수밖에 없을까?

쿠퍼 오언스는 여러 강연과 20세기에 출간된 의학 서적들을 통해 심스를 처음 알게 되었을 때부터 그의 환자들이 궁금했다. 의학의 역사에는 제왕절개의 아버지, 내분비학의 아버지, 난소 절제술(병든 난소를 적출하는 수술)의 아버지 등 '아버지'들이 참 많은데, 희한하게 어머니들은 없다. 쿠퍼 오언스는 잊힌 사람들, 즉 심스의 수술을 견디고 그의 연구를 거든 여성 노예들의 목소리를 되살리기로 하고 당시 대규모 농장 소유주들의 거래 장부와 인구 조사 기록, 루시와 베치, 아나카가 언급된 심스의 의료 기록을 샅샅이 뒤지기 시작했다.

조각조각 모은 정보들을 종합하자 그 여성들은 심스가 미국의 현대 부인과학의 기초를 마련할 수 있었던 기반이었을 뿐 아니라 그 이상의 역할을 했다는 사실이 드러났다.

심스는 자신의 농장 한 귀퉁이에 병원을 세우고 2년이 지나도록 아무도 치료하지 못했다. 수습생으로 있던 백인 남성 두 명이 수술 보조로 일하다가 그만두자 심스는 자신이 치료했던 환자들에게 그 일을 맡겼다. 루시와 베치, 아나카는 수술하는 동안

** 쿠퍼 오언스의 말에 따르면 이제 심스는 나치 의사였던 요제프 멩겔레(Josef Mengele)와 비슷한 '광적이고 사악한 인물'로 자주 언급된다. 쿠퍼 오언스는 부인과학의 역사에서 심스가 주요 인물이 된 이유도 그의 특별함이 아닌 평범함 때문이었다고 말한다. "심스는 그 시대에 이미 구축되어 있었던 제도를 대표하는 인물일 뿐이었다."

환자의 몸을 고정시키는 법과 수술 부위를 깨끗이 닦는 법, 상처를 소독하고 처치하는 법을 배웠다. "이들이 간호사로, 수술 보조로 일했을 거라고는 누구도 생각하지 못했을 겁니다." 쿠퍼 오언스의 말이다. "하지만 이들은 전임자였던 백인 남성들이 하던 일을 똑같이 했습니다. 수술하는 동안 환자를 고정시켰고, 심스의 수술 과정을 지켜봤어요. 심스의 수습생이었습니다. 그렇게 불리지 않았을 뿐이죠."

이 세 여성이 심스와 헤어진 뒤 어떻게 되었는지 알 수 있는 기록은 없다. 하지만 쿠퍼 오언스는 농장주들의 거래 장부에 남은 기록에서 심스가 치료한 다른 노예 환자들 중 나중에 간호사, 조산사가 된 사람들이 있다는 사실을 확인했고, 그들 모두 심스 밑에서 앞서 일한 세 여성과 같은 일을 했을 것으로 추정했다. 심스에게 배운 기술을 계속 활용할 수 있었는지는 알 수 없지만 방광질누공 치료에 관해서는 당시 미국에서 가장 많이 배운 의사들보다 더 유능했을 가능성이 크다. "노예제와 노예 여성을 빼놓고는 미국 부인과학의 발전을 제대로 설명할 수 없습니다." 쿠퍼 오언스는 루시와 베치, 아나카를 부인과학의 '어머니들'로 불러야 한다고 말했다.

가드너가 실험한 여성들은 비록 노예는 아니었지만 그들 또한 그런 식의 절차에 동의할 기회가 아예 없었을 가능성이 크다. 의학계의 이런 관행을 생각하면 오늘날 연구자들이 질에서 채취한 물질을 다른 사람의 질에 옮기는 실험에 극히 신중한 태도를 보이는 이유를 짐작할 수 있다. "소름 끼치는 역사라고 생각합니다. 그런 역사가 이런 시도를 두려워하도록 만들었고요." 미첼의 말이다. 하지만 미첼은 질 미생물군 이식을 본격화할 때가 왔다고 믿는다. 질 생태계는 알려진 게 거의 없으니 여성 건강에 도움이 될 수 있도록 탐구할 것들도 많기 때문이다. "제 연구비 신청서에도 그렇게 쓰고 있어요." 미첼은 이렇게 말했다. "무슨 일이 있어도 우리는 이 분야를 더 발전시킬 겁니다."

이제는 질 미생물군을 수치심과 두려움이 아닌 경이로움과 다양성이라는 새로운 시각으로 볼 때가 되었다.

미생물 공동체여, 단결하라!

질은 별개의 행성이다. 우주에 있는 어떤 행성이 모래알 크기로 축소되어 당신의 다리 사이에 자리를 잡았다고 생각해보라. 습기 가득한 밀림과 서늘한 동굴, 그리고 현미경으로나 볼 수 있는 생명체가 바글거리는 이 생태계는 그곳에서 만들어진 점액질의 끈적한 구덩이들이 있는 경이로운 세계다. 이 생식관에는 장이나 구강과 마찬가지로 수십억 마리의 미생물이 서식한다. 이 미생물들은 서로 힘을 합쳐 질병을 퇴치하고 가장 알맞은 환경을 조성한다. 길쭉하고 얇은 막대 모양의 미생물들, 서로 오밀조밀 뭉쳐 있는 작고 둥근 공 모양의 미생물들이 그곳 생태계를 빼곡하게 채우고 있다. 이런 미생물은 섬세한 균형을 유지하며 멀리서(탐폰, 장난감, 성기) 또는 가까이에서(항문) 침범하는 적을 물리치기 위해 산성 물질도 분비한다.

　　지난 10년간 유전자 염기서열 분석 기술이 발전하고 인체에 서식하는 미생물들의 중요성이 더 많이 알려지면서 인간은 섬처럼 고립된 존재가 아니라는 사실이 명확해졌다. 우리는 39조 마리에 달하는 세균, 바이러스, 그 밖의 미생물과 밀접한 친분 관계를 유지하며 함께 살아간다.[23] 입안, 장, 심지어 뇌에도 미생물들이 서식한다. 인체에 서식하는 미생물 수는 우리 몸의 세포를 다 합친 것만큼이나 많다. "우리의 장에는 우리 은하계에 있는 별보다 많은 수의 미생물이 존재한다." 과학 저술가 에드 용Ed Yong의 《내 속엔 미생물이 너무도 많아I Contain Multitudes》(2016)에 나오는 대목이다. 눈에 보이지 않는 미생물의 세계가 인체와 협력한다는 이 새로운 관점은 우리 몸 구석구석에 예외 없이 적용된다.

　　자연을 사막, 숲, 탁 트인 툰드라로 나누듯 인체에 서식하는 모든 미생물군의 서식 환경을 분류한다면 질은 온기와 수분, 위험이 가득한 축축한 습지일 것이다. 질 분비액 1밀리리터에서 300종이 넘는 세균[24]이 최대 10억 마리까지 발견된다.[25] 질 생태계는 그중 한 무리가 장악하는 때가 많은데, 오래전부터 질의 '유익한 친구들'로 불려온 젖산균이 그 주인공이다. 젖산균은 미국 삼나무처럼 질 생태계에 다른 생물들이 번성할 수 있는 환경을 조성하는 중추 역할을 담당한다. 이 균은 치즈와 요구르트에서 발견되는 균과 생물 분류 체계상 같은 세균속이다. 평범해 보이는 이 원통 모양의 균이 당류를 젖산으로 발효시켜 질의 pH(수소 이온 지수)가 레드 와인과 비슷한 산성도(pH 3.5~4.5)로 유지되도록 만든다. 강한 산성이 원하지 않는 세균의 접근을 막는 데 도움이 된다는 의미다.

질 미생물군이 특히 중요한 이유는 모든 형태의 위협으로부터 인체를 지키는 첫 번째 방어선이기 때문이다. 우리 몸과 외부의 침략자를 구분하는 면역 체계의 확장판으로 볼 수 있다. 미생물 공동체가 모두 단결하여 인체를 지키는 방어벽이 되는 것이다. 그러나 미첼을 포함한 많은 학자는 질 미생물군을 상비군보다는, 한쪽에서는 새로운 식물이 피어나고 다른 쪽에서는 시들어가는 식물도 있는 풍성한 정원에 더 가깝다고 본다. 질은 매일, 매시간 변하며 이 동적인 특성이 효과적인 방어 기능의 바탕이 된다. 문제가 생기면 미생물이 결집하여 평형 상태를 되찾는 것으로도 이런 특성을 알 수 있다. "몸은 사물이 아니라 상황이다"[26]라는 시몬 드 보부아르Simone de Beauvoir의 글은 질 미생물을 언급하는 내용인지도 모른다.*

그러나 때에 따라 이 방어벽이 크게 무너지면 질 생태계의 구성원이 원하지 않는 존재들로 바뀌기 쉬운 상태가 된다. 정원에 잡초가 어느 정도는 있어도 괜찮지만 다른 식물이 자라지 못할 정도로 무성해지면 문제가 된다. 윤활제, 항생제, 자궁 내 장치, 호르몬의 급격한 변화, 질 세척, 생리혈, 정액 등은 질 생태계를 교란할 수 있는 잠재 요소들이다(흥미롭게도 정액은 pH가 질보다 높아서 질의 산성도를 약화한다). 이런 요소는 젖산균을 죽이고 가드네렐라

---

*   오해가 없도록 분명히 밝히면 보부아르가 정말로 질 미생물을 두고 한 말은 아니다.

바지날리스 등 원래 수가 많지 않았던 균이 급격히 증식하기 좋은 환경을 만든다.

지금까지 밝혀진 이런 사실들은 일부에 불과하다. 앞서 설명했듯 여성의 생식기를 '역겹다'고 여기는 태도와 암울한 역사, 여성 건강에 누구도 크게 신경 쓰지 않던 분위기 탓에 아직 밝혀지지 않은 것이 훨씬 많다. 예를 들어 생식관의 상부를 구성하는 좌우 나팔관과 자궁내막에도 질과 비슷하게 고유한 미생물군이 존재하고 있는지는 생식력에 관한 연구나 체외수정과 관련이 있다.[27] 우리 몸 구석구석에 고유한 미생물군이 존재한다는 사실을 생각하면 나팔관과 자궁내막도 예외가 아닐 가능성이 크다. 하지만 정확한 답은 아직이다. 학계는 여전히 논란 중이다.*

질 생태계의 슈퍼히어로로 같은 젖산균에 관한 연구도 부족한 건 마찬가지다. 젖산균이 정확히 어떤 방식으로 우리 몸을 보호하는지는 아직 모른다. 왜 누구는 쉽게 감염을 이겨내고, 누구는 반복해서 감염되는지 그 이유도 아직 모른다. "건강한 질 환경이 어떤지는 이미 알고 있습니다. 하지만 어떻게 해야 그런 환경이 되는지는 알지 못합니다. 씨앗, 토양, 비료 중 무엇이 관건인지가 중요한데, 아직 모릅니다." 미쳴의 설명이다. 미쳴과 레브사기가 추진해온 연구들은 이 의문을 풀기 위한 최초의 시도들이다.

---

* 　연구할 표본을 확보하기 어려운 문제도 있지만 여성의 생식기관은 당연히 깨끗한 무균 환경일 것이라는 추측도 연구가 부족한 요인으로 보인다.

항생제 치료의 대가

현미경으로 두 개의 배양접시 안을 들여다본다고 상상해보자. 첫 번째 접시에는 젖산균 비율이 우세한 질 미생물군을 배양했고, 두 번째 접시에는 세균성 질염 환자의 질 미생물군을 배양했다. 첫 번째 접시에 담긴 배양균을 관찰하면 곧바로 가운데가 붉은색 이고 꼭 젤리처럼 생긴 분홍빛 작은 덩어리들이 보인다. 질 내벽을 형성하는 상피세포들이다. 상피세포는 질 내벽뿐 아니라 우리 몸의 피부, 혈관, 다른 여러 기관의 바깥쪽을 둘러싸고 있는 세포다. 질에는 이 상피세포로 이루어진 내벽이 두껍고 두툼하게 형성되어 있고 매일 이 세포층이 서너 겹씩 떨어져나간다. 전형적인 질 분비물은 세균과 질 내벽의 상피세포, 점액으로 구성된다. 현미경으로 보면 분홍빛 덩어리들 주변에 양 끝이 둥그스름한 막대기 모양의 보랏빛 세포들이 여기저기 엉겨 붙어 있다. 질을 수호하는 젖산균이다.

좀더 자세히 살펴보면 막대기 생김새가 전부 똑같지는 않다. 유달리 길어서 국수 가락처럼 보이는 것이 있는가 하면, 끝이 바늘처럼 뾰족한 것도 있고, 발에 밟힌 음료수 캔처럼 납작하게 생긴 것도 있다. 유달리 길쭉한 균은 락토바실루스 크리스파투스 Lactobacillus crispatus다. "젖산균의 왕으로도 불리는 종인데, 저는 그 말에 동의하기도 하고, 동의하지 않기도 합니다."[28] 메릴랜드대학교의 미생물학·면역학 교수 자크 라벨 Jacques Ravel의 말이다. 락토바실루스 크리스파투스는 질에 침입한 세균에 치명적인 영향을 주는 젖산을 만든다. 원반처럼 납작한 젖산균은 락토바실루스 이너스Lactobacillus iners로 이 균이 만드는 젖산은 락토바실루스 크리스파투스가 만드는 젖산과 달리 병원균을 없애는 효과가 떨어지고 항생제 내성을 높인다고 추정된다. 하지만 이런 균도 질 생태계 유지에 도움이 된다. "우리는 아직 어떤 균이 질 환경에 이롭다, 혹은 다른 균보다 낫다고 말할 수 있을 정도로 많이 알지 못합니다." 라벨의 말이다.

알고 보면 상황은 더욱 복잡하다. 락토바실루스 크리스파투스만 하더라도 같은 여성의 몸에 13가지 세부 종류가 존재할 수 있다. 이 세부 종류마다 조금씩 다른 기능을 하면서 함께 움직일 가능성이 크다. 질 미생물군은 한 종류가 우세한 독재 체계처럼 보이지만 실제로는 물 밑에서 구성원 간에 무수한 상호 작용과 협력, 타협이 이루어진다고 볼 수 있다.

두 번째 접시에 담긴 배양균을 관찰하면 첫 번째 접시에서 보았던 막대 모양의 균은 보이지 않는다. 그 대신 분홍빛 덩어리들이 그보다 작고 더 둥근 균들에 덮여 있는 모습을 볼 수 있다. 그 작고 둥근 균들은 대부분 버려진 쿠키에 몰려든 개미 떼처럼 줄줄이 달라붙어 있다. 포도알처럼 뭉쳐서 다른 곳에 둥둥 떠 있는 모습도 보인다. "낮과 밤처럼 다릅니다." 라벨의 표현이다. 대부분 가드네렐라 바지날리스지만 프레보텔라 비비아Prevotella bivia 같은 균도 있다. 모두 산소가 적고 pH가 높은 알칼리성 환경에서 번성한다는 공통점이 있다. 이와 같이 산소를 싫어하는 혐기성 세균은 감염병을 일으키는 경우가 많아 예로부터 유해균으로 여겼다. 언

제든 기회만 오면 젖산균의 자리를 빼앗고 이 왕국을 장악하여 질 생태계의 균형을 무너뜨리는 균들이다.＊

    질 환경이 두 번째 배양접시와 같은 상황에 이르게 되는 원인은 무수히 많다. 라벨이 생각하는 주된 원인은 항생제다. 세균성 질염, 클라미디아 감염증chlamydial infection, 임질 또는 매독 치료에는 항생제 외에 다른 선택이 없는 경우가 많다. 하지만 항생제는 질을 보호하는 젖산균을 포함한 모든 균을 무차별적으로 없앤다. 항생제가 이런 초토화 전술을 쓰고 나면 원래 질에 소규모로 존재하던 효모 같은 미생물이 잡초처럼 무성해질 기회가 생긴다(내가 최후의 수단으로 시도한 붕산도 항생제만큼 극단적인 영향을 줄 수 있다). 항생제 치료 후 여성들이 진균류(곰팡이류)에 감염될 위험이 커진다는 사실은 여러 연구를 통해 이미 확인되었다. 실제로 항생제 치료를 받은 여성 다섯 명 중 한 명이 치료 후 효모에 감염되는 것으로 밝혀졌다. 젖산균이 돌아오더라도 보호 능력이 떨어지는 락토바실루스 이너스가 대부분이다.

    인류가 100년 가까이 항생제에 의존하여 패혈성 인두염부터 요로감염증에 이르는 각종 질병을 해결하려고 한 데는 그만한 이유가 있다. 항생제는 세균에 최초로 감염되었을 때 균을 뿌리 뽑는 효과가 매우 뛰어나다. 하지만 이제 그 대가를 치르고 있는지도 모른다. 라벨은 성병 치료 목적으로 항생제를 과용함으로써

＊   '건강한' 여성의 질 분비물에서도 이 작고 둥근 균들이 조금씩 발견된다. 이런 균에 감염된 적이 있는 여성이라면 더욱 그렇다. 흉터처럼 과거의 흔적이 계속 남는 셈이다.

공중보건에 심각한 문제가 발생했다고 생각한다. 항생제 과용으로 인체의 방어 능력이 떨어져 여성들이 한 번 감염된 균에 다시 감염되기 쉬운 상태가 되고 만 것이다.

질 생태계를 망가뜨리다

물, 식초 또는 향료를 사용하여 질 안쪽을 세척하는 질 세정도 질 생태계에 악영향을 미친다. 질은 자주 씻어주는 게 좋다는 근거 없는 믿음은 최소 19세기로 거슬러 올라간다. 당시 리디아 E. 핑컴 Lydia E. Pinkham이라는 발명가는 질에서 불쾌한 냄새가 나거나 분비물이 평소와 달라져서 고민인 여성들을 위해 '새너티브 워시Sanative Wash'라는 제품을 개발했고 이 제품은 큰 인기를 끌었다.[29] "새너티브 워시는 심각한 증상은 물론 분비물에 약간의 이상이 생긴 경우에도 큰 도움이 됩니다." 제품 하단 라벨에 적힌 문구다. "또한 탈취 효과가 있어 민망한 상황을 예방합니다." 당시에는 질에 문제가 생겨 의료기관을 찾으면 질 점막에 질산은을 바르거나 음순에 납과 수은이 함유된 로션을 바르는 게 기본적인 치료법이었으므로 여성들에게는 이 제품이 훨씬 매력적으로 다가왔을 것이다.

1920년대에는 가정용 청소용품 브랜드 리솔Lysol이 질 세정제를 출시하고 "안전하고 순한" 여성청결제라고 광고했다.[30] 리솔은 집안 구석구석을 소독하여 표면에 붙어 있는 각종 병균을 없애듯 질에 유해한 세균을 제거해주는 제품이라고 홍보했다. 피임약이 합법화되기 전이었으므로 이 제품을 피임 용도로 판매하려는 리솔의 전략이었다. 세균을 없애는 제품이기에 정자도 없앨 수 있다는 식의 논리였다.* 제품 광고에는 "당신을 매력적인 사람으로 만들어줍니다!"라든가 당신의 "섬세하고 여성스러운 매력"을 지켜준다는 문구가 등장했다. 하지만 실제로는 이 제품을 사용한 후 염증이 생기거나 사용 부위가 화끈거리는 증상을 겪은 사람이 많았고, 심지어 사망에 이른 사례도 있었다. 지금은 이 제품을 쓰는 사람이 거의 없지만[31] 미국에서는 여성 다섯 명 중 한 명이 여전히 질을 따로 세정한다.[32] 질 미생물군을 '세척'하려는 이런 시도는 질의 자연적인 보호 기능을 없애고 질 점막을 자극하여 예전보다 냄새가 더 고약해지고, 분비물도 많아지며, 새로운 감염증이 생기는 안타까운 결과로 이어질 수 있다.[33]

질 세척 못지않게 심각한 영향을 주는 관행은 이뿐만이 아니다. HIV 확산 속도를 늦출 방법을 연구하던 학자들은 남아프리카공화국에서 10대 소녀들의 HIV 감염률이 또래 소년들보다 다섯 배나 높다는 사실을 알게 되었다. 과학 저술가 올가 카잔Olga Khazan은 이런 차이가 '축복을 주는 사람들blessers'로 불리는 돈 많은 중년 남성들sugar daddies과 관련이 있다고 설명했다. 이들은 가난한 소녀들과 성인 여성들을 표적으로 삼아 선물과 경제적 지원을 대가로 성관계를 요구한다. 카잔은 미국의 잡지 《애틀랜틱The Atlantic》에 쓴 글에서 이런 남성들은 성관계 시 콘돔을 쓰지 않을 때가 많

---

* 실제 그런 효과는 없다.

고 "작아서 조임이 좋고 건조한" 질을 선호하며, 이를 위해 "여성들을 구슬려서 각종 분말과 재, 심지어 씹는 담배까지 질에 집어넣게 한다"[34]라고 했다. 모두 질의 방어 능력을 떨어뜨리는 행위다.

라벨도 미첼과 레브사기처럼 이런 몹쓸 관행들이 여성들에게 끼친 피해를 복구할 방법을 연구하는 중이다. 그러나 라벨은 한 여성의 질 미생물군을 다른 여성의 질에 이식하는 방법 대신, 역발상 전략으로 질 생태계를 건강하게 만들 수 있는 제제를 개발 중이다. 라벨이 2019년에 설립한 회사 루카 바이오로직스LUCA Biologics('LUCA'는 'Last Universal Common Ancestor'로 모든 생물의 공통 조상이라는 표현의 약어다)는 그가 지난 15년간 수집한 엄청난 양의 질 관련 데이터를 바탕으로, 젖산균과 이 균이 증식하기 좋은 환경을 만들어주는 각종 영양소, 미분자로 구성된 '살아 있는 생물 제제'를 식이보충제로 개발하고 있다. 젖산균만 포함된 질 프로바이오틱스를 섭취하는 것으로는 질에 이 균의 군집이 장기간 유지되지 않는다는 사실이 여러 연구에서 밝혀졌다. "그런 질 프로바이오틱스에는 적절한 영양소와 당이 부족하고, pH도 알맞지 않기 때문입니다." 라벨의 설명이다.

질 생태계의 문제를 해결하려고 덤비기 전에 먼저 건강한 질 미생물군의 자연적인 구성원을 파악하기 위한 기초 연구가 더 필요하다고 지적하는 의견들도 있다. 미첼도 관련 지식이 심각할 정도로 부족한 상황이라고 하면서 HIV가 생식기에서 배출될 때 질 미생물군이 어떤 영향을 주는지 처음 연구했을 당시 "어떻게 해야 질이 건강해지는지 제대로 아는 게 아무것도 없다"라는 사실을 깨달았다고 전했다.

불평등과 차별이 질 건강에 미치는 영향

2010년 라벨과 동료 연구자들은 건강한 질의 구성 요건을 정의하기 위한 연구를 시작했다. 우선 어떤 세균 군집이 '정상적'인지 파악하기 위해 증상이 없는 북아메리카 여성 약 400명의 질 미생물군을 차세대 유전자 염기서열 분석 기술을 이용하여 분석했다. 연구진은 각 참가자가 백인, 흑인, 히스패닉, 아시아인인지를 스스로 밝히도록 했고, 분석 결과를 토대로 전체 참가자의 질 미생물군 유형을 크게 다섯 가지로 나누었다.[35] 그중 네 가지 유형은 젖산균의 비율이 우세했고 나머지 한 가지는 프레보텔라 비비아, 가드네렐라 바지날리스를 비롯한 다양한 세균과 소수의 젖산균이 우호적으로 공존했다.

　　이 다섯 번째 유형은 흑인과 히스패닉 여성들에게 흔했다. 백인 여성들의 경우 참가자의 40퍼센트 이상은 락토바실루스 크리스파투스의 비율이 우세한 유형으로, 20퍼센트는 락토바실루스 이너스의 비율이 우세한 유형으로 분류되었다. 아프리카계 미국인 여성들의 경우 40퍼센트는 락토바실루스 이너스의 비율이 우세한 유형으로 분류되었다. 젖산균 비율이 매우 낮거나 아예 없는 유형도 40퍼센트였다. 흑인과 히스패닉 여성의 질이 대체로 '건강하지 않다'는 의미일까? 그렇지 않다. "표면적으로 보면 아시아 여성과 백인 여성의 질은 대부분 '건강하고', 히스패닉과 흑인 여성은 상당수가 드러나는 증상은 없어도 '건강하지 않다'라는 통설이 적용되는 듯하지만, 그런 결론에는 타당성이 없다." 라벨 연구진은 흑인과 히스패닉 여성의 건강한 질 미생물군의 특성을 이 분야의 연구자들이 아직 밝혀내지 못해 그런 통념이 생겼을 가능성이 크다고 지적했다.

모든 건 상황에 달려 있다. 한 여성에게 문제를 일으키는 균이 다른 여성에게는 건강에 아무 영향도 주지 않을 수 있다. 라벨의 연구에서 '유해균'으로 분류된 프레보텔라 비비아나 가드네렐라 바지날리스도 다른 환경에서는 해가 되지 않을 수 있다. 세균 간 협력관계가 다른 사람들과 조금 다르게 발달하더라도 결과는 같을 수 있다. 라벨은 상황에 따라 문제가 생길 수도 있다는 사실을 인정했다. 예를 들어 여성이 성관계 상대가 여럿이거나, 성교 중에 자기 몸을 알아서 보호해야 한다는 사실을 잊을 경우 감염 가능성이 커질 수 있다는 것이다. "그런 경우는 다소 문제가 되지만, 나쁘다는 의미는 아닙니다. 그저 질 건강에 최적의 환경이 아닐 수 있다는 의미죠." 라벨의 설명이다. "흑인과 히스패닉 여성의 질 미생물군은 대체로 다양성이 크며 이들에게는 이것이 일반적인 조성으로 보인다"라는 것이 라벨의 결론이다. 과자 먹는 법이 따로 정해져 있지 않듯 질 생태계도 구성이 조금 다르다고 해서 무조건 문제가 생기는 건 아니다.

미국 에머리대학교 간호대학에서 의료 취약 계층의 암과 HIV 예방 방안을 중심으로 여성 건강을 연구한 제시카 웰스Jessica

Wells 박사는 질 미생물군의 구성이 다양해도 건강에 아무런 이상이 없을 수 있다고 말했다. 그리고 다양한 구성의 질을 "건강하지 않다"라고 하는 대신 "최적은 아니다"라고 표현하게 된 것만도 발전이라고 볼 수 있다고 했다. 과거에 질 미생물군을 연구한 학자들은 젖산균이 많고 pH가 낮아야 건강한 질이라고 보았다. 그러나 이들이 연구한 사람 대부분이 백인 여성들이었고, 그 여성들의 질 환경에서 나타나는 특징이 과거 연구자들이 말한 건강한 기준과 일치하는 건 결코 우연이 아닐 것이다. 웰스는 과거 연구자들이 '건강하다'고 정의한 질 환경은 바로 백인 여성들의 질 환경이었다고 설명했다. 세균성 질염이 생기면 대부분 항생제에 의지하려 하고 감염이 오래 지속되면 붕산을 쓰는 것도 백인 여성의 질을 곧 건강한 질로 여긴 데서 나온 결과라는 말도 덧붙였다.

"사람들이 의학은 편향되지 않은 분야로 생각합니다. 그러나 시야를 넓혀서 전체를 보면 그런 생각이 틀렸다는 걸 알게 되죠."[36] 웰스의 말이다.

웰스는 질 미생물군을 인종별로 비교한 연구 논문들을 처음 접했을 때 많은 논문이 건강한 백인 여성들의 질 환경을 기준으로 삼고, 여기에서 벗어나면 전부 건강하지 않다거나 적응이 제대로 이루어지지 않았다고 평가된다는 사실을 알게 되었다. 더욱 당혹스러웠던 점은 인종마다 건강 상태가 다른 것을 사회적인 차이가 아니라 당연히 생물학적인 차이라고 여기는 태도였다. 이런 전제를 바탕으로 시작하면 인종이나 유전학적 특징과 상관없이 건강에 영향을 미치는 다른 원인은 탐구할 수도 없게 된다. 예를 들어 미국에서 유색인종 여성은 평생 백인 여성보다 스트레스 수준과 코르티솔 호르몬 수치가 높은데, 이런 사실은 고려하지 않게 된다.

미국에 사는 흑인 여성은 불임률과 조산율, 영아 사망률과 임산부 사망률이 제일 높고 임질을 비롯한 성병에 걸릴 확률도 가장 높다. 이런 건강상의 불균형은 상당 부분 소득 수준과 주거 환경의 차이, 교육 기회의 불평등, 의료 접근성의 격차와 인종차별 같은 사회적 요인과 직접적으로 관련이 있다. 2006년에는 만성 스트레스를 유발하는 원인이 인체 면역 반응도 장악해서 감염에 더 취약해진다는 연구 결과도 나왔다.[37] 세균성 질염도 감염 질환의 하나다. 인체에 염증을 증가시키는 어떤 메커니즘이 존재하면 임신 중 합병증이 발생할 위험이 높아지고 심혈관계 질환에 걸릴 위험도 커질 수 있다.

"미국에 사는 흑인 여성인 저에게는 불행히도 인종이 언제나 제일가는 관심사죠." 웰스의 말이다. "다른 과학자들은 전혀 알지 못하는 이 사회의 사각지대에 대해 저는 더 많이 알고 있어서 더욱 민감하게 반응하는지도 모릅니다."

여러 연구를 통해 흑인 여성이 세균성 질염에 걸릴 위험이 백인 여성의 두 배가 넘는다는 사실이 밝혀졌다.*[38] 중요한 건 이

---

* 단, 웰스는 이 연구에 활용한 데이터가 논란의 여지가 있다는 사실을 발견했다. 세균성 질염은 의사가 질에서 채취한 분비물을 슬라이드에 도말하여 현미경으로 검사한 후 진단을 내려야 하지만, 흑인 여성들은 암묵적인 편견 탓에 과잉 진단을 받았을 가능성이 있다.

유다. "미국에서 사는 유색인종이 세균성 질염에 걸릴 위험성이 더 큰 이유는 무엇일까요?" 미첼의 말이다. "정말로 의미심장한 질문이죠. 하지만 아직 아무도 답을 모릅니다."

웰스는 흑인의 유전적인 특성 때문이 아니라 오랜 인종 분리와 차별의 역사, 주류 의학계를 불신하게 만든 과거의 비윤리적인 실험들이 그 이유일 가능성이 가장 크다고 생각한다. 2020년에 웰스는 흑인 여성들의 질 미생물군을 다룬 연구들을 체계적으로 검토했다. 웰스는 이전까지 거의 진행된 적 없는 이 검토 결과를 정리한 논문에서 흑인 여성의 질 건강에 사회적 요인과 환경적 요인이 함께 작용할 가능성이 있다고 지적했다. "질 미생물군 구성에서 젖산균의 비율이 우세하지 않으면 미생물 균형이 깨졌다거나 건강하지 않은 걸로 간주한다."[39] 웰스의 설명이다. "그러나 본 연구로 질 미생물군은 다양한 요소에 영향을 받는다는 사실이 드러났다. 인종과 민족이 질 미생물군 구성에 어떤 영향을 주는지를 알려면 더욱 심층적인 연구가 필요하다."

"우리는 모두 같은 여성이지만 문화적인 배경과 환경, 스트레스 요인이 제각기 다릅니다. 개개인의 질 미생물군은 사회적인 요소가 반영된 결과일 수 있습니다." 웰스의 말이다.

인간의 질에 숨은 수수께끼

라벨은 수년간 여성 수천 명의 질 미생물군을 현미경으로 관찰했다. 이 여성들 대다수는 질에서 흔히 발견되는 네 가지 젖산균 중 한 가지의 비율이 우세하거나 젖산균이 전혀 발견되지 않았다. 그런데 전체의 0.5퍼센트도 안 되는 소수에서 희한한 특징이 발견되었다. 알파벳 Y 형태로 끝이 갈라진 비피도박테리움Bifidobacterium 이 질 미생물군 조성의 대부분을 차지한 유형이었다. 비피도박테리움은 보통 장에서 발견되는데, 어떻게 된 일인지 질로 유입된 것 같았다.

효모 감염 등 질에 이상이 생겨서 가렵고 따끔거릴 때 탐폰에 요구르트를 묻혀서 질에 삽입하는 민간요법을 많이 사용한다 (대표적인 여성 건강 지침서인 《우리의 몸, 우리 자신Our Bodies, Ourselves》(1970) 에 다음과 같은 설명이 나온다. "생균이 함유된 무가당 플레인 요구르트를 질에 집어넣어 …… 질 내부를 산성으로 만들어서 …… 효과를 보았다는 여성들이 있다."). 요구르트 제품 라벨을 보면 (보통 비피두스균이라 불리는) '비피도박테리움'이 함유되어 있다고 적혀 있으며 살아 있는 균이 들어 있어 장 건강에 좋다는 광고 내용도 많다. 라벨은 질 미생물군 조성에서 비피도박테리움이 우세했던 0.5퍼센트는 실제로 요구르트를 질에 사용했다가 균이 질에 정착했을 가능성이 있다고 추정했다.

사람마다 질 환경이 고유한 이유를 설명하는 가장 흥미로운 이론 중 하나는 음식에 포함된 균이 몸에 남아 군집을 이룰 수 있다는 견해다.[40] 개코원숭이, 토끼, 생쥐를 막론하고 지구상에 존재하는 동물들 중 질에 젖산균이 다량으로 서식하는 동물은 오직 인간뿐이다. 유인원도 인간과 같은 출산 과정을 겪고 질 감염이 발생할 위험이 똑같이 존재한다는 점을 생각하면 더더욱 수수께끼다. 왜 유인원의 질은 인간의 질처럼 젖산균과 공생하도록 진화하지 않았을까? "인류의 진화 과정에서 좀처럼 풀리지 않는 큰 수수께끼입니다." 라벨의 말이다.

라벨이 떠올린 이론은 이렇다. 유목생활을 하던 인류가 약 1만 년 전부터 한곳에 정착하고 땅을 일구어 농사를 짓기 시작했다. 가축을 키우고 작물도 재배했다. 이 과정에서 인체도, 생활 환경도 새롭게 변모했다. 전 세계적으로 일어난 발전 중 하나는 발효였다. 당류에 효모 같은 미생물을 첨가하면 귀중한 식량을 오래 보관할 수 있고 맛도 훨씬 좋아진다는 것을 알게 된 것이다. 치즈, 피클, 된장, 김치, 요구르트, 템페와 같은 식품을 만드는 발효의 핵심은 젖산균이었다. 사람들은 젖산균이 포함된 음식을 실컷 즐겼고 배설물을 통해 몸 밖으로 나온 균이 질로 유입되었을 가능성이 있다.

젖산균에게 질은 어떤 환경보다 따뜻하고, 습하고, 살기 좋은 곳이었을 것이다. 질로 유입된 젖산균은 질 환경을 자신들이 살기에 적합하면서 산성도가 높아 침입자들을 반기지 않는 환경으로 바꾸었다. 이 변화된 환경이 감염에 취약한 인체에 훨씬 더 유익하여 인체와 젖산균 사이에 공생관계가 발달했을 가능성이 크다. 인체에 정착한 젖산균은 시간이 흐르면서 질 환경에 더욱 알맞게 진화하여, 현미경으로 보면 치즈나 요구르트에 있는 젖산균과는 크게 다른 새로운 종류가 되었다. 전 세계 여러 문화권에서 이렇게 서로에게 유익한 협력관계가 여러 번 거듭되었을 테고,

그 결과 질 미생물군에서 우세한 비율을 차지하는 젖산균이 몇 가지로 나뉘었을 가능성이 있다.

이 식생활 이론은 굉장히 솔깃하지만 라벨은 너무 큰 의미를 부여하면 안 된다고 경고한다. "이 내용이 옳다거나 틀렸다는 사실을 증명하기가 매우 어렵습니다."

오스트레일리아 시드니공과대학교에서 클라미디아와 불임, 질 미생물군의 연관성을 연구하고 있는 미생물학자 윌라 휴스턴Willa Huston 박사는 전체의 1퍼센트도 안 되는 여성들의 질에서 요구르트에 들어 있는 균이 발견되었다면 질에 일시적으로만 존재할 가능성이 크다고 설명했다. "요구르트가 가려움증을 완화해주는 연고나 크림처럼 느껴질 수는 있지만, 그게 질 미생물군에 생긴 문제를 해결해줄 수는 없다고 생각합니다."[41] 그러나 주류 의학이 아무런 해결책도 제시하지 못할 때 무엇이든 시도해보려는 사람들 마음도 이해된다고 말했다. "사실 우려되는 방식이기는 하지만, 요구르트가 질에 해가 된다는 증거는 없습니다." 휴스턴의 설명이다. "조금이나마 위안이 된다면 그들을 어떻게 비난할 수 있을까요?"

'과학자 여러분, 그보다는 잘할 수 있지 않습니까?'

학자들은 질에 요구르트를 도포하는 방식을 아직 지지하지는 않는다. 그러나 장기적으로는 항생제(그리고 붕산) 치료가 세균성 질염에 별 소용없다는 사실은 인지하고 있다. 남아프리카공화국 케이프타운에서 생식관의 면역력과 성병을 연구한 면역학자 조 앤 패스모어Jo-Ann Passmore는 질을 보호할 수 있는 미생물군을 이식하는 방식에 희망을 걸 수는 있지만 전 세계 어디서나 이 치료법이 쓰일 수 있으려면 비용이 저렴해야 한다는 점을 강조했다. 패스모어가 가장 우려하는 문제는 전 세계 다른 어떤 지역보다 남아프리카공화국에서 전염률이 높은 HIV 감염이다. 남아프리카공화국 여성 상당수가 앓고 있는 세균성 질염은 HIV의 전염 가능성을 예측할 수 있는 강력한 지표다.[42]

미첼은 연구 범위를 확장하여 남아프리카공화국 여성들에게 다른 지역 여성들과는 구성이 조금 다른 질 미생물군을 이식하고 그 효과를 확인하는 연구를 진행 중이며, 패스모어도 힘을 보태고 있다. 이런 흐름은 이용할 수 없을 만큼 값비싼 개인 맞춤형 의료 모형에서 벗어나 대량생산이 가능한 해결책을 찾는 연구가 필요할 것임을 시사한다. 패스모어가 지적한 대로 남아프리카공화국은 소녀들이 생리대나 탐폰을 구할 형편도 안 되는 지역이 많다. "저는 가능성이 크고 엄청난 영향력을 발휘하는, 실현 가능한 해결책을 마련하는 것과 그런 해결책을 남아프리카공화국 같은 곳에서도 저렴하게 이용할 수 있는지, 그렇게 하려면 어떻게 해야 하는지는 별개의 문제라고 생각합니다."

패스모어는 질 미생물군 이식술의 대안으로 발효 식품을 연구 중이다. 시리얼에 철분, 비타민 B12와 같은 영양소를 강화하듯 가공식품에 젖산균과 다른 세균을 강화하는 것으로, 특히 남아프리카공화국 사람들이 아침 식사로 즐겨 마시는 마헤우-mahewu에 그 전략을 적용할 방안을 모색 중이다. 마헤우는 옥수수와 수수를 발효하여 만드는 전통 음료다. 패스모어는 그 밖에도 모든 가능성을 빠짐없이 고려하려고 한다. 목욕물이나 식수에도 이 치료법을 적용할 수 있기를 바란다. "어떤 대안이 나올 수 있는지 창의적으로 생각하려고 노력합니다."[43]

레브사기는 질 미생물군에 작용하는 효과적인 프로바이오틱스가 명확히 밝혀지면 여성 건강 개선에 도움이 될 다른 가능성도 열릴 수 있다고 전망했다. 질 미생물군은 사춘기에 크게 변화한다. 사춘기에는 에스트로겐이 급증하여 질 내벽이 두꺼워지는데, 내벽을 구성하는 세포에는 젖산균이 좋아하는 먹이인 글리코겐이 풍부하다. 이 시기에 질 미생물군을 이식하면 질 환경을 젖산균이 우세한 환경으로 완전히 변화시켜서 나중에 생길 수도 있는 문제들을 예방할 수 있다. 증상이 심하지 않은 세균성 질염 환자에게는 항생제 대신 질 프로바이오틱스를 제공하는 것도 방법이 될 수 있다. 질의 방어 능력이 탄탄해질수록 자궁경부암을 유발하는 성병을 비롯하여 각종 성병으로부터 인체를 보호하는 데도 도움이 된다.

분명한 것은 질 미생물군에는 새로운 해결책과 창의적인 생각이 필요하다는 점이다. 웰스는 여성의 질 미생물군을 인종별로 구분하기보다는 인종별 차이를 토대로 "앞으로 어떻게 해야 할까?"를 고민하는 연구가 더 많아지기를 바란다. 질 미생물군에 젖산균의 비율이 우세하지 않은 여성들, 정말로 모든 여성에게 적합한 치료 방법은 무엇일까? 그것이 살아 있는 질 미생물군을 이식하는 것이든, 인공적으로 생산한 젖산균을 보충제로 복용하는 것이든, 프리바이오틱스가 다량 함유된 음식을 먹는 것이든 간에 무엇이건 모두에게 더 나은 해결책을 찾아야 한다. "여성의 질에 붕산을 넣다니, 너무나 구시대적입니다." 웰스의 말이다. "과학자 여러분, 그보다는 잘할 수 있지 않습니까?"

5장

난자

**여성의 역할을 무시하면
제대로 이해할 수 없다**

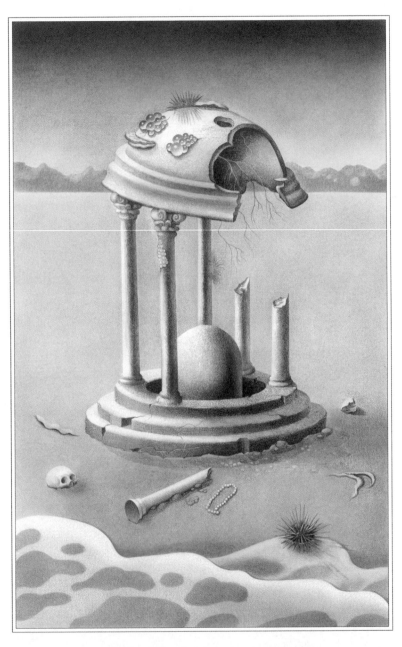

나에게 엘리자베스 테일러의 다이아몬드가 생겨도
난자와 정자가 빙빙 도는 이 움직임을 볼 때만큼 놀랍지는 않을 것 같다.

미리엄 멘킨

미리엄 멘킨은 유리 용기를 들고 발로 바닥을 툭툭 치며 수술실 밖에 서 있었다. 1944년 어느 화요일 오전 8시, 미리엄은 초조했다. 존 록John Rock 박사는 화요일 오전마다 자궁 절제술과 난소에 생긴 종양을 제거하는 수술을 했다. 보스턴 브루클린 지역의 가난한 여성들을 위한 '여성무료병원Free Hospital for Women'에서 불임클리닉을 책임지고 있는 록은 미리엄의 상사였다.* 머디강 변에 위풍당당하게 들어선 4층짜리 병원 건물은 간단히 '무료병원'으로도 불렸다. 수술실은 지하에 있었다. 운이 따라준다면 4시간 내로 록이 수술실 문을 열고 나와 환자 몸에서 막 제거한 피 묻은 난소 조직을 미리엄에게 건넬 것이다.

---

* 여성무료병원 창립자는 제임스 매리언 심스에게 영감과 지원을 받았다고 한다. 심스가 일한 뉴욕의 여성병원과 마찬가지로 이 병원도 의학 교육을 병행했고 실험 참여자는 환자들로 편리하게 확보했다.[1]

그러면 미리엄은 들고 있던 유리 용기에 록이 건넨 조직을 얼른 담을 것이다. 용기 안에는 미리엄이 생체 조직 세척을 위해 직접 만든 칼슘 용액이 채워져 있었다. 조직이 담긴 유리 용기를 들고 그대로 자신의 연구실이 있는 병원 3층까지 모든 계단을 단숨에 뛰어 올라가서 조직을 18배로 확대하면 액체가 채워진 불룩한 여러 개의 낭이 벌집처럼 형성된 난소를 관찰할 수 있었다. 낭하나하나에는 미성숙한 난자가 들어 있었다. 미리엄은 난포로 불리는 그 투명한 낭에 구멍을 뚫고 가느다란 유리 바늘로 밝은 노란빛 액체를 빨아들였다. 그런 다음 유리 접시로 옮긴 뒤 아주 작은 점처럼 보이는 것을 찾았다. 미리엄이 찾는 그 귀중한 점은 바로 성숙한 난자였다.

난자는 인체에서 가장 큰 세포지만 이 문장 끝에 찍을 마침표 정도로 매우 작아 대부분 돋보기가 있어야 볼 수 있다. 하지만 미리엄은 예외였다. 맨눈으로도 난자를 찾아내는 건 물론, 형태가 기형인지, 정상인지도 구분할 수 있었다. 수년 동안 난자를 살피면서 독학으로 익힌 기술이었다. 미리엄은 실험실에서 몇 시간씩 현미경을 들여다보며 난포를 고르고 또 골랐다. 지루하고 "섬세하면서도 좌절감을 주는 일"[2]이었지만 미리엄은 그 일을 사랑했다. "과학자의 정신과 정밀함으로 과학자답게 정해진 실험 계획을 따르는 것을 중시한 과학자였다."[3] 럿거스대학교의 역사가 마거릿 마시Margaret Marsh는 2008년 자매인 완다 로너Wanda Ronner와 함께 집필한 존 록의 전기《불임 의사: 존 록과 생식혁명 The Fertility Doctor: John Rock and the Reproductive Revolution》에서 미리엄을 이렇게 묘사했다.

미리엄이 작성한 기록에 따르면 그날 건네받은 난소는 자녀가 넷이고 서른여덟 살인 어느 기혼 여성의 것이었다. 입원 당시 진찰 소견은 "회음부 이완, 열상, 낭종, 자궁경부 약화, 자궁탈출증"이었다. 한마디로 자궁이 손상되어 골반에 걸쳐진 상태라는 의미였다. 생식기관에 문제가 생긴 대부분의 다른 여성들처럼 그 환자도 미국 최고의 불임 전문 의사로 꼽히던 록을 찾아왔다. 록은 이 환자의 자궁과 함께 우측 난소와 나팔관도 제거했다. 치료비는 무료였다. 록은 연구에 사용할 생식세포와 조직이 필요했고, 이 환자는 수술로 제거한 조직을 연구에 사용해도 좋다고 동의한 947명의 여성 중 한 명이었다. 박사는 월경 주기가 새로 시작되는 날을 기점으로 10일째 되는 날, 즉 난자가 배출되는 시기를 수술일로 잡았다.*

미리엄은 난포 중에 빛깔이 푸르스름하고 헤이즐넛만 한 크기를 골라 구멍을 뚫었다. 그리고 내부의 액체를 시계접시**로 옮겼다. 액체 안에는 구 모양의 과립막세포granulosa cell에 둘러싸인 작은 난자가 있었다. 과립막세포는 호르몬을 분비하며 연약한 난자를 외부의 충격으로부터 보호한다. 난자를 찾으면 염수용액으로 세척한 후 길쭉한 목이 달린 카렐플라스크로 옮겼다. 그런 다

---

* 동의 의사를 밝힌 여성들이 자신들의 생식기관에서 채취한 조직의 쓰임을 어디까지 알았는지는 불분명하다. 미리엄은 배아 연구도 진행했는데, 참가자들에게 배란 주기를 기록하고 수술 전날 피임 없이 성교하라고 요청했다. 참가자들에게는 과학자들이 "아기가 생기는 초기 단계를 알아내기 위한"[4] 중요한 연구이며, 궁극적으로는 불임인 사람들을 돕기 위한 일이라고 설명했다.

** 생물학 실험에 쓰이는 바닥이 볼록하고 렌즈처럼 생긴 유리 접시를 일컫는다.

음 난자를 채취한 여성의 혈청과 섞어 37.5도로 유지되는 배양기에 넣고 난자가 성숙해지도록 24시간 동안 기다렸다. 성숙해진 난자에는 극체polar body로 불리는 작은 원시세포가 생기는데, 이는 정자와 결합하여 수정란이 될 수 있는 상태가 되었음을 나타내는 지표였다.

물론 수정란이 되려면 이 공식의 나머지 절반을 차지하는 정자가 있어야 한다. 인체에서 만들어진 지 몇 시간 안 된 정자가 필요했으므로 보통 의대 남학생들에게 5달러씩 주고 '시료'를 얻었다. 미리엄은 실험이 있는 날이면 병원에서 서너 블록 떨어진 아파트로 일단 퇴근했다가 아이들이 모두 잠들면 밤중에 다시 병원으로 다급히 돌아왔다. 그렇게 수요일마다 시계접시에 새로 세척한 난자와 채취한 정자를 넣고 제발 수정이 이루어지기를 빌었다.

난자와 정자를 섞는 과정은 아무리 반복해도 질리지 않을 만큼 미리엄이 이 연구에서 가장 좋아하는 단계였다. 현미경 아래에서 정자가 꼬리를 힘차게 움직이며 옆으로 뒤집히기도 하고 경충대기도 하면서 난자가 있는 쪽으로 돌진하는 모습을 지켜보았다. 정자의 강력한 힘에 난자는 현미경 속 작은 세상에서 꼭 빙글빙글 왈츠를 추는 것 같았다. "정자 관찰이 가장 흥미로웠다. 넘치는 활기로 난자 주변을 빙빙 도는 모습을 가만히 지켜보면 어쩌면 아기가 만들어질 수도 있다는 생각에 기분이 정말 짜릿했다." 나중에 미리엄은 이렇게 회상했다. 난자와 정자를 섞는 이 단계까지 끝내면 다시 집으로 돌아가 수정되기를 빌었다.

록은 6년 전에 '난자 연구'를 수행할 기술자로 미리엄을 채용했다. 당시 불임은 과학적으로 아무것도 밝혀진 것이 없는 문제였고 이를 해결하기 위해 록이 첫 단계로 계획한 일이 바로 난자 연구였다.[5] 가톨릭 신자인 록은 레지던트 시절 보스턴 빈민가에서 가난한 여성들을 치료하면서 불임 연구에 처음 관심을 기울이게 되었다. 그 여성들의 곤경을 가까이 접하면서 그들이 겪는 고통이 다양하다는 사실을 깨달았다. 아이를 가지고 싶어도 가지지 못하는 문제도 있었지만 아이를 몇 명 낳을지 선택할 수 없는 것도 문제였다. 록이 가장 돕고 싶다고 느낀 사람들은 난소가 건강한데도 나팔관이 막혀 임신을 못 하는 여성들이었다. 그가 병원에서 만나는 불임 환자의 20퍼센트가 그런 경우였다.

록은 자궁 밖에서 배아를 만들 방법이 있다면 나팔관에 문제가 있는 여성들도 원하면 아이를 가질 수 있으리라고 생각했다. "관이 폐쇄되어 불임이 된 여성들에게 얼마나 소중한 기회가 될까!"[6] 1937년 《뉴잉글랜드의학저널New England Journal of Medicine》에 실린 사설에 이렇게 쓰기도 했다.

미리엄 역시 '불임 여성'을 돕고 싶었고 언젠가 그런 여성들을 엄마로 만들어줄 수도 있는 기술에 자신이 일조하고 있다는 사실이 자랑스러웠다. 하지만 미리엄이 가장 흥미를 느끼는 관심사는 따로 있었다. 바로 자궁 외 수정이라는 과학의 수수께끼를 푸는 일이었다. 미리엄에게 록의 난자 연구는 개인적으로 좌절된 꿈에 다시 도전하고 더 큰 과학 연구 사업에 참여할 기회였다. 은빛 머리카락에 성직자 같은 분위기를 물씬 풍기는, 위엄 있는 신사인 록에게 미리엄은 경외감을 느꼈다. 그와 알고 지낸 30년 동안 록은 한결같이 미리엄을 '멘킨 부인'이라고 불렀는데, 미리엄은 그 호칭이 정말 싫었지만 그렇게 부르지 말라고 한 번도 말하지 않았다. 그리고 자신을 소개할 일이 생기면 록 박사의 '난자 추적자'라고 자랑스레 이야기했다.

임상 의사이자 과학자인 록은 난자 연구의 실험 설계까지는 직접 했으나 기술적인 부분은 그가 할 수 있는 일이 아니었다. 다행히 그 부분은 미리엄의 전문 분야였다. "고학력 여성 연구자들은 20세기의 3분의 2가 흐르도록 의학 연구에서 기술자 혹은 비서라는 직함을 달고 없어서는 안 될 역할을 담당했다. 미리엄은 그런 여성 중 한 명이었다." 마거릿 마시와 완다 로너는 《불임 의사》에서 이렇게 설명했다. "이 여성들은 보이지 않는 곳에서 일했고, 대부분 제대로 인정받지 못했으며, 대다수가 박사 학위를 갖고 있었는데도 받아주는 일자리가 있으면 무엇이든 해야 했다. 주로 남성 연구자들의 논문을 타자기로 작성하거나 지루한 실험을 수행하는 일이었다." 미리엄의 공식 직함은 조수였지만 마시는 미리엄이 실제로 수행한 일은 오늘날로 치면 과학자의 일이었다고 했다. "미리엄은 잔심부름꾼이 아니었다."[7]

록은 매일 분만과 수술로 정신없이 바빠서 난자 연구에는 큰 관심을 기울일 수 없었다. "록 박사님이 연구실에 있었던 적은 한 번도 없다. 그분은 연구에 관해서는 아는 게 아무것도 없었다."[8] 미리엄도 이렇게 회상했다. 그래서 미리엄은 혼자 알아서 연구를 진행했다. 실험 계획을 세우고, 채취한 난자를 3회에 걸쳐 세척하는 법을 직접 고안하고, 난자와 정자가 한 번 접촉하는 시간을 15분에서 30분으로 정했다. 그러면서도 자신을 "엉성한 기술자", "세상에서 가장 썩어빠진 기술자"라고 평가했는데, 미리엄의 연구 기록을 보면 거의 완벽주의자에 가까울 만큼 꼼꼼하고 세밀한 사람이었음을 알 수 있다. 실험할 때마다 배양 방식이나 정자와 난자의 접촉 시간 간격 등 자잘한 실험 조건을 조금씩 변경하여 결과가 달라지는지 확인했지만, 어떻게 해도 변화는 없었다.

아무 성과 없이 6년이라는 세월이 흘렀다. 이 연구를 수행한다는 사실만으로 한껏 들떴던 마음도 빛을 잃기 시작했다. 그동안 미리엄이 확인한 난자만 800여 개였고 그중 138개를 정자와 섞었다. 이제는 다 포기하고 싶었다. 이렇게 일하고 시간당 1달러 25센트밖에 못 받는다는 사실에도 화가 났다.[9] 미리엄의 월급은 워싱턴 카네기연구소Carnegie Institute of Washington가 지원한 연구비에서 지불되었는데, 이 시급은 연구비가 낭비되는 걸 원하지 않았던 미리엄이 스스로 정한 액수였다. 그럼에도 불구하고 미리엄은 꾸역꾸역 연구를 이어갔다. 화요일마다 수술실 밖을 서성이며 시료가 건네지기를 기다렸고 수요일마다 난자를 정자와 섞고 수정되기를 빌었다. 그리고 금요일마다 어떤 결과가 나왔을지 떨리는 마음으로 실험실에 출근했다. 6년 동안 매주 금요일에 플라스크 속 난자를 꺼내 현미경으로 확인했지만 매번 허탕이었다. 늘 난자와 죽어버린 정자 한 무더기만 보았다.

그런데 이번 주는 무언가 달랐다.

생식세포 연구의 적임자

그 '무언가 다른' 것을 만들어낸 주인공은 생후 8개월이던 미리엄의 딸 루시 엘런 멘킨Lucy Ellen Menkin이었다. 1944년 2월의 어느 날 미리엄이 "살아 있는 표본"[10]이라고 부르던 루시의 첫 치아가 돋아났다. 그 바람에 이틀 밤을 내리 울어대서 미리엄은 하는 수 없이 육아 도우미와 함께 루시 곁을 계속 지켜야 했다. 집 근처 하버드 대학교에서 병리학자로 일하던 남편 밸리Valy는 별 도움이 되지 않았다. 평소에도 육아는 거의 다 미리엄에게 떠맡겼을 뿐 아니라 아내가 록 박사의 연구실에서 일하는 것에 여전히 짜증스러운 반응을 보였다. 그곳에 취직하기 전까지 미리엄은 자신의 무급 조수였기 때문이다. 밸리는 수요일마다 새벽 2시에 난자와 정자를 수정시켜야 한다며 실험실로 가는 것과 같이 미리엄이 이상한 시간대에 일하는 것을 특히 싫어했다. 미리엄은 그러거나 말거나 할 일을 했다. "내가 해야만 하는 일이고, 내가 유일하게 흥미를 느끼는 일이야."[11] 미리엄은 이렇게 말했다.

1944년에 미리엄은 마흔두 살이었고 두 자녀의 엄마였다. 몇 장 남지 않은 당시 사진 속 미리엄의 모습에서는 모성애와 행복이 물씬 느껴진다. 한쪽 팔을 남편의 어깨에 올리고 어린 아들 게이브리얼Gabriel을 가만히 응시하면서 평온한 미소를 짓고 있는 사진도 있다. 사진 속 미리엄은 앞가르마를 탄 짙은 색 곧은 머리에 체크무늬 재킷과 목깃이 넓은 짙은 색 셔츠 차림이다. 미리엄이 남긴 편지들에는 자신이 늘 같은 옷을 입는다는 내용이 있고 말년에도 검은색 원피스 한 벌로 생활했다. 미리엄에게는 평생 새옷을 살 만한 여유가 없었다. 수당도, 휴가도 없이 늘 근무한 시간만큼 돈을·받고 일했고 루시가 태어난 직후에는 낮에 모유를 먹이러 집으로 달려갔다가 다시 연구실로 돌아오곤 했다.[12]

미리엄이 "끝이 없다"라고 표현할 만큼 장시간 일하고 한 달에 버는 92달러는 전부 육아 도우미에게로 갔다. 그 밖에 생활비는 전부 남편이 관리했다. 밸리는 매주 식비와 생활비로 고작 35달러밖에 주지 않았다.

라트비아 체드린에 살았던 어린 시절, 미리엄의 꿈은 아버지 프리드먼Friedman 박사처럼 의사가 되는 것이었다. 미리엄이 "영락없는 시골 의사"[13]라고 불렀던 아버지는 말과 마차를 타고 찾아오는 환자들을 치료해주었고 사람들은 돈 대신 단추를 치료비로 냈다. 미리엄의 가족은 1903년에 미국으로 이주했고 아버지는 내과 전문의가 되었다. 뉴욕시에 정착할 만큼 돈을 충분히 번 아버지는 집안일을 도와줄 사람도 고용하고 딸이 안락하게 자랄 수 있는 환경을 만들었다. 미리엄은 "요리나 바느질, 그 밖에 생활에 필요한 기술" 같은 건 배울 필요가 없었다. 여덟 살 때는 조만간 과학이 당뇨병도 치료할 것이라는 아버지의 말에 넋을 잃고 귀를 기울였다. 미리엄이 태어나기 전 엄마는 사내아이를 낳았는데, 어릴 때 죽고 말았다. "나는 죽은 아들의 대체자였다. 아버지 인생에서 가장 큰 꿈은 내가 의사가 되어 아버지 일을 물려받는 것이었다." 미리엄은 이렇게 회상했다.

미리엄은 그 목표를 위해 필요한 단계를 밟아나갔다.

1922년 코넬대학교에서 조직학과 해부학을 전공하여 학위를 받았고[14] 이듬해에는 유전학 석사 학위도 취득했다. 이후에는 뉴욕에서 생물학과 물리학을 가르쳤다. 하지만 아버지의 뒤를 잇기 위해 본격적으로 뛰어들었을 때, 생전 처음으로 난관에 부딪혔다. 미국에서 가장 우수한 의과대학으로 꼽히던 코넬대학교와 컬럼비아대학교 모두 미리엄의 입학을 거부했던 것이다. 불합격의 이유는 분명 성별이었다. 1920년대에 대부분의 의과대학은 아주 드문 경우를 제외하고 원칙적으로 여성의 입학을 허락하지 않았다. 제2차 세계대전으로 지원자가 전체적으로 급격히 줄어든 1945년이 되어서야 하버드대학교 의과대학이 여성의 입학을 공식적으로 허용했다.

정확한 이유가 무엇이건 입학 거부는 미리엄에게 평생 아픔으로 남았다. 그때의 열등감은 마음속 깊이 잠재해 있다가 불운한 순간마다 고개를 들곤 했다. 의과대학에서 학위를 딸 수 있었다면 자신이 직접 연구를 주도할 수도 있었으리라는 생각을 떨치지 못했다. 미리엄은 매해 6월 신문에 실리는 의대 졸업생 명단을 보면서 자신도 그중 한 명이 될 수 있었다는 생각에 괴로워했다. 의대 진학 실패는 연구자로서의 장래에도 영향을 주었다. 상급 학위가 없으면 연구 주제를 마음대로 정할 수 없어 남의 연구를 보조할 수밖에 없었다. "나는 없는 것이나 마찬가지인 사람이다. 이 분야에서는 박사 학위가 없으면 다른 사람들 밑에서 일해야 한다."[15] 이런 말도 남겼다. "그들과는 아예 다른 부류가 된다."

의사가 될 가능성이 희박해지자 미리엄은 의대생과 결혼했다. 대학 강사나 연구실에서는 대부분 기혼자가 배제되었으므로 결혼 후에는 비서로 일하면서 남편이 의대 공부를 마칠 수 있도록 뒷바라지했다. 그사이 비서학 학사 학위도 받았다. 하지만 박사 학위를 따고 말겠다는 목표는 절대 포기하지 않았다. 1920년 말 미리엄은 하버드대학교의 2년짜리 임상 예비 과정에 겨우 들어갔고 세균학과 발생학도 수강했지만 등록금 200달러를 내지 못해 학점을 인정받지 못했다. 나중에 록은 미리엄이 하버드대학교 의과대학 역사상 최초로 학점 없이 세균학과 발생학 과정을 모두 이수했다는 사실을 알고 경탄했다.

미리엄은 남편의 하버드대학교 연구실에서 조수로 일하다가 코넬대학교에서 같은 시기에 공부했던 그레고리 '구디' 핑커스Gregory 'Goody' Pincus✱ 박사와 우연히 마주쳤다. 생물학자인 핑커스는 하버드대학교에서 자기 연구를 직접 주도하는 과학자가 되어 있었다. 미리엄이 간절히 바라던 일이었다. 핑커스는 나중에 록과 함께 최초의 피임약을 공동 개발한 인물이기도 하다. 미리엄과 하버드대학교에서 다시 만난 시기에 핑커스는 색다른 연구에 매진하고 있었다. 토끼 난자를 체외에서 수정시킨 후 암컷에게 다시 이식하여 태어난 새끼가 껑충껑충 건강하게 뛰어다니는 성체가 되도록 키우는 연구였다.[16] 그 일로 '프랑켄슈타인 과학자'라는 악명을 얻기도 한 핑커스는 연구를 도와줄 조수가 필요했다.

미리엄은 핑커스의 일자리 제안을 기쁘게 수락했다. 이후 평생 미리엄의 직업이 된 생식세포 연구에 첫발을 내디딘 순간이

✱　중간 이름이 굿윈(Goodwin)이라 친한 사람들은 '구디'라고 불렀다고 한다-옮긴이.

었다. 미리엄에게 주어진 일은 양의 뇌하수체(골밑샘)에서 분비되는 두 가지 핵심 호르몬인 난포자극호르몬과 황체형성호르몬을 추출하는 것이었다. 이 두 가지 호르몬을 혼합하여 암컷 토끼 자궁에 주입하면 더 많은 난자가 배란되는 '과배란superovulation'*을 유도할 수 있었다. 미리엄은 이 연구에 큰 흥미를 느꼈다. 한번은 핑커스에게 이런 추출물을 언젠가 불임 여성에게도 사용하여 배란을 도울 수 있다면 너무 멋지지 않겠냐고 물은 적도 있었다. 그즈음 미리엄은 아들 게이브리얼을 임신했다. 미리엄은 늘 이때의 임신이 핑커스의 실험실에서 사용한 '강력한 추출물'이 의도치 않게 자기 몸에도 유입된 바람에 일어난 일이라고 생각했다.

밸리와 결혼한 지 12년 만에 찾아온 임신은 달콤하고도 씁쓸했다. 당시 미리엄은 남편과 이혼하려고 몰래 돈을 모으고 있었는데, 아기가 생겨 이혼도 여의치 않게 되었다고 느꼈다.

핑커스의 연구는 시대를 앞서간 것이었다. 1930년대 사람들은 실험용 접시에서 생명이 창조될 수 있다는 사실이 알려지자 과학자들이 신 노릇을 하려 한다고 여겼다. 기자들은 핑커스의 성과를 기술이 초래한 디스토피아를 그린 올더스 헉슬리Aldous Huxley의 소설《멋진 신세계Brave New World》(1932)에 비유했다. 그 소설에 유전자가 조작된 아기들이 시험관에서 대량생산된다는 내용이 나온다는 이유에서였다.《콜리어스Collier's》라는 잡지에는 "여성이 혼자

---

*   현재 체외수정을 시도하는 여성들에게도 난소에서 난자가 더 많이 배란되도록 이와 비슷하게 호르몬을 활용하는 경우가 많다. 그런 과정을 '과배란 유도'라 한다.

서도 아이를 낳을 수 있고 남성은 필요 없는"[17] 세상이 오면 남성들의 가치는 '영(0)'이 될 것이라는 기사가 실렸다.《뉴욕 타임스》는 체외수정 기술로 "아무 혈연관계가 없어도 누구든 '엄마 노릇'을 하는 사람 손에서 인간의 아이가 키워지는 세상"[18]이 될 것이며, 아이 키우는 일이 "적성에 잘 맞는" 여성들은 대리모를 통해 수십 명의 자녀를 낳을 수 있게 될 거라고 전망했다.

하버드대학교는 핑커스의 연구가 큰 논란거리가 되는 것이나 핑커스의 다소 자신만만한 견해를 부담스럽게 여겼다. "핑커스는 대중의 관심을 유도한 적이 없다. 사람들이 그에게 관심을 쏟은 것뿐이다."[19] 핑커스의 전기 작가 리언 스페로프Leon Speroff는 이렇게 전했다. 1937년 핑커스의 종신 재직권 신청에 하버드대학교는 거부 의사를 밝혔다.[20] 핑커스는 곧장 영국으로 돌아갔고 일자리를 잃은 미리엄은 여러 곳에서 일했다. 새로운 매독 검사법 개발이 한창이던 보스턴주립연구소에서도 단기간 근무했다. 하지만 우리에 있는 토끼를 끌어내 매독균을 주사하는 일을 도저히 계속할 수 없어서 3주 만에 그만두었다.

록이 연구실을 개원한다는 소식에 미리엄은 반색했다. "혹시 제가 도와드릴 일이 있다면, 편하실 때 기쁜 마음으로 찾아뵙고 싶다"라고 쓴 편지와 함께 의과대학의 임상 예비 과정을 모두 마쳤다는 내용이 포함된 이력서도 보냈다. 미리엄은 록이 찾던 적임자였다. 관련 학문을 공부한 사람, 난자와 정자를 합치는 실험 기술을 보유한 사람, 록 자신에게는 없는, 세밀한 부분까지 살피고 고생스러운 작업도 마다하지 않는 인내심을 가진 사람이었다.

면접을 보러 간 미리엄은 록에게 좋은 인상을 주고 싶어서 컬럼비아대학교의 저명한 유전학자 에드먼드 B. 윌슨Edmund B. Wilson 의 세포학 수업을 들었다고 언급했지만 록은 별 반응이 없었다. 하지만 핑커스의 연구실에서 일한 경력이 결정타가 되었다. "나 는 핑커스 박사의 일을 돕긴 했으나 아주 시시한 일이었다고 말했 다." 미리엄은 나중에 이렇게 회상했다. "핑커스 박사의 토끼 난 자 실험에 필요한 난포자극호르몬과 황체형성호르몬을 뇌하수체 에서 추출하는 일이었다고 설명하다가 '과배란'이라는 말이 나왔 다. 과배란! 그 한마디로 나는 합격할 수 있었다." 미리엄은 바로 다음 주 월요일부터 사람의 난자를 찾아내는 연구를 시작했다.

미리엄의 실험이 성공을 거둔 1944년은 정치적인 상황이 급변하던 시기였다.[21] 제2차 세계대전의 소용돌이에 더 깊이 휘말 린 미국에서 과학과 기술은 전쟁에서 승리하고 독일과의 경쟁에 서 이기기 위한 핵심 수단이었다. 전후 유럽에서는 인공수정을 비 롯하여 생식 기능을 강화하는 모든 기술이 전쟁으로 한 세대 전체 를 잃은 후 인구를 회복할 방법으로 떠올랐다. 시험관에서 아기가 탄생할 가능성을 두고 올더스 헉슬리의 소설 속 디스토피아에 빗 대거나 남성은 쓸모없는 존재가 될지도 모른다고 우려하던 목소 리도 사라졌다. 사람들은 불임 여성들을 도와줄 방법이 생길 가능 성을 두려움이 아닌 희망이 담긴 시선으로 바라보기 시작했다. 한 때 《타임Time》이 "여성성에 대한 과학의 모욕"[22]이라고도 표현했 던 이 기술은 인간이 마침내 과학으로 자연을 정복했음을 보여주 는 근거로 여겨졌다.

인류 최초의 시험관 인공수정

생식학계를 완전히 뒤집어놓은 발견이 있었던 날은 수요일이었다. 미리엄은 평소와 같이 루시를 육아 도우미에게 맡기고 '브루클린의 외진 곳'에 있던 집을 나서서 병원까지 서너 블록을 걸어갔다. 간밤에 잠을 제대로 자지 못해 정신이 몽롱하고 너무 피곤하여 실수도 저질렀다. 평소에는 정자를 총 세 번 세척하는데, 그날은 한 번만 세척한 것이다. 정자와 난자를 반응시킬 때도 실수가 있었다. 난자를 향해 달려가는 정자들의 익숙한 광경을 관찰하다가 눈꺼풀이 무거워 깜박 졸고 말았다. 퍼뜩 정신을 차리고 시계를 보았을 때는 이미 1시간이 지나 있었다. 평소보다 정자와 난자의 반응 시간이 두 배나 길어졌던 것이다.

몇 년 뒤 미리엄은 특유의 자조적인 말투로 그날을 회상했다. "나는 너무 지쳐서 현미경 아래로 정자가 난자 주변을 까불대며 돌아다니는 모습을 지켜보다가 졸았다. 시간을 확인하는 것도 잊고 잠들었다가 1시간이 지난 후에야 정신을 차렸다. …… 거의 6년간 실패를 거듭한 끝에 찾아온 성공은 천재성이 발휘되었다기보다는 일하다가 깜박 조는 바람에 얻은 결과였다!"[23]

그 주 금요일, 연구실은 거의 텅 비어 있었다. 미리엄은 평소대로 오전 10시경 출근해서 배양기를 열고 플라스크를 꺼냈다. 입구 부근에 증발한 물기가 맺혀 있어서 플라스크 안쪽이 잘 보이지 않았다. 미리엄은 성냥불을 켜고 불꽃을 가까이 대서 우선 플라스크 입구의 물기를 제거했다. 그런 다음 내용물을 시계접시로 옮기고 현미경으로 들여다본 순간 숨이 턱 막혔다. 난자와 정자가 결합되어 분열 중이었다. 미리엄의 눈앞에 세계 최초로 플라스크 안에서 수정된 인간의 배아가 있었다. 미리엄은 잠시 눈을 껌뻑이다가 다시 자세히 살펴보았다. "내가 뭘 보고 있는지 깨달은 순간, 그 자리에 얼어붙어버렸다."[24] 미리엄은 고함을 질렀다. "록 박사님은 지금 어디 계시죠?!"

몸을 벌벌 떨면서 엘리베이터를 타고 아래층으로 내려가던 미리엄은 연구소 동료인 병리학자 아서 히티그Arthur Hortig 박사와 마주쳤다. 방금 무슨 일이 있었는지 말하자 허티그는 곧장 연구실로 따라와서 미리엄이 본 것이 사실임을 확인했다. 소식이 전해지자 구경 온 사람들로 연구실이 가득 찼다. "지금껏 누구도 본 적 없는, 가장 어린 인간의 아기를 보려고 모두가 달려왔다." 미리엄은 수정란이 있는 곳이 시야를 벗어나지 않는 위치에 계속 머물렀다. "나는 그 인파 속에서 이제 막 분열이 시작되어 2세포 단계가 된 그 멋진 수정란과 함께 앉아 있었다." 마침내 누군가가 보스턴의 어느 집에서 분만을 돕고 있던 록과 연락이 닿았다. "우리는 그에게 전화로 알렸다. …… 연구실에 도착한 박사님은 직접 확인한 후 얼굴이 유령처럼 창백해졌다." 미리엄은 이렇게 전했다.

미리엄은 수정란을 보존하기 위해 시계접시에 담긴 액체를 한 방울, 한 방울 제거하고 고정액으로 대체했다. 몇 시간에 걸쳐 한 손으로 샌드위치를 먹으면서 다른 쪽 손으로는 고정액을 계속 떨어뜨리며 긴 밤을 보냈다. "6년간 기다린 그 귀중한 결과가 내 눈앞에서 사라지면 어쩌나 정말 불안했습니다." 몇 년 후 한 강연에서 미리엄은 그때의 심정을 이렇게 전했다.

수정란을 다시 배양기에 넣어야 할지, 그대로 보존해야 할지, 보존한다면 어떤 방법이 좋을지를 두고 미리엄과 다른 연구자들 사이에서 논쟁이 벌어졌다. 그러느라 깜박하고 사진으로 남기지 못했다. 마침내 결정이 내려지자 미리엄은 보존에 필요한 작업을 시작하기 위해 다시 현미경 앞에 앉았다. 하지만 수정란이 보이지 않았다. 미리엄에게는 "시험관에서 일어난 최초의 유산"[25]이라는 애석한 기억으로 남았다.

몇 시간 동안 유리 피펫*으로 액체를 조금씩 뽑아내며 분열이 시작된 수정란을 찾아보려 했지만 소용없었다. 하지만 이제 방법을 알았으므로 또 만들 수 있었다. 그다음 주에 미리엄은 자궁 절제술을 받은 서른한 살 여성 환자의 난소 조직에서 난자 12개를 채취한 뒤 같은 방법으로 2세포 수정란을 얻었다. 다른 환자의 조직에서 얻은 난자로도 3세포까지 분열된 수정란 두 개를 추가로 만들었다. 이번에는 모두 잊지 않고 사진으로 남겼다. 논문에 실린 사진을 보면 난자 주변에 정자의 머리가 짙은 색 작은 핀처럼 뚜렷하게 보이고, 그중 하나가 난자를 감싸고 있는 젤리 같은 외피인 투명층 zona pellucida(투명대) 안으로 들어간 모습을 볼 수 있다. 록과 허티그는 이 사진들을 즉시 카네기연구소로 보냈다.

미리엄에게 "자부심이자 즐거움"[26]이었던 수정란의 존재가 그 사진들로 '의심의 여지 없이' 입증되었다.

---

*   '스포이트'로 더 많이 알려진 실험 도구로 소량의 액체를 옮길 때 쓰인다-옮긴이.

록과 미리엄은 연구 결과를 간략하게 정리하여《사이언스 Science》에 제출했다.[27] 두 사람의 이름이 공동 저자로 명시된 이 논문이 발표되자 몇 시간 만에 미국의 모든 통신사와 주요 신문이 일제히 소식을 전했다. 불임 치료법이 등장할 날이 머지않았다는 증거였다. 록은 배아를 4세포, 8세포로 계속 분열되도록 만들기 위한 실험을 설계했다. 그 뒤에 무슨 일이 생길지 누가 알 수 있을까? "수정된 인체 난자를 모체에 다시 이식할 수 있을지는 더 지켜봐야 하겠지만, 이제는 그런 일이 상상의 영역에만 머무르지 않게 되었다고 분명하게 말할 수 있습니다. 나팔관이 손상된 여성들에게는 그것이 유일한 희망이 될 것입니다."[28] 록은 한 기자와의 인터뷰에서 이렇게 설명했다.

인간의 생명이 처음 형성되는 초기 단계를 밝혀낸 것도 두 사람의 큰 성취였다. "록 박사의 연구는 나팔관 결함으로 아이를 낳지 못하는 수천 명의 여성에게 최초로 한 줄기 희망을 선사했다."[29]《사이언스 일러스트레이티드 Science Illustrated》1944년 9월호에 실린 내용이다. "그러나 록 박사가 거둔 가장 중요한 성공은, 이로써 인간의 생명이 처음 시작되는 과정에 관한 새롭고 방대한 연구의 문을 열었다는 것이다. 이 길이 어디로 이어질지는 누구도 알 수 없다."

미리엄은 학위는 없을지언정 생식 기능에 관한 지식을 더욱 넓혀줄 과학자로 확실하게 자리매김했다. 하지만 그때 미리엄도, 록도 전혀 예상하지 못했던 일이 일어났다. 미리엄의 남편이 실직한 것이다.[30] 미리엄과 연구를 계속하기를 바란 록은 하버드대학교 의과대학 학장을 찾아가 밸리를 해고하지 말라고 사정했지만 소용없었다. 수십 년 후 미리엄은 록의 전기를 쓰던 기자에게 당시의 심정을 전했다. "정말 너무 슬펐습니다. 엄청나게 실망스러운 일이었죠. 그렇게 열심히 일했는데, 다 포기해야 한다니……."[31] 미리엄은 연구와 점점 멀어졌다. 밸리의 새로운 직장은 노스캐롤라이나주에 있는 듀크대학교였고 그의 아내이자 그와 낳은 자식들의 어머니인 미리엄은 그를 따라가야 했다. 그곳에서 체외수정은 수치스러운 일로 여겨지는 분위기였다. 한 의사는 "체외 강간"[32]이라고 표현하기도 했다.*

미리엄을 잃은 록의 연구실에서는 누구도 체외 환경에서 수정란을 만들어내지 못했다. 그로부터 30년이 지난 1978년에 세계 최초의 시험관 아기 루이즈 브라운Louise Brown이 태어날 때까지 체외수정 실험은 이렇다 할 결실을 거두지 못했다. 미리엄은 남은 평생을 연구실로 돌아오려고 애쓰면서 살았다. "내 인생에 야망이 있다면, 다시 그 연구를 계속할 기회를 잡는 것뿐이었다."[34] 미리엄은 자신이 아내와 엄마로서는 실패한 사람이라고 말한 적이 있다. 살면서 한 가지는 제대로 이루고 싶었고, 그래서 과학에 헌신했다는 말도 덧붙였다.

---

*   여성의 질에 삽입하는 피임 기구는 '악마의 도구'로 불렸다.[33]

난자도 잔혹한 경쟁에 나선다

지금도 생물학자들은 정자에 지대한 관심을 기울인다. "정자는 체세포에서 생성되어 외부 환경인 여성의 생식관에서 주로 자유롭게 돌아다니며 일생을 보내는 유일한 세포입니다."[35] 뉴욕 시러큐스대학교에서 정자의 진화를 연구하는 생물학자 스콧 피트닉의 말이다. 정자는 발달 속도가 엄청나게 빠르며 낫과 비슷한 모양부터 머리가 세 개 달린 케르베로스* 같은 모양까지 형태가 매우 다양하다. 피트닉은 "정자만으로 어떤 동물의 정자인지 동물의 종, 속, 과, 목, 강, 문, 계까지 다 알 수 있는 경우가 많다"라고 설명했다.

현대의 생물학자들이 알지 모르겠지만 예로부터 수많은 남성 과학자가 고환에서 만들어지는 이 산물을 향한 열렬한 감정을 시적으로 표현했다. 고대 그리스의 전기 작가 디오게네스 라에르티오스Diogenes Laertius는 이렇게 묘사했다. "정자는 한 방울의 뇌다."[36]

현대 현미경을 발명한 안톤 판 레이우엔훅Antoni van Leeuwenhoek도 정자의 기능을 과대평가한 것으로 유명하다. 1677년에 이 네덜란드인은 자신의 정액 한 방울을 현미경으로 관찰한 후 정자 하나에 인간 하나가 통째로 들어 있다고 상상했다. "수컷의 정액에는 아주 작은 하나의 생물 같은 정자가 있다. 그것을 관찰할 때면 가끔 그 정자에 머리도 있고, 어깨도 있고, 엉덩이도 있지 않을까

---

*　그리스 신화에 등장하는 지옥의 문을 지키는 개로 뱀 꼬리를 가졌다-옮긴이.

상상한다." 그가 영국 왕립학회Royal Society에 쓴 글에 나오는 내용이다.** 레이우엔훅은 정자 하나하나에 아주 작은 인간이 형태가 다 갖추어지지 않은 상태로 돌돌 말려 있다가 여성의 몸 안에서만 비로소 자리를 잡고 몸을 편다고 보았다. 그리고 여성의 몸에서 난자가 만들어진다는 것은 "어리석은" 생각이며 "완전히 틀렸다"라고 못 박으며 그 개념을 단호히 거부했다.

여성의 생식세포는 이와 대조적으로 대부분 가만히 자리를 지키며 자신을 귀하게 여겨줄 왕자가 찾아오기만을 기다리는 크고 둥그스름한 처녀의 이미지로 묘사되었다. 1983년《더 사이언스The Sciences》에 실린 한 글에서는 "짝이 나타나 키스로 마법처럼 생명을 불어넣어주기만을 기다리며 잠들어 있는 신부"[37]로 그려졌다.*** 과학계 교과서에 실린 난자와 정자에 관한 내용도 다윈이 활동하던 시대의 성별 고정관념이 거의 그대로 남아 있는 경우가 많았다. 인류학자 에밀리 마틴Emily Martin은 고전 소론〈난자와 정자The Egg and the Sperm〉에서 난자와 정자를 보는 그런 시각이 "곤경에 빠진 연약한 처녀와 그녀를 구해줄 강인한 남자라는 가장 해묵은 고정관념이 오래 지속되도록 만들었다"[38]라고 했다. 더욱 나쁜 결과는 이런 고정관념이 과학의 언어에도 자연스럽게 자리를 잡았다는 점이다.

** 레이우엔훅은 자신이 관찰한 정액은 결코 "신을 모독하는 불결한 방식으로"[39] 얻은 것이 아니며 "부부간의 성교"[40]에서 채취한 것이라고 서둘러 덧붙였다. 그리고 자신의 글은 태워버려도 상관없으며 적합하다고 판단한다면 출판해달라고 요청했다.
*** 좀더 명확히 말하면 이 글은 여성의 생식세포를 향한 그런 관점을 지지하는 게 아니라 비판하는 내용이었다.

실제로는 난자도 역경을 겪는다. 잔혹한 경쟁에서 이겨야 하고 위험한 도전에 나서야 한다. 난자는 세포분열 도중에 시간이 멈춘 것처럼 분열이 정지되어 있다. 〈스타워즈〉 시리즈에서 냉동된 한 솔로처럼 그 상태로 머무르면서 다시 깨어나기를 기다린다. 사춘기가 되면 발달이 멈춘 그 상태에서 마침내 벗어나 난포 안에서 성숙할 난자가 매달 약 20개씩 '선택'된다. 그중 맨 앞자리에 있는 난자의 난포는 지름이 최대 30밀리미터까지 부풀어 오른다.[41] 1인치에 조금 못 미치는 크기다. 난소의 한쪽 측면에서 이렇게 부풀어 오른 난포에서는 호르몬이 분비되어 안에 있는 난자에 영향을 주는 동시에 다른 난포의 활성을 저해하여 위축시켜 죽게 만든다. 유일하게 살아남은 난포는 성숙 난포(흐라프 난포)라고 불리며[*] 호르몬의 작용이 극에 달할 때 이 난포가 파열되면서 난자가 밖으로 배출되는 배란이 일어난다.

배란된 난자는 난소와 난관채 사이에 매달려 있다. 나팔관 끄트머리에 손가락처럼 가느다란 여러 개의 조직으로 이루어진 난관채는 혈액이 채워지면 딱딱하게 굳는다. 난관채가 파리지옥처럼 난자를 조심스럽게 집어서 나팔관으로 끌어당기고, 나팔관의 수축과 미세한 섬모의 움직임으로 난자는 대형 콘서트장에서 빼곡하게 밀집한 군중 손에 들려 옮겨지는 사람처럼 점점 아래로 이동한다. 하지만 난자가 외부의 힘으로만 움직이는 건 아니다.

---

[*] 흐라프 난포(Graafian follicle)라는 명칭은 6장에서 소개할 네덜란드 의사 레이니르 더 흐라프(Reinier de Graaf)의 이름을 딴 것이다. 흐라프가 실제로 흐라프 난포처럼 사나웠던 건 아니다.

난자 내부에서 발생하는 힘도 목적지로 향하도록 영향을 준다.

오늘날 생물학자들은 정자가 미지의 땅을 독자적으로 탐험하는 존재가 아니며 수정이 이루어지는 전 과정에서 정자가 하는 몫은 절반이라고 본다. 난자와 정자는 상호 소통을 통해 협력하는 관계다. 둘 다 다른 한쪽 없이는 아무것도 하지 못한다. 예를 들어 여성의 체액도 중요성이 간과되는 것과 달리 여성 생식관의 연장으로 볼 수 있다. 여기서 말하는 체액이란 질, 난소, 나팔관에 채워져 있는 모든 체액을 이른다. 정자가 나팔관으로 이동하여 난자 안으로 들어갈 수 있게 되는 화학적 변화를 '정자의 수정능 획득 capacitation'이라 하는데, 여성의 체액이 이 변화를 촉진한다. 정자가 수정능을 획득하면 머리 부분을 보호하던 단백질이 제거되고 여성 생식관의 화학 물질을 감지하는 수용체가 드러나면서 난자가 있는 쪽으로 신속히 이동할 수 있게 된다.**

2020년 피트닉은 여성(암컷)의 영향으로 남성(수컷) 정자의 변화가 촉진되는 과정의 중요성을 설명한 논문을 발표했다. 그는 정자의 수정능 획득 과정은 매우 중요하며 수십 년간 과학자들이 "포유동물의 체외수정을 거듭 실패한"[42] 이유도 이 부분을 놓쳤기 때문이라고 설명했다. 피트닉은 1951년에 토끼와 쥐를 대상으로 실시된 두 건의 연구가 문제 해결의 돌파구였다고 했다. 내가 그보다 앞서 1944년에 이미 미리엄이 인간 생식세포의 체외수정에 성공한 사실을 간과한 게 아니냐고 지적하자 그는 깜짝 놀랐

**　　　정자는 여성의 도움이 없으면 아무것도 할 수 없다.

다. 피트닉은 미리엄의 논문을 한 번도 읽어본 적이 없다고 인정하며 '부끄럽다'고 했다. 나는 피트닉이 무엇을 과학계의 정론으로 알고 있었는지보다 체외수정의 역사에서 미리엄의 존재가 지워졌다는 사실이 더 많은 걸 말해준다는 생각이 들었다(이 대화를 나눈 후 나는 미리엄의 논문을 그에게 보내주었고 피트닉은 고맙다고 했다).

피트닉은 아마 당시에 미리엄은 미처 몰랐겠지만 난자 세척에 사용한 혈청이 정자의 수정능 획득을 촉진한 것으로 추정된다고 했다. "그게 아니라면 수정란은 형성될 수 없었을 겁니다."

한참을 헤매던 정자가 마침내 목적지에 이르면 방사관corona radiata(부챗살관)에 둘러싸인 난자와 맞닥뜨린다. 여러 세포가 난자를 둥글게 둘러싸고 선회하는 방사관은 형태가 왕관과 비슷하여 그런 이름이 붙여졌다. 난자는 현미경이 있어야 보일 만큼 작지만 방사관의 존재로 맨눈으로도 볼 수 있는 커다란 구가 된다. 방사관을 이룬 세포들은 극장이나 클럽에서 출입을 관리하는 경비원 같은 역할을 한다. 즉 정자가 가까이 다가오면 안으로 들일지, 쫓아낼지 선별하여 결정한다. 교과서에서는 보통 가장 빠르고 힘이 센 정자가 '승리'한다고 설명하지만 펜실베이니아대학병원 산부인과 교수 커트 반하트Kurt Barnhart는 그건 너무 단순한 설명이라고 말했다. "어떤 정자는 선택받고, 바로 옆에 있던 다른 정자는 선택되지 않는 이유를 우리는 아직 알지 못합니다."[43] 반하트의 말이다. 난자 내부로 어떤 정자가 들어갈지 결정되는 이 과정에는 난자와 정자가 똑같은 영향력을 발휘할 가능성이 크다.

방사관을 지난 정자는 난자를 감싼 젤리 같은 막인 투명층과 만난다. 미리엄은 정자가 워낙 힘차서 난자 주변을 돌다가 안으로 충분히 뚫고 들어갈 수 있다고 여겼지만 사실 정자의 힘만으로는 너무 약하다.[44] "정자 꼬리 부분에서 생기는 물리적 힘은 화학결합 하나도 끊지 못할 만큼 약하다." 마틴의 설명이다. 다행히 투명층은 아주 작은 당사슬 sugar chain에 둘러싸인 끈끈한 막이므로 정자가 이 막에 닿으면 난자 표면에 계속 붙어 있을 수 있다.

정자가 난자의 투명층에 닿으면 난자에서 놀라운 변화가 시작된다. 뒤늦게 당도한 정자들이 추가로 침투하지 못하도록 표면의 정자 수용체를 신속히 차단하고 칼슘 과립을 분비하여 말랑말랑하던 투명층을 뼈처럼 단단하게 만든다. 찾아오는 손님을 기꺼이 맞이하던 상태에서 철벽 상태로 바뀌는 것이다. 여기까지 진행되면 방사관이 분해된다. 왕관이 산산이 부서지듯 방사관이 떨어져나가면 24시간 내로 세포분열이 시작된다. 수정 후 5일이 지나면 배아는 둘러싼 투명층에서 벗어나고 이후 자궁 조직에 착상한다. 그다음에 일어나는 일들은 온통 수수께끼다. "배아가 어떻게 나팔관을 따라 이동하는지, 기존 세포들이 어떻게 태반 세포로 바뀌는지, 배아에서 뇌가 될 부분과 몸이 될 부분의 세포가 어떻게 나뉘는지 우리는 아무것도 모릅니다." 반하트의 설명이다. "정말 너무나 놀라운 과정입니다."

놀라운 사실은 더 있다. 생물학자들이 정자의 장점이라며 칭송하는 날렵함, 결단력, 강한 힘은 전부 난자의 생물학적 영향으로 생긴 결과일 가능성이 크다. 정자의 발달과 행동에 관한 설명에는 난자와 그 주변 구조가 그 모든 과정에 관여한다는 사실이 빠진 경우가 많다. "굳이 내기를 해야 한다면 저는 계속 진화하는 쪽은 정자가 아니라 여성의 생식관이라는 쪽에 걸 겁니다. 여성의 생식관은 배란과 별개로 계속 발달하고 있습니다. 남성은 그걸 따라잡으려고 안간힘을 쓰는 것이고요."[45] 피트닉의 이야기다. 질에 관한 연구도 그랬듯 여성의 역할을 무시하면 수정이라는 이 섬세한 생화학적 변화와 정자와 난자의 영향이 서로 어우러지는 과정을 제대로 이해할 수 없다.

난자와 정자의 동등한 기여

난자와 정자가 함께 만드는 환상곡에 맨 처음 반한 사람은 오스카르 헤르트비히 Oskar Hertwig였다. 19세기 후반에 활동한 이 독일인 동물학자가 관심을 가진 건 인간의 난자와 정자가 아닌, 지중해 연안을 따라 돌아다니는 보라색 성게의 생식세포였다.

생명 탄생의 가장 핵심 단계인 난자와 정자의 융합을 목격하는 일은 수 세기 동안 지속된 과학자들의 간절한 열망이었다. 하지만 암컷의 몸이 투명한 것도 아니고 침투할 수도 없다는 점이 늘 걸림돌이었다. 어떻게든 내부로 진입할 방법을 모색했지만 전부 허사였고, 수정란은 찾을 수 없었다. 생각을 발전시킬 근거가 없다보니 수정이 어떻게 이루어지는지 그 과정을 설명하기 위한 온갖 난감한 의견들이 제기되었다. 그중에는 배아가 정액과 월경혈이 혼합된 후 "고온에 익혀진" 결과물이라거나(아리스토텔레스가 처음 제시한 견해다. 그는 월경혈이 수정에 어떤 식으로든 담당하는 역할이 있을 것이며 임신하면 월경이 중단되는 것도 그런 이유 때문이라고 보았다), 암컷과 수컷 모두 성교 중에 정액을 생성한다는 의견도 있었다. 헤르트비히가 활동하던 시대에는 정자에서 발생하는 미세한 물리적 진동이 난자에 닿으면 그 자극으로 발달이 시작된다는 주장이 일반적이었다.

하지만 헤르트비히는 동의하지 않았다. 수정되는 순간을 목격할 수만 있다면 그런 바보 같은 이론들은 모두 사라질 것이라고 생각했다.

하지만 여기까지 오는 데도 수백 년이 걸렸다. 1600년대에 심장이 펌프와 같은 기능을 한다는 사실을 발견한 영국의 의사 윌리엄 하비William Harvey는 난자의 존재를 처음 주장한 인물이기도 하다. "종류를 불문하고 사람을 포함한 모든 동물은 난자에서 생겨난다." 하비의 저서《동물의 발생에 관한 논쟁Disputations Touching the Generation of Animals》(1651)에 나오는 내용이다. 이 책 표지에는 왕좌에 앉은 그리스 신 제우스의 손에 거대한 난자가 들려 있고 거기서 온갖 생물이 쏟아져나오는 모습이 담겨 있었다. 그림 속 난자에는 "모든 것은 난자에서 나온다ex ovo omnia"라는 라틴어 문구가 적혀 있었다. 하지만 이 주장을 뒷받침할 근거가 없었다.

그로부터 200년 후인 1827년 독일 쾨니히스베르크대학교의 생물학자 카를 에른스트 폰 베어Karl Ernst von Baer가 마침내 처음으로 난자를 직접 목격했다. 베어는 포유동물의 난소에서 난자가 만들어진다고 확신했고 개 해부 실험에서 자신이 본 물질이 난자일 가능성이 있다고 생각했다. "아이들이 공중에 불어서 날리는 비누 거품과 거의 흡사하게 숨결만 닿아도 형태가 바뀔 만큼 아주 섬세한 막으로 되어 있었다." 베어는 교미한 지 얼마 안 된 개를 해부하면 난포에서 막 벗어난 난자를 볼 수 있을지도 모른다고 예상했다. 기적처럼 마침 동료 한 사람이 '집에 그런 개가 있다'고 알려주었고 베어의 표현을 그대로 옮기면 "그 암컷은 희생되었다." 베어는 '아직 온기가 남아 있는 자궁'을 절개하고 난소를 집중적으로 살펴보았다.

거기에 난자가 있었다. "눈먼 사람도 부인하기 힘들 만큼 분명하게 존재했다."

베어는 이렇게 설명했다. "난소를 살펴보는데, 작고 노란 점 같은 것이 작은 낭 안에 있었다. 그런 점이 몇 개 더 발견되었고 대부분은 아주 작은 점이 한 개씩만 보였다. 정말 희한했고 대체 정체가 뭘까 궁금했다. 그 작은 낭 중 하나를 열고 칼로 조심스럽게 내용물을 집어 물이 담긴 시계접시로 옮기고 현미경으로 가져갔다. 렌즈에 눈을 댄 순간 나는 너무 놀라 벼락을 맞은 사람처럼 그 자리에 얼어붙었다. 아주 작고 형태가 매우 잘 잡힌 노란색의 동그란 난황이 보였다."[46] 그가 본 것은 달걀과 놀랍도록 비슷했다. 완벽하게 둥근 구가 아니라 살짝 눌린 형태에 후광 같은 것이 보여서 베어는 토성을 떠올렸다. 그는 자신이 본 것에 작은 알이라는 뜻으로 '난자'라는 이름을 붙였다.

하지만 난자는 수정이라는 방정식의 절반일 뿐이었다. 나머지 절반은 헤르트비히가 완성했다. 독일 헤센에서 태어난 헤르트비히는 독일 예나대학교 교수이자 자연학자(그리고 우생학자)인 에른스트 헤켈Ernst Haeckel의 제자였다. 헤르트비히와 동생 리하르트Richard는 헤켈의 설득으로 화학을 포기하고 의학 공부를 시작했고, 곧 동물이 배아에서부터 어떤 과정을 거쳐 발달하는지 연구하기로 했다. 대머리에 삼각형으로 깔끔하게 다듬은 턱수염을 기르고 성격은 까다로웠던 헤르트비히는 생명이 형성되는 초기 단계의 수수께끼를 직접 풀고 싶었다. 스물여섯 살이던 1875년 헤르트비히는 리하르트가 헤켈과 함께 지중해의 한 연구소에서 장기간 연구하기로 했다는 소식을 접했다. 의학 학위를 막 취득한 후였고 본대학교에서 조교수로 일하기로 되어 있었지만 그 소식을 듣고 곧바로 모든 계획을 취소하고 두 사람과 함께 떠나기로 결심했다.

그리고 이탈리아 나폴리만 해변에 자리한 연구소에서 헤르트비히는 진정한 사랑을 찾았다. 바로 성게였다.

학명이 '톡소뉴스테스 리비두스Toxopneustes lividus'인 성게는 헤르트비히의 연구에 안성맞춤인 동물이었다. 성장 속도가 빠르고, 개체 수가 많고, 산란도 원하는 대로 쉽게 유도할 수 있었다. 염화칼륨을 조금만 뿌려주면 수컷 성게가 뿜어내는 수백만 개의 정자가 뿌연 구름처럼 물속에 떠다녔다. 짝짓기 중인 쌍이 곳곳에 있었고 그 주변에는 난자와 정자가 물에 가득 떠 있었다. 암컷 성게 한 마리가 한 번에 뿌리는 난자만 수백만 개고 무수한 수정란이 동시다발적으로 분열하기 시작한다. 무엇보다 성게의 가장 좋은 특징은 암수 모두 몸이 투명하여 젤리 같은 몸속 깊은 곳까지 훤히 들여다볼 수 있고 그 안에서 벌어지는 마법 같은 일도 관찰할 수 있다는 점이었다. 헤르트비히가 그곳 바다에서 찾은 보라색 성게는 그의 과학 연구에 찾아온 뜻밖의 선물이었다.

가진 거라곤 현미경과 수컷 성게의 정액을 도말한 표본이 전부였지만[47] 헤르트비히는 새로운 성게가 처음 생겨나는 순간을 직접 확인하기로 했다. 1875년 어느 봄날 마침내 그는 관찰하는 데 성공했다. 현미경으로 투명한 난자를 자세히 살펴보면서 젤리 같은 주변부와 까만 점으로 뚜렷하게 구분되는 핵을 확인한 후 성게의 정액을 난자 주변에 조금 떨어뜨렸다. 그러자 그가 지켜보는 가운데 아주 작은 정자가 천천히 꼬물꼬물 난자의 표면을 향해 다가가더니 난자 위로 올라가기 시작했다. 그리고 잠시 후 정자의 핵이 '난자 안'에 나타났다. 헤르트비히는 정자의 핵이 마치 자석에 끌리듯 난자 핵을 향해 나아가는 모습을 지켜보았다. 어느 순간 핵 두 개가 하나로 합쳐졌다. 몇 분 뒤에는 난자 주변에 막이 하나 생겼고 하나로 합쳐졌던 핵은 두 개로 나뉘었다.

헤르트비히는 수정이 이루어지는 첫 순간을 최초로 목격한 사람이 되었다. 유리처럼 투명하고 젤리 같은 난자 안에서 생명이 시작되는 순간을 본 것이다. 헤르트비히의 전기 작가는 그를 "고매하고 외로운" 사람이었다고 묘사했지만 결코 잊지 못할 결합의 순간을 목격한 그때 헤르트비히는 큰 감동에 휩싸였다. 분명히 두 개였던 핵이 하나로 합쳐졌을 때는 "마치 난자 속에서 해가 완성된 것만 같았다"[48]라는 글도 남겼다.

이 사실이 알려진 후 수컷과 암컷 중 어느 한쪽이 수정을 도맡는다는 주장은 힘을 잃었다. 양쪽의 핵이 하나로 합쳐진 후에야 분열이 시작되므로 수정에는 암컷과 수컷의 핵이 반드시 전부 있어야 한다는 사실이 명확히 밝혀졌다. 현미경 기술이 발달하자 과학자들은 난자와 정자의 내용물에 주목하기 시작했다. 이 두 세포가 자손에게 물려주는 유전 물질, 나중에 염색체로 밝혀지는 꼬불꼬불한 실처럼 생긴 것의 정체를 알아내기 위한 연구가 이어졌다. 정자와 난자가 염색체를 동일한 수만큼 자손에게 물려준다는 사실을 과학계가 알아내기까지 20년의 세월이 걸렸다. 후대 과학자 중 한 사람은 헤르트비히의 첫 관찰이 "이 분야를 환하게 밝힌 한 번의 눈부신 획이었다"[49]라고 말했다.

"두 생식세포의 핵은 형태학적으로 정확히 동일하다."[50] 유전학자이자 미리엄의 스승인 에드먼드 B. 윌슨이 1895년에 쓴 글이다. "두 생식세포는 유전 물질이 자손에게 전달되는 전 과정에 동등하게 기여한다."

여성 연구자로서 기회를 찾아 나서다

1956년 미리엄은 난자 연구에 관한 이야기를 해달라는 초청을 받고 초등학생들로 꽉 찬 교실로 향했다. 미리엄은 난자와 정자가 만나는 경이로운 순간을 설명했다. "그렇게 작은 난자가 난포에서 분리된 후 상대적으로 엄청나게 넓은 몸속 공간에 뚝 떨어져도 길을 잃지 않는다는 게 정말 놀랍지 않나요?"[51] 미리엄은 아이들에게 이렇게 물었다. "아주 작은 점 하나 크기밖에 안 되는데,

어떻게 자기가 있어야 할 곳을 찾아갈 수 있을까요?" 미리엄의 인생에도 그에 못지않게 놀라운 일이 일어났다. 록과 불임 연구의 세계로 다시 돌아온 것이다. 난자가 앞으로 나아가는 추진력이 여성의 몸속에서 일어나는 경이로운 변화에서 나온다면, 미리엄이 다시 나아갈 수 있었던 건 끈질긴 인내심과 약간의 행운 덕분이었다.

미리엄은 남편이 새로운 일자리를 구하는 곳으로 주거지를 옮길 때마다 난자 연구를 계속할 기회를 찾아다녔다. 더럼에서 지낼 때는 생식 분야의 연구자들을 일일이 찾아가 연구에 쓸 만한 난소 조직을 제공해줄 수 있는지 물었다. 자신이 보유한 기술을 입증하기 위해 록에게 추천서를 부탁하기도 했다. 미리엄이 발생학 발전에 기여한 일들을 글로 정리한 미국 노스웨스턴대학교의 역사학자 세라 로드리게스Sarah Rodriguez는 "낯을 가리지 않고 사람들을 꾸준히 찾아가서 '안녕하세요, 저는 존 록과 함께 일한 사람인데요, 혹시 연구실을 좀 쓸 수 있을까요?'라고 대뜸 물어볼 수 있는 사람"이었으며 이는 "상당히 대범하거나 최소한 자신감과 열망이 있어야 가능한 일이었다"[52]라고 설명했다.

아내와 엄마 역할도 해야 하는 미리엄에게 기회는 제한적이었다. 한번은 듀크대학병원의 외과 의사 햄블런 에드윈 크로얼Hamblen Edwin Crowell 박사가 미리엄에게 불임클리닉 일자리를 제안했는데, 막상 하는 일은 박사의 저서에 들어갈 참고문헌을 정리하는 비서 업무가 주였다. 미리엄은 "추잡한 속임수"[53]였다고 회상했다. 햄블런은 남는 시간에 난자 연구를 해도 좋다고 했지만 오후 5시 이후나 주말에 하라는 소리였다. 게다가 햄블런은 그곳 병원의 다른 외과 의사들은 협조하지 않을 가능성이 크므로 괜히 귀찮게 굴다가 시간만 버리게 될 거라는 말까지 덧붙였다. 미리엄은 "저녁 5시 이후에 연구하라는 건 어이없는 소리"였다고 말했다. 돌보아야 할 어린 자녀가 둘이었고 제2차 세계대전 이후 심각해진 주택 부족 문제로 미리엄의 가족은 아직 정착할 집도 없는 상황이었다. 당시 미리엄은 록에게 쓴 편지에서 "이곳에서 난자 연구를 하게 될 가능성은 여전히 희박하다"라고 전했다.

2년 후 듀크대학교가 밸리와의 계약을 연장하지 않기로 하자 미리엄의 가족은 그의 새 일터가 된 템플대학교 의과대학이 있는 필라델피아로 가서 학교 인근의 낡은 집에서 지냈다. 미리엄은 필라델피아 란케나우연구소Lankenau Institute에서 마침내 연구 공간을 마련할 수 있었다. 1947년 4월 12일 록에게 다음과 같은 내용의 편지를 썼다. "여기서 즐겁게 일하고 있습니다." 연구비가 부족한 것이 유일한 '골칫거리'였다. 연구소는 연구 공간만 제공했을 뿐 미리엄을 유급 연구원으로 채용한 것은 아니었다. 루시를 유치원에 보내려면 시간제 일자리라도 찾아야 했다.

미리엄은 연구비 없이 그곳에서 1년 넘게 머물렀다. "자금을 확보할 방법을 여전히 못 찾고 있습니다. 연구비 신청서에 동봉할 수 있도록 논문 사본을 보내주시면 감사하겠습니다." 1948년에 록에게 보낸 편지 내용이다. 여성무료병원을 떠난 지 5년이 흐른 그때까지 실질적인 연구는 아무것도 하지 못했다.

하지만 그 기간 내내 미리엄은 멀리서나마 록과 계속해서 함께 일했다. 집안 사정과 완벽을 추구하는 성격 탓에 미리엄이 최초로 성공한 체외수정 연구를 보고서로 정리하기까지 4년이 넘게 걸렸다.[54] 미리엄은 매일 루시가 낮잠을 잘 때까지 기다렸다가 버스를 한 번 갈아타고 1시간을 가야 하는 도서관에 가서 논문을 썼다. 체외수정의 최초 성공에 관한 미리엄과 록의 연구 보고서는 1948년에야 마침내《미국산부인과학저널American Journal of Obstetrics and Gynecology》에 실렸다. 록의 강력한 주장으로 미리엄의 이름을 제1 저자로 올렸다.[55] 미리엄이 80대까지 늘 뿌듯하게 회상하던 인생 최고의 성취였다. "이런 신나는 일을 할 수 있게 해주셨으니, 록 박사님이 저에게 월급을 줄 게 아니라 제가 박사님께 돈을 드려야 한다고 늘 생각했다."[56] 미리엄은 이런 말을 한 적이 있다. "박사님과의 인연은 나에게 일어난 가장 좋은 일이었다."

그 뒤 5년여간 미리엄을 지탱해준 힘은 다시 록과 일할 수 있을 거라는 희망이었다. 하지만 그에게 돌아가려면 마지막으로 해결해야 할 일이 있었다.

'저와 다시 일하시죠'

최후의 순간은 1948년 9월 30일에 찾아왔다. 그날 밤 밸리는 아이들이 다 있는 저녁 식사 자리에서 미리엄에게 잔소리를 퍼부어 댔다.[57] 이미 여러 번 했던 말이었다. 미리엄이 자신을 죽이려 한다는 주장에 이어 아이들을 다른 곳으로 보내버리겠다는 위협도 했다. 밸리는 성질이 고약하기로 유명했고 직장에서도 걸핏하면 싸움을 벌였다. 일터에서 다툴 상대가 없으면 퇴근 후 미리엄에게 분노를 터뜨렸다. 일단 싸우기로 작정하면 아무도 막을 수 없는 눈사태 같은 힘에 사로잡힌 양 미친 듯이 폭발했다. 미리엄은 그 기세가 잠잠해질 때까지 아무 대꾸도 하지 않고 참는 게 최선임을 잘 알고 있었다.

하지만 그날 밤 미리엄은 실수를 저질렀다. 남편의 정신을 분산시키려고 그에게 뉴욕에 사는 부모님께 전화를 드리라고 했다가 자신이 시부모님과 먼저 통화했다는 사실을 들키고 말았다. 미리엄은 전부터 남편 몰래 시부모님과 연락을 주고받았고 주말만이라도 조용히 있고 싶어서 제발 밸리를 뉴욕으로 불러달라고 부탁하기도 했다. 남편이 생활비를 주지 않을 때는 어쩔 수 없이 직접 시부모님을 찾아가서 돈을 얻어왔다. 이제 밸리는 막무가내로 화를 내었다. "얘들아, 너희 엄마는 아주 더럽고 고약한 쥐새끼 같은 인간이야." 그는 고함을 질러댔다. "살인자에 거짓말쟁이다." 미리엄은 평소처럼 침묵을 지켰다. 그리고 아이들에게 말했다. "아빠가 오늘 밤 몸이 별로 안 좋으셔."

상황은 더욱 나빠졌다. 원래 그날 밸리는 저녁 식사 후에 루시를 데리고 영화관에 가서 밤 11시 넘어서까지 놀다오기로 했다. 당시 다섯 살이던 루시는 극심한 발작과 행동 문제가 있었고, 미리엄은 아이와 여러 병원을 전전하며 정신과 의사들과 상담하고 루시의 학교 선생님들과도 이야기를 나누느라 많은 시간을 보내야 했다. 그날 외출할 생각에 한껏 기대하고 있었다가 무산되자 루시는 악을 쓰고 발버둥 치며 성질을 부리기 시작했다. 계속 소리치고 비명을 지르던 루시는 울면서 외쳤다. "아빠 이 집에서 나가, 우린 아빠 필요 없어."

밸리도 싸움을 끝낼 마음이 없었다. "결정해. 아빠랑 살 거야, 엄마랑 살 거야?" 루시에게 이렇게 묻더니 아홉 살 난 아들 게이브리얼에게도 같은 질문을 던졌다.

"둘 다요." 당황한 게이브리얼은 겨우 대답했다. "지금 결정해야 해요? 생각해볼게요."

미리엄의 마음은 돌덩이가 가라앉은 듯 무거웠다. 얼마 전 여동생 에스터가 밸리와 이혼하고 아이를 한 명씩 맡아 키우라고 해서 미리엄은 안 된다고 했다. "아이들에게 너무 큰 상처가 될 것 같아서요. …… 특히 게이브리얼한테는 이혼이 큰 상처로 남을 것 같아요."[58] 미리엄이 시부모님에게 보낸 편지에 쓴 내용이다. 하지만 그날 미리엄은 아이들이 이미 고통 속에 있다는 사실을 깨달았다. 자신도 마찬가지였다. 그런 사람과 함께 사는 것은 미리엄이 글로 쓴 것처럼 "말로는 다 표현할 수가 없는 일"이었다. 이후에도 미리엄은 밸리의 학대를 상세히 써서 시부모님에게 알리고, 그래도 소용없으면 다음 조치를 취하기로 했다. "모욕과 신체 폭력을 가하겠다는 위협을 더는 참을 수 없습니다. 저를 보호할 수 있도록 도움을 청하고 법적인 조언도 구할 계획입니다." 미리엄은 이렇게 밝혔다.

그해 미리엄은 밸리와 이혼하고 루시의 양육권을 확보했다. 그리고 딸과 함께 작은 주방이 딸린 필라델피아의 작은 아파트로 거처를 옮겼다. 겨우 먹고살 정도로 궁핍한 생활이었지만 미리엄은 자유의 달콤함을 느꼈다. 틈틈이 끄적인 짤막한 시가 가끔 어딘가에 실리기도 했다. 그 시기에 쓴 미리엄의 시 중에 〈한계 Threshold〉라는 작품이 있다.

> 새로 찾아온 자유의 기쁨,
> 끔찍한 집안일에서 벗어났다!
> 이 아름다운 순간을 즐기리라……
> 이 귀중하고 드문 기회.
>
> 설거지할 그릇들이 쌓여 있지만
> 나는 신나고 자유로워!
> 열쇠를 찾을 수가 없어
> 현관에 발이 묶일지라도…….[59]

하지만 이혼에는 새로운 문제가 뒤따랐다. 결혼생활을 할 때는 남편이 일자리를 구하는 곳이 어디든 어쩔 수 없이 따라가야 했던 대신에 수입 걱정 없이 무급으로도 연구할 수 있었다. 이제는 일정한 벌이도 없는데다 장애가 있는 딸을 혼자서 키워야 하는 상황이었다. 밸리의 아내로 살 때는 육아와 연구를 병행할 기회를 찾기가 힘들었다면 이제 연구는 아예 생각조차 할 수도 없었다. 밸리의 태도도 여전했다. 생활비 대신 양육비를 주기로 했지만 루시가 잘 지내는지 매주 자신에게 보고해야 한다는 조건을 달았다.

그런데 루시 덕분에 미리엄은 보스턴으로, 록에게로 돌

아갈 수 있었다. 발작 증상과 행동 문제로 루시의 학교생활은 계속 난항을 겪었다. 1952년 미리엄은 '특수 교육이 필요한 아이들을 위한 학교'라는 컴벌랜드 학교를 알게 되었다. 보스턴에 있는 학교였는데, 학비가 학기당 무려 375달러(오늘날로 치면 학기당 약 3,800달러)에 이를 만큼 엄청나게 비쌌다. 하지만 미리엄은 절박했다. 그때는 두 아이의 양육권을 모두 미리엄이 가지고 있었으므로 여덟 살, 열한 살짜리 아이 둘을 데리고 짐을 싸서 보스턴으로 이사하고 둘 다 새 학교에 입학시켜야 했다. 암담하기 그지없는 시간이었다. 미리엄은 "늘 기분이 저조하고 우울했다." 병치레도 잦았고 항상 돈 문제로 골치가 아팠다.

미리엄의 인생은 계획대로 흐른 적이 없었다. 마흔여덟의 나이에 아이 둘을 혼자서 키워야 했는데, 1944년에 록의 연구실을 그만둔 후로는 정기적인 수입이 전혀 없었다.[60] 이런 상황에서도 미리엄은 박사 학위의 꿈을 포기하지 않았다. 보스턴으로 온 직후에 미리엄은 세포 염색법을 배울 수 있는 수업에 등록했고 아이들이 학교에 있는 시간 동안 일주일에 두 번 수업을 듣기로 했다. 그런데 수강 신청을 하려면 교수 한 명의 추천서가 필요했다. 미리엄의 스승들은 이미 다 세상을 떠난 후라 추천서를 받을 수 있는 교수는 한 명밖에 없었다. 록이었다. 록은 미리엄의 전화에 놀랐고 보스턴으로 왔다는 소식에 더더욱 깜짝 놀랐다.

연락한 이유는 따로 있었지만 미리엄은 그간의 일들을 록에게 다 털어놓았다. 가정이 어떻게 깨졌는지, 얼마나 힘들게 생계를 유지해왔는지는 물론, 연구에 복귀하고 싶은 마음이 얼마나 간절한지도 말했다. 록은 선뜻 일자리를 마련해줄 테니 채용에 필요한 연구비를 준비할 때까지 일주일만 기다려달라고 했다.

"멘킨 부인, 저와 다시 일하시죠."[61] 록의 말이었다. "이곳으로 돌아오셨으면 좋겠습니다."

생식 기술의 역사 속 주석으로 남은 이름

그사이 많은 변화가 있었다. 이제 생식 기능 연구의 목표는 출생률 증가가 아닌 산아제한으로 바뀌었다. 록은 임신클리닉을 따로 개원하고 편리한 피임법 개발을 새로운 목표로 정했다. 이 연구는 1960년에 최초로 승인된 피임약의 개발로 이어졌다.*

록이 그 목표에 점점 가까워지는 동안 미리엄은 보이지 않는 곳에서 록의 '저술 보조'로 일했다. 여성의 월경 주기가 빛 노출에 따라 안정화될 수 있는지, 운동선수가 착용하는 국부 보호대의 내부 온도가 상승하면 남성이 일시적으로 불임 상태가 되는지를 조사한 연구 논문에 공동 저자로 이름을 올렸다. 정자를 영하로 얼릴 수 있는지도 연구했다. "핵전쟁의 위협이 계속되는 한 중대한 성과가 될 수 있다"라는 판단에서 시작한 연구였다.

---

*   록과 핑커스는 경구피임약에 대한 FDA 승인을 얻기 위해 푸에르토리코에서 대규모 임상 시험을 진행했다. 그들은 가난하고 교육 수준이 낮은 여성들, 가족 수를 제한할 방법이 필요한 여성들을 모집했다. 임상 시험에 쓰인 약은 실험 단계라 극심한 부작용이 따랐지만 참가자들에게는 임신을 방지하는 약이라고만 설명했다.

하지만 체외수정 연구를 다시 할 기회는 오지 않았다. 미리엄은 그 분야에서 이루어진 발전, 특히 최초의 시험관 아기 루이즈 브라운의 탄생 관련 기사를 꾸준히 모아두었고, 계속해서 발전하는 지식을 따라잡기 위해 대학원 수업도 들었다. 1970년대에 하버드대학교 대학원생이었던 난모세포 전문가 데이비드 알베르티니 David Albertini는 매주 인간의 생식에 관한 세미나를 열 때마다 강의실 맨 뒷줄에 앉아 있던 미리엄을 기억한다. "정말 겸손한 분이었습니다."[62] 알베르티니는 미리엄을 이렇게 기억한다. "겨울이면 모직 목도리를 여러 개 하고 오셨죠. 두툼한 목도리들로 머리를 전부 감싸고요. 겉모습만 보면 밭에서 일하는 농사꾼 같았죠. 세미나 참석자 몇몇이 알아보고 록의 연구를 함께하는 기술자라고 알려줬어요. 허티그와 함께 배아를 채취했던 그 여성이라고요."

현재 체외수정 기술은 미리엄이나 록이 생각한 것보다 상상 이상으로 발전했다. 더 이상 '나팔관이 막힌 불임 여성'을 위한 유일한 해결책도 아니다. 이제 체외수정 기술은 난자 냉동과 대리모, 정자 하나를 난자에 바로 주입하는 기술과 결합하여 나팔관 문제뿐 아니라 다른 무수한 원인으로 생식 기능에 문제가 생긴 부부나 암 치료 중인 여성들, 느지막한 나이에 출산을 원하는 사람들의 고통과 고민을 해결하고 있다. 2018년까지 체외수정 기술로 태어난 아기는 800만 명을 넘어섰다.[63]

미리엄이 기반을 닦은 이 기술은 '부모'의 근본 개념을 확장했다. 1981년 미국 최초의 '시험관 아기' 엘리자베스 카 Elizabeth Carr가 세상에 태어났을 때* 보수 세력들은 이 기술에 거세게 반발했다. 미국의 체외수정 연구 분야 전체가 임신중지의 윤리성을 둘러싼 논란과 '로 대 웨이드 사건' 이후 배아 연구에 대한 연구비 지급을 유예한다는 로널드 레이건Ronald Reagan 정부의 결정으로 큰 어려움을 겪었다. 한 기자는 "젊고(35세 미만), 건강하고, 나팔관에 문제가 있고, 남편이 있는"[64] 사람 중 오늘날의 화폐 가치로 약 1만 3,000달러를 지불할 여유가 있는 사람만이 체외수정을 시도할 수 있다고 보도했다.

오늘날의 체외수정 기술은 홀로 아이를 키우려는 여성이나 동성애자 부부, 무성애자 등 그 어느 때보다 다양한 사람들에게 생물학적 출산의 기회를 제공한다. 생식 기능과 관련된 기술에도 미국의 다른 모든 의료 분야와 마찬가지로 불평등이 존재한다. "체외수정은 너무나 혁신적인 기술이지만 불평등으로 이미 깊이 분열된 사회에서는 여전히 값비싼 의료 기술이다."[65] 예일대학교의 사회학자이자 《성세포: 난자와 정자를 둘러싼 의료 시장Sex Cells: The Medical Market for Eggs and Sperm》(2011)의 저자 러네이 앨멜링Rene Almeling의 말이다. 실제로 이런 생식 기술 이용자는 대부분 백인인 기혼자, 이성애자 부부다. 미국에서 체외수정은 건강보험이 적용되지 않는 경우가 많다.

생식 기술은 우생학과 신체의 상품화는 물론, 신 노릇**을

***

* 앞에서 언급한 세계 최초의 시험관 아기 루이즈 브라운은 영국에서 태어났다-옮긴이.
** 가톨릭교는 체외수정이 혼인을 대체하고 버려지는 배아가 생겨난다는 이유로 여전히 이 기술에 반대한다.

하려는 시도가 아니냐는 의혹에서도 여전히 자유롭지 못하다. 그러나 분명한 사실은 체외수정 기술의 탄생과 1950년대에 록이 또다시 미리엄의 도움을 받아 개발에 일조한 피임약의 등장이 인간이 가진 생식 기능의 의미를 영원히 바꾸어놓았다는 것이다.

엘리자베스 카만큼 그 사실을 잘 아는 사람도 없을 것이다. 이제 마흔 살의 부모가 된 엘리자베스는 환자들을 위해 싸우는 시민운동가로 활동하고 있다. 자신을 임신했을 때 엄마 주디스는 매사추세츠주에 거주하는 스물여덟 살 교사였고 아빠 로저는 엔지니어였다. 자신의 부모님처럼 자식을 간절히 바라는 부부들에게 시험관 아기의 탄생이 어떤 의미로 다가왔을지 엘리자베스는 너무나 잘 알고 있다. 주디스는 자궁 외 임신을 세 차례 겪은 후 양쪽 나팔관을 다 잃었고 의사로부터 이제 아이를 낳을 수 없다는 이야기를 들었다. 하지만 주디스의 담당 의사였던 하워드 존스Howard Jones와 조지아나 존스Georgeanna Jones 부부는 주디스의 난자 하나와 로저의 정자를 체외에서 수정시킨 후 수정란을 주디스의 자궁에 이식하는 데 성공했다. 엘리자베스는 자신이 엄마 자궁 안에서 겨우 세포 3개였을 때부터 유명 인사가 되어 사진으로 남은 것과 한 살때 포동포동하고 볼이 발그레한 모습으로 현미경 앞에 앉아 세포 배양접시를 꼭 쥐고 있는 모습이《타임》표지를 장식하는 영광을 누린 일들을 즐겁게 상기했다.

엘리자베스는 어릴 때부터 생식 기술의 역사에 푹 빠졌다. 여섯 살 때부터는 엘리베이터에 함께 탄 사람들에게 체외수정의 원리를 재잘재잘 설명하기도 했다("배양접시에서 정자와 난자를 만나게 하고 수정되면 엄마한테 돌려줘요. 그리고 9개월이 지나면 아기가 태어나요.”). 나중에는 미국의 랜드럼 셰틀스Landrum Shettles, 영국의 패트릭 스텝토Patrick Steptoe와 로버트 에드워즈Robert Edwards, 자신을 탄생시킨 존스 부부까지 생식 분야의 주요 전문가들과 허물없이 지내는 사이가 되었다. 10대 시절에는 생식 기술 관련 학회에 자주 참석했는데, 어느 날 낯선 이름을 발견했다. 수정 초기 단계 연구를 소개한 포스터 맨 아래에 적힌 ‘미리엄 멘킨’이라는 이름이었다.

　　“주석처럼 적혀 있었어요.”⁶⁶ 낯선 이름이기도 했지만 조지아나 존스 박사를 제외하면 이 분야에서 여성은 거의 본 적이 없었기에 엘리자베스는 깜짝 놀랐다. “제 주치의인 조지아나 박사님은 진정한 선구자였습니다. 그래서 이런 최신 기술 분야에 또 다른 여성이 있다는 사실이 너무 매력적이라는 생각이 들었어요.”

　　나중에 엘리자베스는 인터넷으로 미리엄에 관해 검색해보았고 난자와 정자를 결합하기 위해 어떤 연구를 해왔는지도 알게 되었다. 미리엄의 이야기를 읽다보니 부모님이 자신을 가지기 위해 겪은 일들이 자연히 떠올랐다. 1970년대 말까지도 난자와 정자를 결합하게 만드는 가장 효과적인 방법이 무엇인지 아무도 정확히 몰랐고 실험 계획이 확립되지 않아 존스 부부의 실험에 참여한 부부 열 쌍의 체외수정도 모두 조금씩 다른 방식으로 진행되었다. 호르몬 자극 방식도 제각기 달랐다. 그중 하나라도 성공하기를 바란 것이다. “부모님은 늘 로또에 당첨된 기분이라고 말씀하세요.” 엘리자베스의 말이다. “운 좋게도 효과가 있는 정확한 조합이었으니까요.” 미리엄도 처음 체외수정에 성공한 비결을 문는 질문에 똑같이 답했다.

체외수정으로 인간 배아를 만든 여성 과학자

미리엄이 평생에 걸쳐 이룬 연구 성과를 직접 확인하고 싶다면 우
선 성범죄자는 아닌지, 중범죄로 유죄 선고를 받은 적은 없는지,
미국 시민권자인지를 묻는 서류를 작성해야 한다. 조건에 맞는
답변을 제출한 사람은 메릴랜드주 실버스프링의 나무가 울창한
교외에 136에이커 규모로 조성된 미군시설 포레스트 글렌 아넥
스Forest Glen Annex 안으로 들어갈 수 있다. 국립의료박물관National Museum
of Health and Medicine은 바로 그곳에 있다. 오팔색 창이 끼워진 브루탈
리즘brutalism 양식*의 베이지색 건물에는 다양하고 다소 섬뜩한 전
시물이 많다. 영장류 최초로 우주로 날아간 붉은털원숭이 에이
블의 뼈나 에이브러햄 링컨 대통령의 암살과 관련된 물건들, 가
령 대통령의 두개골 파편과 당시 대통령을 치료한 의사의 피 묻
은 셔츠 소매, 대통령의 뇌를 관통한 납 총알 등을 볼 수 있는 곳
이다.
　　미리엄이 연구한 역사적인 배아들은 여러 경로를 거쳐 이
군사시설로 왔다. 1930년대에 카네기연구소는 군비 경쟁에 참여

---

*　　1950년대부터 1970년대까지 널리 쓰인 건축 양식으로 노출콘크리트 건물처럼 재료
　　의 질감을 있는 그대로 드러내는 것이 특징이다–옮긴이.

했고 발생학 분과에서는 제1차 세계대전 시기부터 생명 탄생의 가장 초기 단계를 연구하기 시작했다. 유럽과의 경쟁에서 이기기 위해 인간과 영장류의 배아를 방대하게 수집했는데, 현미경 기술과 표본을 고정하는 기술이 발전하면서 카네기연구소는 점점 더 어린 배아를 확보하는 경쟁에서 우위를 차지했다.[67] 당시 이 연구를 주도한 사람들은 수정된 지 2개월이 안 된 배아에 관심이 많았다. 과학적으로 연구된 적 없는 수정 초기 배아의 발달 과정을 상세히 연구하고 미궁으로 남은 수정란의 형성 과정도 전부 밝혀내기 위해서였다.[**]

배아를 수집하려면 산부인과 의사들의 우호적인 도움이 필요했다. 당시 저명한 불임 전문가였던 존 록은 그 일에 핵심 인물이었다. 1938년 록은 동료 허티그 박사와 함께 카네기연구소의 지원으로 '배아 연구'를 시작했다. 초기 배아 수집이 목적인 이 연구에서 록의 조수였던 미리엄은 자궁 절제술이 예정된 여성들의 배란 상태를 기록으로 남겼다. 미리엄과 록, 허티그의 이 연구로 카네기연구소는 그때까지 수집된 배아 역사상 가장 초기 단계인 수정 후 17일 이내의 배아 34개를 확보할 수 있었다. 배아의 이미지는 인간의 발달 초기 단계를 보여주는 최초의 시각 자료가 되었

[**] 이 일은 의외로 큰 논란이 되지 않았다. 1940년대에는 수정되는 순간 생명이 시작된다는 생각이 보편적이지 않았다. 예를 들어 미리엄이 돌아오기 전 록의 연구를 도왔던 조교가 "실험 절차에 따라 체외에서 활성화된 인간 배아가 분열할 때 나타나는 세포 반응의 세 번째 단계"[68]라고 기록한 것을 보면 자신이 목격한 것을 인간의 생명이 시작되거나 끝나는 순간으로 생각하지 않았음을 알 수 있다.

다. 화가들은 수정란의 변화를 거의 1시간 간격으로 남겼다.

가장 흥미로운 표본은 미리엄이 참여한 또 다른 연구에서 나왔다. 정자와 난자를 체외에서 결합하는 '난자 연구'였다. 1944년에 미리엄이 체외수정에 성공하자 허티그는 그 수정란을 직접 들고 비행기에 올라 볼티모어로 가져왔고 카네기연구소는 조사와 분류 작업을 거쳐 표본 번호 8260번과 8500.1번으로 보존했다. 수정 후 겨우 8, 9일이 지났을 때 냉동된 그 수정란은 미리엄의 성취인 동시에 카네기연구소가 보유한 가장 초기 배아가 되었다.

8260번과 8500.1번의 이 표본은 국립의료박물관 건물 바로 건너편 나지막한 크림색 창고 건물에 보관되어 있다. 그곳에는 이동식 흰색 철제 선반에 구운석고로 제작된 1920년대 배아 모형과 유리병에 보존된 인체 뇌 슬라이스도 함께 보관되어 있다. 전시된 표본에는 대부분 '밀러 난자', '록–허티그 난자' 등 표본을 처음 확보한 사람의 이름이 붙어 있었다.[69] 그러나 미리엄의 표본에는 '대리인의 난자 1'이라고만 적혀 있었고 공식 목록에도 미리엄의 이름은 없었다. 설명도 "록 박사가 카네기연구소에 제공한 난자의 박편"으로 되어 있었고 기증자 이름도 록이었다.

"연구소가 이 표본만큼은 아주 초창기일 때 확보한 것이군요."[70] 발달해부학 소장품 관리자 엘리자베스 로킷 Elizabeth Lockett은 나무 상자에 담긴 유리 슬라이드를 꺼내 현미경으로 가져가면서 말했다.

로킷은 렌즈에 눈을 대고 슬라이드의 위치를 이리저리 조정했다. "도말한 게 대체 어디 있을까요?" 윙 하는 기계 돌아가는 소리와 함께 로킷은 현미경을 4배율로 맞추었다가 다시 10배율로 조정했다. 로킷이 사용하는 기구에 비해 너무 오래된 표본이었다. 세포 고정에 쓰인 액체는 세월의 힘으로 누렇게 변했고 라벨도 갈색으로 물들어 벗겨지고 있었다. 마침내 분홍빛 둥근 덩어리가 시야에 들어왔다. 2세포 단계의 수정란이었다. 달걀 프라이 두 개가 나란히 붙어 있는 듯한 모습이었다. 투명층 안쪽에 눌린 채 분열 중이던 상태 그대로 분홍색과 보라색으로 염색되어 있었다. 이제는 '카네기 1단계'로도 불리는 수정란의 가장 첫 단계다. 표본은 상태가 좋지 않았다. 슬라이드 유리에 찌꺼기가 붙어 있고 색도 조금 흐릿했다. 세포 안쪽은 도수가 안 맞는 안경을 쓰고 본 사물처럼 뿌옇고 흐릿했다.

하지만 1944년에 이 슬라이드는 과학이 이룩한 새로운 쾌거였다. 이 표본을 처음 본 카네기연구소에서 일하던 유수의 학자들은 너무 놀라고 기뻐서 숨이 턱 막히는 기분이었다. "정말 기쁜 일입니다. 어서 박편을 보고 싶군요." 수정란이 만들어진 후 미리엄이 사진과 함께 배아에 관한 상세한 설명을 작성하여 카네기연구소의 한 과학자에게 보내자 그는 1944년 7월 12일에 록에게 쓴 서신에서 이렇게 말했다. 그 표본은 록과 허티그가 맨 처음 구상한 연구의 성과였지만 체외에서 수정란을 만들어낸 장본인은 그 업적을 거의 인정받지 못했다. 똑똑하고 결연한 그 연구자의 이름은 미리엄 멘킨이었다.

6장

난소

지도를 처음부터 다시 그리다

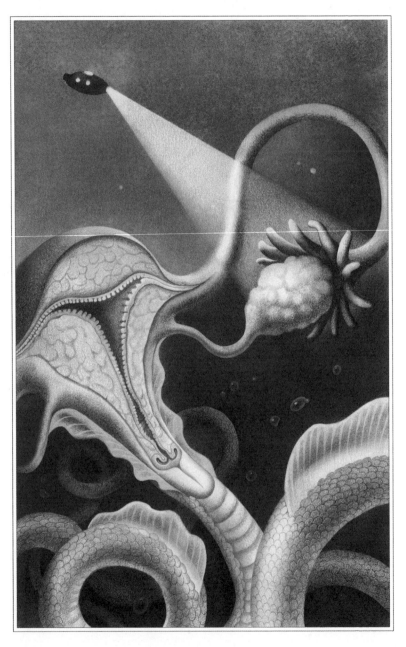

볼 수 없어서 알 수 없지만
들려온다, 어렴풋이,
바다의 두 파도 사이 고요 속에서.

T. S. 엘리엇의 시 〈리틀 기딩Little Gidding〉 중에서

조너선 틸리Jonathan Tilly는 원래 난소를 새로 만들 계획이 없었다. 난소의 노화, 즉 난소의 기능이 어떻게 중단되는지 알고 싶었을 뿐이다. 2000년대 초, 틸리는 보스턴의 매사추세츠종합병원에 새로 생긴 여성건강센터의 전도유망한 생식 분야 과학자였다. 그곳에서 하버드대학교 연구진과 합동으로 생식세포가 난소에서 어떻게 사멸하는지를 연구했다.

　그가 알기로 난소는 인체에서 가장 힘든 일을 하는 장기였다. 발달 초기에는 방울토마토 두 개 정도로 작고 부드러운 분홍색 조직이었다가 사춘기가 되어 호르몬이 급증하면 난소 안에 휴면 상태로 있던 난자들이 깨어난다. 그때부터 난소는 금귤 두 개 정도만큼 커지고 대기 중인 난자, 성장 중인 난자, 배출 직전의 난자, 죽어가는 난자까지 모든 단계의 난자를 다루는 공장이 되어 쉼 없이 일한다. 난자 하나가 배출될 때마다 그 난자가 있던 자리를 치유하고 새로운 상처를 안고서 처음부터 다시 시작한다. 난소도 심장처럼 시간이 갈수록 점점 강해진다.

완경기가 되면 이 활기찬 활동은 대부분 중단된다. 그래서 틸리는 아몬드처럼 생긴 분비샘 두 개로 이루어진 이 기관이 여성의 전반적인 건강을 파악할 수 있는 창 역할을 하거나 탄광의 카나리아처럼 여성의 노화를 알려준다고 생각한다. "우리는 왜 늙을까요?"[1] 틸리는 이런 질문을 던진다. "여성의 노화는 난소와 밀접한 관련이 있습니다. 인체의 다른 조직 대부분과 달리, 난소의 노화는 다른 곳보다 훨씬 일찍 시작됩니다."

난소의 노화 과정을 밝혀내면 노화 속도를 늦출 열쇠를 찾을 수 있을지도 모른다. 난소의 수명을 연장할 수 있게 된다면 암으로 방사선 치료를 받거나 난소가 망가질 수 있는 다른 치료를 받아도 더 건강하게 살 수 있을 것이다. 그렇게 되면 골다공증, 심장 질환, 치매 등 완경과 관련된 몇 가지 문제도 해결될 가능성이 있다. 틸리의 연구실은 난소의 노화 과정을 알아내기 위해 난소의 기능 단위인 난포와 난소의 기능이 최종적으로 끝을 맞이하게 만드는 요인을 찾는 연구에 주력했다. 틸리는 난자가 평생에 걸쳐 성숙하고 사멸하는 과정이 무작위로 일어나지 않는다는 사실을 발견했다.[2] 즉 난자의 사멸은 유전학적으로 사전에 예정되어 있으며 난포마다 파괴 계획이 명시된 유전학적 청사진이 있다.[3]

"우리 연구실 전체가 그 사실에 큰 충격을 받았습니다." 틸리의 말이다.

틸리는 예정된 그 사멸 프로그램을 조작할 수 있다면 난자가 더 오래 살아남도록, 즉 난소의 기능이 조금 약화되더라도 더 오래 유지시킴으로써 노화 과정을 늦출 수 있으리라고 생각했다.

　　그런데 막상 실험에 돌입하자 예상하지 못한 결과가 나오기 시작했다. 박사 후 연구원인 도모코 가네코 다루이Tomoko Kaneko-Tarui 박사는 항암제 치료(항암 화학 요법)에 쓰이는 약물을 암컷 생쥐에 투여하여 난자를 사멸시킨 후 난소를 관찰했다. 그런데 약물 투여 후 급감했던 난자 수가 어느 순간 다시 늘어나기 시작했다. 있을 수 없는 일이었다. 가네코 다루이는 다른 박사 후 연구원인 조슈아 존슨Joshua Johnson 박사와 실험을 다시 했지만 결과는 똑같았다. 두 사람은 혹시 기술적인 실수가 있었던 건 아닌지 실험실 동료들과 함께 검토했다. "하지만 도무지 이해가 안 가는 그 결과가 계속 나왔습니다." 틸리의 말이다.

　　틸리는 난소를 모래시계라고 한다면 난포 하나하나는 모래알과 같다고 생각했다. 난포는 우리가 태어나기도 전부터 죽음을 향해 계속해서 졸졸 흘러내리기 시작한다.[4] 임신 20주 차가 되면 자궁 안의 태아는 움직임이 활발해지고 밖으로 나갈 준비를 시작하는데, 이때 태아의 난소에는 평생 중 가장 많은 600만 개에서 700만 개의 난자가 존재한다.* 그중 4분의 3 이상이 출생 전에 사멸하고 출생 후에는 사춘기 전까지 해마다 12만 개 이상이 사라져서 초경이 시작되는 시점에는 30만 개에서 40만 개가 남는다. 여

＊　　그러므로 엄마는 임신 기간 중 이 무렵부터는 배 속의 딸과 함께 손주가 될 수 있는 난자도 함께 품게 된다. 3세대가 한 몸에 존재하는 것이다.

성 대다수가 45세에서 55세에 난자가 완전히 고갈되어 난소의 기능이 중단되고 난자에 꼭 필요한 호르몬도 대부분 함께 사라진다. 모래시계의 모래가 아래로 다 떨어지는 것, 그것이 완경이다.

틸리의 연구진은 특정 기간에 사멸하는 난자 수를 세어보고 난소에 남아 있는 난자 수와 비교하여 사멸률을 조사해보기로 했다. 난소의 회계사가 되어 계산한 결과 난소가 사멸하는 속도와 난소의 기능이 중단되는 시점이 들어맞지 않았다. 성체 생쥐를 대상으로 한 연구에서 난자는 단 며칠 만에 전체 난모세포의 3분의 1이 사라지는 속도로 계속 사멸하는 것으로 나타났다.[5] 이 속도를 인체에 적용하여 추산하면 25세에서 30세에 난자가 전부 사라진다는 의미가 된다. 연구진은 6개월간 실험 방법을 바꾸어가면서 무엇이 잘못되었는지 찾아내려고 했지만 결과는 마찬가지였다.

"수치로 나온 결과는 반박할 수가 없습니다." 틸리의 설명이다. "사라진 난포가 마술이라도 부린 듯 다시 나타날 리도 없고요. 새 난포가 나타나는 방법은, 새로 만들어지는 것밖에 없습니다." 누군가 모래시계 뚜껑을 열고 모래를 추가한다는 의미였다. 틸리는 난포를 새로 만드는 것이 줄기세포라고 직감했다. 과학자들이 골수와 혈관, 고환에서 발견한 다능성세포인 줄기세포는 골세포나 정자처럼 분화가 끝난 세포를 새로 만들 수 있다. 그렇다면 난소에서 줄기세포가 새로운 생식세포, 즉 난자를 만든다는 뜻일까?

틸리는 문헌을 뒤지기 시작했고, 인체와 같이 난소에서 난자가 점진적으로 퇴화하는 시스템이 모든 동물에 있는 건 아니라는 사실을 알게 되었다. 파리, 조류, 어류 암컷의 몸에서는 거의 매일 새로운 난자가 만들어진다. 수컷은 거의 모든 동물이 정자를 계속 새로 만든다. 남성의 경우 숨 쉴 때마다 정자가 1,000개 이상씩 만들어진다.[6] 귀중한 생식세포가 수십 년간 머무르면 기능이 떨어지고 유전자 돌연변이가 생길 확률도 커지므로 진화의 관점에서 보면 이해가 가는 특징이다.[7] "생식세포를 미리 만들어놓는 것은 어리석은 일입니다. 단연코 어리석은 일이에요." 틸리는 이렇게 말했다. "그런데도 왜 자연은 여성에게만 태어날 때부터 난자의 개수가 정해져 있는 변칙을 적용했느냐는 것이죠. 논리적으로 말이 안 되는 일입니다."

난소의 노화에 관해 과학계가 밝혀낸 사실들이 전부 뒤집힐 수도 있는 의문이었다. 어쩌면 태어날 때 가지고 있던 것들이 마지막까지 그대로 유지되지 않을 수도 있고 여성의 몸에서 난자가 완전히 고갈되는 일도 없을지 모른다.[8] 줄기세포가 새로운 난자를 더 생산하지 못할 만큼 크게 손상되는 것이 난소의 노화일지도 모른다. 그것이 사실이라면 줄기세포가 다시 기능하도록 만들 수도 있을 것이다. "이전까지 우리는 환경을 죽음이나 세금 고지서처럼 여겼습니다. 반드시 찾아오고 절대 피할 방법이 없는 것으로요." 틸리의 말이다. "하지만 이제는 그게 아닐 가능성이 생긴 겁니다."

틸리는 난소에서 새로운 난자가 생성된다는 생각이 뇌에서 새로운 뉴런이 만들어질 가능성이 처음 제기되었을 때와 비슷하다고 본다. 1990년대 전까지만 해도 신경과학계에서는 뇌에서 새로운 뉴런이 만들어진다는 주장은 터무니없는 소리라고 했지만 지금은 과학적인 사실이 되었다.

　"저 역시 새로운 난자가 생성될 가능성은 생각해본 적도 없습니다. 우리가 그 실험을 하기 전까지는요. 그 이후로 모든 게 바뀌었습니다."

줄기세포에서 찾은 해결책

틸리는 난소에 관한 혁신적인 연구와는 동떨어진 길을 걸어왔다. 과학계에 처음 발을 들인 계기는 난소 연구를 시작하기 10년 전, 한겨울에 염분이 섞인 얼음장처럼 차가운 강에 가슴 깊이까지 들어가야 했던 일이었다. 노동자 집안에서 태어난 틸리는 학부 과정을 막 마친 1984년에 온 가족을 통틀어 첫 대학 졸업자가 되어 고향인 저지 해안가로 돌아왔다. 이후 그는 건설노동자였던 두 형과 함께 강변을 따라 부두 짓는 일을 했다. 한겨울이라 강이 얼어 부두에 세워둔 나무 말뚝이 계속 뽑혀나갔고, 틸리는 전기톱으로 얼음에 구멍을 낸 후 직접 강에 들어가 뽑힌 말뚝을 다시 고정하는 작업을 맡았다.

　영하의 날씨에 찬바람과 얼굴에 휘몰아치는 눈보라를 맞고 있자니 정말 비참했다. "쉰 살, 예순 살에도 이렇게 살고 싶지는 않다는 생각이 들었습니다." 틸리의 말이다. 학교로 무조건 돌아가야 했다.

말처럼 쉬운 일이 아니었다. 학부를 졸업한 지 1년이 넘었고 연구실에서 일해본 적도 없었다. 크고 건장한 체격에 부스스한 갈색 머리를 어깨까지 기르고 한쪽 귀에 다이아몬드 피어싱을 한 틸리의 외모도 사람들이 일반적으로 떠올리는 학자의 모습과는 거리가 멀었다. 모교인 럿거스대학교로 돌아가서 교수들을 찾아가 대학원생으로 받아달라고 간청했지만 수락한 사람은 앨런 존슨 Alan Johnson이라는 생식생물학자 한 사람뿐이었다. 그가 찾아갔을 때 존슨 교수는 닭의 난소를 연구 중이었다.* "생식에 관심이 있어서 그 교수님에게 간 게 아닙니다. 저를 받아준 사람이 그 교수님뿐이었어요."

그 뜻밖의 만남이 틸리가 지금까지 과학자로 일하게 된 출발점이 되었다. 1년도 지나지 않아 첫 논문을 발표했다. 배란과 난자 사멸에 모두 영향을 주는 닭 난소의 효소를 기술한 논문이었다. 틸리는 논문에 적힌 자기 이름을 처음 보았을 때 양팔에 털이 다 곤두섰다고 했다. "그때 느낀 기쁨, 지식이 주는 그 기쁨이 꼭 벽돌 벽에 부딪힌 것처럼 저를 세게 강타했습니다." 태어나서 처음으로 인생에서 하고 싶은 일이 생겼다. 하지만 이 일을 계속하려면 어떻게 해야 하는지도 몰랐다. 지도 교수로부터 박사 학위가 다음 순서라는 말을 듣고는 경악했다. 박사가 무엇인지 전혀 몰랐기 때문이다. 틸리는 그때까지 박사는 의학박사 하나밖에 없는 줄 알았다. '꽝 하고 모든 게 뒤흔들린 기분'이었다.

---

*   '닭이라고? 지금 장난하나?!' 틸리는 이런 생각을 했다고 한다.

그로부터 10년 후 틸리는 매사추세츠종합병원 여성건강터 센터장으로 근무하면서 암 환자들, 불임 환자들, 생식생물학자 들, 체외수정 전문 의사들과 함께 일했다. 암 치료가 난자의 사멸을 촉진하고 조기 완경을 유도하거나 생식 기능을 상실하게 만드 는 경우가 많다는 사실은 그 자리에 앉기 전에 밝혀냈다. 항암제 와 방사선 치료는 난소 조직을 죽일 뿐 아니라 세포의 사멸을 유 도하는 유전자 프로그램을 장악하여 세포 사멸을 가속화하는 것 으로 나타났다. 따라서 어떤 사멸 프로그램이 그렇게 이용되는지 밝혀내면 난자를 보호할 수 있을 것이라는 가정 아래 연구진과 난 소에서 세포 사멸 속도를 늦추는 방법을 찾는 연구에 몰두했다.

그러다 틸리는 서른여덟 살에 고환암 진단을 받았다. 그때 까지 논문을 발표하고, NIH 연구비를 지원받고, 여성건강센터와 연구실에서 매주 80시간씩 일하며 오로지 연구에 전념하면서 임 신을 바라는 다른 사람들을 돕느라 정작 집에 있는 아내와 네 살 배기 아들은 얼굴도 제대로 못 보고 살았다. 암 진단을 내린 전문 의는 틸리에게 바로 다음 날 수술받고 방사선 치료를 시작하자고 했다. 하지만 틸리는 그동안의 연구로 방사선이 생식 기능에 어떤 영향을 주는지 잘 알고 있었고 자신이 아이를 더 원한다는 사실도 깨달았다.

그래서 일단 치료를 연기하고 정자를 냉동해두기로 했다. 이때 냉동한 정자로 틸리는 나중에 두 딸의 아빠가 될 수 있었다. 병원에서 만나는 여성 암 환자들에게 치료에 성공하면 무엇을 하 고 싶은지 물어보다가, 여성들에게는 남성들에게 주어지는 선택지가 아예 없다는 사실을 깨달았다. "남자들은 쉽습니다. 정자를 냉동하면 되니까요. 하지만 여성들은 난자를 100만 개씩 얼릴 수가 없어요." 난자 냉동 기술이 아직 개발되지 않은 2000년이었다. 게다가 암 환자들은 성숙한 난자의 배란을 촉진하기 위해 여러 차례 호르몬을 투여할 만한 시간도, 돈도 없었다.* 일반적인 암 환자들은 암 치료 이후 생식 기능에 관해 조언을 얻거나 상담할 기회가 거의 없었다.

틸리는 자신의 연구가 어쩌면 더 큰 변화를 가져올 수도 있다고 생각했다. 난소에서 줄기세포가 새로운 난자를 만들 수도 있다는 가능성을 발견한 후부터는 여성 암 환자의 치료 방식을 바꿀 방법을 모색했다. 필요할 때 난자를 만들 수 있다면? 항암제 치료가 끝난 후에 줄기세포로 난자의 기능을 다시 활성화할 수 있다면? 난소 줄기세포의 재생 기능을 활용할 수 있다면 여성 암 환자도 원하면 아이를 낳을 수 있고 암 치료 이후에도 건강한 삶을 살 수 있을 것이다.⁹

아직 이 세상 누구도 깨닫지 못한 사실을 처음 발견했다는 짜릿함이 다시 한번 강타했다. 새로운 땅을 찾아 지평선을 넘어가는 탐험가가 된 기분이었다. "우리는 지도를 다시 그리고 있습니다. 그 지도는 반드시 정확해야만 하고요."

---

*   이제는 생식 기술이 발전하여 인간의 미성숙 난자를 '성숙시켜서' 체외수정에 쓰거나 냉동해두었다가 나중에 쓰는 것도 가능해졌다.

'허물어지도록 만들어진 존재'라는 믿음

2004년 3월 한 학회에서 연구 결과를 처음 공개했을 때의 반응은 틸리의 놀라운 발견이 순탄하게 인정받지 못할 것임을 예고했다. 연단에 오른 틸리는 생쥐 실험 결과 난소 표면 근처의 줄기세포에서 난자가 새로 생성된다는 사실을 확인했다고 발표했다. 그리고 이 충격적인 결과를 어떻게 검증했는지도 설명했다. 틸리의 연구진은 먼저 생쥐 난소 안에서 독특한 형태의 세포분열인 감수분열*이 일어난다는 사실을 발견했다. 이어서 자외선을 비추면 형광 녹색으로 빛나는 해파리 유전자가 몸에서 발현되는 유전자 변형 생쥐를 만들었다. 그 생쥐에 정상적인 난소 조직의 일부를 이식하자, 형광 녹색을 띠는 줄기세포 중 일부가 새로 이식된 난소로 이동하여 형광 녹색으로 빛나는 난자가 녹색이 발현되지 않은 난포에 둘러싸인 모습이 관찰되었다. 줄기세포가 새로 만들어낸 난자라는 증거였다.

틸리는 발표를 마쳤을 때 회의장에 정적만 흘렀다고 전했다. 자리로 돌아갔을 때 한 동료가 틸리를 돌아보며 이렇게 말했다. "아마 다들 샅샅이 뜯어볼 겁니다."

며칠 후 《네이처Nature》에 이 결과가 담긴 논문이 실리자 언론의 반응은 폭발적이었다.[10] "과학계, 완경을 없앨 방법 찾다"라는 헤드라인도 있었고 "불임에 관한 고정관념을 깬 획기적인 발

---

* 염색체 수가 절반으로 줄어드는 세포분열-옮긴이.

견"이라는 제목의 기사도 보도되었다. 틸리는 이 발견이 여성의 건강과 생식 기능에 어떤 영향을 줄 수 있을지 여러 가지 추측을 언급했다. 대다수 과학자와는 다른 행보였다. 기자들에게 인간의 난소에서도 생쥐 연구에서 관찰된 결과가 똑같이 일어날 가능성이 있다고도 말했다. 난소는 기존의 인식처럼 인체의 다른 장기보다 노화 속도가 빠르고 결국에는 결함이 생겨 모든 기능을 잃는 곳이 아니라 성장과 재생, 회복 기능을 갖춘 기관일 수도 있다고 설명했다. 정말로 그렇다면 "항암제 치료 후에도 난소 기능을 되찾을 수 있을 겁니다."[11] 그가 《뉴 사이언티스트》와의 인터뷰에서 한 말이다. "일일이 다 언급할 수 없을 만큼 가능성이 무궁무진합니다."

임상 의사들은 틸리의 연구 결과가 여성의 생식 기능에 미칠 수 있는 영향을 열정적으로 제시했다. 당시 미국생식의학회 American Society for Reproductive Medicine 회장이던 메리언 데임우드Marian Damewood 박사는 "체외수정 기술이 등장한 이래 생식 의학의 가장 중요한 발전"[12]이 될 수 있다는 의견을 밝혔다. 존스생식의학연구소Johns Institute for Reproductive Medicine의 과학부 책임자 로저 고스든Roger Gosden도 공감하며 "난자를 추가로 생산하는 기능은 여성 건강에 혁신적인 변화를 일으킬 것"[13]이며 그 변화는 복제 양 돌리가 발생학계에 일으킨 혁신만큼 엄청날 것이라고 말했다. 개인 자선가들은 틸리에게 생식 기능을 확장하기 위한 연구에 힘을 보태고 싶다는 뜻을 전해왔다.

하지만 틸리와 같은 분야에 속한 대표적인 연구자들은 지난 반세기 동안 굳게 믿었던 난소에 관한 과학적 지식이 틀렸다는 사실을 금세 받아들이지 못했다. 틸리의 연구를 재현하려다 실패한 연구자들도 있었고, 심지어 틸리와 그의 연구진이 부정직한 방식으로 데이터를 조작했다는 의혹도 제기되었다. 1980년대부터 영국 에든버러대학교에서 난자를 연구한 난모세포 전문 연구자 에벌린 텔퍼Evelyn Telfer는 틸리의 연구를 가장 노골적으로 비난한 사람 중 하나다. "다른 포유동물에서 그런 세포가 발견되었다고 하더라도 검증이 필요하다." 텔퍼가 쓴 반박 기사에 나오는 내용이다. "기존의 정론을 뒤집는 새로운 이론이 수용되려면 다른 모든 정론처럼 검토와 검증을 거쳐야 한다. 생쥐 연구에서 비롯된 결과라면 더욱 그렇다. 그것이 과학과 과학자의 방식이다."[14]

과학적인 진위보다 틸리가 연구 결과를 전달한 방식을 지적한 의견도 있었다. 미리엄 멘킨이 대학원에 다니던 시절을 기억하는 난모세포 전문가 데이비드 알베르티니는 틸리가 너무 성급하게 많은 것을 약속했다고 지적했다. 틸리의 논문이 발표되었을 때 알베르티니는 캔자스대학병원에서 일했는데, 생식 기능 보존을 주제로 열린 다른 학회에 참석했다가 여성들이 찾아와 틸리의 연구 결과를 들었으며 자신들도 그 새로운 기술을 써보고 싶다고 한 적도 있다고 전했다. 알베르티니는 틸리가 논문이나 언론에 연구 결과를 처음 공개할 때 좀더 '신중' 했었다면 좋았을 거라고 말했다. "과학계가 틸리의 연구 결과를 미처 평가하기도 전에 병원마다 환자들의 문의 전화가 빗발쳤다."[15] 알베르티니는《플로스 바이올로지PLoS Biology》에서 이렇게 말했다.

틸리의 주장에 반박하는 의견들은 대부분 과학적인 근거가 없는 내용이었고 텔퍼도 나중에 그런 사실을 인정했다. 틸리는 대범하고 자신만만한 성격이라 과감한 주장도 서슴지 않았다. "100퍼센트 확신한다", "명백하다" 같은 표현도 자주 썼다. "투지가 강한 사람입니다. 저지 출신답죠." 틸리의 박사 과정 지도교수였던 존슨의 말이다. 틸리를 과학자가 아닌 장사꾼으로 보는 사람들이 많았다. "열성적인 전도사 같다." 2007년에 텔퍼는 이런 의견도 밝혔다. "조너선 틸리는 자신이 전하려는 핵심을 명확히 전달하고 자신이 하는 일을 확실하게 방어하는 능력이 매우 뛰어나다. 당연히 그에게는 그럴 권리가 있었지만, 자신이 마치 세상의 인정을 받지 못한 선지자인 것처럼 이야기하거나 사람들이 자기 말을 이해하지 못한다는 식의 발언은 일부 사람에게는 당황스러울 수밖에 없다."

틸리는 학자로서 그 정도 비난은 감수할 만한 위치에 올라 있었다. 세포 사멸 연구로 실험실을 오랜 세월 성공적으로 운영했고 하버드대학교 의과대학 조교수에서 부교수로 승진도 했다. NIH에서 연구비도 여러 건 지원받고 있었다. 틸리의 후배 연구자들은 그런 운을 누리지 못한 사람이 많았다. 틸리의 연구실에서 2004년에 발표한 논문은 제1저자로 이름을 올린 조슈아 존슨에게 오랜 상처로 남았다. 그 논문이 출간된 후 같은 분야 동료들이 학회에서 만나도 그를 외면하기 시작한 것이다. 존슨은 과학자로서 "제대로 망했다"[16]라는 기분이 들었다. 연구비 보조금도 받을 수 없었다. 결국 존슨은 일자리를 찾기 위해 줄기세포 연구나 틸리의 연구실 모두와 단절하고 난소의 전체적인 기능을 다루는 연구로 전향했다.

틸리는 여성의 몸에서 난자가 새로 만들어질 수도 있다는 가능성에 같은 분야 학자들이 드러낸 반발심은 오래전부터 익히 알고 있던 사실에 느끼는 애착으로만 보기에는 훨씬 뿌리 깊은 이유가 있다고 보았다. 틸리가 밝혀낸 가능성은 여성의 몸이 할 수 있는 것과 할 수 없는 것에 관한 것이었기 때문이다. "난소는 재생 기능 없음, 끝, 이런 확신에 완전히 사로잡혀 있었던 겁니다." 틸리의 설명이다. "이런 생각은 수십 년간 난자는 고환과 다르며, 난소에서 난모세포가 모두 소진된 후 여성이 완경을 맞이하는 것은 난소에 재생 기능이 없다는 증거라는 확신에서 비롯되었습니다. 난소에 재생 기능이 있다면 난소 기능이 중단될 리도 없다고 본 거고요." 여성은 허물어지도록 만들어진 존재, 기계에 비유한다면 결함이 있는 기계라는 생각이 모든 교과서와 연구, 데이터에 깔려 있었다.

틸리는 "여성의 몸은 어떻게 기능하는가"라는 과감한 질문을 던졌다. 여성의 삶이 달라질 수 있다는 가능성, 즉 출산 시기를 늦추고 더 오랫동안 건강하게 지낼 가능성을 제시한 것이다. 틸리는 자신의 연구가 강한 비난을 받은 이유도 거기에 있다고 생각한다. "아주 지독하고 개인적인 비난이었습니다. 저에게 제정신이냐고 묻고, 사기꾼이라는 의혹을 제기하고, 어떻게 감히 그런 말을 하느냐고들 했죠." 고집불통인 학계를 설득하려면 인간의 난소에 줄기세포가 존재한다는 결정적인 증거가 필요했다. 생물학에서 아직 존재가 확인되지 않은 세포를 찾아야 한다는 의미였다. 세상에 알려지지 않은 바다에서 흰고래를 찾는 격이었다.

그때 도리 우즈Dori Woods 박사가 나타났다.

난소의 총지휘자, 과립막세포

도리 우즈의 완경기 연구는 화장품 쇼핑에서 시작되었다. 인디애나주 노터데임대학교의 난소생물학 박사 과정이 거의 끝나갈 무렵 우즈는 한 쇼핑몰의 클리니크 매장에서 땀이 나도 지워지지 않는 화장품을 찾고 있었다. 얼마 전부터 달리기와 역도를 시작했는데, 땀에 파운데이션이 번지기 일쑤였다. 매장 직원은 물기에도 화장이 잘 지워지지 않는 제품군이 따로 준비되어 있다고 알려주면서 완경기에 이른 여성들이 주 고객이라고 했다. 그와 동시에 손으로 부채질하며 "열감 때문에요"라고 덧붙였다.

그때까지 우즈는 완경에 관해 진지하게 생각해본 적이 없었다. 아직 앞날이 창창한 스물여섯 살이었고, 얼마 전에 결혼했으며, 전문 연구자로 일을 시작할 준비를 거의 마친 때였다. 박사 학위를 받으면 아이도 두 명 낳을 계획이었다. 동그란 얼굴에 노래하는 듯 명랑한 목소리, 체격도 탄탄하고 다부져서 나이보다 많이 어려 보인다는 소리를 자주 들었다. "그 직원의 말을 듣고 완경에 관해 진지하게 생각해보았습니다. 완경에 대한 그런 인식은 화장품 업계에서 엄청난 규모의 산업이 되었을 뿐 아니라 여성들의 삶 전반에 커다란 영향을 미친다는 걸 깨달았어요. 화장품 하나를 사는데도 영향을 줄 정도로요." 우즈의 말이다.

우즈는 방수 기능이 있다는 마스카라와 파운데이션을 사서 클리니크 매장을 나왔다. 하지만 직원의 말이 계속 마음에 남아 집에 돌아와 온라인 검색을 시작했다. 그리고 완경에는 열감보다 훨씬 더 많은 일이 따른다는 사실을 알게 되었다. 뇌졸중과 심장 질환, 골절의 위험성이 커지고, 심지어 알츠하이머병, 파킨슨병 같은 정신 증상이 따르는 질병의 위험성 증가와도 관련이 있었다. 완경이 건강에 미치는 영향을 조사한 가장 대규모 연구인 '전국 여성 건강 연구Study of Women's Health Across the Nation'[17]에서 완경기 전 미국 여성 3,000명 이상을 10년간 추적 조사한 결과, 완경이 진행되면 심혈관계 질환 위험성이 커지고 혈관에 영구적인 변화가 일어난다는 사실이 확인되었다.

"정말 놀라웠습니다." 우즈는 이렇게 말했다. 어쩌면 난소 연구자인 자신이 할 수 있는 일이 있을지도 모른다고 생각했다.

난소를 연구하는 사람들은 대부분 난자에 주목한다. 난자는 난소가 존재하는 이유이자 난소의 핵심이고 모든 생명이 시작되는 세포다. 미리엄 멘킨은 콕 찍어놓은 작은 점 같은 난자에 온 세상이 들어 있다고 했지만 우즈의 생각은 달랐다. 현재 보스턴 노스웨스턴대학교 대학원 생물학과 학과장이자 난소생물학자인 마흔두 살의 우즈는 난자를 낭비라고 본다. "정작 쓰이는 건 몇 개뿐인데, 그것 때문에 끔찍하게 많은 일을 해야 하니까요. 제 경우에는 두 개가 쓰였죠."[18] 각각 열네 살, 열한 살인 딸 앨리슨과 마린을 가리키는 말이었다. 평생에 걸쳐 배란되는 나머지 400개에서 500개의 난자는 다 어떻게 될까? 성숙 단계까지 이르지 않고 쪼그라져 사멸하는 수백만 개의 난자는? 그중 상당수는 아직 엄마 자궁 안에 있는 태아일 때 생겨나서 한 번도 빛을 보지 못한다.

"난자는 당연히 너무나 중요한 세포고 제 난자 두 개로 우리 아이들을 얻었다는 것이 정말 기뻐요 하지만 제가 난소라는 기관에 전체적으로 깊은 흥미를 갖게 된 이유는 난소에서 호르몬이 계속해서 생산된다는 점, 그리고 완경으로 발생하는 문제들이었습니다."

우즈도 처음에는 난자에 매혹되었다. 노터데임대학교 대학원 재학 시절에는 17년 전 틸리의 지도 교수였던 존슨의 연구실에서 닭의 난소를 연구했다.

닭은 생식과학자들이 하는 연구에 아주 적합한 동물이다. 난소가 하나고(닭을 포함한 조류는 대부분 두 개의 난소를 가지고 태어나지만 출생 직후에 우측 난소가 퇴화한다) 크기도 사람 손바닥만큼 거대하다. 형태는 표면이 매끈하고 큼직한 노란색 토마토 여러 개가 줄기에 주렁주렁 달린 식물처럼 생겼다. 토마토처럼 매달린 그 덩어리 하나하나가 난포고 최종적으로 난황이 된다. 여러 개의 난포 중에 가장 큰 난자가 왕위를 계승하며 크기가 조금씩 더 작은 난자들이 그 뒤로 끝없이 이어지며 차례를 기다린다. 그러므로 닭을 연구하면 이제 막 생겨난 아주 작은 난자부터 난소에서 툭 불거져 거대한 난관을 따라 이동하게 될 샛노란 난황까지 다양한 발달 단계에 있는 모든 난자를 연구할 수 있다.

우즈는 난소의 가장 오랜 수수께끼인 이 여러 개의 난포 중에 배란될 난자와 버려지는 난자가 정해지는 방식을 풀고 싶었다. 그리고 더 깊이 파고들수록 비밀은 난모세포가 아니라 다른 세포에 있다는 확신이 들었다. 난모세포 옆에 붙어 있는 과립막세포였다. 과립막세포는 호르몬을 만들고 발달 중인 난자에 영양분을 공급한다. 대부분 난소에서 일어나는 모든 일의 지휘자는 난자라고 생각하지만 우즈가 보기에 살아남을 난자와 죽게 될 난자, 배란될 난자를 최종적으로 결정하는 것은 과립막세포였다. 이 세포가 난자의 선별을 총지휘하는 방법은 호르몬 신호였다.* 우즈는 난소 연구자라면 보통 "아기가 만들어지는 일"과 관련된 주제를 연구하고 싶어 하지만 "난소에서 생기는 문제의 본질을 알아내려면 과립막세포를 봐야 한다"라고 말했다.

현미경으로 난포를 살펴보면 난자 주변에 마치 자잘한 거품이 낀 것처럼 또는 후광처럼 둘러싸고 있는 아주 작고 투명한 세포들이 보인다. 그것이 과립막세포granulosa cell로 작은 알갱이granule라는 뜻의 라틴어에서 유래했다. 과립막세포는 난자에 영양소와 화학적인 신호를 전달하고 성숙 과정을 모두 마친 후 배란되도록 만든다. 과거에는 과립막세포에 고유한 기능이 없고 그저 난자를 돕는 역할이 전부라고 여겨졌다. 그래서 학자들은 이 세포를 '영양'세포, '동반'세포라고 부르기도 한다. 여왕벌의 시중을 드는

---

*　최근 연구에서 이때 쓰이는 호르몬은 에스트로겐 한 가지가 아니며 테스토스테론도 매달 난포 발달에 활용되고 중요한 역할을 하는 것으로 밝혀졌다.[19]

일벌 정도로 보는 것이다. 체외수정 의사들도 과립막세포에는 별로 관심이 없다. 이들에게 과립막세포는 난자 체외수정 시 다 뜯어내고 제거해야 하는 세포일 뿐이다.

그러나 1990년대에 들어 과학자들은 세포 간에 오가는 거미줄처럼 복잡한 의사소통 과정에 난자와 과립막세포 모두 필수 요소라는 사실을 깨닫기 시작했다. 각 난자는 주변에 있는 과립막세포의 도움에 의존하여 발달한다. "난모세포가 존재하고 기능하기 위해서는 과립막세포가 꼭 필요합니다."[20] 난자와 난자의 파트너라 할 수 있는 이 세포들이 주고받는 신호를 처음 밝혀낸 생식생물학자 존 에피그John Eppig의 설명이다. 난소는 단순히 난자가 담겨 있는 바구니가 아니라 난포와 난포 간에, 그리고 난포 내에서 수많은 신호가 계속해서 오가는 일종의 통신망이다.[21] 그 신호의 대부분은 과립막세포에서 나오며, 능동적이고 동적인 파트너인 난자와 과립막세포 사이에서는 아주 정교한 협업이 이루어진다.

"둘 중 어느 하나가 없으면 둘 다 정상적으로 기능하지 못합니다." 에피그의 말이다. 그래서 에피그는 과립막세포를 영양세포가 아닌 난자의 '단짝들'이라고 부른다.

두 세포 모두 돌기 또는 미세융모라고 불리는 아주 작고 구불구불한 촉수가 있고, 이것을 서로를 향해 뻗어서 소통한다. 1970년대에 이런 촉수를 최초로 발견한 과학자 중 한 사람이었던 알베르티니는 "수박을 손으로 잡았을 때와 비슷한 형태"가 된다고 묘사했다. 난자와 과립막세포가 이렇게 연결되어 신호를 주고받는 방식은 뇌에서 시냅스를 통해 한 뉴런에서 다른 뉴런으로 전기 신호가 전달되는 방식과 크게 다르지 않다. 알베르티니는 이런 촉수가 과립막세포와 난자, 그리고 과립막세포와 다른 과립막세포를 연결하여 전체적으로 "털을 똘똘 뭉친 동그란 공"과 같은 구조를 이루고 뇌와 비슷한 방식의 신호 전달이 이루어진다고 설명했다. 세포와 세포가 연결되는 이런 지점이 인체 어떤 조직보다 방대하다는 사실로도 난소라는 통신망에서 오가는 신호가 얼마나 복잡한지 짐작할 수 있다.

과립막세포에는 또 다른 핵심 기능이 있다. 뇌와 몸으로 호르몬을 방출하는 기능이다.[22] 난포가 특정한 크기가 되면 그 주변의 과립막세포가 증식하고 크기도 커져 에스트로겐, 프로게스테론, 테스토스테론을 생성하기 시작하고 이 화학 물질들은 전령처럼 인체 거의 모든 조직으로 향한다. 가장 먼저 뇌 시상하부에서 뇌하수체로 전달되는 신호에 따라 난소에서 에스트로겐과 프로게스테론 생산이 시작되고 그때부터 생식 주기가 시작된다. 난소는 다시 뇌에 주기를 중단하거나 계속 유지하라는 신호를 보낸다. 그러므로 성호르몬이 분비되는 생식선은 뇌와 인체 사이에 형성된 더 커다란 피드백 고리에 속한 교점이다.

과학계는 수십 년간 완경을 난자가 바닥나면 일어나는 현상으로 정의했다. 하지만 실상은 그렇게 간단하지 않다. 난자만 고갈되는 게 아니라 난자를 둘러싸고 호르몬을 방출하던 과립막세포도 고갈된다. 과립막세포에서 더 이상 호르몬이 생성되지 않으면 뇌와 난소 간의 피드백 고리도 끊어진다. 생식선과 인체 나머지 부분을 연결하던 보이지 않는 실이 끊어지는 것과 같다.

여성의 몸에서 난자를 추가로 만들 방법이 없다고 여겼으므로 그 과정을 막아보려고 한 사람도 거의 없었다. 그러나 우즈는 난소에 과립막세포가 남아 있으면 이 중요한 피드백 고리가 10년, 또는 20년 더 유지되어 이 소통이 끊겼을 때 연쇄적으로 발생하는 건강의 부정적 영향 중 일부를 막을 수 있을지도 모른다고 생각했다. 암 치료나 흡연 등 환경 요인으로 촉발되는 조기 완경을 포함한 완경은 불가피한 게 아닐 수도 있었다. 호르몬의 복잡한 작용으로 정확히 무슨 일이 어떻게 일어나는지 알아낸다면 그 과정에 개입할 수도 있다고 생각했다. "이건 생애 각 단계의 전환을 넘어 삶의 질이 더 오래 유지되도록 하는 일입니다." 우즈의 말이다.

2년 후 우즈는 조녀선 틸리에게서 걸려온 전화를 받았다.

완경을 늦출 수 있다면?

대학원 공부가 끝나갈 무렵 우즈가 일자리를 찾기 시작하자 지도교수였던 존슨은 틸리에게 우즈를 소개했다. 마침 틸리도 여성건강센터를 확장하기 위해 생식과학자를 새로 채용하려던 참이었다. 하지만 그의 연구가 여전히 논란의 온상이던 때라 존슨은 자신이 먼저 제안했으나 우즈에게 그곳에서 일하지는 말라고 경고했다. 이제 막 학계에 발을 들인 우즈에게는 지뢰밭이 될 수도 있다고 생각한 것이다.

우즈는 망설였다. 틸리와 달리 우즈는 세간의 관심을 최대한 피하고 싶었다. 그러나 틸리의 연구에 흥미를 느끼고 보스턴까지 찾아가서 면접을 보기로 했다. 그곳에 도착했을 때 그녀의 의구심은 사라졌다. 무엇보다 병원에서 일할 수 있고 임상에 큰 영향을 줄 수 있는 일이라는 점이 끌렸다. 닭이 아닌 사람을 연구할 기회이기도 했다. 게다가 당시에 논란의 중심이었던 줄기세포는 우즈의 관심사가 아니었다. 채용된다면 조교수로 독자적인 권한을 가지고 일할 수 있었기에 난자의 몸체이자 난자가 하는 복잡한 기능의 파트너인 과립막세포를 연구할 계획이었다. "참 순진했던 것 같아요, 그렇죠?" 우즈는 그때를 돌아보며 말했다.

틸리와 우즈는 둘 다 처음부터 운명적인 만남이라 느꼈다고 말했다. 틸리는 훨씬 강하게 표현했다. "운명이고 숙명이었습니다." 틸리는 난포의 핵이자 난소의 기능 연장이라는 궁극적인 목표를 이룰 열쇠인 난자의 재생 연구에 전념했다. 틸리는 우즈가 오기 전까지 자신의 관점이 "철저히 생식세포 중심"이었다고 말했다. "과립막세포에는 전혀 관심이 없었습니다."

우즈의 관심은 당연히 과립막세포에 쏠려 있었지만 두 사람은 난자와 과립막세포가 서로의 기능에 중요하다는 사실을 곧바로 깨달았다. 우즈는 틸리와의 첫 대화에서 줄기세포가 새로운 난포를 만든다면 과립막세포도 함께 만들 수밖에 없다는 점을 지적했다. 난자와 과립막세포 중 어느 쪽이 먼저 완전히 고갈되는지에 관해서는 합의점을 찾지 못했다.

우즈는 틸리가 제안한 일자리를 수락했다. 두 사람은 과립막세포로 이루어진 '인공 난소'를 개발하기로 뜻을 모았다.[23] 완경 이후에도 여성의 몸에 호르몬과 그 밖에 중요한 물질이 오랫동안 공급되도록 만드는 것이 궁극적인 목표였다. 인공 난소가 개발되면 항암제 치료나 방사선 치료로 난소의 기능을 잃은 암 생존자들과 만성 알코올중독이나 흡연으로 난소가 손상된 여성들, 터너 증후군이나 유전 질환으로 난자가 제대로 발달하지 못한 여성들에게 가장 먼저 적용해볼 수 있을 것으로 예상했다. 그보다 훨씬 큰 가능성도 생각할 수 있었다. 유전자 편집 기술인 크리스퍼CRISPR를 유전 질환 예방을 목적으로 난자에 적용한다면, 편집된 난자로 만든 수정란을 전통적인 체외수정 기술로 여성의 몸에 다시 이식하기 전 성숙 단계에 이를 때까지 키우는 곳으로도 활용할 수 있으리라는 전망이었다.

"여러 가능성 중 하나일 뿐이지만, 기술적으로는 실현이 임박했다고 봅니다." 우즈의 말이다.

인공 난소는 실제 난소와 똑같지 않아도 된다. 우즈는 납작하고 둥근 동전 모양을 떠올렸다. 또한 반드시 몸에 있는 난소에 부착할 필요도 없다고 보았다. 내분비선은 인체 어디서든 자리를 잡고 혈관을 형성하여 호르몬을 만들 수 있으므로 팔이나 다리의 피부 아래에 삽입할 수도 있다.*

그때까지도 우즈는 줄기세포 연구는 할 생각이 전혀 없었

---

*   우즈는 의도치 않게 원하지 않는 임신 가능성을 방지하려면 난소와 멀리 떨어진 곳에 이식하는 것이 더 낫다고 설명했다.

고 과립막세포에만 몰두할 계획이었다. 하지만 과립막세포가 아무리 중요해도 전체적인 체계를 좌우하는 핵이 없으면 생존할 수 없다. 신장의 기능 단위가 네프론nephron이라면 난소의 기능 단위는 난포고, 난포는 난자와 난자의 후광과도 같은 과립막세포로 구성된다. 난자와 과립막세포는 운명 공동체고 난자가 없으면 과립막세포는 쓸모가 없다. 우즈는 이 두 세포를 함께 연구하기 위해 분화되지 않은 줄기세포를 배양하여 생식세포와 과립막세포로 각각 분화시키려 했다. 그러나 분화가 시작되자마자 생식세포가 삽시간에 증식하는 일이 반복되었다. "그 성가신 생식세포가 배양을 엉망진창으로 만들었어요. 전부 다 망쳐버렸죠." 우즈의 말이다.

우즈는 하는 수 없이 배양된 세포 중에 난자만 분리하여 없앨 방법을 찾기 시작했다. 그리고 2009년에 중국의 한 연구진이 생쥐에서 난소의 줄기세포를 성공적으로 분리했다는 사실을 알게 되었다.[24] 줄기세포 연구를 둘러싼 논란에 다시 불을 지핀 연구였다. 우즈는 중국 연구진의 방법을 써보기로 했고, 몇 달 안에 줄기세포 배양접시에서 난자를 없애는 데 성공했다.

틸리는 우즈에게 그 기술을 배양된 세포들이 아닌 난소 조직에도 적용하여 줄기세포를 분리할 수 있는지 물었다. 우즈는 당연히 가능하리라고 예상했지만 9개월 동안 실패만 거듭했다. 틸리와 우즈가 포기해야겠다는 결론을 내릴 무렵 우즈는 유세포 분석이라는 조금 다른 방법을 시도해보기로 했다. 그 결과 마침내 생쥐 난소 조직에서 줄기세포 일부를 분리했다. 사람, 소, 원숭이,

도롱뇽, 심지어 기린의 난소 조직에서도 같은 결과를 얻었다. 이로써 틸리에게는 난소에 줄기세포가 있다는 그간의 주장을 뒷받침할 결정적인 근거가 생겼다. 동시에 두 사람은 난소 기능을 새롭게 만들 방법을 가지게 되었다.

틸리와 우즈는 난소의 자체적인 재생 기능이 또 다른 가능성을 낳는다는 사실을 금방 알아챘다. 난소는 단순히 난자를 만드는 공장이 아니라 건강을 연장하는 핵심 열쇠였다. "더 큰 목표가 생겼습니다." 틸리의 말이다. 체외수정, 그 밖에 여러 생식 기술의 발달로 이제 우리는 불임을 유형에 따라 무수한 방법으로 해결할 수 있게 되었다. 그런데 완경을 늦출 수 있다면? "분명한 사실은 전체 인구의 절반이 혜택을 받게 된다는 겁니다." 우즈는 이렇게 설명했다. 난소의 수명을 늘릴 수 있다면 여성의 전 생애 중 건강하게 사는 시간도 연장할 수 있다.

난자 보관 그 이상의 기능

17세기 중반까지 난소는 고유 명칭도 없는 기관이었다. 여성의 몸에서도 정자가 만들어진다는 잘못된 믿음으로 '여성 고환'이라 불리는 것이 전부였다. 성숙한 난포를 일컫는 흐라프 난포의 주인공이기도 한 네덜란드의 해부학자 레이니르 더 흐라프는 그런 추정에 문제가 있다고 보았다. 또한 여성은 장식품도 아니고 여성의 몸이 "아무 기능도 하지 않는다"라는 것도 사실이 아니라고 생각했다. 여성은 생식에 꼭 필요한 존재이며 여성의 몸에도 정해진 기능이 있다고 주장했다. "자연은 남성을 만들 때와 같이 여성을 만들 때도 해야 할 일을 정해두었다."[25] 그가 남긴 글이다.

흐라프는 짝짓기를 끝낸 지 얼마 안 된 토끼의 난소를 해부하던 중 난소 곳곳에 돌출된 돌기 같은 것을 발견하고 그것이 난자라고 생각했다.[*] 그래서 그 기관의 이름도 난소라고 붙였다. "여성의 '고환'이 하는 공통적인 기능은 난자를 만들고, 키우고, 성숙하게 만드는 것이다." 흐라프는 이렇게 말했다. "그러므로 여성의 난소도 새들의 난소와 같은 기능을 수행한다고 할 수 있다. 따라서 '고환'이 아니라 여성의 '난소'라고 불러야 한다. 무엇보다 난소는 형태도, 내부 구성도 남성의 고환과 전혀 비슷하지 않다."

이후 수 세기 동안 과학계는 난소의 주된 기능이 난자 생산이라는 흐라프의 견해에 동의했다. '난소'라는 이름부터가 '난자를 보관하는 곳'이라는 의미다. 하지만 뜻밖의 계기로 난소의 기능은 그게 전부가 아니며 다른 기능도 한다는 사실이 밝혀졌다. 수술로 난소를 제거하기 시작했을 때였다.

---

[*]   그가 본 것은 파열된 난포였다. 5장에서 설명했듯 과학자들이 포유동물의 난자를 처음으로 직접 관찰한 것은 1827년이었다.

난소의 시대가 개막되다

미국 조지아주 롬에 사는 줄리아 옴버그Julia Omberg는 스물세 살이
되도록 단 한 번도 월경이 조용히 지나간 적이 없었다.[26] 매달 월
경 때마다 심한 경련과 염증, 항문 출혈까지 일어나 거의 혼수상
태로 꼼짝없이 누워만 있어야 했다. 통증을 없애려고 몇 년간 모
르핀을 쓴 적도 있었고, 이렇게 사느니 그만 살고 싶다는 생각도
여러 번 했다. 남북전쟁 때 남부연합 측 소속 의사로 일했던 로버
트 배티Robert Battey 박사는 이 환자가 겪는 고통의 근원을 자신이 잘
안다고 생각했다. "월경 장애의 원인인 난소를 제거할 수 있다면
희망이 있다."[27] 배티가 쓴 글이다. 그는 '비정상적인 악성 배란'
을 중단시키려고 자궁에 질산은(당시 성병 치료에 사용하던 물질이
다)을 주사하는 등 온갖 방법을 썼지만 아무 소용이 없었다.

1872년 8월 17일 배티는 그때만 해도 드물고 위험하다고
여겨지던 수술을 감행했다. 줄리아의 양쪽 난소를 제거하는 수술
이었다. 아직 소독법이 널리 정착되기 전이라 그런 수술은 대부분
환자에게 사형 선고나 다름없었다. 그러나 수술 후 배티가 곁에서
침상을 지킨 지 열흘 만에 줄리아는 서서히 회복되기 시작했다.
그리고 배티의 여러 동료는 물론, 배티 자신도 깜짝 놀란 한 가지
변화가 나타났다. 줄리아가 월경을 아예 하지 않게 된 것이다.[28]
난소가 여성의 성 발달과 관련이 있다는 사실은 일반적으로 알려
져 있었지만 난소와 월경 주기의 관계는 아직 과학자들이 명확히
밝혀내지 못한 수수께끼로 남아 있었다. 월경이 시작되는 신호가

몸 전체로 어떻게 전달되는지, 신경과 혈액 중 무엇을 통해 전달되는지도 전혀 알려지지 않았다.[29]

배티는 난소를 제거하면 "배란이 정지되고 생활에 변화가 생긴다"라는 사실을 알게 되었다. 조기 완경을 아주 고상하게 표현한 말이다. 그는 월경으로 엄청난 고통을 겪느라 사실상 아무것도 못 하고 지내던 여성들이 이제 거의 하룻밤이면 건강을 되찾을 수 있게 되었다며 큰소리를 쳤다. 월경 때마다 극심한 고통으로 자살까지 떠올렸던 한 환자는 배티에게 수술받고 다음과 같은 소감을 밝혔다. "새 삶을 얻은 것 같다. 이제 나는 건강하고, 행복하고, 쾌활한 여자가 되었다. 예전의 나는 없다." 난소 절제술은 곧 월경 증상들은 물론이고 자위, 우울증, 간질 등 '월경 이상 증상'으로 여겼던 여성의 온갖 문제를 해결하는 만병통치약으로 급부상했다.

배티는 줄리아의 수술을 시작으로 수백 명의 건강한 난소를 제거했다. 대부분 20대에서 30대 여성이었다. 수술받은 환자들은 세 명 중 한 명꼴로 목숨을 잃었고 살아남은 환자는 불임이 되었다.[30] '배티 수술'은 유럽과 미국 전역에서 폭넓은 인기를 누렸다. 한 의사는 1906년까지 여성 15만 명[31]이 이 수술을 받았다고 추정했다.* 난소 절제술 ovariotomy('난소'와 '잘라내다'라는 의미의 라틴어를 합성하여 만든 단어)은 최초로 널리 시행된 개복술이기도 해서 외과 수술이 크게 발전하는 토대가 되었다.[32] 1886년 영국 왕립외과학회 Royal College of Surgeons 대표는 난소 절제술을 "캘리포니아 광산이나 아프리카 다이아몬드 산지가 발견된 것과 비슷하

버자이너

다"[33]라고 하며 이렇게 말했다. "발굴에 나선 모두에게 길이 열렸고 그 혜택은 전 세계로 퍼졌다."

배티는 동료이자 자신의 지지자였던 제임스 매리언 심스처럼 부인과 수술을 과감히 개척하고 베일에 싸인 여성 인체의 비밀을 드러낸 선구자라는 칭송을 받았다.** "배티는 여성이라는 유기체의 숨겨진 구석까지 파고든 분이다." 그를 존경한다고 밝힌 한 추종자는 이렇게 표현했다. "인류 전체가 주목할 만큼 신비롭고 놀라운 기능을 가진 그 작고 섬세한 분비기관을 원래 있던 자리에서 밖으로 끄집어냈다." 수술이 널리 시행될수록 배티는 자신이 환자마다 정말로 난소 절제가 필요한지를 정확히 판단할 줄 안다고 확신했다. "나는 난소의 희생이 필요한지를 결정한다. 그리고 난소를 희생시켜야 할 때는 신에게 봉사하는 일이라 생각하며 행한다."[34] 1886년에 그가 남긴 글이다.

하지만 음핵 절제술과 마찬가지로 의사들은 이 특정한 수술이 과열되는 양상을 우려하기 시작했다.*** [35] 배티는 "여성의 품위가 전혀 손상되지 않는" 수술이라고 주장했지만 일부 의사

---

* 상당수가 정신병원에서 지내던 환자들로 당시 의사들이 여성 정신 질환자를 대하는 태도가 얼마나 우생학적이었는지를 알 수 있다. 난소 절제술을 옹호하던 사람 중 하나는 환자가 수술 후 죽더라도 "정신이 온전하지 않은 자손을 낳을 뻔했던 여성이 아이를 낳지 못하게 되었다는 사실을 떠올리면 위로가 될 것"[36]이라고 주장했다.

** 심스는 난소 절제술을 배티 수술이라 명명하고[37] 의사들이 이 수술을 긍정적으로 평가하도록 만들기 위해 노력했다. 그러나 심스는 난소 절제술을 남용하고[38] 수십 명의 관중이 수술실에서 수술을 지켜보게 한 일로 1874년 뉴욕 여성병원에서 강제 퇴직을 당했다.

*** 음핵 절제술의 '아버지'로 불리는 아이작 베이커 브라운도 난소 절제술을 시작했고 그 대상에는 그의 여자 형제도 포함되어 있었다.

들은 난소가 제거된 여성들에서 목소리가 굵어지고, 가슴이 작아지고, "턱과 입술 위쪽, 가슴에 여성으로서는 드물게 털이 많아지는"[39] 변화가 일어난다는 사실에 주목했다. 배티의 수술을 "중성화", "성별을 없애는 수술", "여성의 거세"[40]라고 부르는 비판의 목소리도 나왔다. 의학계 학술지에 실린 몇 건의 찬사(조작되었을 가능성이 크다) 외에 실제 수술받은 여성들의 의견은 기록으로 남은 게 거의 없다.

결국 난소 절제술의 평판은 추락했지만 이 수술이 과학계에 남긴 영향은 오래도록 이어졌다. 첫 번째는 난소 기능이 의학적으로 새로운 관심을 얻게 된 것이다. 1872년 배티가 첫 난소 절제술을 집도한 후 보스턴산부인과학회의 한 회원은 '여성을 여성으로 만드는 것은 자궁'이라는 뜻의 라틴어 표어 '프롭테르 유테룸Propter Uterum'에서 자궁(유테룸)을 난소(오바리움)로 바꾸어 '프롭테르 오바리움Propter Ovarium'으로 변경해야 한다는 의견을 냈다. 이처럼 여성을 하나의 신체기관이나 물질로 요약할 수 있다고 보는 시각은 유구한 전통이었다. 난소 절제술이 남긴 두 번째 영향이자 배티가 처음 생각한 목표와도 우연히 일치하는 것은 난소가 생식생리학에서 담당하는 기능에 관한 지식 발전에 도움이 되었다는 것이다.[41] 자궁 절제술 이후 환자들에게서 나타나는 결과를 통해 난소가 어떤 식으로든 여성의 월경 주기와 관련이 있다는 사실이 분명해졌다.

"지난 20년간 인체 모든 기관을 통틀어 난소만큼 글로 된 자료가 많은 기관은 없었던 것 같다." 1883년에 스코틀랜드의 어느 저명한 외과 의사는 이렇게 썼다. "겉으로 보기에 사람의 난소는 별로 흥미로운 구석도 없고 중요해 보이지도 않는다. 그러나 세상 모든 일이 난소에 달려 있다. 난소라는 분비샘은 그것을 가진 개개인의 편안함, 또는 난소의 부속기관까지 고려한다면 개개인의 삶 전체를 좌우하는 인체의 가장 중요한 기관이다." 난소의 시대는 그렇게 시작되었다.

성을 지키는 요새, 분비샘

오이겐 슈타이나흐Eugen Steinach가 성인기에 접어들었을 때 인체의 분비샘과 분비샘에서 나오는 분비물에 관한 연구가 본격적으로 시작되었다. 오스트리아 출신 생리학자인 그가 체코 프라하에서 안구를 연구하던 무렵에는 '장기에서 나오는 액체'에 처음으로 이름이 생겼다. 1905년 생리학자 어니스트 스탈링Ernest Starling이 '흥분시키다, 촉발하다, 자극하다'라는 뜻의 그리스어 동사를 따서 호르몬hormone이라는 명칭을 붙인 것이다.[42] 멀리 떨어진 표적까지 몸 전체를 이동할 수 있다는 것은 호르몬의 매우 특별한 점으로 여겨졌다. 정해진 임무를 수행하는 화학 탄두에 비유할 만한 특징이었다.

　　인간의 정신과 뇌에 주목하던 시대는 가고 인간의 본질은 곧 분비샘이라고 이야기하는 시대가 열렸다. 갑상샘, 췌장, 부신 (곁콩팥) 등 호르몬 공장과도 같은 기관에서 만들어진 아드레날린, 인슐린, 코르티솔 같은 산물은 혈류를 타고 표적을 향해 몸 전체를 이동한다. 이 모든 기능을 관장하는 최상위기관은 뇌의 맨 아래쪽에 완두콩 크기의 엽葉 한 쌍으로 이루어진 뇌하수체다. 1922년《뉴욕 타임스》에는 이런 변화를 비웃듯 "전쟁에 시달리던 세상이 이제 분비샘에 시달리고 있다"[43]라는 글이 실렸다. 당시 분비샘을 보는 사람들의 시선은 오늘날 DNA를 보는 시선과 비슷했다. 분비샘은 인체에 존재하지만 보이지 않는 힘, 인간을 인간답게 만드는 것, 생명에 꼭 필요한 기능을 보이지 않는 곳에서 좌우하는 진정한 힘으로 여겨졌다.

슈타이나흐는 몸에서 분비샘이 없어졌을 때 발생하는 놀라운 영향을 직접 목격했다. 1861년 오스트리아 알프스산맥 아래 작은 마을에서 태어난 그는 어릴 때부터 소를 키우는 할아버지의 일손을 도왔고 거세 후에 동물들에게서 나타나는 변화를 보고 깜짝 놀랐다. "마구 날뛰던 수송아지가 차분해지고, 날씬한 몸에 온 동네 싸움꾼이던 수탉은 통통하게 살이 오른 무던한 닭이 된다. 거칠던 암탉은 순하고 통통한 닭이 되고, 사납던 종마는 고분고분해진다."[44] 슈타이나흐가 쓴 자서전《성과 삶Sex and Life》(1940)에 나오는 내용이다. 오스트리아 빈 실험생물학연구소Institute of Experimental Biology의 생리학 부문 책임자가 된 후 슈타이나흐는 난소와 고환이 성적 특질을 결정하는 핵심기관이라고 확신했다. 그는 이 두 기관이야말로 '성sex을 지키는 요새'[45]라고 보았다.

"대체로 남자가 여자보다 힘이 세고, 강하고, 모험성이 크다는 것은 따로 공부하지 않아도 누구나 아는 사실이다. 여자는 남자보다 다정하며, 헌신적인 경향이 있고, 안전을 중시하며, 가정 문제를 해결하는 실질적인 능력이 있다." 슈타이나흐는 이렇게 설명했다.* 그는 난소와 고환의 호르몬이 이런 차이를 과학적으로 설명해준다고 보았다. 1890년대에 그는 이 이론을 확인하기 위해 어린 쥐 수컷과 암컷의 고환과 난소를 제거한 다음 고환은 암컷에, 난소는 수컷에 이식하는 실험을 여러 차례 수행했다.** 새로 이식한 분비샘은 자리를 잡았고 새로운 혈관이 형성되었다. 이후 이식된 동물의 외형과 성행동에 큰 변화가 나타났다.

한 실험에서는 새끼 쥐의 몸에서 콩알만 한 크기의 고환을 잘라내고 복부에 다른 쥐의 난소를 이식하자 성장과 발달이 전체적으로 저해되는 동시에 유방과 젖꼭지가 커지고 젖이 나오는 변화가 생겼다. 이 쥐는 성체가 되자 과학자들이 '전형적인 암컷 행동'이라고 여기는 행동을 보였다. 즉 다른 수컷이 다가와 짝짓기를 시도하면 뒷발을 들고 마음에 안 드는 구혼자가 나타나면 뒷걸음쳤다. 새끼들은 이 쥐를 암컷으로 인식하고 주변을 따라다니며 젖을 달라고 보챘다. 그러면 그 쥐는 다정하게 젖을 먹였는데, 슈타이나흐는 이 모성 행동이 가장 확실한 여성성의 표현이라고 보았다. "다른 성별의 생식샘을 이식하면 그 동물의 타고난

---

*   네? 뭐라고요?

**   슈타이나흐는 이 실험을 계획할 때 1848년 아르놀트 베르톨트(Arnold Berthold)가 했던 실험을 참고했다. 베르톨트는 거세된 수탉의 장에 고환을 이식했는데, 수술 후 볏이 다시 자라고 수컷 특유의 뽐내듯 걸어 다니는 행동이 다시 나타난다는 사실에 주목했다.

성별이 바뀐다." 그는 이렇게 결론을 내렸다.

슈타이나흐의 연구는 거기서 끝나지 않았다. 19세기 말 생물학자들은 여성과 남성의 생식샘인 난소와 고환이 수정 후 자궁에 있는 배아 상태일 때 동일한 구조에서 발달한다는 사실을 발견했다. 모든 인간은 생이 시작될 때 여성과 남성 중 어느 쪽이든 될 수 있다는 의미였다. 난소는 고환이 될 수도 있었던 기관이고 고환은 난소가 될 수도 있었던 기관이다. 이를 토대로 슈타이나흐는 100퍼센트 남성, 또는 100퍼센트 여성은 없으며 누구나 자기 안에 다른 성별의 그림자가 남아 있다고 보았다. 슈타이나흐와 동시대에 활동했던 프로이트는 이를 "발달이 저해된 다른 성별의 희미한 잔재"라고 표현했다. 일종의 휴면 상태인 그 부분이 만약 다시 활성화된다면 어떻게 될까?

슈타이나흐는 수컷 생쥐를 중성화한 후 난소와 고환을 모두 새로 이식하는 실험도 진행했다. 그러자 몸집이 크고 힘이 센 수컷의 외형으로 성장하는 동시에 유방과 젖이 나오는 젖꼭지가 생겼다. 가장 놀라운 변화는 수컷과 암컷의 전형적인 행동이 주기적으로 번갈아 나타난다는 점이었다. 어떤 달에는 다른 수컷들을 마구 공격하다가, 다음 달에는 수컷들이 몸에 올라타려고 하면 순순히 응했다. 슈타이나흐는 이를 동물이 암컷과 수컷 중 어느 쪽으로 발달할 것인지는 미리 정해져 있지 않다는 것을 입증한 결과라고 보았다. 성별을 좌우하는 것은 분비샘과 분비샘에서 생성되는 호르몬이며 분비샘은 바뀔 수 있다고 설명했다. 기계 버튼을 이리저리 조작하듯 분비샘을 조정하면 인체 건강을 최적화하고 정신도 변화시킬 수 있다고 생각했다.

무궁무진한 가능성이 열렸다. 성행동을 바꿀 수 있고, 남성성이나 여성성이 부족한 문제도 '바로잡고',* 심지어 젊음을 되찾는 것도 가능하다고 여겨졌다. 슈타이나흐는 성과 노화가 서로 밀접하게 얽혀 있으며 노화는 본질적으로 성적 특성이 소실되는 과정이라고 생각했다. "사람의 나이는 혈관 나이와 같다는 말을 종종 듣지만, 사실 사람의 나이는 분비샘 나이와 같다는 말이 더 타당하다." 그가 쓴 글이다. 이런 주장을 믿고 고환을 갈아서 만든 액체를 삼키는 사람들도 있었다. 정체불명의 난소 추출물이 판매되고, 염소와 원숭이의 고환 조직을 남성에게 이식하는 사람들까지 나타났다.[46]

슈타이나흐는 그보다 단순하고 덜 끔찍한 방법을 떠올렸다. 쥐 실험에서 그의 주된 관심사는 고환에서 호르몬을 만드는 세포였다.** 그는 수컷 쥐의 정관을 잘라내면 호르몬을 만드는 세포가 늘어나 성적으로 활발해진다는 것을 발견했다. 무기력하고 깡마른 몸에 축 처져 있던 쥐가 이 수술 후에는 체중이 늘고, 털에 윤기가 흐르고, 성적 활동도 왕성해지는 변화가 나타난 것이

---

*   슈타이나흐는 이런 생각을 바탕으로 위험한 일을 시도하여 논란을 일으켰다. 비뇨기과 의사들과 협력하여 동성애자 남성들의 생식기를 제거한 후 다른 남성의 고환 조직을 이식하는 성'전환'을 시도한 것이다. 이들은 동성애자의 성욕을 느끼던 사람들이 수술 후 이성애자의 성욕을 느끼게 되는 성공적인 결과를 얻었다고 주장했으나 그에 대한 근거는 제시하지 않았다.

**   난소와 마찬가지로 고환에도 두 종류의 세포가 있다. 하나는 호르몬을 만들고(라이디히세포, 또는 간질세포로 불린다), 다른 하나는 정자를 만든다(세르톨리세포).

다. 나이 든 수컷 중 일부는 수술 후 짝짓기를 하루에 최대 19회씩 하기도 했다. 슈타이나흐는 나이 든 남성도 같은 방법으로 젊음을 되찾을 수 있다고 보고 남성의 한쪽 정관을 절제하는 간단한 수술법을 개발했다. 정관을 절제하면 정자를 만드는 세포는 줄고 호르몬을 만드는 세포는 늘어나 남성성에 영향을 주는 호르몬의 혈중 농도가 높아지고, 그 결과 새로운 에너지와 활력이 넘쳐날 것으로 전망했다.[47]

싹둑싹둑, 가위질 몇 번이면 끝! 빛나는 젊음을 다시 만끽할 수 있는 길이 열렸다. 혈압이 낮아지고, 시력이 좋아지고, 손주들 이름도 다 기억할 수 있게 되었다. 힘, 에너지, 그리고 혹시 궁금하다면 정력까지 모두 왕년의 수준으로 돌아오는 이 모든 변화를 간단히 얻을 수 있게 되었다.

'슈타이나흐 수술'로 불린 이 수술은 1920년대까지 폭발적인 인기를 누렸다. "슈타이나흐 받는다"라는 말까지 생겨날 정도였다. 시인 윌리엄 버틀러 예이츠William Butler Yeats는 예순아홉 살에 이 수술을 받고 "두 번째 사춘기"가 찾아왔다고 열광했다. "창의력이 살아났다. 성욕도 살아났다. 아마도 내가 죽는 날까지 지속될 것이다." 예이츠는 1937년에 이렇게 밝혔고, 이후 그의 일생 최고의 작품으로 꼽히는 시들을 발표했다. 프로이트도 "성과 전반적인 건강, 업무 능력"의 개선과 턱에 생긴 암의 재발을 막을 수 있기를 바라는 마음으로 예순일곱 살에 이 수술을 받았다 (원하는 결과는 얻지 못했다). 슈타이나흐 수술은 시간을 되돌리고 싶은 부유한 노년기 남성들 사이에서 선풍적인 인기를 얻었다.[48]

1920년대의 비아그라, 또는 현대 호르몬 대체 요법의 시조라는 말이 더 어울릴지도 모르겠다.

　여성들이여, 염려할 것 없다. 여성용 수술도 등장했다. 난소에 엑스선을 저선량으로 쏘아서 정관 절제술과 비슷하게 생식 세포를 없애고 호르몬을 만드는 세포를 늘릴 수 있다는 새로운 방법이 나오고, 원숭이 난소의 일부를 여성의 몸에 이식하는 등 "할머니를 사교계에 갓 데뷔한 아가씨처럼 바꾸어준다"[49]고 약속하는 비슷한 다른 방법들도 등장했다. 슈타이나흐 수술을 받은 가장 유명한 환자는 미국의 소설가 거트루드 애서턴Gertrude Atherton일 것이다. 60대 중반, 작가들이라면 누구나 한 번쯤 겪는다는 슬럼프에 빠진 애서턴은 난소에 엑스선 시술을 받은 후의 변화를 "뇌에 끼어 있던 먹구름이 갑자기 둥실 떠오르더니 잠시 맴돌다 사라진 듯"하다고 묘사했다. "무력감도 사라졌다. 뇌에 빛이 반짝이는 기분이다." 1923년에는 유럽의 나이 든 백작 부인이 이 시술을 받고 젊음과 아름다움을 되찾는다는 내용의 베스트셀러 소설《검은 소들Black Oxen》을 발표했다.＊

　슈타이나흐 수술을 향한 회의적인 의견도 점차 늘어났다. 많은 의사가 '슈타이나흐의 기적'을 비꼬기도 했다. 하지만 대중이 이 수술에 그토록 열광했다는 사실은 과학이 발전을 가져올 것이라는 사람들의 믿음이 그만큼 강했음을 보여준다. 세균 이론의

＊　이 소설이 발표된 후 뉴욕의 한 외과 의사는 애서턴에게 자신이 난소 이식술을 해줄 테니 받아보라고 간청하면서 "당신을 도우려고 하는 무고한 양의 난소는 부디 비난하지 마시라"라고 했다.

등장과 전염병이 온 지구를 휩쓴 사태를 전부 보고 겪은 애서턴은 제1차 세계대전이 끝난 후, 독일이 국가 차원에서 노인 인구에 슈타이나흐 수술을 시행한다면 전에 없던 능력을 보유한 인구가 대거 늘어나 잃어버린 영광을 되찾을 수 있을 것이라는 의견을 제시했다.[50] 슈타이나흐와 동시대에 활동한 과학자들은 "회춘으로 정신 기능과 더불어 사랑을 나누는 기능, 업무 능력까지 함께 회복된다면 인생이 윤리적으로 한층 풍요로워질 것"이라는 의견을 내놓았다.

생식샘은 더 밝은 미래를 약속하는 상징이 되어 지치고 힘들어도 아직 희망이 있는 세대에 젊음과 활력, 삶의 의미를 다시 가져다줄 것이라고 여겨졌다.

에스트로겐 열풍

얼마 지나지 않아 의학계의 관심은 분비샘에서 분비샘이 생산하는 호르몬으로 옮겨갔다. 이번에는 난소의 에스트로겐이 주인공이었다. 1920년대에 미국의 과학자 에드워드 도이지Edward Doisy와 에드거 앨런Edgar Allen은 4톤 분량의 돼지 난소와 총량을 가늠할 수 없을 만큼 많은 사람의 소변(표본을 기꺼이 제공한 임산부들의 기여가 컸다)을 연구한 끝에 마침내 인체 에스트로겐을 분리했다. 에스트로겐에는 다양한 기능이 있지만 쥐 실험에서 뚜렷하게 드러난 한 가지 기능이 호르몬의 이름에 영향을 주었다.[51] 바로 암컷 쥐에게 생식 능력이 생기고 성적인 관계를 수용하는 시기인 발정기^{estrus}를 유도하는 기능이다.* 영어에서 '에스트로겐'이라는 단어는 '쇠파리'라는 뜻의 라틴어(원래는 그리스어) '이스트러스^{oestrus}'에서 유래했다. 그러므로 새로 발견된 호르몬을 에스트로겐이라고 한 데에는 발정기 암컷을 성가시게 윙윙대는 파리처럼 정신없이 광분하는 상태로 만든다는 의미가 내포되어 있다. 사람은 발정기가 없고 여성은 스스로 원할 때 성적 관계를 수용하며 그것과 무관하게 거의 한 달 주기로 배란이 일어나는데도 에스트로겐은 여성성의 정수, 여성의 본질로 알려지기 시작했다.

에스트로겐이 가장 먼저 활용된 대상은 완경기 여성들이었다.[52] 슈타이나흐는 완경을 질병이 아니라 일생의 자연스러운 단계라는 점에 주목했다. 그리고 이렇게 덧붙였다. "그렇다고 해도 홍조와 열감, 어지럼증, 심장 두근거림, 이명, 우울증, 히스테리성 울음, 불안, 불면증, 가려움증, 관절통, 초조함, 그 밖의 고통스러운 문제들을 견뎌야만 할까?" 슈타이나흐는 1923년부터 독일의 한 제약업체와 손잡고 최초의 경구용 에스트로겐 '프로기논 비^{Progynon B}'를 개발했다. '여성 월경 주기 호르몬'으로 판매된

---

* 이 두 과학자는 발정기의 변화를 입증하기 위해, 먼저 난소가 제거된 생쥐에 인체에서 분리한 에스트로겐을 주사했다. 그리고 마우스의 질 분비물을 채취해서 새롭게 증식하는 세포가 있는지 현미경으로 관찰했다. 두 사람이 현미경으로 검체를 관찰할 때 활용한 방법은 이 연구 직전에 그리스의 산부인과 의사 게오르기오스 파파니콜라우(Georgios Papanicolaou) 박사가 개발한 기술로,[53] 나중에 이 방법을 개량하여 자궁경부암의 조기 징후를 찾아내는 시험법으로 만들었다. 오늘날 팹(Pap) 검사로도 불린다.

이 제품을 한 열혈 소비자는 '이브의 정수'라고 부르기도 했다.

1930년 슈타이나흐는 작은 육각형 유리병에 담긴 이 알약을 대서양 너머에 있는 옛 환자 애서턴에게 보냈다. 애서턴은 죽기 전날까지 프로기논을 복용하면서도 "이미 90대까지 오래 산 사람은 너무 많은 걸 기대하면 안 된다"라고 말했다.

슈타이나흐는 제2차 세계대전이 발발한 후에도 에스트로겐의 기능과 난소, 뇌하수체 사이에 오가는 피드백 신호를 계속 연구했다. 하지만 1938년에 슈타이나흐가 스위스에서 순회강연 중일 때 오스트리아를 점령한 독일군이 그의 연구실과 자료 보관소를 전부 불태웠다.* 두 사람 모두 유대인이었던 슈타이나흐와 아내 안토니아는 취리히로 달아났지만 아내는 얼마 후 그곳에서 스스로 목숨을 끊었다. 슈타이나흐는 삶에 환멸을 느끼며 홀로 외롭게 지내다 1944년에 세상을 떠났다. '여성호르몬'의 핵심이라 불리던 에스트로겐을 더 깊이 이해하려는 세상의 노력은 계속되었다. 제약업계는 좋은 기회가 될 수 있다는 점을 간파했고, 마침내 피임약이 개발된 데 이어 완경기 여성을 위한 현대 호르몬 요법도 탄생했다. 업체들은 에스트로겐을 체내에 추가로 공급하면

---

* 프로이트도 같은(또는 더 심한) 일을 겪을 뻔했지만 그를 총애한 공주의 빠른 조치와 후원으로 피할 수 있었다. 슈타이나흐가 이 일을 겪은 해인 1938년에 나치 독일의 비밀경찰은 프로이트의 출판사를 급습하고 아파트를 수색한 후 곧바로 프로이트의 딸 아나를 체포했다. 마리 보나파르트는 당시 여든두 살에 여전히 암 투병 중이던 프로이트가 몸을 피하고 그의 가족들이 런던에 정착할 수 있도록 도왔고 프로이트의 서재, 골동품, 그의 상징과도 같은 소파도 신속하게 런던으로 옮겼다. 프로이트는 영국에서 1년 조금 넘게 살다가 1939년 9월 23일 암으로 세상을 떠났다. 그의 유골은 마리가 선물한 고대 그리스 꽃병에 담겼다.

(나중에는 프로게스테론도 함께) 완경기에 발생하는 모든 문제가 약화된다고 장담했다. 사실상 모든 여성을 소비자로 만들기 위한 편리한 주장이었다.[54]

제약업계는 사람들이 완경을 질병으로 인식하도록 만들어 에스트로겐을 치료제로 판매한다는 계책을 세우고 맹렬히 추진했다.[55] 1950년대에는 35세 이상인 여성을 더 젊어 보이게 하고 주름을 방지해준다는 에스트로겐 크림이 판매되었다. 1950년에 제작된 한 광고에는 이런 문구가 등장했다. "새로운 자신감, 새로운 평온함을 드립니다. 남편의 시선에서 새로운 관심이 느껴질 것입니다."[56] 완경기 여성의 남편들도 마케팅 대상이 되었다. "일터에서 이리 치이고 저리 치이다가 퇴근 후 '인생의 변화를 겪고 있는' 여성의 혼란스러운 상황까지 견디는 건 쉬운 일이 아니죠." 1960년대에 나온 한 광고 문구다. 그런 아내에게 에스트로겐을 선물한다면 "다시 행복한 여자가 될 것이므로 남편들로서는 고마워할 일"**이라는 내용도 있었다.

1966년, 완경기가 되면 여성성과 젊음, 정신 건강이 상실된다는 암울하고 부정확한 내용이 담긴《영원한 여성성 Feminine Forever》이라는 책이 베스트셀러가 되면서 이런 분위기는 절정에 달했다. 이 책의 저자인 뉴욕의 산부인과 의사 로버트 A. 윌슨Robert A. Wilson은 1963년에 한 의학 학술지를 통해 다음과 같은 의견을 밝혔

** 프리마린(Premarin)이라는 제품의 광고 문구다. 임신한 암말의 오줌(영어로 urine of pregnant mares이고, 이 세 단어의 글자를 조합해서 만든 제품명)을 원료로 만든 에스트로겐 제품으로 지금도 널리 쓰인다.

다. "완경기에 이른 여성은 모두 거세(생식 불능)라는 불편한 진실과 직면한다. 남성은 최후의 그날까지 남성으로 남는다. 하지만 여성의 상황은 그와 매우 다르다. 여성의 난소는 꽤 일찍부터 기능이 떨어진다."[57] 윌슨은 완경을 호르몬의 결핍으로 생기는 병이며 당뇨병이나 갑상샘 질환과 비슷하다고 주장했다. 한 가지 유념할 사항은 그가 호르몬 치료제를 생산하는 업체들로부터 돈을 받았고, 따라서 그가 내린 결론은 편향되었을 가능성이 있다(라고 썼지만 편향된 게 분명하다)는 점이다.[58]

에스트로겐이 완경에만 활용된 건 아니다. 1940년에 슈타이나흐는 월경통, 월경불순, 불임, 불감증, 탈모, 편두통, 일반적인 월경전증후군 증상 등에도 에스트로겐을 권장했다. 그가 도움이 된다고 밝힌 병명은 배티가 활동하던 시대에 난소 절제술로 도움이 될 수 있다고 밝힌 병명만큼 길고 다양했다. 슈타이나흐는 완경 전 혼란스러운 시기가 찾아왔을 때 여성들의 건강과 행복이 회복된다면 자칫 위태로워질 수 있는 결혼생활을 지키는 데 도움이 될 것이라고 주장했다.

그 밖에도 에스트로겐은 광범위한 용도로 쓰였다. 존스홉킨스대학교에서는 간성으로 태어난 아이들의 유방 성장을 촉진하고 '더욱 여성스러운 외모'[59]가 되도록 만드는 목적으로 에스트로겐을 썼다. 성도착자로 간주된 사람들의 '화학적 거세'에도 사용되었는데, 대표적인 희생자는 현대 컴퓨터과학의 창시자인 앨런 튜링Alan Turing이었다. 1952년 동성애자라는 이유로 체포되어 에스트로겐 알약을 강제로 투약받았고 약의 영향으로 발기부전과 우울증에 시달렸을 뿐 아니라 유방이 자랐다. 결국 약을 먹기 시작한 지 2년 만에 튜링은 자살로 생을 마감했다. 1920년대부터 일부 의사는 여성으로 성을 전환하고자 하는 남성들을 돕기 위해 에스트로겐을 비밀리에 활용했고 일부 환자는 이 은밀한 시도에 응하는 대담함을 발휘했다.

성호르몬이 아닌 '다목적 호르몬'

이와 같은 용도는 전부 에스트로겐은 여성화를 촉진하는 물질이므로 언제든 이 호르몬을 활용하면 여성성이 강화되거나 남성성이 약화된다는 논리에서 비롯되었다. 그러나 에스트로겐은 성호르몬이라고만 하기에는 기능이 훨씬 다양하다. 몸 전체의 성장과 발달을 돕고, 뇌 발달을 촉진하고,[60] 심장 건강을 유지하고, 체내 지질 농도를 조절하고, 인슐린 민감성을 강화하고, 혈당을 낮추고, 간 기능을 정상화한다. 특히 골밀도 유지와 성장판 폐쇄에 중요한 기능을 한다. 남성의 체내에서 에스트로겐이 제대로 처리되지 않는 문제가 드물게 발생하는데, 이 경우 키가 계속 자라고 뼈가 단단히 결합하지 못한다. 생물학자이자 성 연구자인 앤 파우스토스털링 Anne Fausto-Sterling은 2000년에 발표한 저서《몸의 성별 Sexing the Body》에서 에스트로겐이 인체 거의 모든 세포에 영향을 준다는 사실이 정확히 반영되도록 '성호르몬'이 아니라 '성장호르몬'이라고 불러야 한다고 제안했다.[61]

에스트로겐이 남성의 테스토스테론에 상응하는 여성호르몬이라거나 테스토스테론에 길항 작용을 한다는 것은 사실이 아니다. 에스트로겐과 테스토스테론의 기능은 그렇게 양극단으로 나뉘지 않는다. 오히려 인체의 발달 과정 중 연쇄적으로 일어나는 같은 반응 경로에 속한 두 가지 물질로 보는 것이 정확하다. 인체에는 테스토스테론을 에스트로겐으로 바꾸는 효소가 있으므로 테스토스테론이 존재하는 몸에는 반드시 에스트로겐도 존재한다. 이 두 호르몬은 서로의 기능을 무효로 만드는 게 아니라 한 팀으로 움직이며 남성과 여성 모두의 생식 건강에 영향을 준다. 여성의 경우 난소의 세포에서 테스토스테론이 소량 분비되며 그중 일부는 에스트로겐으로 전환되고, 일부는 테스토스테론으로 그대로 남아서 난소의 건강과 뼈 건강, 기분, 성욕에 영향을 준다. 남성의 몸에서는 고환과 부신에서 만들어지는 에스트로겐이[62] 정자의 성장과 발달, 뇌 발달,[63] 기분, 성욕에 중대한 영향을 준다.

에스트로겐(또는 테스토스테론)을 성호르몬으로만 여기면 이 호르몬으로 발생하는 다른 무수하고 중대한 영향을 탐구할 기회가 차단된다. 학자인 카트리나 카카지스Katrina Karkazis와 리베카 조던영Rebecca Jordan-Young도 2019년에 발표한 저서《테스토스테론: 인정받지 못한 일대기Testosterone: An Unauthorized Biography》에서 이 문제를 지적했다. 두 사람은 테스토스테론이 "거의 모든 인체에서 엄청나게 광범위한 용도로 쓰이는 놀라운 다목적 호르몬"이라고 밝혔다. 에스트로겐도 그와 마찬가지로 두루 영향을 미치고, 동적으로 작용하며, 끊임없이 변화한다. 에스트로겐의 영향은 주변 환경, 상호 작용하는 다른 호르몬들, 뇌와 몸에서 발생하는 신호에 따라 달라진다. 또한 에스트로겐의 기능은 성별에 따라 국한되지도 않으므로 이름에 내포된 의미는 실제 기능과 어울리지 않는다.

윌슨의 《영원한 여성성》이 출간된 후 미국에서는 에스트로겐 제품의 판매량이 네 배로 뛰었다.[64] 1970년대까지 표준 호르몬 요법은 완경과 관련된 모든 증상을 해결하는 만병통치약으로 칭송받았다. 1975년에 에스트로겐은 미국에서 다섯 번째로 가장 많이 처방된 약으로 집계되었다. 그러나 우즈와 틸리는 완경기의 호르몬 요법은 임시방편일 뿐이라고 설명했다.[65] 뼈가 약해지고, 열감과 야간에 땀이 심하게 나는 증상, 질이 건조한 증상을 겪는 여성들은 호르몬 요법이 분명 도움이 될 수 있다. 그러나 이후에 진행된 여러 연구에서는 호르몬 요법이 심장 질환, 치매 같은 장기적인 문제까지 예방한다고 확신할 수 없다는 점과 함께 뇌졸중, 유방암의 위험성을 높일 가능성이 제기되었다.

"호르몬 요법이 난소의 기능을 대체할 수 있다는 광고는 틀린 내용입니다. 과학적으로도, 생물학적으로도 모든 면에서 엉터리예요." 틸리의 말이다. "호르몬 요법은 처음부터 실패할 운명이었습니다." 그와 우즈는 완경기 증상을 해결할 다른 방법을 찾고 있다. 두 사람은 그 새로운 해결책이 효과가 더 오래 지속되고, 더 자연스럽고, 더 동적으로 작용한다고 주장한다.

그 누구도 열어보지 못한 거대한 비밀 상자

인공 난소 이식은 과학적인 근거가 아무리 확실해도 의문이 생길 수밖에 없다. 우리는 정말 그런 방법을 원할까? 암 환자의 월경 주기를 회복하는 것은 논쟁의 여지 없는 유용한 효과지만 모든 여성이 완경을 늦추거나 막고 싶어 한다고 단정할 수는 없다.

샌프란시스코에서 산부인과 의사로 일하는 제니퍼 건터 Jennifer Gunter는 난소가 '고장' 나면 되살려야 한다는 것은 근거 없는 극단적인 주장이라고 본다. 2021년에 《완경 선언 The Menopause Manifesto》을 쓴 건터는 완경을 피하려는 시도는 완경기를 정상적인 삶의 한 단계가 아니라 질병으로 취급하여 '치료'하려는 것이고, 더 넓은 관점에서는 여성의 몸과 자연적인 노화 과정을 비정상적인 일로 간주하려는 흐름의 한 부분이라고 말한다. 윌슨이 《영원한 여성성》에서 주장한 내용이 현대까지 지속되는 것으로도 볼 수 있다 (남성도 나이가 들면 생식 기능과 건강이 저하되지만 그것을 '발기중단기'라고 부르지는 않는다). 건터는 실제 여성들을 대상으로 실험하기 전에 과학계에 깔린 편향된 시각부터 점검할 필요가 있다고 말했다.

완경기에 뇌와 난소의 소통 경로인 피드백 고리가 사라지는 것은 사실이다.* 하지만 이 소통 경로는 무조건 다시 열려야만 할까? "쉰네 살이 되면 난소가 에스트로겐을 더 만들지 않아야 합

---

* 그렇다고 난소가 완경 이후에는 아무 기능도 하지 않고 자리만 지키는 것은 아니다. 완경 후에도 난소에서는 에스트로겐, 테스토스테론, 그 밖의 다른 호르몬들이 미량 분비된다.[66]

니다. 그래서는 안 되는 일이에요."[67] 건터의 설명이다. "그래서 저는 여든 살까지 난소의 기능이 유지되어야 한다는 것은 굉장히 지나친 주장이라고 생각합니다." 완경기에 생기는 결과 중에는 뇌의 변화로 촉발되는 것도 있지만 아직 뇌와 난소의 연관성이 전부 완전히 밝혀지지는 않았다. 그러므로 난소와 뇌의 소통 경로를 복구하는 것이 정말로 이로운 일인지도 판단할 수 없다.

건터는 완경 자체는 문제가 아니라고 강조했다. 완경에 동반되는 결과가 달갑지 않은 것이고, 그런 결과는 사람마다 제각각 다르다. 그래서 건터는 완경기가 가까워진 환자들에게 가장 먼저 "정확히 어디가 불편하신가요?"라는 질문부터 한다. 열감, 머릿속이 뿌옇게 흐려지는 증상이라고 말하는 사람들도 있고, 가족 중에 심장 질환, 골다공증, 치매 환자가 있어서 걱정이라고 하는 사람들도 있다. 무작정 대처부터 시작하기 전에 무엇이 문제인지 정확히 파악하는 것이 중요하다. 건터는 인공 난소를 이용한 실험적인 치료를 개발 중인 연구자들 역시 그 방법으로 정확히 어떤 문제를 치료하려고 하는지부터 생각해야 한다고 했다. "완경기를 문제로 여기는 사람이 있다면 저는 그 사람에게 여성혐오자시군요라고 말할 겁니다."

현재 쉰다섯 살인 건터는 완경기가 시작되자 에스트로겐 치료를 선택했다. "왜 저 같은 사람이 난소의 기능을 연장하려고 장기적으로 어떤 결과가 나올지도 밝혀지지 않은 이 치료를 택했을까요? 에스트로겐 치료는 지난 50년간 축적된 데이터가 있기 때문입니다." 그와 달리 예순다섯 살 또는 일흔 살 여성의 난소 기능이 유지될 때 몸에 어떤 영향이 생기는지는 증거가 매우 부족하다. 노년기 여성의 몸에서 자궁내벽이 두꺼워졌다가 떨어져 나오는 월경 주기가 다시 시작될 때 어떤 결과가 발생하는지도 우리는 알지 못한다.* 에스트로겐 과량 노출이 유방암과 연관성이 있는 것과 같이 호르몬을 만드는 조직을 몸에 이식할 경우 생식기관의 암이 촉진되지 않는지 확실하게 알 수 있는 연구가 더 많이 필요하다는 점도 중요하다.

이런 우려에도 불구하고 이미 완경을 막겠다는 목표를 향해 성큼성큼 나아가고 있는 의사들이 있다. 세인트루이스 불임센터의 센터장 셔먼 실버Sherman Silber 박사는 1990년대에 나중에 임신을 원하게 될지도 모를 암 환자를 위한 전략을 개발했다. 항암제 치료를 시작하기 전에 환자의 난소 조직을 아주 작은 띠 형태로 여러 개 잘라서 냉동해두었다가 나중에 하나씩 난소에 부착하는 것이다(실버는 난자가 나팔관에 도달할 수 있도록 보통 냉동한 조직을 난소에 바로 부착한다. 이 방법으로 현재까지 80명이 넘는 아기가 태어났다). 이후 실버는 직장 문제로 출산 시기를 늦추고 싶은 여성들과 완경을 늦추고 싶은 여성들에게도 이 방법을 적용하기 시작했다.[68] "난소의 생체 시계를 바꿀 수 있습니다."[69] 실버의 말이다. "암 환자는 어쩔 수 없이 택하는 방법이지만, 이제는 누구나 활용할 수 있습니다."

영국에서 체외수정을 전문으로 하는 한 의사도 여성들의

---

*   인공 난소가 이식되면 월경 주기가 다시 시작될 가능성이 매우 높다. 아마 여성 대다수는 이를 인공 난소의 중대한 결점으로 여길 것이다.

난소 조직을 젊을 때 작은 띠로 떼어내 냉동해두고 나중에 완경기가 가까워지면 재이식하는 서비스를 시작했다. 2020년까지 11명의 여성이 8,000달러가 넘는 돈을 지불하고 이 서비스를 신청했다.[70]

스코틀랜드의 난소 연구자 에벌린 텔퍼 박사는 아직은 이런 치료가 시기상조라고 본다. "그게 정말 좋은 일일까요? 그렇다는 충분한 정보가 있나요? 제 개인적인 생각에는 전혀 그렇지 않습니다." 텔퍼는 이렇게 말했다. 무엇보다 "사춘기도 인생의 힘든 시기지만 그렇다고 사춘기를 중단시켜야 한다고 주장하는 사람은 아무도 없다"라고 덧붙였다.** 텔퍼도 완경기에 나타나는 증상의 치료에 개선할 부분이 아주 많다는 데는 동의한다. 하지만 이 문제를 해결하기 위한 첫 단계는 난소의 생물학적 특성을 더 정확하게 알아내는 것이 되어야 한다고 전했다.

난소는 단순히 난포가 담겨 있는 그릇이 아니다. 난소에는 서로 밀접하게 붙어 있는 세포가 12가지 이상 존재하며, 그 세포들 모두 난소를 구성하는 세포의 성장과 노화에 영향을 줄 수 있다. "아직 누구도 열어본 적 없는 거대한 비밀 상자와 같습니다." 텔퍼의 말이다. "지금 우리가 아는 건 극히 초보적인 수준일 뿐입니다."

** 사실 그런 주장을 펼치는 의사들도 있다. 사춘기가 너무 일찍 시작된 아이들, 무성별인 청소년, 성전환을 원하는 청소년들에게 사춘기 차단제가 새로운 치료법으로 떠오르고 있다. 내분비학회, 세계트랜스젠더보건의료전문가협회도 이런 사춘기 차단제 사용을 지지하고 있으며 미국 농무부는 성조숙증 아동에게 적용해도 안전하다고 평가했다.

보려고 하지 않아서 보이지 않는 것들

난소의 줄기세포에 관한 틸리의 논문이 발표된 2004년에 우즈는 대학원에서 한창 닭 난소를 연구 중이었다. 우즈는 난소에 재생 기능이 있다는 사실에 별로 놀라지 않았다고 했다. "당연한 일이라고 생각했어요." 우즈의 말이다. "제가 속한 세계에서는 전적으로 가능한 일이었으니까요." 닭을 연구하는 사람들은 오래전부터 이 동물의 희한한 능력을 알고 있었다. 난소를 잘라내면 새 난소가 다시 자라고 알을 비롯한 다른 것도 전부 다시 만들어지는 능력이다(심지어 때때로 새로운 고환이 자라나기도 한다). 하지만 인체에 그런 기능이 있을 가능성을 떠올린 사람은 아무도 없었다. "바로 코앞에서 두고도 놓쳤다는 게 화가 난다니까요." 우즈의 말이다.

난소가 역동적인 기관이라는 것은 자명한 사실이었다. 틸리는 이렇게 설명했다. "월경 주기만 봐도 알 수 있는 사실입니다. 하지만 난소 핵심 특성은 재생성입니다. 난소에 고유한 재생 기능이 있을까요? 누군가 저에게 묻는다면 대답은 명백히 100퍼센트 '그렇다'입니다." 그는 생식 기능 보존과 난소 조직의 생물공학 기술과 관련된 특허 13건을 보유하고 있다(그중 다섯 건은 우즈와 공동 소유). 틸리가 찾아낸 줄기세포의 존재는 난소를 재건하려면 난소의 재생 기능을 활용해야 한다는 걸 알려준 힌트였다. 틸리와 우즈는 이 책이 출판된 2022년을 기준으로 난소의 두 번째 줄기세포를 연구하고 있다. 난자가 아닌 과립막세포를 새로 만드는 줄기세포로, 두 사람은 최근에 찾아낸 이 새로운 줄기세포까지 활용하여 조만간 과립막세포와 난자를 모두 체외 환경에서 만들고 결합한 인공 난소의 원형 제작을 계획하고 있다.

　　2021년 1월 우즈는 틸리와 공동으로 사용하는 노스웨스턴 대학교 노화·불임연구소Laboratory for Aging and Infertility Research ('LAIR'이라는 약어로 많이 불린다) 연구실에서 생쥐 난소의 얇은 절편을 현미경으로 관찰했다. 현미경과 연결된 컴퓨터 화면에는 회색빛 가느다란 개울이 흐르는 듯한 으스스한 광경이 펼쳐졌다. 달 표면에 말라붙은 호수 바닥처럼 보이기도 하는, 물줄기 같은 그 형태는 난소의 줄기세포들이었다. 그 줄기세포 하나하나가 투명한 골프공처럼 생긴 새로운 난자세포를 만든다. 갓 탄생한 이 세포들은 그 순간에 시간이 정지되어 영원히 갇힌 듯한 모습이었다.* 우즈는 이것이 난소가 동적이고 재생 기능이 있는 기관임을 확실하게 보여주는 증거라고 설명했다. "존재하지 않는 세포들이죠. 그런데 여기 이렇게 있습니다."[71]

　　우즈는 다른 배양접시를 현미경에 놓고 가장자리가 흐릿하고 중심에 색이 짙은 점 하나에 초점을 맞추었다. 물에 녹여 먹는 발포 비타민이 물속에서 보글보글 녹고 있을 때와 비슷한 형태였다. 함께 기능하는 세포 여러 개가 한 덩어리를 이룬 그것은 우즈가 배양접시에서 만든 스페로이드spheroid **다. 우즈가 접시 아

＊　　　우즈는 난자의 분열 과정을 타임랩스 영상으로 만들고 배경 음악으로 마룬파이브 (Maroon 5)의 〈무브스 라이크 재거(Moves Like Jagger)〉를 깔았다.

래 백라이트를 끄자 짙은 색 점처럼 보이던 스페로이드가 갑자기 밝은 녹색 점들로 바뀌었다. 예전에 틸리도 사용했던, 해파리에서 얻은 표지 단백질인 녹색 형광 단백질이 발현된 난소 줄기세포 집합체였다. 하나하나가 난소를 만들고 새로운 난포를 형성한다.

우즈가 가장 흥미롭게 여기는 것은 이 스페로이드가 호르몬을 만드는 동시에 호르몬 신호에도 반응한다는 점이다. 호르몬 신호가 오가는 피드백 고리를 되살릴 가능성을 암시하는 결과다. 우즈는 앞으로 10년간 추진할 인공 난소 연구의 개념이 이런 결과들로 증명되었다고 설명했다. 우즈는 모든 난소에 이런 기능이 있다고 믿는다.

인공 난소 기술은 제외하더라도 이 연구는 사람의 난소가 기능하는 방식과 여성의 인체가 발휘하는 기능을 과학계가 다시 생각해야 한다는 걸 보여준다. 텔퍼도 처음에는 난자가 새로 만들어진다는 주장을 '말도 안 되는 소리'로 여겼다고 했다. 그러나 2009년에 중국 과학자들이 난소 줄기세포를 분리한 결과가 나오자 다시 생각해보기로 했고, 우즈와 틸리가 난소 줄기세포를 들고 스코틀랜드에 있는 자신의 연구소로 찾아온 날은 결정적인 전환점이 되었다. 두 사람은 텔퍼가 직접 배양할 수 있도록 줄기세포를 두고 갔고 텔퍼는 그 세포들이 활발히 분열하고 난모세포가 만들어지는 모습을 직접 보았다. "그때부터 전 생각했어요. '그래,

⁎⁎ 세포로 이루어진 생체 조직과 같은 기능을 발휘하도록 만든 3차원 구조의 세포 집합체-옮긴이.

이건 뭔가가 있어'라고요." 텔퍼의 연구실에서도 난소에서 줄기세포를 분리하는 데 성공했다. 이후 텔퍼는 우즈, 틸리와 몇 편의 연구 논문을 공동 저술했다.[72]

텔퍼는 이 분야가 발전하려면 우즈나 틸리 같은 연구자가 꼭 필요하다고 이야기한다. "때로는 보려고 하지 않아서 보이지 않는 것들도 있어요. 그게 현실입니다." 텔퍼의 말이다. "이 연구는 어쩌면 기존과는 다른 원칙을 택해야 할 수도 있음을 시사합니다." 텔퍼는 난소 줄기세포가 정상적인 난소에 존재하는 난모세포 집합체의 규모에 실질적으로 영향을 주는지는 아직 확신할 수는 없지만, 앞으로 이 세포들이 정확히 어떤 기능을 하는지 적극적으로 찾아볼 것이라고 밝혔다.

틸리와 우즈는 이런 열린 태도에서 희망을 얻는다. 이 무렵까지 난소 줄기세포의 존재를 보여주는 논문은 수십 편에 달했다. 반면 이 결과들이 틀렸다고 반박하는 논문들은 점점 줄고 있다. 분야 전체가 마침내 깨어나고 있다. "사람들이 천천히, 하지만 확실하게 이해하기 시작했습니다." 틸리의 말이다.

7장

자궁

여자의 말을
믿지 않는 의사들

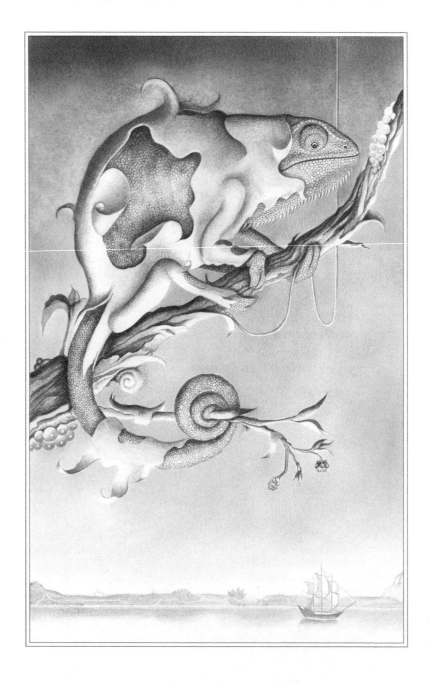

여성은 번식만을 위해 만들어진 존재가 아니다.

엘리스 쿠르투아, 미국 잭슨연구소 자궁내막증 연구자

왼쪽 가슴 브래지어 끈 아래로 혹이 만져졌을 때 린다 그리피스 Linda Griffith 박사는 심장이 철렁 내려앉는 기분이었다. 느낌이 꼭 연골처럼 딱딱했다. '물혹일 수도 있어'라고 생각했다.[1]

2010년 1월 마흔아홉 살의 이 생명공학자는 싱가포르에서 열린 생명공학회 행사장에 모인 정장 차림의 인파 속에 앉아 있었다. 말쑥하게 차려입은 남성들로 꽉 찬 공간에서 우연히 손끝에 닿은 가슴이 이상하게 느껴져 조용히 화장실로 가서 자세히 살펴보았다. '좋지 않아.' 거울 앞에서 가슴을 뚫어져라 보면서 생각했다. 미국으로 돌아와 유방조영술과 초음파 검사, 조직 검사를 거쳐 유방암 중에서도 최악이라고 알려진 삼중음성유방암 진단을 받기까지 채 일주일도 걸리지 않았다.[2] 삼중음성유방암은 호르몬 요법이나 다른 표적 치료가 듣지 않는 종양이었다.

그리피스는 마음을 굳게 먹었다. 2010년 한 해는 늘 피곤

했고 치료 부작용으로 위장 기능도 엉망이 된 채로 흘러갔다. 정맥 주사를 맞느라 병원에서 길고 긴 밤을 보낸 날도 많았다. 참 끔찍했지만 희한하게도 어떤 면에서는 아주 멋진 한 해였다. 학교에 상황을 이야기하자마자 학장은 안식년을 1년 연장해주었고 친구들과 가족들이 찾아와 편지와 직접 만든 음식을 건네며 위로했다. 금빛 머리카락을 싹둑 자르고 늘 발그레하던 볼에 핏기가 사라져도 다들 멋있다고 해주었다. 그리피스의 매사추세츠공과대학^{MIT} 연구실에서 함께 일하는 동료이자 연구실 공동책임자인 남편도 변함없이 힘을 주었다.

그리피스는 다른 생식기관에 생긴 병을 오래 앓았는데, 유방암은 그 병과 상황이 천지 차이였다. 사춘기 시절부터 조용히 그리피스를 괴롭힌 자궁내막증이라는 흔하고 고통스러운 병이었다. 자궁내벽 세포와 비슷한 세포들이 자궁을 벗어나 골반에 정착하여 호르몬에 반응하고 자궁내벽처럼 두꺼워졌다가 떨어져 나오면서 출혈을 일으키는 병이다. 유방암에 걸리고 보니 자궁내막증과 달리 모두가 이해해주고 고통에 공감해주었다. 그리피스는 유방암을 공원을 거니는 것과 비슷하다고 말했다. "화창하고 눈부신 날이 아닌 비바람 치는 날의 산책이지만요." 그리고 이렇게 덧붙였다. "어쨌든, 사람들에게 이해받을 수 있었습니다."

사람들의 반응만 다른 게 아니었다. 의사들이 이 두 병을 대하는 방식도 전혀 달랐다. 유방암은 의사가 즉시 종양을 떼어내 조직 검사를 하고, 분석하고, 분류하여 적절한 치료를 받을 수 있도록 했다. 에스트로겐, 프로게스테론, HER2 단백질과 결합하는 수용체 같은 간단한 생체 지표의 존재를 확인하는 검사 결과는 종양이 앞으로 어떻게 진행될지, 어떤 치료에 반응할지 파악하는 단서가 되었다. 반면 자궁내막증은 이런 생체 지표가 하나도 밝혀지지 않았고 병을 분류하는 적절한 체계도 없었다. 수술이나 호르몬 억제 외에는 다른 치료법이 없었는데, 두 가지 모두 심각한 단점이 있었다. "아무 기준이 없었어요." 그리피스의 말이다.

그리피스는 의사들이 과학적인 근거 없이 잘못된 확신으로 자궁내막증을 설명하는 말들을 지겹도록 들었다. 하지만 그리피스는 자궁내막증도 데이터와 생물학으로 얼마든지 설명할 수 있는 병임을 알고 있었다. 자궁을 그저 있는 그대로 보기만 하면 되는 일이었다. 즉 여성성의 중심이라는 잘못된 관점이 아니라 인체의 다른 모든 장기를 볼 때처럼 주변 전체와 밀접하게 연결되어 있고 면역세포, 줄기세포, 생명 유지에 꼭 필요한 체액들이 오가는 기관으로 보면 되는 일이었다. 다시 말해 자궁은 복잡한 생체 시스템의 한 부분이었다. 생명공학자인 그리피스는 살아 있는 시스템은 서로 연결된 네트워크로 이루어진다는 것을 알고 있었다.

자궁내막증도 유방암처럼 단일한 병이 아니라 머리가 여러 개 달린 뱀과 비슷한 병이다. 따라서 제대로 이해하려면 면역세포로 구성된 네트워크 전체를 살펴보고, 그중 한 가지 반응 경로에 개입하면 다른 경로에 어떤 영향을 미칠 수 있는지를 알아야 했다. 그리피스는 10년 넘게 유방암을 연구해온 남편 더글러스 라우펜버거 Douglas Lauffenburger 와 자궁내막증도 유방암과 비슷한 방식으로 분류할 방법이 있을 거라는 이야기를 하기 시작했다.

이후 1년 동안 그리피스는 항암제 치료를 받는 틈틈이 병상에서 연구실 사람들과 회의했다. 그리고 연구원들에게는 자궁내막증 환자들을 대상으로 인체의 특정한 생체 네트워크를 나타내는 지표가 있는지 찾아보라고 지시했다. "우리 연구실 회의 방식이 바뀌었어요."[3] 당시 그리피스의 연구실에서 박사 후 연구원으로 일했던 니콜 도일 Nicole Doyle 박사의 말이다. "우리는 병문안을 가서 그대로 병실에 함께 앉아 있었죠. 박사님의 인생이 유방암에 맞춰진 게 아니라 유방암이 박사님 인생에 맞춰야 했습니다."

그리피스의 연구진은 자궁내막증 병소가 주로 나타나는 복강 주변의 복막액을 분석하기 시작했고 염증 반응과 관련된 생체 네트워크의 지표를 발견했다.[4] 연구진은 이를 활용하여 자궁내막증 환자 중 통증이 더 심한 유형과 생식 기능에 더 심각한 문제가 생기는 유형을 구분했다. 자궁내막증의 하위 유형을 분류한 이 첫 번째 연구 결과는 2014년에 발표되었다.[5] 유방암에서 이미 활용한 것과 비슷한 분류 체계를 자궁내막증에도 만들기 위한 첫 걸음이었다. "우리 부부가 말 그대로 힘을 모아서 한 일이었습니다. 남편이 시스템 생물학의 관점에서 떠올린 비전을 제가 한 번 걸려서 임상에 연계시킨 성과였죠." 그리피스의 설명이다.

그리피스는 항암제 치료를 받는 내내 시종일관 낙관적인 태도를 유지했다. 머리카락이 빠지기 시작한 무렵에는 연구실 사람들과 파티를 열었다. 오히려 남편이 더 힘들어했다. 오랫동안 병에 시달렸던 아내가 새로운 적에게 또 고통받는 모습을 지켜보는 건 고문이었다. 그에게 암은 '끔찍한 일'이었다.

그리피스의 생각은 달랐다. 자신에게 내려진 저주를 선물로 만들었다. "끔찍한 일이 맞죠. 하지만 과학적으로는 좋은 일이기도 했습니다."[6]

진지하게 받아들이는 의사가 없었다

그리피스의 연구 인생은 생식의학이 아닌 간이나 뼈와 같은 장기를 만드는 조직공학에서부터 시작되었다. 한마디로 생명의 기초 단위를 재료로 생체를 만드는 건축가였다. 조직공학 분야에는 여성 연구자가 워낙 적은 터라 그리피스는 성별 때문에 주목받는 일을 만들지 않기 위해 노력했다. "남자들이 연구하는 건 저도 뭐든 다 했습니다. 여자가 할 일이 따로 있다고 생각한 적은 한 번도 없어요."[7]

그리피스는 미국 조지아주 밸도스타에서 자랐다. 걸스카우트 활동도 하고 나무타기도 서슴지 않을 만큼 겁이 없었다. 부모님은 어릴 때부터 스스로 해낼 수 있는 일에는 한계가 없다는 생각을 심어주었다. 그리피스는 맨발로 밖을 뛰어다니고, 나무를 타고, 가라테 검은 띠를 땄다. 열여섯 살에는 차 라디에이터를 직접 교체했다. 그리피스의 여동생 수전 버설롯Susan Berthelot은 가족 전체가 "남자든 여자든 할 수 없는 건 없다"[8]라고 믿었다고 회상했다. "자신감이 대단했어요. 사랑도 넘쳤고, 자유도 넘쳤죠. 위험을 감수해볼 자유도요."

하지만 사춘기가 되자 몸이 그리피스의 자유를 제약하기 시작했다. 월경 때마다 속이 뒤집힐 만큼 극심한 구역질과 찌르는 듯한 통증이 몰려왔고, 월경량도 엄청 많아 매번 너무나 고통스러웠다. 산부인과 의사는 열세 살인 그리피스에게 피임약을 처방했다. 문제가 될 수도 있는 조치였다. "해선 안 되는 처방이었습니다. 특히 미국 남부에서는요." 그리피스의 말이다. 엄마는 어쩔 줄 몰라 하며 딸에게 진을 마셔보라고 건넸다.

몸에서 일어나는 일을 도무지 통제할 수 없었던 그리피스는 수학 공부나 손으로 만드는 일처럼 스스로 통제할 수 있는 일에 전념하기로 마음먹었다. 장학생으로 조지아공과대학교에 진학하여 화학공학을 공부했다. 하지만 월경 때문에 생기는 문제는 갈수록 심해졌다. 시험 기간과 겹치면 아예 시험을 보러 가지도 못했고 교내 진료소에서 강력한 오피오이드* 진통제인 데메롤Demerol 주사를 맞아야 했다. 한번은 화학 강의를 듣다가 눈앞이 빙글빙글 돌기 시작하더니 기숙사로 돌아가는 흙길에서 그만 정신을 잃고 쓰러졌다. 하필 당시에 좋아했던 친구가 쓰러진 그리피스를 발견하고 집까지 차로 데려다주었다. 뒷좌석에 있던 그리피스는 차 문을 열 힘도 없어서 차 안에서 그만 토하고 말았다.

버클리캘리포니아대학교에서 화학공학 박사 과정이 거의 끝나갈 무렵에는 월경 때마다 철두철미하게 준비하는 습관이 생

---

*　마약성 진통제로 양귀비 식물에 함유된 천연 아편 성분부터 그것과 비슷하게 인공적으로 만든 다양한 합성 성분까지 포함된다. 뇌에 작용하여 통증을 완화하는 효과가 있어 주로 진통제로 쓰이지만 불법 향정신성 약물로 오용되기도 한다—옮긴이.

겼다. 머리부터 발끝까지 검은색 옷을 입고, 흡수율이 초강력 수준인 탐폰을 사서 한 번에 세 개씩 삽입하고, 하루에 애드빌Advil 진통제를 30알 넘게 삼켰다. 병원은 소용없었다. 만나는 의사들 대부분이 그리피스가 겪는 증상보다는 어떻게 진통제를 그렇게 많이 먹는데도 탈이 나지 않은지에 더 관심을 보였다. 한 남자 의사는 그리피스의 짧은 머리 모양과 운동선수처럼 탄탄한 체격을 유심히 보더니 "여성성을 거부해서"[9] 생기는 문제라고 진단했다.

"가스라이팅을 당한 기분이었습니다."

제대로 된 진단을 받은 건 우연이었다. MIT 조직공학연구실에서 박사 후 연구원 과정을 마치기 위해 첫 번째 남편과 함께 케임브리지로 막 이사 온 1988년 11월의 일이었다. 6개월째 의사에게 월경 때마다 자신이 얼마나 힘든지를 이야기하던 어느 날 초음파 검사에서 왼쪽 난소에 작은 혹이 발견된 것이다. 의사는 입원할 필요 없이 당일에 제거할 수 있다고 했다. 하지만 보스턴 브리검여성병원Brigham and Women's Hospital에서 정신을 차렸을 때는 하루가 지나 있었고 복부에는 15센티미터쯤 절개되었다가 봉합된 자국이 있었다.

정신을 차리려고 안간힘을 쓰고 있을 때 산부인과 의사가 병실로 들어오더니 무슨 상황인지 설명해주었다. 남편도 곁에 함께 있었다.

의사는 난소가 아니라 자궁에 문제가 있다고 말하면서 만성 질환인 자궁내막증이라고 알려주었다. 여성, 성전환자, 무성별인 사람들을 모두 포함하여 월경을 하는 사람 열 명 중 한 명꼴로 발생할 만큼 흔한 병이라고 했다. 그동안 그리피스가 시달린 통증을 진지하게 받아들이고 검사해보자고 한 의사가 아무도 없었던 탓에 병은 점점 더 심해졌고 난소, 방광, 장 전체가 자궁내벽과 성질이 비슷한, 점착성 강하고 얼룩덜룩한 조직에 유착된 상태였다. 의사는 수술로 그 조직을 최대한 떼어내거나 태워서 없앴다고 했다. 그 밖에는 할 수 있는 조치가 별로 없었다.

그 말을 듣고 그리피스의 머릿속에는 '진짜 병이었구나' 하는 생각만 가득했다. "누군가 저에게 정말로 문제가 있다고 이야기해주니까 엄청 위안이 되더군요." 그리피스의 말이다.

의사는 그리피스에게 두 가지 선택지가 있다고 했다. 하나는 강력한 스테로이드제인 다나졸Danazol을 복용하여 에스트로겐 생산을 막고 일시적인 완경을 유도하는 것이고, 다른 하나는 임신하는 것이었다.

의사의 말을 듣고 남편이 그리피스보다 먼저 대답했다. "우리는 아이를 가질 겁니다."

그리피스는 늘 아이를 원했지만 다나졸을 선택했다. 2년 뒤에는 남편과 헤어지고 당시 갓 등장한 조직공학 분야에서 본격적으로 일하기 시작했다. 살아 있는 세포로 새로운 장기를 만드는 일이었다. 그리피스는 인공 간을 개발했고 고분자 지지체를 실험실에서 만든 다음 그 위에 생체 혈관을 재건하는 방법도 알아냈다. 1997년에는 사람의 귀 모양으로 지지체를 만든 후 소 무릎 연골을 주입하고 통째로 실험용 생쥐 등에 이식하여[10] 일명 '사람 귀가 달린 쥐'를 만들었다.[11] MIT의 화학공학자 로버트 랭어Robert

Langer의 연구실에서 그리피스가 한 연구들은 조직공학 활성화에 보탬이 되었다. 이제는 인공 피부와 인공 장기도 개발되어 수백만 명의 화상 환자와 부상 환자에게 활용되고 있다. "그리피스는 이 분야에서 가장 결정적이라고 할 만한 연구 결과들을 발표했습니다." 랭어의 말이다.

하지만 인공 장기를 만드는 기술을 자궁에 적용할 생각은 한 번도 하지 않았다. "생각하고 싶지 않다는 마음도 있었던 것 같아요." 그리피스는 이렇게 말했다. "아무 일도 없었던 것처럼 살고 싶었거든요."

인생의 짐이 된 자궁내막증과 인생의 도피처가 된 연구, 이 둘은 절대 만나면 안 된다고 생각했다.

'몸속을 돌아다니는 자궁'

그리피스가 처음 자궁내막증 진단을 받았던 1980년대 의학 교과서에는 "직장 여성들에게 생기는 병"[12]이라는 설명도 있었다. 병을 대하는 편향성을 조사한 연구에서는 의사들이 자궁내막증에 대해 "저체중에 불안감이 심하고 지적인 완벽주의자, 백인, 사회경제적 지위가 높은 30세에서 40세 여성 중 월경과 배란 주기가 규칙적이고 출산을 수시로 미루는 사람"[13]이 주로 걸리는 병이라는 선입견이 있다는 사실도 확인되었다. 의사들은 호르몬이 자궁내막증 병소를 자극하므로 여성의 호르몬 주기를 중단시키면 병의 영향도 완화된다는 의학적인 이유를 들며 주로 결혼과 임신을 '치료법'으로 제시했다.[14] 많은 반박이 제기된 논리인데도[15] 자궁내막증 치료법으로 임신을 권하는 의사들이 지금도 있다.[16]

그리피스의 첫 수술을 집도한 엘리자베스 스튜어트 Elizabeth Stewart 박사는 자궁내막증을 여성의 생식력이 없어지는 병으로 보는 관점에서는 임신이 '일석이조'로 여겨진다고 설명했다. "자궁내막증을 보는 시선에는 분명히 성차별적인 면이 있었습니다. 지금도 여전한 것 같고요."

그리피스와 같은 자궁내막증 환자들이 겪는 고통을 두고 다 자초한 일이라고 여기는 생각은 뜻밖에도 굉장히 역사가 깊다. 애초에 왜 이런 견해가 나왔는지를 알려면 고대 그리스 시대로 거슬러 올라가야 한다.

고대 그리스 의사들은 자궁을 평범한 기관이 아니라 섹스와 출산 기회를 호시탐탐 노리는 굶주린 맹수와 비슷하다고 여겼다. "동물 안에 있는 또 다른 동물이다." 2세기에 활동한 카파도키아 출신 의사 아레테우스 Aretaeus가 쓴 글에는 이런 내용이 나온다. "한마디로 완전히 괴상하다."(음경도 동물로 여긴 것을 보면 고대 그리스에서는 신체를 동물에 비유하는 개념이 드물지 않았던 것 같다.) 여성은 남성보다 살에 물기가 많고 푹신한 편인데, 자궁은 그와 달리 가볍고 건조한 특성이 있으므로[17] 늘 수분을 끌어당기고 주변에 맞닿은 다른 기관에서 부족한 수분을 얻으려 한다고 여겨졌다. 그리고 이 목적이 제대로 달성되지 않으면 시무룩하고 우울해져 몸 전체를 엉망으로 만든다고 생각했다. 또한 자궁이 장, 폐, 심장을 찌그러질 정도로 세게 눌러 어지러움, 경련, 질식 증상을 일으 킨다는 이야기도 있었다.

플라톤은 여성이 사춘기가 지나고 너무 오랫동안 자궁이 텅 빈 상태로 방치되면 이런 "극단적인 고통"이 발생한다고 썼다. 히포크라테스가 쓴 글에는 자궁이 "모든 병의 근원"이라고 선언 한 내용이 있다.

당시 가장 많이 언급된 질환 중에는 '자궁의 질식'을 의미 하는 히스테리케 닉스ʰysterikē pnix가 있었다. 자궁이 온몸을 휘젓고 다니는 것이 원인인 이 병에 특히 취약한 사람은 과부와 젊은 미 혼 여성이었다. 또한 원래 있어야 할 곳을 벗어나서 돌아다니는 자궁을 향을 이용하여 제자리로 되돌릴 수 있다고 여겼다. 한 의 사는 몸 아래쪽으로 내려간 자궁을 다시 위로 올려야 한다며 달콤 한 향이 나는 물질을 여성의 코앞에 대고 흔들었다. 자궁이 너무 위로 올라갔다고 판단될 때는 그 물질을 환자의 생식기에 집어넣 었다. 그 밖에도 충격적인 조치가 많았다. 한 예로 갈대를 관처럼 질에 넣고 뜨거운 공기를 불어 넣는 훈증법도 활용되었다.* 자궁 을 제자리로 되돌리기 위해 복부에 붕대를 동여매기도 했고 자궁 경부나 음순에 거머리를 붙여 피를 빼내는 방혈법도 쓰였다.

오늘날에도 쓰이는 '히스테리'라는 말에는 비이성적이고 지나치게 감정적인 여성을 가리키는 의미가 담겨 있다. 하지만 고 대 그리스에서는 의학적인 진단명이었다.[18] 히스테리케 닉스라

---

*   요즘도 활용되는 증기 좌욕과 크게 다르지 않다.

불리던 이 병의 가장 효과적인 치료법으로는 삼위일체처럼 세 가지가 제시되었다. 바로 결혼, 섹스, 임신이었다. 섹스는 자궁에 수분을 제공하고 몸 전체의 체액을 뒤섞는 효과가 있다고 생각했기 때문이고, 임신은 자궁이 존재하는 근본적인 이유인 아기가 생기면 무게로 자궁이 계속 아래쪽으로 눌리므로 올바른 자리에 고정된다는 이유에서였다. 고대 그리스인들은 자궁을 오븐에 비유하며 남성의 씨가 들어가면 잘 익은 새로운 생명이 완성되는 곳으로 보았다. 같은 온도로 가열해도 오븐이 비어 있으면 내부가 과열되듯 여성의 자궁이 너무 오랫동안 비어 있으면 자궁 위치가 쉽게 바뀌고 그로 인해 병이 생기기 쉽다는 것이었다. 여성과 마찬가지로 자궁도 무언가에 점유되어야 하는 대상으로 여긴 것이다.

인체 해부가 시작된 후에는 자궁이 몸속을 돌아다닌다는 이런 개념이 다 사라졌을까? 그건 오산이다. 2세기에 활동한 갈레노스는 음핵은 의도적으로 외면하면서도 자궁은 유연한 인대 또는 막으로 골반 벽에 연결되어 있으므로 제멋대로 돌아다닐 수 있는 장기가 아니라고 확신했다. 그리고 자궁에 병이 생기는 것은 혈액이나 남성의 씨, 수정되지 않은 여성의 씨로 인해 자궁의 인대가 붓고 속에서 부패하면서 해로운 물질이 생겨나기 때문이라고 결론내렸다. 여성의 몸은 물기가 많아 매달 과도한 액체를 제거하기 위해 피를 흘려야만 하며 그래야 자궁에 문제가 생길 가능성이 방지된다고 보았다.

갈레노스 이후에 활동한 의사들도 자궁에 인대가 있다는 사실을 깨닫고도 이 새로운 해부학적 사실을 해묵은 사고방식과 결합하여 해석하는 경우가 많았다. 자궁이 돌아다니는 것은 사실이지만 자궁의 인대가 신축성이 좋아 제자리로 돌아오는 것이라고 설명하는 의사들도 있었다. 일부 의사는 향이 자궁 인대를 이완시키거나 수축시킬 수 있다며 향을 이용한 치료를 계속해서 권했다. 영국 오픈대학교 서양고전학 교수 헬렌 킹 Helen King 은 공동 저서의 〈고대 텍스트: 히포크라테스부터 시작된 히스테리 Once Upon a Text: Hysteria from Hippocrates〉라는 소제목의 글에서 자궁이 몸속에서 돌아다닌다는 생각은 서양에서 생겨나 동양으로 전해졌고 수 세기 동안 의학계를 지배했다고 설명했다. 심지어 빅토리아 시대에도 여성이 기절하면 자궁을 원래 있던 자리로 되돌려놓아야 한다는 고대 그리스 시대와 같은 논리로 향이 나는 소금을 사용했다.*

해부학의 발전으로 자궁이 몸속에서 돌아다닌다는 추측이 틀렸다는 것이 입증된 후에도 이 개념이 이토록 끈질기게 지속된 이유는 무엇일까? 고대 그리스인들이 월경 주기를 어떻게 생각했는지 연구한 킹은 다음과 같은 이론을 제시했다. "여성이 정해진 자리를 지키게 만드는 매우 효과적인 방법입니다. 아이 키우는 일 외에 다른 일은 건강에 해롭다는 인식을 심어서 육아에 전념할 수 있게 만드는 것이죠."[19]

히스테리의 정의가 달라진 후에도 이 병이 생물학적 원인으로 발생하는 생물학적 질환이라는 시각은 바뀌지 않았다. 히스

---

* 16세기에 인체 혈액 순환에 관한 지식의 범위를 크게 넓힌 의사 윌리엄 하비의 글에도 히스테리는 "건강에 해로운 월경 분비물"이 원인이며 이 문제는 "결혼하지 않고 너무 오래 지내는 것"과 관련이 있다는 내용이 있다.

테리 진단에는 여성을 생식과 관련된 생물학적 기능에 묶어놓으려는 의도가 있었으나 환자가 겪는 고통에 확실한 병명을 부여한 것도 사실이었다. 하지만 20세기에 들어서면서 이런 상황은 달라졌다. 의학계는 히스테리를 신체 질환이 아닌 신경증, 즉 환자 머릿속에만 있는 문제로 여기기 시작했다. '히스테리'라는 용어와 자궁의 연결고리는 1900년 이전에 사실상 거의 끊어졌다.

이런 극적인 변화는 어떻게 일어났을까? 이번에도 프로이트다.

프로이트와 히스테리

한 프랑스 여성이 정신을 잃은 듯 몸이 뒤로 넘어간 모습.[20] 눈은 감겨 있고 코르셋 위로 가슴이 불룩 나와 있다. 수염을 기른 여러 명의 신사가 앉은 자리에서 몸을 앞으로 기울여 그 광경을 보고 있다. 〈살페트리에르의 임상 수업Une leçon clinique à la Salpêtrière〉(1887)의 그림 중앙에는 검은색 정장 차림에 머리가 희끗희끗한 남성이 여성 가까이에 서서 무언가를 설명하고 있다. 조수의 팔에 늘어진 채 군중에 둘러싸인 그림 속 여성의 수동적이고 대상화된 모습은 히스테리의 전형적인 자세였다. 이는 수십 년간 히스테리의 상징적인 모습이 되었다.

그림 속 백발의 남자는 파리 외곽에 자리한 의과대학 부속 살페트리에르정신병원 원장이자 신경학자 장마르탱 샤르코

Jean-Martin Charcot다. 샤르코는 다발경화증과 실어증, 투렛증후군, 근위축성측색경화증(루게릭병)과 같은 질환을 밝혀낸 인물로 유명하다. 프랑스에서 근위축성측색경화증은 '샤르코병'으로도 불린다. 하지만 샤르코는 항상 히스테리에 각별한 관심을 기울였다. 17세기에 히스테리는 과학이 아닌 주술, 악마, 마술과 관련이 있는 수치스러운 문제로 여겨졌다. 화형에 맞먹는 취급을 받던 이 병을 잿더미에서 구해낸 사람이 바로 샤르코였다. 그는 모두가 마녀의 소행, 꾀병이라고 조롱하던 히스테리를 인체기관에 발생하는 병이라고 주장했다. 문제는 그가 말한 기관이 생식기관이 아닌 뇌였다는 것이다.[21]

　　샤르코가 활동한 시기에 유럽 전역에는 살페트리에르와 같은 정신병원이 많았고 그중 상당수는 이른바 히스테리 환자라 불리던 사람들로 가득했다. 19세기에 히스테리의 표준 치료법으로 알려진 방식은 모든 면에서 고대 그리스 시대 못지않게 잔혹했다. 거머리, 특정한 약, 비소, 아편제를 사용했고 강제로 구토를 시키기도 했다. 하지만 샤르코에게는 그만의 방식이 있었다. 매주 화요일이면 이 특별한 목적을 위해 지은 500석 규모의 원형 강당에서 징이나 소리굽쇠를 울려 환자에게 최면을 걸고 히스테리 발작을 유도했다.[22] 그가 15분에서 20분 동안 발작을 유도하는 과정은 정교하게 짜인 공연 같았다. 피술자는 전부 동일한 반응을 보였다. 처음에는 뻣뻣하게 똑바로 서 있다가 팔다리를 서커스의 한 장면처럼 크게 휘두르고(샤르코 자신도 이 부분을 굉장히 즐겁게 관람했다) 마침내 극적인 동작으로 몸을 뒤로 획 젖히면서 정신을 잃었다. 샤르코는 칠판에 색색의 분필로 써가며 각 단계를 설명했다.

샤르코가 사람들에게 실연하는 광경은 극적인 동시에 피술자가 몸을 비틀며 신음하는 등 성적인 분위기가 은근하게 깔려 있었다. 샤르코는 이런 발작을 최면과 '동물 자기 animal magnetism', * 전기 같은 실험적인 방법으로 중단시킬 수 있다고 말했다(또한 난소를 압박하여 히스테리 발작을 유발하거나 중단시키는 것도 가능하다고 주장하면서 보기에도 끔찍하게 생긴 '난소 압박기'라는 기구를 발명했다[23]). 결국 그가 한 일은 모두 사기 행각으로 밝혀졌고 파리에서 히스테리는 진단명에서 사라진 듯했다. 하지만 샤르코의 방식을 연구의 발판으로 삼은 젊은 신경학자가 있었다.

1885년 지크문트 프로이트는 샤르코의 원형 강당에 앉아 있던 의대생 중 한 명이었다.[24] 에른스트 브뤼케 Ernst Brücke의 신경학 연구실에서 개구리와 가재, 칠성장어의 뇌를 비교하는 연구를 한 후[25] 샤르코의 가르침을 받기 위해 6개월간 파리에 머물고 있던 그때, 프로이트도 강당에 모인 다른 사람들과 마찬가지로 눈앞에 펼쳐진 광경에 큰 충격을 받았다. 프로이트에게 가장 인상적이었던 것은 남성의 히스테리에 관한 샤르코의 연구와 히스테리가 자궁이 아닌 신경계에 발생한 보이지 않는 손상에서 비롯된 것임을 입증하려는 샤르코의 시도였다. 프로이트는 자신이 본 것을 더욱 발전시켜 히스테리의 본질은 물리적인 손상이 아니라 "트라우마

---

* 독일 의학자 프리드리히 안톤 메스머(Friedrich Anton Mesmer)가 환자를 최면술로 치료하는 방식을 설명하면서 제시한 개념이다. 그는 인간에게 영향을 주는 무형의 신비로운 힘이 있다고 주장하며 이 표현을 처음 사용했다-옮긴이.

나 억압으로 생긴 심리적 상처"이며 그것이 신체 증상으로 나타나는 것이라고 보았다.

프로이트는 동료들에게 최면의 히스테리 치료 효과를 알리고자 하는 마음으로 의욕에 차서 빈으로 돌아왔다. 그러나 그가 남성의 히스테리에 대해 언급했을 때 돌아온 것은 조롱 섞인 반응뿐이었다. "어떻게 그런 말도 안 되는 소리를 합니까?"[26] 한 나이 지긋한 외과 의사는 믿을 수 없다는 듯 프로이트에게 이렇게 물었다. "'히스테론hysteron(원문 그대로 옮김)'은 자궁이라는 뜻입니다. 그런데 남성이 히스테리에 걸릴 수 있다니요?" 프로이트는 이런 생각에 동의하지 않았다. 그가 쓴 글에도 히스테리를 자궁과 연결하는 것은 잘못된 생각이라는 내용이 있다. 프로이트는 히스테리라는 단어를 "여성의 성기관에 생긴 병과 연계시키는 것은 신경증에 대한 편견이며 이제야 그 편견을 극복하게 된 것"이라고 설명했다.

그는 긴장성 기침과 호흡 곤란, 편두통, 불안, 말이 잘 나오지 않는 것과 같은 히스테리 증상이 남성과 여성 모두에게 나타날 수 있다고 주장했다. "히스테리 증상에는 해부학적인 요소가 없거나, 있다고 해도 아직 밝혀지지 않았다."[27] 프로이트가 1893년에 쓴 글이다. 그는 히스테리의 증상과 원인에 관한 기존 인식을 뒤집었다. 월경 주기로 인한 문제가 불안과 신경증을 일으키는 것이 아니라 신경증과 불안이 생물학적 증상으로 나타나는 것이라고 주장했다. 자궁이 몸속을 돌아다닌다는 인식도 정말로 그렇다는 의미가 아닌 은유적인 의미로 보았다.

히스테리는 프로이트의 발판이 되었다. 몸에 생긴 병을 다루는 의사들의 손에서 히스테리를 빼앗아옴으로써 프로이트는 자신의 본래 계획대로 모든 신경증은 마음에 뿌리가 있으며, 특히 성과 관련된 기억, 성적 갈등이 트라우마로 남으면 신경증의 시초가 된다는 주장을 본격적으로 펼칠 수 있게 되었다. 히스테리는 이 주장의 기본 개념을 뒷받침하는 증거가 되었다. 프로이트는 환자를 트라우마 기억과 직면하도록 하면 그런 기억 때문에 발생하는 골치 아픈 신체 증상도 없앨 수 있다고 주장했다. 1895년에는 빈에서 활동하던 동료 의사 요제프 브로이어Josef Breuer와 함께 《히스테리 연구Studies on Hysteria》를 공동 저술했다. 프로이트는 성에 관한 자신의 논제를 최초로 밝힌 이 저서에서 다음과 같이 결론내렸다. "히스테리 환자를 괴롭히는 것은 대부분 회상이다." 한마디로 히스테리는 머릿속에서 일어난다는 말이었다.

주목할 점은 여성들이 앓는 병의 원인이 생물학적인 데 있는 것이 아니라 환자인 여성에게 있다고 비난의 화살을 받기 시작한 시점이 유럽에서 처음으로 페미니즘 운동이 일어나고 여성 참정권 운동이 시작된 시기와 일치한다는 것이다. 여성들이 전통적으로 여성의 영역이라 여겨지던 가정에서 벗어나 바깥일에 관여하는 일이 점차 늘자 의사들은 여자가 이렇게 나대는 것은 부자연스러운 일이며 그런 여성들은 건강에 문제가 생길 수 있다며 염려하기 시작했다. 처음에는 여성들이 교육을 많이 받고 바깥일을 하면 자궁에 있어야 할 혈액이 뇌로 쏠릴 수 있다는 우려를 제기하더니 이내 우려가 여성들을 비난하는 논조로 바뀌었다. 한때 '치료법'으로 여겨지던 자궁 절제술, 난소 절제술, 임신에도 처벌과 비슷한 의미가 부여되기 시작했다.*

프로이트는 여성의 자궁이 아닌 여성 자체를 히스테리의 원인으로 지목했다.

자궁의 문제가 쉽게 외면되는 이유

프로이트는 자궁을 자신이 구상한 정신의학의 제국이 들어설 토대로만 여겼을 뿐 특별히 관심을 기울이지는 않았다. 아이를 낳고 싶어 하는 남성 몇 명의 사례와 임신이라고 착각한 한 여성의 '히스테리성 임신' 사례 한 건 외에 프로이트의 글에 자궁은 거의 등장하지 않는다. 여성의 생식기관에 관한 해부학적 지식은 프로이트의 이론에 거의 영향을 주지 않았다. 하지만 그의 이론은 부인과 의학 전체에 깊은 영향을 주었다.

---

*　해결책이라 불리던 이런 방법들이 무익하다는 사실을 깨달은 사람들이 있었다. 전업주부였다가 사업가가 된 매사추세츠주 린 출신 여성 리디아 E. 핑컴도 그중 한 명이었다. 핑컴은 남자 의사들은 여성 환자가 무엇을 필요로 하는지 이해하지 못하거나 공감하지 못한다는 사실을 깨달았다. "여자들만 느끼는 수천 가지 통증을 남자가 어떻게 알 수 있을까?" 1901년 팸플릿 형식으로 처음 발행되어 널리 배포된 〈여성 질환에 관한 논문(Treatise on the Diseases of Women)〉에 담긴 핑컴의 글이다. 이 논문에서 핑컴은 여성 생식기관의 해부학적 특성을 여자 대 여자로 솔직하게, 그리고 누구나 이해할 수 있도록 쉽게 설명하고 배란, 수정, 임신에 관해서도 생물학적으로 설명했다. 하지만 아쉽게도 이 자료의 주된 목적은 '리디아 핑컴의 식물성 화합물'이라는 상품 판매였다. 농축 허브와 각종 뿌리를 섞어 만든 이 독점 상품은 월경과 완경, 그 밖에 자궁과 관련된 무수한 문제로 인한 통증 완화에 좋다고 광고했다. 나중에 이 강장제 제품의 주요 성분은 알코올로 드러났다.

프로이트도 샤르코와 마찬가지로 히스테리는 남성이나 여성 모두에게 발생할 수 있는 신경증이라고 보았다. 발생 빈도도 다르지 않다고 생각했다. 심지어 프로이트 자신도 '약간의 히스테리' 상태이며 해결 중이라고 언급한 적도 있다. 그러면서도 그가 직접 만나거나 사례 연구를 진행한 히스테리 환자는 거의 대부분 여성이었다(남성은 같은 증상을 보여도 대부분 신경쇠약증이나 오늘날 외상후스트레스장애로 불리는 전쟁신경증이라는 진단을 받았다). 프로이트는 여성으로 살다보면 우여곡절이 많고 그 과정에서 성적 갈등을 겪게 되므로 본질적으로 남성보다 신경 질환에 더 취약하다고 생각했다. 따라서 히스테리의 직격탄을 가장 크게 받는 것도 여성일 수밖에 없다고 보았다.

《정신 질환 진단 및 통계 편람Diagnostic and Statistical Manual of Mental Disorders》*에도 등재되었던 히스테리는 1980년에 마침내 삭제되었지만 '정신 신체 질환'** 진단 목록에는 여전히 남아 있다. 마야 뒤센베리Maya Dusenbery 기자는 《의사는 왜 여자의 말을 믿지 않는가Doing Harm》(2017)에서 그런 분류는 "현대의 옷을 걸친 히스테리"[28]라고 주장했다. 또한 남성보다 여성이 진단받는 빈도가 열 배 더 높다는 것은 히스테리가 '여성의 병'으로 여겨진다는 증거라고 설명했다. 뒤센베리는 여성들이 실제로는 만성피로증후군처럼 밝혀

---

* 미국정신의학회가 발행하는 정신 질환 분류 체계로 표준화된 진단 기준이 담겨 있다. 현재 개정판이 제5판까지 나왔으며 약어 DSM으로 많이 불린다-옮긴이.
** 다양한 정신적 요인이 신체 증상으로 나타나거나 신체 질환의 장애, 질병의 양상과 결과에 영향을 주는 장애-옮긴이.

진 것이 별로 없는 병에 시달리는 비율이 더 높고 이는 부분적으로 면역계를 포함한 생물학적 특징이 남성과 다르기 때문인데도, 의사들은 여성 환자에게서 나타나는 증상을 어떻게 설명해야 할지 모르면 자동으로 심리적인 문제로 치부한다고 주장했다.

실제 존재하는 병을 정신의 문제로 여기는 프로이트식 견해는 자궁내막증처럼 자궁에 정말로 발생하는 병을 외면하게 만든다.*** 애비 노먼Abby Norman이 대학생 때 자궁내막증 증상이 나타나 병원을 찾았을 때도 의료진은 노먼이 자궁내막증일 가능성을 제시하자 일축했다. "아마도 어릴 때 성추행을 당한 적이 있을 테고, 지금 나타나는 증상들은 몸이 그 일에 대처하는 방식일 겁니다."[29] 한 의사는 이렇게 말했다. "다 머릿속에서 일어나는 일이에요." 이런 말을 한 의사도 있었다. 20대에 마침내 자궁내막증이라는 진단을 받자 의사들은 임신 이야기부터 꺼냈다.

"내가 정말로 걱정한 것은 통증과 구역질, 내가 사랑하고 나에게 행복을 주는 것들(음식, 춤, 섹스)을 잃으면 어쩌나 하는 것이었지, 내 생식 기능을 우려한 게 아니었다." 노먼이 2018년에 쓴 회고록《엄청나게 시끄럽고 지독하게 위태로운 나의 자궁Ask Me

---

*** 히스테리는 환자가 꾸며낸 병이 아니라 오래전부터 자궁내막증에 잘못 붙여진 병명이라고 주장하는 학자들도 있다. 이란 출신의 세 형제가 모두 자궁내막증 전문의가 된 네자트(Nezhat) 형제는 2012년에 발표한 논문에서 다음과 같이 설명했다. "그게 사실이라면 인류 역사상 가장 심각하고 가장 거대한 규모의 오진이 될 것이다. 여성들은 수백 년 동안 히스테리라는 이유로 죽임을 당하고 정신병원에 갇히는 등 신체적·사회적·심리적으로 끝없는 고통에 시달렸다. 수 세기에 걸쳐 이어진 오진이 영향을 주었을 사람들의 규모는 믿을 수 없을 만큼 엄청나다."

about My Uterus》에 나오는 내용이다. "섹스 자체가 불가능한 상황인데, 어떻게 의사들 입에서 임신을 해보라는 말이 나올 수 있는지 정말 궁금하다. '네, 좋아요, 아기를 가져볼게요. 그런데 궁금한 게 있는데요. 섹스할 때 견디기 힘들 만큼 통증이 심해서 수정이 충분히 이루어질 만큼 삽입을 참고 있을 수가 없는데, 도대체 어떻게 임신하나요?' 내가 이렇게 물어봤다면 뭐라고 했을까? 왜 나를 성생활을 영위하면서 살고 싶어도 그러지 못하는 젊은 여성으로는 볼 수 없었던 걸까?"

의사들은 노먼이 당연히 엄마가 되고 싶어 한다고 확신해서 임신 계획이 있는지를 물어볼 생각조차 하지 않았다. 자궁내막증 상태를 확인하기 위한 첫 번째 수술에서 의사는 자궁에서 커다란 물혹을 발견했다. 그 혹에 밀려 난소가 원래 있던 위치에서 벗어나 있었고 인접한 나팔관도 뒤틀려 있었다. 의사는 생식 기능에 문제가 생기지 않도록 혹을 제거하지 않고 내용물을 비워서 크기만 줄였다. 그러나 몇 주 후 통증이 다시 시작되었다. 노먼은 생식 기능에 크게 신경 쓰지 않았다. 그저 고통에서 벗어나고 싶었다. 자궁내막증으로 연애도 엉망이 되었고, 대학도 그만두어야 했으며, 끊임없이 수치심에 시달렸다. 그런데 의료계 전문가들은 마치 노먼이 이 고통을 자초한 것처럼, 일하려고 해서, 섹스를 원해서, 아이를 원하지 않아서 생긴 일인 것처럼 느끼게 만들었다. 프로이트라면 여성의 역할에 제대로 적응하지 못해서 생긴 일이라고 했을 것이다.

일부 학자가 자궁내막증을 '새로운 히스테리'[30]라고 여길 만도 하다.

자궁 절제술과 죽음, 둘 중 하나

그리피스는 겉보기에는 도통 멈추는 법을 모르는 사람 같았다. 말도 빠르고 늘 기운이 팔팔 넘치는 그리피스가 가죽 재킷 차림으로 가와사키 오토바이를 타고 학교에 출근하는 모습은 늘 동료들에게 깊은 인상을 남겼다.* "에너지가 넘치고, 굉장히 명석하고, 신기할 정도로 나이보다 어려 보이는 분이었습니다. 정말 놀라운 사람이라고 생각했죠."[31] 하버드대학교의 유전학자 파디스 사베티 Pardis Sabeti는 그리피스를 이렇게 기억한다. "꼭 번개 같은 사람이었습니다. 제가 평생 만난 이들 중에 가장 에너지가 많은 사람이에요."[32] MIT의 독성학자 스티븐 태넌바움 Steven Tannenbaum의 말이다. "아주 강렬했습니다."

하지만 활기찬 모습 이면에서 무슨 일이 일어나고 있는지 아는 동료는 아무도 없었다. 그리피스는 자궁내막증으로 1990년대 내내 연이어 몸에 칼을 대는 수술을 받았다. 하지만 자궁 조직은 있지 말아야 할 위치에 계속해서 나타났다. 장과 수뇨관을 둘러싸고 아래쪽으로 압박을 가하기도 했다. 다섯 번째 수술을 받을 때쯤에는 도저히 찰스강 너머로 출퇴근을 할 수 없는 상태에 이르렀다. 장이 꼬이는 듯한 극심한 통증에 시달리며 병원에 몇 시간씩 누워 있어야 했다. 게다가 루프론 Lupron이라는 독한 호르몬 차단

---

*   요즘은 케임브리지 저수지 둘레를 조깅하거나 코로나19 대유행 시기에 새로운 취미가 된 유압식 스카이콩콩을 타고 돌아다닌다.

제의 영향으로 단기 기억상실증도 겪었다. 열역학 강의 중에 '열전달'이라는 단어가 생각나지 않은 적도 있었다.

그런데도 그리피스는 출산의 희망을 버리지 않았다. 그리피스는 위스콘신대학교의 시스템생물학자였던 라우펀버거를 당시 MIT에 신설된 생명공학과의 새로운 학과장으로 영입하는 일을 도왔고 두 사람은 연구실에서 함께 일하다가 사랑에 빠져 조용히 결혼했다.* 1997년에 부부는 아이를 가지려고 여러 병원을 돌며 체외수정을 시도했지만 매번 배아가 자리를 잡지 못했다. 자궁내막증이 이미 너무 많이 진행된 상태였기 때문으로 추정되었다. 현재 부부가 사는 집의 주방 문 위에는 그리피스의 엄마가 체외수정 후 태어나지 못한 배아를 기리며 선물한 아기 천사 모양의 조각 세 개가 매달려 있다.

2001년 9월 마흔 살 생일 바로 다음 날 그리피스는 찌르는 듯한 극심한 통증에 잠이 깼다. 의사가 처방한 오피오이드도 통증에 별로 도움이 되지 않아서, 결국 와인 두 잔과 함께 삼켰다. 다음 날인 9월 11일 온 나라가 쌍둥이 빌딩이 무너진 충격에 휩싸여 있을 때 그리피스는 진통제 기운이 가시지 않은 상태로 다급히 병원으로 옮겨져 키스 아이작슨Keith Isaacson 박사에게 자궁 절제술을 받았다. 자신을 위한 선택이었다. 고통의 근원인 자궁을 제거해야만 했다. 그로써 아이에 대한 희망도 버려야 했다. "그건 사실 선택이 아니었습니다. 자궁 절제술과 죽음, 둘 중 하나뿐이었으

---

*   지금도 두 사람이 부부라고 하면 깜짝 놀라는 연구원들이 있다.

니까요." 그리피스의 말이다.

그리피스는 자궁내막증의 영향이 거셌던 인생의 한 장을 끝내고 마침내 다음 장으로 넘어갈 수 있게 되었다고 생각했다. 하지만 자궁은 아직 다 끝내지 못한 모양이었다. 2005년에 병이 재발했고 그리피스는 수술을 두 번 더 받아야 했다.** 그리고 아기를 낳을 수 없게 되었다는 사실을 생각하지 않으려고 안간힘을 썼다. 동료의 출산을 축하하는 저녁 식사 자리에는 핑계를 대고 가지 않았다. 자신이 하는 일에서 계속 선두를 달리고 멀쩡한 정신을 유지하려면 암울한 생각들은 떨쳐버려야 했다. "그런 모임에 가는 건 스스로 지옥문에 들어서는 것과도 같아서, 아예 그 문이 열릴 일이 없도록 만들어야 했습니다."[33]

턱없이 부족한 연구

2007년에 전환점이 찾아왔다. MIT 이사회의 수전 화이트헤드 Susan Whitehead 이사가 그리피스에게 '과학계와 공학계의 여성들'이라는 오찬 행사에서 조직공학 연구가 여성들에게 어떻게 도움이 되는지 강연해달라고 요청한 것이다. 처음에는 짜증이 났다. "여

** 자궁내막증은 자궁 밖에 생기는 병이므로 자궁을 적출한다고 해서 문제가 확실하게 해결되는 경우는 거의 없다. 골반의 다른 부분에 병소가 숨어 있거나 조직 깊숙이 파고들기도 한다. 자궁내막증으로 자궁 절제술을 받은 환자의 절반 이상에서[34] 통증이 재발하고 그중 상당수가 추가 수술을 받는다.

성들 일에는 그다지 관심이 없었습니다. 제가 그런 이야기의 일부가 되고 싶지도 않았고요. 그래서 거리를 두고 싶었습니다." 하지만 화이트헤드는 그리피스의 친구이기도 했으므로 결국 수락했다.

행사가 끝나갈 무렵 진행자는 그리피스에게 10년 뒤에는 어디에서 무엇을 하고 있을 것 같냐고 물었다. 그때 얼마 전 자궁내막증 진단을 받은 조카 케이틀린이 떠올랐다. 케이틀린은 스트레스가 원인이라는 소리만 들으며 몇 년간 병에 시달린 후에야 제대로 된 진단을 받았다.

갑자기 속에서 무언가 폭발하는 기분이 들었다. "저는 자궁내막증이라는 만성 질환을 앓고 있습니다. 제 조카가 열여섯 살인데, 얼마 전에 같은 진단을 받았다고 해요. 저보다 서른 살이 어린 그 아이가 받을 수 있는 치료는 제가 열여섯 살일 때와 크게 다르지 않습니다."[35] 그리피스는 이렇게 이야기를 시작했다. 자궁내막증으로 여덟 번째 수술을 받은 직후였다. 그리피스는 조카가 자신과 같은 병을 앓고 있다는 사실을 떠올리자 "머릿속에서 용암이 분출하는" 기분이었다고 했다.

인공 간과 뼈를 만드는 일은 "할 수 있는 사람이 아주 많지만 이 일은 오직 나만이 할 수 있다"라는 생각이 들었다. 마침 얼마 전에 맥아더 '천재'상 수상으로 어떤 연구에든 쓸 수 있는 50만 달러의 연구비가 있었다. 그리피스는 그 돈으로 무엇을 해야 하는지 깨달았다. 2009년 그리피스는 상금으로 받은 연구비로 MIT에 '부인과병리학센터 Center for Gynepathology Research'를 열었다. 자궁내막증과 인지도가 그 병보다도 훨씬 낮은 자궁선근증을 중점적으로 연구하는 미국 유일의 공학 연구소였다. 자궁선근증도 자궁의 근육벽 안쪽에 자궁과 비슷한 조직이 자라는 병이다.

개소식 행사에는 미국 TV 프로그램 〈톱 셰프Top Chef〉 진행자이자 미국 자궁내막증재단의 공동 창립자인 파드마 락슈미Padma Lakshmi도 참석했다. 락슈미는 자궁내막증이 너무나 심각한 병인데도 연구는 턱없이 부족하다고 한탄했다. "미국에 이런 연구센터가 처음 생겼다는 사실이 저에게는 정말 충격이었습니다. 이 센터가 최초라는 게 너무 놀랍지만, 한편으로는 영원히 없는 것보다는 늦게라도 생겨서 다행이라고 생각합니다. 린다 그리피스 박사님께 감사드립니다."[36]

생물학적 비밀을 알려줄 창구

여성 질환 연구에 매진하는 곳들은 대부분 장미, 튤립, 모래시계 실루엣 등 여성성을 떠올리게 하는 모양을 상징으로 사용한다. 그리피스의 연구소는 달랐다. MIT 생명공학과 건물 한쪽에 자리한 이곳의 상징은 센터의 영문 이름 머리글자 CGR을 붉은색과 검은색으로 쓰고, 가운데 G를 연구자의 손 같은 느낌이 나도록 둥글게 휘어진 화살표 모양으로 디자인했다. "분홍색이나 꽃 모양에서 벗어나고 싶었어요." 그리피스는 조지아 출신다운 약간 느릿한 말투로 설명했다. "'우리가 하는 일은 과학이다'라고 확실하게 알려주고 싶었습니다."

그리피스도, 그리피스의 연구실도 특정 성별에 치우치지 않는 과학과 공학의 언어를 사용한다(공학이니까 당연히 남성적이라고 하는 사람도 있겠지만). 자궁내막증을 여성들이 겪는 고통으로만 여기지 않고 생체 지표와 유전학, 분자 네트워크의 관점에서 볼 수 있도록 만드는 것은 그리피스가 적극적으로 추진하는 목표다. "저는 자궁내막증을 여자들 문제가 아니라 MIT가 해결해야 할 문제로 만들고자 합니다." 그리피스는 2014년《MIT 테크놀로지 컬 리뷰-MIT Technology Review》와의 인터뷰에서 이렇게 밝혔다.

그리피스는 자궁내막증 환자에게서 얻은 자궁세포로 자궁 오가노이드*를 만들기 시작했다. 안쪽이 소용돌이치는 분화구처럼 생긴 분비샘이 있는 작은 반구형 물방울 같은 세포들로 이루어진 오가노이드를 자궁과 비슷한 환경 조건에서 필요한 영양소를 공급하며 배양하면 인체 자궁내벽과 구조가 비슷한 조직이 자연적으로 형성된다. 이 조직은 호르몬에 반응해서 두꺼워졌다가 떨어져 나오기도 한다. 자궁내막증 환자의 '아바타'라고도 할 수 있는 자궁 오가노이드는 새로운 치료법을 시험하기에 이상적인 도구다. 생쥐는 월경이 없으므로 생물학적 기준에서는 이 인공 조직이 생쥐보다 인체 자궁세포와 더 흡사하다. 사람을 대상으로 실험할 때 고려해야 하는 윤리적인 문제에서도 자유롭다.

---

* 줄기세포를 이용하여 인체 장기와 유사한 구조와 기능을 갖추도록 만든 조직으로 장기 유사체, '미니 장기'로도 불린다-옮긴이.

그리피스는 자궁이 임신이라는 대표적인 기능을 발휘할 때 외에도 얼마나 놀라운 기관인지를 밝혀내는 연구에 주력한다. 인간은 포유류 중에서는 거의 유일하게 자궁내막, 즉 자궁의 안쪽 벽이 한 달에 한 번씩 난자의 수정 여부와 상관없이 전체적으로 두꺼워지고, 수정란이 나타나지 않으면 두꺼워진 부분이 떨어져 나와서 제거된다.

자궁을 자그마한 오렌지라고 한다면 자궁내막은 오렌지 겉껍질 아래 하얀 중과피와 같다. 배아로 발달할 수정란이 머물 수 있도록 살아 있는 세포가 침구처럼 두툼하게 형성되어 있는데, 매월 프로게스테론의 신호를 시작으로 자체적으로 떨어져 나오고 시간이 지나면 다시 생겨난다. 내벽이 탈락하면 상처를 복구하기 위해 면역세포들이 부리나케 달려오고 자궁내벽의 연결 조직 세포들이 분화하면서 혈관이 섬세하고 풍성하게 갖추어진 새로운 내막이 만들어진다. 이 과정은 여성의 일생 동안 어떤 손상의 흔적도 없이 흉터 하나 남기지 않고 최대 500회까지 신속히 반복된다. "인체가 이 과정을 조절하는 방식은 정말 놀랍습니다."[37] 영국 에든버러대학교의 생식생물학자 힐러리 크리츨리Hilary Critchley 박사의 말이다.

그리피스 연구진은 이런 체계적인 상호 작용을 그대로 가져올 수 있도록 자궁 모형에 혈관과 신경세포, 면역세포도 함께 이식한다. 이 모형을 간, 뼈, 장 모형과 연결하는 것이 최종 목표다. 자궁을 보는 그리피스의 시각은 고대 그리스인들과 분명한 차이가 있다. 그리피스에게 자궁은 여성의 핵심 약점이 아니라 새로운 시작과 재생 기능을 갖춘 강력한 기관이다. 동적이고, 회복력이 있고, 변화무쌍한 이 기관은 인체의 가장 큰 생물학적 비밀인 조직 재생 기능과 흉터가 남지 않는 상처 치유 기능, 면역 기능을 살펴볼 수 있는 창구이기도 하다. "자궁내막은 본질적으로 재생력이 있습니다." 그리피스의 설명이다. "그래서 자궁 연구는 곧 재생 과정에 관한 연구입니다. 재생력에 어떻게 문제가 생기는지도 탐구할 수 있습니다."

문제의 원인은 신체가 아닌 세상에 있다

그리피스가 제작한 체외 자궁 모형은 정말 요긴하게 쓰이고 있다. 자궁내막증과 월경을 전체적으로 연구할 수 있는 동물 모형이 없기 때문이다.

　　자궁내막 전체가 두꺼워졌다가 탈락해서 제거되는 인체의 기능은 동물계를 통틀어 매우 이례적인 특징으로, 그런 기능이 있는 동물은 소수의 영장류와 박쥐 네 종류, 뾰족뒤쥐 두 종류가 전부다. 인간처럼 자궁내막증과 같은 월경 장애를 겪는 동물은 그보다 훨씬 적다. 태반이 있는 포유동물 중에서 월경이 있다고 알려진 동물은 1.6퍼센트인 84종에 불과하다.[38] 계통발생학적 관계도를 보면 이 동물들이 넓게 흩어져 분포한다는 사실과 함께 자궁의 출혈에 해당하는 월경이 최소 세 번의 개별적인 진화를 거쳤다는 것을 알 수 있다. 여기서 한 가지 근본적인 의문이 생긴다. 월경에 필요한 모든 조건과 규칙성의 측면에서 인체 자궁은 왜 이렇게 동적으로 기능할까? 또한 월경이 한 달에 한 번씩 기관 전체가 제거되었다가 다시 재생되는 일이 반복되는 소모적인 과정이라는 점을 생각하면 애초에 왜 이런 방식으로 출혈을 겪어야만 할까 하는 의문도 생긴다.[*]

가장 많이 알려진 설명 중 하나는 여성과 암컷은 몸에 제거해야 하는 지저분한 것, 해로운 것이 있다는 것이다. 1920년대에 벨러 시크Béla Schick라는 의사는 여성의 월경혈에는 특수한 독성 물질이 있다는 이론을 세우고 이를 '월경 독소'라고 불렀다. 시크는 월경 중인 여성은 피부에서 흘리는 땀에도 독성 물질이 있으며[39] 그 땀이 닿은 꽃은 시들고 죽는다는 다소 의심스러운 실험 결과를 공개했다. 시크의 연구 결과 중에 재현된 것은 하나도 없는데도 그의 주장에 동의하는 사람들이 생겼고 월경 중인 여성은 식물을 시들게 할 뿐 아니라 맥주, 와인, 절임 식품의 맛을 변질시킨다는 주장까지 나왔다. 심지어 오늘날에도 여성의 질은 지저분해서 씻어내야 한다는 주장을 바탕으로 수많은 이론이 나왔다. 1993년에는 의사이자 수학자인 마지 프로펫Margie Profet이 "정자를 통해 자궁에

---

[*] 우리 생각처럼 인간만의 특별한 기능은 아닌 듯하다. 서아시아 지역의 토착 설치류인 가시생쥐[40]는 이 동물의 군집을 연구해온 오스트레일리아 모내시대학교의 나디아 벨로피오레(Nadia Bellofiore)가 "병 세척 솔에 눈과 꼬리가 달린 모습"[41] 같다고 묘사할 만큼 생김새는 그리 인상적이지 않지만 설치류 중 유일하게 월경 기능이 있다고 알려져 있다. 벨로피오레가 "인간을 닮은 설치류"라고도 표현하는 이 생쥐는 인간처럼 배란이 자연적으로 일어나고, 자궁내벽이 탈락하고, 이때 생기는 상처를 복구하기 위해 면역세포가 동원된다. 가시생쥐의 또 한 가지 흥미로운 특징은 피부와 모낭이 재생되는 기능이 있다는 점이다.

유입되는 병원체를 막는 것"[42]이 월경의 기능이라는 주장을 펼쳐서 큰 관심을 모았다.*

예일대학교 생태·진화생물학과에서 월경의 진화를 연구하는 귄터 P. 바그너 Günter P. Wagner 박사는 월경의 기능은 해로운 것을 제거하는 게 아니라 처음부터 해를 입지 않도록 막는 것일 가능성이 있다고 본다.

엄마가 되는 일은 하나부터 열까지 따뜻하고 포근하기만 한 게 아니다.[43] 아이를 낳는 건 한정된 자원을 둘러싼 싸움이며, 모체와 자손 사이에서 그 싸움이 잔혹하게 벌어지는 경우도 많다. 자손의 유전체는 모체와 절반만 같으므로 진화적인 관점에서 자손과 모체가 추구하는 건 정확히 일치하지 않는다. 그래서 때때로 서로 간에 직접적인 갈등이 일어난다. 진화적으로 태아의 목표는 모체의 자원을 최대한 많이 빨아들이는 것이다. 태아에게 모체는 인간 버전의 '아낌없이 주는 나무'다. 반대로 모체의 목표는 임신을 유지하고 자손의 공격성을 제한하는 것이다. 엄마와 아이의 유전체가 벌이는 이 진화적 줄다리기는 '모체와 태아의 갈등'으로 불린다.

바그너는 월경을 하는 동물은 모체와 자손 간 갈등이 심한 편이라고 설명한다. 즉 이런 동물의 태아와 태반은 침습성이 강해 태아가 영양소와 혈액을 공급받기 위해 모체의 몸속 깊이 파고드는 경향이 있고 모체 입장에서 이는 존재를 위협하는 문제다. 모

* 그래도 이 주장에서는 비난의 대상이 여성에서 음경으로 바뀌었다.

체의 몸과 자손의 몸을 나누는 경계가 모호해지고 태아가 너무 많은 자원을 빨아들여서 모체가 약해지거나 심지어 목숨을 잃을 위험에 처하기도 한다.

다행히 엄마에게는 몇 가지 비장의 무기가 있다. 월경의 핵심은 출혈이 아니라 자궁내벽의 분화다.[44] 월경이 일어나는 약 3일 동안 자궁의 섬유모세포가 '탈락막세포'로 바뀐 후 낙엽수에서 잎이 떨어지듯 몸에서 떨어져나간다. 탈락막세포는 배아 착상에 필수적인 역할을 하는 동시에 태아가 침투하기 힘든 기질**을 만든다. 또한 태아가 착상하면 몸에 상처가 생겼을 때처럼 체내 염증 반응이 일어나지 않도록 가라앉히는 기능도 한다. 이 모든 기능이 배아가 자리를 잡고 생명을 확실하게 유지할 수 있도록 도우면서도 모체에 해가 될 만큼 너무 깊이 파고들지 못하도록 막는다.

생물 대부분에서 자궁세포의 이 중요한 분화 기능은 배아가 존재할 때만 발휘된다. 그러나 월경을 하는 동물은 이 현상이 거의 매월 자연적으로 일어난다(배란도 마찬가지다. 다른 동물들은 배란이 개구리처럼 빛과 온도 변화에 반응해서 일어나거나 개처럼 교미할 때 그에 대한 반응으로 일어나지만 월경을 하는 동물은 배란도 자연적으로 일어나는 특징이 있다). "성가신 배아가 나타날 때까지 아무 대책 없이 기다리고 있지는 않는 거죠." 바그너의 설명이다. '상비군'처럼 미리미리 대비책을 마련하는 것이다.[45] 그래서 월경을 하는 동물들은 유리한 고지를 점하기 위해 태아가 없어도 배란 주기마다

** 세포에서 분비되는 물질. 수많은 분자로 이루어진다-옮긴이.

방어 기능이 활성화된다.

자궁내막에서 세포가 분화된 후 배아가 없다는 사실이 확실해지면 원래대로 돌아가야 한다. 그 시점이 되면 프로게스테론 농도가 감소하고 자궁내막의 혈관이 급격히 줄면서 괴사한 주변 조직이 몸에서 분리되어 질을 통해 몸 밖으로 배출된다.

그렇다면 월경을 하는 동물들의 공통점은 무엇일까? 진화적인 관점에서 '성격 유형 A'[46]에 해당한다는 점이다.* 즉 자손과의 갈등을 예상하고 자궁을 대비시키는 한편, 원치 않는 방문자가 자리를 잡지 않도록 적시에 방어한다. 모체는 침입하는 대상이 남성이든 태아든 상관없이 독자적으로 이 기능을 발휘한다. 규칙적인 월경에는 다른 이점도 있다. 태아가 될 가능성이 있는 후보가 나타나면 자궁내벽이 '질적 특성'을 감지하여 살려둘지, 없앨지 결정하는 것이다.[47] 염색체 결합의 유무, 정자와 난자의 노화 상태, 그 밖에 질적인 평가 기준이 적용되며 모체가 계속 투자할 만한 가치가 없다고 판단하면 그 배아를 즉시 배출시킬 수 있다. 심지어 자궁은 실수에서 교훈을 얻어 새로운 요건을 마련하기도 한다.

많은 연구자는 자궁내벽의 이 놀라운 역동성이 양날의 검이라고 주장한다. 크리츨리는 과거 여성 한 명의 평생 월경 횟수는 약 40회에 그쳤고 월경이 없는 나머지 기간은 임신 중이거나

---

* 사람의 성격을 크게 경쟁심 강하고 추진력이 있는 A 유형과 느긋하고 참을성 많은 B 유형으로 나누는 성격 유형 이론상의 분류를 의미한다. 이 이론은 1950년대에 처음 등장해서 널리 알려졌다–옮긴이.

수유하면서 보낸 시대도 있었다고 지적한다. 현재 서구 여성의 평균적인 월경 횟수는 최대 500회에 이른다. 월경은 정교하게 체계화된 과정이고 월경 횟수가 많을수록 통계학적으로 문제가 생길 가능성도 커진다. 자궁내막증은 자궁내벽이 원래 있어야 할 곳이 아닌 다른 자리에 존재하면서 특유의 역동성이 유지되면 얼마나 파괴적인 결과를 낳을 수 있는지를 보여준다. 자궁이 아닌 인체 다른 곳에서 자궁 조직의 생활사가 유지되면 그곳에 상처와 통증, 염증이 유발된다.

월경 횟수가 과거와 달라진 것을 원인으로 보는 이런 논리는, 여성의 자궁은 질병이 생기게 마련이고 임신으로 자궁을 보호할 수 있다고 여긴다는 점에서 자궁이 몸속을 돌아다닌다고 여긴 히포크라테스의 견해가 현대화된 버전이라고 비난하는 사람들도 있다. 어배너샘페인의 일리노이대학교에서 생식 기능을 연구하는 생물인류학자 케이트 클랜시Kate Clancy 박사는 월경 주기의 빈도는 병이 발생할 가능성과 아무런 내재적 연관성이 없다고 설명한다. 현대 여성의 몸에서 일어나는 변화는 더욱 심층적인 조사가 필요하다. 예를 들어 환경에 존재하는 독소 같은 외부 인자가 자궁내막증과 관련이 있을 수 있다. 문제는 여성의 머릿속도, 골반쪽도 아닌 여성들이 살고 있는 세상에 있는지도 모른다.

"저는 시스템 결함이 아니라는 쪽으로 생각이 점점 기울고 있습니다."[48] 클랜시의 말이다. "생물학적 성과 성정체성 모두 남자인 사람의 몸을 탐구할 때처럼 엄격하고 철저하게 따져봐야 합니다."

그러려면 월경의 기본적인 메커니즘부터 연구해야 한다. 자궁내막의 세포 분화 과정을 집중적으로 연구하면 자궁내막증을 일으키는 세포가 자궁의 다른 세포들과 어떤 차이가 있는지 밝혀낼 수 있고, 과학자들은 그 지식을 자궁내막증이 발생하는 과정을 중단시킬 방법을 찾는 데 활용할 수 있다. 자궁내막증을 임신하지 않으면 생기는 병으로 치부할 수는 없다. 아직까지 자궁이 어떻게 기능하는지조차 제대로 탐구한 적이 없다.

자궁내막증도 마찬가지로 제대로 탐구한 적이 없다.

그놈의 '불가사의한 병'

20세기 뉴욕 올버니에서 산부인과 전문의로 활동한 존 A. 샘프슨 John A. Sampson은 자궁내막증의 원인을 체계적으로 조사한 최초의 의사 중 한 명이었다.* 샘프슨은 자신의 환자 열 명 중 한 명꼴로 발견될 만큼 흔한데도 도무지 정체를 알 수 없는 이 병에 점점 매료되었다. 환자들의 골반 부위를 절개하여 열어보면 자궁과 난소에 초콜릿 시럽 같은 물질이 채워져 있는 낭종이 발견되는 공통점이 있었다. 샘프슨은 '초콜릿 낭종'49으로도 불리는 그런 낭종이 왜 생기는지 밝혀내기로 하고 자궁 절제술이 예정된 환자들의 수술 날짜를 일부러 환자의 월경 기간에 맞추었다. 그리고 절제한 자

---

*　자궁의 원형 인대에 형성된 동맥은 그의 이름을 따서 '샘프슨 동맥'이라고도 부른다.

궁의 동맥과 정맥에 각각 적색과 청색 염료를 주입한 후 현미경으로 관찰했다. 그 결과 이상한 것을 발견했다.

월경혈은 대부분 질을 통해 몸 밖으로 빠져나가 아래쪽으로 흐르는데, 샘프슨은 월경혈 일부가 위로 올라가서 나팔관 말단의 난관채를 거쳐 체액이 채워진 골반강으로 유입된다는 사실을 발견했다. 더욱 놀라운 사실은 이렇게 다른 곳으로 흘러간 조직이 마치 잘린 식물 줄기처럼 골반에 뿌리를 내리고 다른 장기로도 퍼진다는 것이었다. 샘프슨은 이것이 초콜릿 낭종의 원인이라고 보았다. 그는 다른 곳으로 이동한 자궁 조직이 호르몬에 반응하여 두꺼워지고 분리되려는 현상이 나타난다는 사실을 알게 되었고 그런 조직을 '월경성 기관'이라고 불렀다. 월경성 기관은 크기가 작고 표면에만 머무르는 것도 있었지만 골반 조직 깊숙이 파고들거나 심지어 암과 비슷하게 자궁벽을 파고들기도 했다. 샘프슨은 그로 인해 환자가 통증과 자극을 느끼고, 출혈량이 늘어나며, 의사들이 가장 안타깝게 생각하는 불임이 된다는 사실도 알게 되었다.

샘프슨은 자궁이 몸속을 돌아다닌다고 표현해도 어색하지 않은 이 현상으로 생식기관에 이상이 생기는 것이 자궁내막증의 근본 원인이라고 밝혔다. 따라서 자궁내막증은 일차적으로 자궁과 난소의 병이며 월경 질환이자 생식 질환, 여성 질환이라고 보았다. 이와 함께 샘프슨은 "완경까지 30년 정도 남았을 때가 여성의 일생 중 가장 귀중한 시기인데, 자궁내막의 낭종은 이 시기에 발생한다"[50]라고 설명했다. 샘프슨은 임신이 이 문제에 유익한 영향을 준다고 처음 주장한 사람이기도 하다.**

하지만 이런 설명은 자궁내막증에 대한 명쾌한 해답이 되지 못했다. 1940년 샘프슨은 자궁내막증이 여전히 "흥미를 자극하는 알쏭달쏭한 병"[51]이라는 결론을 내렸다.

지금도 마찬가지다. 자궁내막증이라는 병이 알려진 지 150년이 넘었고 여성을 포함하여 월경을 하는 전 세계 최소 2억 명이 이 병에 영향을 받고 있지만 자궁내막증에 관한 학술 논문 서두에는 '수수께끼 같은', '불가사의한', '규정하기 힘든'과 같은 표현이 단골로 등장한다. "부인과학에서 자궁내막증만큼 불가사의한 병은 찾기 힘들다." 2010년 부인과학계 학술지에 실린 한 논문은 이렇게 시작한다. "자궁내막증은 지금까지도 수수께끼로 남아 연구자들과 의사들을 당혹스럽게 하고 있다." 자궁내막증을 '골반의 카멜레온'이나 '진짜인 척하는 위대한 가짜'라고 부르는 의사들도 있는데, 이런 표현은 히스테리를 에둘러 표현한 듯한 인상을 준다.

자궁내막증은 정말 알 수 없는 병일까? 지금까지 이 병을 잘못된 관점으로 보고 있었던 건 아닐까?

좁은 시야로 생식 기능에만 초점을 맞추어 연구한 것도 자궁내막증 해결에 별 진전이 없었던 여러 원인 중 하나일 수 있다. 자궁내막증은 보통 병소가 몸에 존재하는지를 수술로 확인한 다

**   샘프슨 이후에 활동한 산부인과 의사들은 더욱 과감한 표현을 서슴지 않았다. "자연은 (태초부터) 자궁내막증을 예방하고 치유하는 효율적인 조치를 마련해두었다. 바로 임신이다."[52] 1949년에 클레이턴 T. 비첨(Clayton T. Beecham) 박사가 쓴 글이다. "주목할 만한 사실은 자궁내막증의 진단 빈도가 피임법 사용 증가, 여성 해방 또는 여성의 사회 진출 증가, 늦은 결혼, 늦은 출산의 증가와 함께 증가했다는 점이다."

음에야 확실하게 진단할 수 있으므로 환자는 수년, 길게는 수십년간 병을 앓은 후에야 정식으로 진단을 받는다. 진단이 내려지면 선택지는 두 가지다. 수술로 병소를 제거하거나 태워서 없애는 것(다시 생기는 경우가 많다), 또는 생식계의 호르몬을 고갈시켜 생식기관의 기능을 중단시키는 것이다. 2018년에는 에스트로겐의 작용을 부분적으로 억제하는 오릴리사Orilissa라는 새로운 치료제가 출시되었다. 자궁내막의 생리학적 특징을 연구하는 UC 샌프란시스코의 생식내분비학자 린다 주디스Linda Giudice 박사는 오릴리사의 작용 원리는 기존에 이미 활용되던 이런 메커니즘에 의존한다는 점에서 "전혀 새로울 게 없다"라고 설명했다. "같은 주제를 변형한 것에 불과합니다."[53]

자궁내막증 환자들은 19세기에 자궁 절제술을 받은 여성들처럼 자기 몸의 정교한 생식기관에 결함이 생겨 피해를 입는 것으로 여겨졌지만, 이제는 그리피스처럼 이 문제를 다른 관점으로 바라보는 사람들이 점차 늘고 있다. 자궁내막증이 '여성 질환'이라는 시각에서 벗어나 훨씬 더 광범위한 문제, 즉 인체의 거의 모든 기관계에 영향을 주는 전신 염증 질환으로 보는 시각이다.[54] "자궁내막증은 인체 여러 측면에 영향을 주는 병으로 다루어야 합니다. 그 영향은 염증일 수도 있고, 면역계의 기능 이상일 수도 있고, 염증성장질환이 될 수도 있습니다."[55] 잭슨연구소Jackson Laboratory에서 자궁내막증의 유전학적 특성을 연구 중인 엘리스 쿠르투아Elise Courtois의 설명이다. "여성은 번식만을 위해 만들어진 존재가 아닙니다."

여성만의 문제가 아니다

병소가 폐나 눈, 척추, 심지어 뇌에 이르기까지 자궁과 멀리 떨어진 곳에도 나타나는 것은 자궁내막증의 오랜 수수께끼 중 하나다. 예일대학교 의과대학 산부인과·생식학과 학과장 휴 테일러Hugh Taylor 박사는 자궁 자체보다 몸 전체의 재생 과정과 더 깊이 관련이 있을 수 있다고 이야기한다. 현재 테일러는 자궁내막에 다량 존재하는 줄기세포가 전신을 순환하면서 자궁내막증을 확산시킬 가능성이 있는지 연구 중이다. 자궁 외에 인체 다른 곳의 줄기세포가 이 과정에 관여할 수도 있다. 실제로 자궁이 손상되면 척수의 줄기세포가 복구를 위해 자궁으로 유입된다.*

자궁에 크게 심각하지 않은 염증이 만성적으로 존재하는 것도 자궁내막증의 원인이 될 수 있다. 미국의 의료 네트워크인 노스웰 헬스Northwell Health 산하 파인스타인연구소Feinstein Institutes의 류머티즘 전문의 피터 그레거슨Peter Gregersen 박사와 면역학자 크리스틴 메츠Christine Metz 박사는 지난 5년간 월경혈로 자궁내막증 여부를 판별할 수 있는 간단한 진단 도구를 개발했다.[56] 두 박사는 검사에 활용할 생체 지표를 찾던 중 정상적인 자궁세포가 염증을 유발하는 환경에 놓이면 점성이 높아지고, 침습성이 강해지며, 더 심한 경우 탈락성 세포가 된다는 사실을 발견했다. 모두 자궁내막증 환

---

*   자궁의 줄기세포는 비교적 접근성이 좋아 재생의학 연구에도 요긴하게 쓰일 수 있다. 테일러는 자궁의 줄기세포도 다른 줄기세포처럼 뉴런이나 인슐린을 생성하는 세포로 배양해서 파킨슨병과 당뇨병 치료에 이용할 수 있다는 사실을 증명했다.

자의 자궁세포에서 나타나는 특징과 정확히 일치한다. 그레거슨은 이렇게 침습성이 생긴 세포들이 과거 자신이 류머티즘성 관절염, 루푸스 같은 염증 질환을 연구할 때 다루었던 세포들과 비슷하다는 점에 주목했다.

그레거슨과 메츠의 직감이 사실로 밝혀진다면 현재 류머티즘성 관절염에 쓰이는 항염증제의 용도를 전환하여 자궁내막증 예방에도 활용할 수 있을 것이다. 그러면 일부 여성은 병을 예방할 수 있다. "자궁내막증을 연구하는 사람들은 거의 다 호르몬 조절에 이상이 생기면 발생하는 문제라고 이야기합니다." 그레거슨의 말이다. "그럴 수도 있죠. 하지만 저는 그게 전부는 아니라고 생각합니다."[57]

그렇다면 그 모든 염증은 어디에서 시작될까. 그리피스와 협업해온 밴더빌트대학교의 산부인과학 연구자 케빈 오스틴Kevin Osteen 박사는 환경 독소 노출이 자궁 염증과 궁극적으로는 자궁내막증의 원인이 될 수 있는지 연구 중이다. 오스틴은 1980년대에 밴더빌트대학교가 체외수정을 처음 시작할 때부터 지휘를 맡았고, 그 일을 하면서 자궁내막증에 시달리는 환자가 많다는 사실을 알게 된 후부터는 이 병을 중점적으로 연구해왔다. 그리고 병이 생기기 전, 즉 불임이 되기 훨씬 전에 생기는 염증을 막는 것이 자궁내막증의 발생 과정을 중단시키는 핵심 열쇠라고 확신하게 되었다. "자궁내막증의 면역학적 기원이 밝혀진다면 병이 진행되기 전에 예방할 수 있을 겁니다." 오스틴의 말이다.

오스틴은 환경 오염 물질 중 하나인 다이옥신이 남성과 여성 모두에서 비슷한 경로로 염증 반응을 일으키며, 남성에서는 자궁내막증 대신 생식 기능, 고환 기능에 문제가 생기고 이런 문제가 딸에게 유전될 수 있다는 사실을 알아냈다. "결코 여성만의 문제가 아닙니다. 그보다 훨씬 더 광범위하게 봐야 합니다."[58]

그리피스는 체외 모형 제작 외에 자궁내막증 환자들을 지원하는 활동도 하고 있다. 그리고 자신의 그런 독특한 위치가 동료 연구자들이 놓치는 것도 볼 수 있는 유리한 관점을 제공한다고 믿고 활용할 방법을 찾고 있다. 의학계에서 쓰이는 용어가 자궁내막증을 고립시키고 과소평가하게 만든다는 사실을 입증하는 일도 그런 노력 중 하나다. 2009년 그리피스는 자신의 자궁 절제술을 집도했던 아이작슨을 포함한 여러 의사가 자궁내막증에 '양성'이라는 표현을 쓴다는 데 주목했다. 암이 아니라는 뜻으로 그렇게 말한다는 건 알고 있었지만 그 말을 처음 직접 들었을 때 너무 놀라 움찔했다. 자궁내막증 환자로서 병을 멸시한다는 느낌을 받았기 때문이다. 더 중요한 사실은 그런 표현이 NIH처럼 연구비를 지원하는 기관에 오해를 일으킬 수 있다는 것이다. "제가 양성 질환을 연구한다고 하면 누가 연구비를 주려고 할까요? 양성이라는 표현에는 이건 질병이 아니니 그냥 그렇게 살아라 하는 의미가 있습니다." 그리피스는 2019년부터 자궁내막증 연구에 '양성'이라는 표현을 쓰지 말자는 캠페인을 시작했다. 이제 이 분야의 관련 학회와 의학 전문지에서는 거의 쓰지 않는다.＊

그리피스는 자궁내막증을 자신이 짊어져야 할 십자가라고 생각했던 적도 있었지만 이제는 자궁내막증 환자라는 사실을 자신의 또 다른 정체성으로 받아들이고 의학계와 사람들의 거리를 좁히는 다리가 되겠다고 마음먹었다. "모두가 이 퍼즐의 작은 조각을 갖고 있습니다." 어느 저녁 그리피스는 케임브리지에 있는 집에서 나에게 이렇게 설명했다. "자궁내막증은 엄청나게 거대한 모자이크입니다. 우리가 각자 가진 조각을 모아야 어떤 그림인지 드러날 것입니다."

'여성 질환'이라는 말의 장벽

자궁내막증이 그저 '여성 질환'이 아니라는 주장에는 또 다른 의미가 담겨 있다. 즉 물리적인 차원에서 자궁 외에 인체 다른 곳에도 영향을 주는 병이라는 뜻과 더불어, 그리피스가 처음 진단받은 시절의 의사들 생각처럼 신경이 과민한 백인 여성들만 걸리는 병이 아니라는 뜻도 있다.

2019년 메이샤 존슨Maisha Johnson은 침대에 누워 배 위에 찜질 패드를 올려놓고 페이스북을 보다가 배우 티아 모리Tia Mowry가 자궁내막증 환자로 살아가는 것에 관해 이야기하는 동영상을 우연히 발견했다.[59] 그 영상에서 모리는 자신의 병에 처음으로 진지하게 관심을 기울인 의사는 흑인이었다고 말했다. 메이샤는 자신과

✻　　그리피스는 사람들이 잊지 않도록 자신의 이메일 서명을 이렇게 정했다. "자궁내막증, 자궁선근증, 자궁근종을 '양성 질환'이라고 하지 마세요. 양성 질환이 아니라 '흔한 질병'입니다."

같은 일을 겪은 흑인 여성이 또 있다는 사실이 놀랍고도 반가워서 그 영상에 달린 사람들의 댓글을 읽어보았다. 모리의 이야기가 오히려 자궁내막증 환자들을 분열시킨다는 백인 여성들의 의견도 있었다. 하지만 대다수는 다 비슷한 의견이었다. "왜 인종으로 구분하죠? 자궁내막증은 누구나 걸릴 수 있습니다!"

메이샤는 사람들이 성차별을 의학계의 구조적인 문제로 여기면서도 인종차별 역시 마찬가지라는 사실은 알지 못한다는 점, 그리고 이런 현실이 인종차별 문제를 심화하는 경우가 많다는 것이 실망스러웠다. 자궁내막증을 앓는 흑인 환자로서 메이샤는 병원을 찾았을 때 아편제를 얻으러 왔다고 억측하는 의사와 만난 적도 있었고 통증에 관해 이야기해도 가볍게 무시하던 의사와도 만난 기억이 있었다. "여자니까 히스테리를 부리는 경향이 있다고 보는 동시에 흑인 여자는 통증에 둔감하다고 여기는 사람들은 제가 아무리 아프다고 해도 과장이라고, 절대 그렇게 아플 리 없다고 생각합니다."[60] 이제 서른네 살인 메이샤는 건강 정보를 제공하는 웹사이트《헬스라인 미디어 Healthline Media》에서 작가로 일하며 주로 만성 질환과 정신 건강에 관한 콘텐츠를 만들고 있다.

동남아시아계 청각 장애인 자이프리트 비르디 Jaipreet Virdi도 나에게 그와 비슷한 경험이 있다고 전했다. 캐나다 토론토의 한 대학에서 장애와 성을 연구하며 의학 역사를 가르치는 부교수로 일하던 서른다섯 살에 비르디는 복부에서 무언가가 만져진다는 것을 깨달았다. 그것이 23센티미터짜리 자궁내막증 덩이(종괴)라는 사실은 나중에야 드러났다. 극심한 통증에 남편과 여러 번 응급실을 찾아가 비명을 지르며 대기실에서 몇 시간씩 기다렸지만 의료진은 매번 그냥 집에 가라고만 했다.[61] "그런 일을 세 번이나 겪고 나서야 그 사람들이 절 마약중독자로 여긴다는 사실을 눈치 챘습니다."[62] 비르디의 말이다. 의료기관의 '아주 미묘한 인종차별과 계급 편향'을 생전 처음 겪어본 것이다. 결국 비르디는 자신이 의학역사가라는 사실을 밝히고 제대로 진료해달라고 요구했다. 그래야 의료진이 자신을 똑바로 대해줄 것 같아서였다.

하지만 그러고도 응급실을 세 번 더 찾은 후에야 한 의사가 덩이를 촉진하고 정밀 검사를 해보자고 했다. 비르디는 최종 진단을 받을 때까지 모든 과정을 함께한 의사들은 전부 유색인종이었다고 기억한다. 결국 수술 결정이 내려졌고 의료진은 난소, 장, 방광에서 자궁내막 조직을 최대한 제거했다. 이제 마흔 살이 된 비르디는 앞으로 영영 아이를 낳지 못한다는 사실을 받아들이려고 노력 중이다. 가장 절망적인 사실은 의사들이 좀더 일찍 진지하게 살펴보았더라면, 욕실에서 정신을 잃을 정도로 월경통이 극심했을 때 잘 살펴보았더라면 다른 선택지가 있었을지도 모른다는 것이다.

자궁내막증을 전형적인 여성의 병으로만 여기면 안 되는 마지막 이유는 그런 생각이 수많은 성소수자, 특히 여성에서 남성으로 성을 전환한 사람들과 성별 표현에 남성성이 뚜렷한 여성들, 무성별인 사람들이 의사의 진단과 치료를 받기 훨씬 어렵게 만들기 때문이다. 성소수자 자궁내막증 환자들은 의사들이 환자의 사회적 성별에 따라 특정한 호르몬 치료나 다른 치료가 어떤 영향을 주는지 잘 모르는 경우가 많다고 이야기한다.[63] "생물학적 성별과 사회적 성별을 고려한 알맞은 치료법을 알지 못하는 의사들이 많다."[64] 보스턴아동병원의 산부인과 전문의 프랜시스 그림스태드 Frances Grimstad는 2020년《바이스Vice》잡지와의 인터뷰에서 이렇게 밝혔다. 더 큰 문제는 의사들이 환자의 성정체성을 가장 기본적인 수준만큼도 존중하지 않아서 환자가 자신이 앓는 병과 관련하여 걱정되는 점들을 마음 놓고 이야기하지 못하는 경우가 많다는 것이다.

뉴욕 로체스터에 사는 스물여덟 살의 성전환자 코리 스미스Cori Smith도 그런 일을 겪었다. 남성으로 성을 전환한 코리는 자궁내막증 환자다. 열세 살에 시작한 초경부터 극심한 통증에 시달렸고 6개월 후에는 난소 낭종 파열로 응급실 신세를 져야 했다. 열일곱 살에 자궁내막증 진단을 받은 후에는 자궁내막 조직을 제거하기 위한 수술을 여러 번 받았다. 자신의 성정체성을 찾은 것도 그 시기였다. 어릴 때부터 자신이 남자라고 확신하다가, 열두서너 살 무렵에《피플People》잡지에서 '성전환자'라는 단어를 처음 접했다.[65] 그리고 그 잡지에서 성전환자를 설명한 내용이 자기 이야기임을 깨달았다. 하지만 건강 문제로 본격적인 성전환 과정을 계속 미루다가 스물두 살에 마침내 테스토스테론 투여를 시작했고 유방 제거 수술도 받았다. 그리고 자궁내막증으로 생긴 합병증 때문에 난소와 자궁을 제거했다. 나중에 생물학적 자녀를 원할 수도 있다는 생각에 난자는 미리 냉동해두었다.[66]

에스트로겐 수치가 낮아지고 여성 생식기관을 제거했는데도 병이 재발하자 의사들은 당황했다. "청소년 시기에는 다들

제가 성전환을 하려는 것이 호르몬 탓이거나 관심받고 싶어서 그런다고 생각하더군요."[67] 코리는 2018년에 《나우 디스 뉴스NowThis News》와의 영상 인터뷰에서 이렇게 말했다. "제가 어떤 성별로 살건 상관없이 의사들은 제 병을 무시했습니다." 자궁내막증으로 자궁 절제술을 받고도 계속 이 병에 시달리는 수천 명의 환자가 코리의 경험에 공감한다. 코리는 성전환을 하고 6년이 지난 지금도 웬만한 여성들보다 산부인과에 훨씬 자주 드나들고 있다. "이 모든 일을 겪으면서 저는 여성들이 맞닥뜨리는 의료계의 현실과 문제를 더 깊이 알게 되었습니다." 코리는 이제 자궁내막증은 "자신과 거의 한 몸"이 되었다고 말했다. "이 병을 앓으면서 제가 겪은 모든 일이 저의 이야기니까요. 저는 병에서 벗어나는 게 아니라 병에 점점 다가가는 삶을 살아왔습니다."

《나우 디스 뉴스》를 통해 사연이 전해진 후 코리는 자궁내막증 환자 수백 명으로부터 이메일과 메시지를 받았다. 그리고 성전환자, 무성별인 사람 중 자궁내막증 환자가 공식 통계보다 훨씬 많다는 사실을 알게 되었다. 이 병을 '여성 질환'으로 못 박을수록 이들이 느끼는 장벽은 더욱 높아지고 여성으로 간주되지 않는 환자는 병이 있어도 드러내지 못한다는 사실도 알게 되었다. 코리는 자궁내막증을 계속해서 '여성 질환'으로만 본다면 이 병의 실체를 제대로 볼 수 없으며 성전환자, 일반적인 남녀 구분에 속하지 않는 환자들을 투명 인간으로 만들 것이라고 주장한다. "남성 중에도 유방암 환자가 있습니다. 자궁내막증에 성별을 구분하면 안된다고 생각합니다."

8장

신생 질

우리는 모두
여자인 동시에 남자다

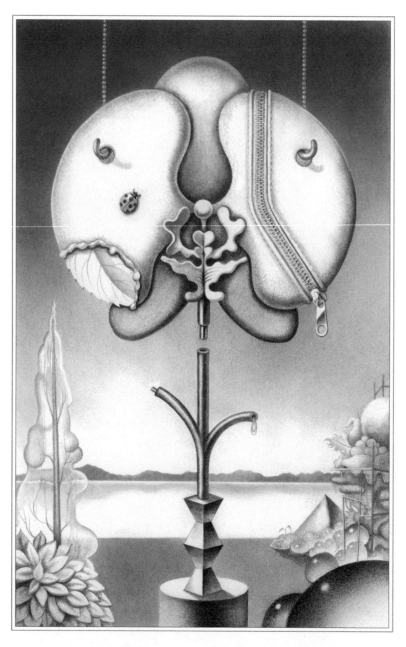

내가 알게 된 사실은 남성에게 있는 건 여성에게도 전부 있고
여성에게 있는 건 남성에게도 전부 있다는 것이다.

마시 바워스 박사

마시 바워스Marci Bowers 박사는 커다란 구멍 사진 앞에 섰다. "이런 질을 갖고 싶은 사람은 없겠죠."[1] 박사의 말에 창문 없는 회의실을 채운 30여 명이 웃음을 터뜨렸다. "이 정도면 동굴 아닌가요?" 바워스 뒤쪽 화면에 뜬 사진에는 붉은 사막을 배경으로 구멍이 뻥 뚫린 절벽의 모습이 담겨 있었다. 구멍 사이로 파란 하늘이 훤히 보였다. 바워스는 1960년대와 1970년대에 미국에서 남성이 여성으로 성전환 수술을 받으면 바로 이런 결과를 얻었다고 설명했다. 그때는 즐거움이나 감각, 보기 좋은 외관은 중시되지 않았다. "구멍을 만들 수 있다면 그걸로 족했습니다."

바워스는 기도하듯 두 손을 모으고 설명을 이어갔다. "수술받은 사람들은 다리를 붙이고 있을 때는 괜찮았습니다. 하지만 다리를 벌리면 이렇게 됐죠." 박사는 두 손을 멀리 떨어뜨렸다. 그리고 뒤에 나온 사진 속 구멍을 가리켰다. "안쪽에서 울림이 느껴질 정도로 컸어요!"

　　이어지는 슬라이드에는 바워스가 남성에서 여성으로 성을 바꾸어준 몇몇 사람의 성전환 수술 결과 사진이 연이어 나왔다. 수술 직후의 질과 외음부 형태, 그리고 완전히 회복된 후의 모습도 볼 수 있었다. 클릭 소리와 함께 다른 질의 모습이 나왔다. 화면에 뜬 생식기들은 별다른 차이가 느껴지지 않을 만큼 비슷해 보였다. 차이가 있다면 대음순 옆에 길고 흐릿하게 남은 보랏빛 흉터가 전부였다. 그 밖에는 음모 아래에 대음순과 소음순, 포피가 덮인 음핵 모두 제각기 뚜렷하게 구분되었다. "이것도 잘 된 사례입니다. 흉터가 거의 없고, 소음순의 대칭도 잘 맞죠." 바워스의 설명이 이어졌다. "이런 수술이 가능해졌다는 사실이 저도 놀랍습니다." 과거와의 차이를 분명히 느낄 수 있었다. 이제는 그냥 구멍을 만드는 게 다가 아니었다.

　　2007년이었다. 바워스는 국제성교육재단International Foundation for Gender Education 주최로 애리조나주 투손에서 열린 학회에서 과거와 미래의 성확정 수술이라는 주제로 발표했다. 성확정 수술이 '생식기 재지정 수술'로 불리던 시절이라 발표에서 바워스도 그 표현을 썼다. "저는 생식기 재지정 수술이라는 용어가 가장 적합한 명칭이라고 생각합니다." 안경테 위로 흘러내린 금발이 어깨까지 내려오는 바워스가 이렇게 말했다. "성별을 바꾸는 게 아니니까요. 사회적 성별은 그대로예요. 서너 살 때부터 쭉 그대로죠. 이 수술은 생식기를 그 성별에 일치하도록 만드는 것일 뿐입니다."*

　　박수 소리가 회의실을 가득 채웠다.

바워스는 2003년에 처음 성확정 수술을 시작했을 때 남성과 여성의 외부 생식기가 구성 요소의 배치만 조금 다를 뿐 전체적으로 동일하다는 사실이 가장 놀라웠다고 말했다. "생식기를 전부 해체했다가 다시 조립한다고 생각하면 남성의 몸과 여성의 몸이 똑같다는 사실을 알게 됩니다." 바워스의 설명이다. "하나로 이어진 연속체와 같습니다."[2] 산부인과 전문의로 10년 넘게 일하고 있는 바워스는 생식기가 전부 같은 구조, 같은 조직에서 생겨난다는 사실을 잘 알고 있다. 그래서 음경과 고환을 질과 음핵으로 바꾸는 수술이나 반대로 그보다 훨씬 드문 질과 외음부를 음경과 고환으로 바꾸는 수술도 바워스에게는 당연히 가능한 일이다.

바워스는 여성으로 성전환한 사람으로서는 최초로 성확정 수술을 집도하는 의사가 되었다(알려진 바로는 그렇다). 그래서 같은 일을 하는 다른 의사들과는 관점의 차이가 있다. 1997년 남성에서 여성으로 성전환 수술을 받기 위해 멕시코로 향했던 당시 자신이 기대했던 점을 환자들에게 제공하는 것이 바워스의 목표다. "제가 좀더 나중에 수술받았다면, 보기에도 더 낫고 기능적으로도 훨씬 나았을 겁니다. 제 전공이 산부인과라 제가 받은 수술이 굉장히 제한적이고 부족한 부분이 많다는 것도 확실하게 알게 되었죠." 바워스는 2003년부터 지금까지 성확정 수술을 받는 환자

✳ 지금은 생식기를 바꿔서 자신이 알고 있던 성정체성을 재확정한다는 의미로 '성확정 수술'이라는 용어가 쓰인다. 바워스는 이렇게 구분한다. "생물학적 성별은 다리 사이에 있고, 사회적 성별은 양쪽 귀 사이에 있습니다."

들이 만족스러운 외양과 감각을 얻을 수 있도록 한계를 계속해서 넓혀왔다.

이 분야에서 바워스는 세심한 솜씨와 정교한 기술, 여성의 감각과 쾌락까지 중시하는 의사로 명성이 자자하다. "생식기 분야의 조지아 오키프 Georgia O'Keeffe *"3라는 별명까지 얻었다. 바워스에게 수술받으려는 대기자 명단은 이미 5년 치를 넘어섰고 계속 늘어나고 있다. "여성의 생식기는 그저 남자들이 사정하라고 있는 구멍이 아닙니다. 감각이 있고, 형태가 있고, 아름다움이 있습니다. 질을 둘러싼 음순이 함께 있어야 하고요. 음핵과 요도, 질은 해부학적으로 제각기 분리된 구조가 아닙니다. 따로 공중에 붕 떠 있는 구조가 아니에요. 각 요소가 서로 연결되어야 합니다." 바워스는 이렇게 설명한다.

부인과학적 관점에서나 한 여성으로서의 관점에서 그렇다.

비로소 영혼과 하나가 되었다는 기분

1958년 일리노이주 오크파크에서 태어난 바워스는 네다섯 살쯤 다른 성별이 되고 싶다고 생각했던 때를 기억한다. "전 남자애들이 끼워주지 않는 아이였습니다."4 2007년 바워스가 해온 일들

---

*   1800년대 말에 활동한 미국의 화가. 모더니즘 회화의 선구자로 불리며 자신만의 꽃 사물화를 완성했다-옮긴이.

을 다룬 다큐멘터리 〈트리니대드Trinidad〉에서 직접 전한 이야기다. "깡마르고 여자 같다고 두들겨 맞았어요." 자신의 감정에 수치심을 느낀 바워스는 인형 대신 일부러 트럭과 액션 인형을 가지고 놀면서 그런 감정을 누르려고 했다. 미네소타대학교 의과대학에 진학하여 산부인과를 전공으로 선택했고 시애틀 워싱턴대학교에서 레지던트 과정을 마친 후에는 시애틀의 프로비던스 스웨디시의학센터에서 일하며 산부인과 과장까지 승진했다.

바워스가 여성의 건강을 다루는 직업을 택한 이유는 자신이 늘 느껴온 감정이 충족되기를 바라는 마음에서였다.[5] 시애틀에서 일하던 시절에 3,000명이 넘는 아기의 출생을 도왔고 다양한 부인과 수술도 집도했다. 가끔 성전환 수술 환자의 수술 후 관리를 맡기도 했다. 음순이 위로 접혀서 음핵을 덮는 형태, 요도의 위치와 음핵의 관련성 등 여성 인체의 해부학적 구조와 각 부분의 관련성도 상세히 알게 되었다. 그러다가 한 여성과 사랑에 빠져 결혼했고 두 딸아이의 부모가 되었다. 하지만 시간이 갈수록 확신은 점점 더 강해졌다. "아이들의 삶을 곁에서 지켜볼수록 '내 삶'도 우리 딸들과 같은 모습이었어야 한다는 생각이 커졌습니다." 바워스의 말이다.

아내가 셋째 아이로 아들을 임신한 무렵부터는 거울도 똑바로 볼 수가 없었다.[6] 1995년 바워스는 성전환을 위해 여성호르몬을 투여하기로 결심했다. 아들 토머스가 태어났을 때는 성전환이 한창 진행 중이었다. 토머스는 바워스를 '마시'라는 사람으로만 알고 있다. 결혼 22년 차가 되던 해 바워스는 성확정 수술을 받왔다. 아내와 법적인 혼인관계는 유지하기로 했다. 바워스는 지금 두 사람의 관계가 '자매'에 가깝다고 했다.

이런 과정을 거치면서 바워스는 자신이 만나는 환자들을 누구보다 깊이 이해하게 되었다. "성확정 수술을 받은 사람들이 가장 먼저 느끼는 감정은 안도감입니다. 드디어 자신의 영혼과 하나가 되었다는 기분이 드는 겁니다."[7] 하지만 바워스는 개인적인 인생사가 지금 하는 일에 요긴한 경험이 되었느냐고 누군가가 물어보면 그보다 산부인과 전문의로 일하면서 쌓은 방대한 경험이 더 도움이 되었다고 이야기한다. "성전환 경험보다는 그 경력이 훨씬 더 중요한 것 같습니다." 〈트리니대드〉에서 바워스는 이렇게 설명했다. "제가 받은 수술은 우연히 겹친 흥미로운 개인사일 뿐입니다. 따져보면 저는 첫 번째로 예술가고, 두 번째로 외과 의사고, 세 번째로 산부인과 의사고, 한 여덟 번째쯤 성전환자가 되겠군요."

바워스의 뛰어난 기술은 성전환자가 아닌 이들로부터도 폭넓은 관심을 받고 있다. 2007년에는 클리토레이드 Clitoraid가 연락을 해왔다. 생식기 절단을 겪은 여성들에게 음핵 재건술을 제공할 의사들을 교육하는 비영리 단체다. 수석 외과의 자리를 맡아서 전문적인 지식과 기술을 발휘해달라는 요청이었다. 바워스는 흔쾌히 수락했다. 우선 파리로 가서 피에르 폴데 박사로부터 재건술 방법을 배운 뒤 20명이 넘는 의사를 직접 교육했다. 음핵이 생각했던 것보다 훨씬 크다는 사실도 배웠고 남성과 여성의 성기관이 비슷하다는 사실도 더욱 확실히 알게 되었다.

바워스는 책상에 놓인 펜꽂이에서 형광 분홍색 음핵 해부 모형을 꺼내 들고 설명하기 시작했다. 환자에게 음핵 재건술이 어떻게 진행되는지 설명할 때 사용하는 모형이었다. 2019년 8월 우리는 캘리포니아주 벌링게임에 있는 바워스의 진료실에서 마주 앉았다. 바워스는 매년 다녀온다는 케냐 나이로비 출장을 마치고 온 직후였다. 그해에는 65명에게 음핵 복원술을 하고 왔다고 했다. 바워스가 꺼내든 음핵 모형은 가다 하템의 책상 위에 놓여 있던 모형과 매우 흡사했다. 바워스도 하템처럼 생물학적 성별과 사회적 성별이 같은 여성이 생식기 절단을 겪은 경우 손상되지 않은 발기 조직이 얼마나 많이 남아 있는지를 보여주기 위해 이 모형을 활용한다고 했다. "생물학적·사회적 성별이 여성인 사람은 모두 두덩뼈 전면에 음핵이 약 3센티미터에서 5센티미터 길이로 존재합니다." 바워스는 나에게 이렇게 설명했다. 생식기 절단으로 손상되는 범위는 "전체의 3퍼센트도 되지 않는다"라고 덧붙였다.

바워스는 이런 일을 겪은 환자들을 위한 재건 수술과 성확정 수술은 평행선상에 있다고 본다. "성전환자들과 함께해온 제 인생, 그리고 생식기 절단을 겪은 여성들과 만난 이후의 인생을 돌이켜보면 양쪽 모두를 지탱하는 한 가지가 있다는 생각이 듭니다." 바워스는 2017년 테드엑스TEDx 강연에서 이렇게 말했다. "바로 희망입니다."[8]

처음부터 여자였어야 했던 사람

2019년 6월 록산 유버 Roxanne Euber 는 태어나 처음 비행기를 탔다. 성소수자 자긍심의 달 Pride Month 첫날에 바워스에게 성확정 수술을 받기 위해 여자 친구인 엘리와 함께 덴버에서 샌프란시스코로 향했다. 긴 적갈색 머리에 금속테 안경을 쓰고 콜로라도 스프링스에서 자산관리자로 일하는 마흔여섯 살의 록산은 어딜 가든 직접 차를 몰고 다녔다. 운전대를 잡았을 때 통제권을 쥔 듯한 그 기분을 정말 좋아하기 때문이다. 비행기가 점점 속도를 높이더니 공중으로 날아오르고 가슴이 덜컹 내려앉는 듯한 무중력을 느낀 순간 록산은 다 내려놓기로 마음먹었다. 3년의 기다림 끝에 이제 바워스의 수술칼에 모든 걸 맡길 준비가 되었다.

"저에겐 단 한 번의 마지막 기회입니다. 제 모든 게 달린 일이에요. 온전한 사람이 될 기회고요." [9]

이틀 후 바워스는 벌링게임의 진료실에서 록산과 수술 전 상담을 진행했다. 바워스는 사회적 성별과 생물학적 성별이 다르다는 사실을 언제 처음 느꼈냐고 질문했다. 록산은 어린 시절 네다섯 살쯤 엄마의 하이힐을 신고 에이번 립스틱 샘플을 바르고 여기저기 돌아다닌 기억을 떠올렸다. 제2차 세계대전 참전 군인이었던 할아버지가 나서서 록산을 저지하기 시작했다. "어린 나이에 제 정체성을 빼앗겼습니다." 나중에 록산은 나에게 이렇게 말했다. "너무 오랜 시간 묻어두어야 했죠. 사람들은 저에게 이래야 한다, 저래야 한다고 말했고 저는 그렇게 하려고 노력했습니다."

록산은 수십 년간 남성으로 살았다. 갈색 턱수염을 수북하게 기르고 소림무술도 연마했다. 스물다섯 살에는 한 여성과 결혼하여 정착하고 아이도 한 명 낳았다.

하지만 무언가 잘못되었다는 느낌은 사라지지 않았다. 마흔 살이 되어서야 록산은 자신이 여성이라는 확신이 생겼다. "성전환을 시작하면 어떤 모습이 될지 짐작할 수도 없었어요. 하지만 그런 건 개의치 않았어요." 록산의 말이다. "예뻐질지, 어떤 모습이 될지 알 수 없어도 그냥 내가 되어야겠다고 생각했습니다. 그게 가장 중요했어요." 에스트라디올estradiol(완경기 호르몬 치료에도 쓰이는 에스트로겐의 한 형태)과 스피로놀락톤spironolactone(체모를 줄이고 유방을 키우기 위해 사용하는 안드로겐 차단제)으로 구성된 호르몬 투여를 시작했다. 옷장에 걸린 헐렁한 청바지와 티셔츠를 싹 치우고 하늘거리는 치마와 블라우스를 걸었다. 남자들과도 데이트를 시작했다. 그러다 엘리라는 여성과 사귀게 되었다. 어느 날부터 거울을 보면 마침내 자기 얼굴을 알아볼 수 있었다.

록산은 지금도 성별 불쾌감을 겪고 있다. 《정신 질환 진단 및 통계 편람》(제5판)에는 성별 불쾌감이 "스스로 경험하거나 표현하는 성별과 타고난 성별이 어긋난다고 느끼는 괴로운 감정"*이라고 정의되어 있다. 이 냉담한 정의로는 실제로 그 괴로움을

---

*   그전까지는 '성정체성 장애'라고 불리다가 2013년부터 성별 불쾌감이라는 용어로 대체되었다. 그러나 '불쾌감'이라는 표현이 성전환자에 대해 의학적으로 이상이 있는 사람, 고쳐야 할 병이 있는 사람이라는 인상을 주고 성전환을 질병으로 여기게 만든다는 주장이 계속 제기되고 있다.

겪으며 사는 사람의 기분을 온전히 담을 수 없다. 록산은 그 고통을 절대 사라지지 않는 치통에 비유한다. 고통이 가라앉은 것처럼 잠잠해질 때도 있고, 그때도 은근한 통증이 신경 쓰일 정도로 계속 남아 있다. 그럴 때 외에는 불편한 감정이 고통스러울 만큼 선명하다. 예를 들어 저녁에 잠옷을 갈아입을 때, 다른 사람과 성적으로 친밀한 관계로 발전했을 때, 샤워하다가 무심코 자기 아랫도리를 내려다보았을 때도 그런 고통을 느낀다.

"현재 자신의 성정체성은 무엇이라고 하겠습니까?" 바워스가 검은색 태블릿에 기록하면서 물었다.

록산은 망설임 없이 대답했다. "저는 100퍼센트 여자예요."

그리고 양손을 무릎 위에 포개고는 손톱을 내려다보았다. 아몬드 모양으로 잘 다듬어진 손톱에는 반짝이는 복숭아색 매니큐어가 칠해져 있었고 두 검지는 진홍색이었다. 성전환 과정을 처음 시작할 때부터 손톱은 록산이 자신을 표현하는 주된 통로였다. 직장에서는 남자로 생활했고 사람들에게 이제는 사라진 이름 (더 이상 사용하지 않는, 출생 직후에 생긴 이름)으로 불리던 때부터 그랬다. 누가 그 이름으로 자신을 부를 때마다 록산은 배를 주먹으로 한 방 맞는 기분이었다. 하지만 아무리 속상해도 예쁘게 손질한 손톱을 보면 스스로 정체성을 찾아가는 중임을 되새기며 마음을 다잡을 수 있었다. "지금도 손톱이 저를 붙드는 닻이에요." 록산은 나와 대화할 때 손톱 상태가 "엉망진창"이라고 했는데, 사실 이제는 크게 신경 쓰지 않는다. 손톱이 더는 자신을 표현하는 유일한 통로가 아니기 때문이다.

"그냥 '여자'요?" 바워스가 태블릿에서 고개를 들고 쳐다 보았다.

"네. 저는 처음부터 여자였어야 했던 사람입니다."

'아주 멋진 걸 만들 겁니다'

3일 후 수술 날 아침 록산은 한껏 들뜬 기분을 주체하지 못하고 허공에 주먹을 마구 날렸다. 오전 7시 30분부터 밀스페닌술라병원Mills-Peninsula Hospital 밖으로 나와 건물의 푸른색과 은색의 창이 아침 햇살을 받아 번쩍이는 모습을 보며 서 있었다. "우리가 정말 여기에 왔어." 록산은 혼자 나지막이 읊조렸다.

마침내 이 순간이 왔다는 사실이 믿기지 않았다. 수술 차례가 될 때까지 3년을 기다려야 했고 비용도 엄청났다. 다행히 이번 수술은 건강보험 보장 범위에 포함되었지만 자기부담금 2,500달러와 교통비, 식비, 외래 진료비, 수술 후 회복하는 동안 머물 숙박비를 마련해야 했다. 체모를 제거하기 위한 레이저 시술과 전기분해 요법에도 수천 달러를 들여 저축이 거의 바닥난 상태였다. 정비사로 일하는 엘리는 이번 여행 비용을 마련하기 위해 1월부터 오토바이 정비소 두 곳에서 일했다. 엘리도 성전환자여서 록산처럼 수술받으려면 돈을 계속 모아야 했다.

모든 성전환자가 생식기 수술을 받아야 자기 몸을 편하게 느끼는 것은 아니며, 성전환자라고 해서 모두가 성확정 수술을 바라는 것도 아니다. 하지만 록산에게는 수술이 성전환의 최종 단계였다. "제가 느끼는 것들을 싹 지워주는 약이 있다면 그걸 택했을 겁니다." 록산은 나와 함께 차를 타고 이동하면서 이렇게 말했다. "누구도 저처럼 지옥 같은 기분을 겪지 않았으면 좋겠어요. 우리는 누구나 자기 자신일 수밖에 없어요. 다른 사람이 될 수는 없습니다. 스스로 느끼는 자신과 육체의 모습이 같도록 몸을 바꾸는 것이 우리가 할 수 있는 전부예요."

수술 직전에 바워스가 수술 준비실 커튼을 젖히고 들어왔다. 여름용 원피스에 재킷을 걸친 차림에서 벌써 여름 분위기가 물씬 풍겼다. 록산은 파란색 바탕에 흰색 줄무늬가 있는 환자복 차림이었고 팔에는 정맥 주삿바늘이 꽂혀 있었다. 엘리도 곁에 있었다. 바워스는 록산의 손을 잡고 자기 가슴에 가져가 꼭 안았다.

"잘될 겁니다." 바워스의 목소리에는 자신감이 가득했다. "우리는 아주 멋진 걸 만들 겁니다."

록산은 담요 밑으로 신나게 발을 굴렀다. 너무 기뻐서 소리도 질렀다.

"물론, 아플 거예요." 바워스가 분명하게 말했다. "그것도 아주 많이요. 온통 부을 거고요. 견뎌야 하는 것이 많아요. 하지만 다 괜찮을 겁니다."

록산이 고개를 끄덕이며 대답했다. "다 이 여정의 일부니까요."

"그래요, 이 여정의 일부죠." 바워스도 동의했다.

균형, 명료함, 우아함, 섬세함

바워스는 수술실에 들어서는 순간부터 다른 건 다 희미해진다. 수술실에서는 이미 마취되어 눈앞에서 기다리는 환자(그날은 록산)의 생식기를 지금과는 다른 멋진 것으로 바꿀 수 있다는 가능성 외에 다른 건 보이지 않는다. 환자 몸에는 불필요하게 툭 튀어나온 부분이 있었다. "음경은 커다란 음핵일 뿐입니다. 왜 음경을 큰 음핵이라고 부르지 않는지 모르겠어요." 바워스가 즐겨 하는 말이다. 수술로 음경의 외피를 벗겨내고 분리하여 우아한 다른 것, 질로 바꾸는 것이 바워스가 하는 일이다.

환자의 수술 부위를 빈 캔버스 삼아 필요한 부분을 모두 표시한 후 먼저 음낭을 절개하고 고환을 제거했다. 여기까지는 고환절제술로 불린다.* 음낭의 외피는 남겨두고 물기 있는 거즈로 감싸둔다. 다음으로 음경의 외피를 벗겨내고 안쪽 조직을 대부분 제거한다. 이때 민감한 부분인 귀두를 보존하려면 세심한 작업이 필요하다(음경에서 남겨둔 포피가 음핵의 포피가 된다). 이어 요도 주변의 해면체에서 요도를 분리한 다음 길이를 짧게 만들고 새로 생길 질관과 나란히 배치한다. 질관은 음경을 스타킹 뒤집듯 안팎을 뒤집어 속이 비어 있는 관의 형태를 잡아 골반강에 다시 집어넣어서

---

    *   영어로는 orchiectomy라고 한다. 혹시 철자가 낯익다면 난초를 뜻하는 orchids와 관련이 있는 게 맞다. 이 단어가 수술명에 포함된 이유는 남성 생식기의 형태가 난초의 덩이뿌리와 비슷하기 때문이다. 고환이 정상적인 위치에 있지 않은 잠복고환증(cryptorchidism)에도 같은 단어가 포함되어 있다.

만든다. 바깥 피부였던 부분이 새로 만드는 질의 내벽이 되는 것이다. 이처럼 수술로 새로 만든 질을 의학 용어로는 신생 질이라고 한다.

마지막으로 앞서 남겨둔 음낭 조직으로 음순 안쪽과 바깥쪽을 만들고 조심스럽게 봉합하여 형태를 잡는다. 흉터는 1년 안에 거의 보이지 않을 만큼 흐려진다.

생식기 수술은 한 성별이 다른 성별로 완전히 바뀌는 과정으로 묘사될 때가 많다. 하지만 이 수술이 가능한 건 남성과 여성의 생식기가 굉장히 흡사하기 때문이다. 음경 내부에는 발기 조직이 세 개의 기둥 형태로 자리한다. 큰 해면체굴corpora cavernosa 두 개는 요도를 감싸고 귀두까지 길게 이어지고, 이보다 작고 민감한 해면체corpus spongiosum는 음경 아랫부분에 납작한 덩어리 형태로 자리한다. 발기되면 음경에 공급되는 혈액량의 거의 90퍼센트가 이 세 조직에 몰려 음경이 부풀어 오르고 커진다. 음경의 이런 구조는 여성의 몸 내부에 있는 음핵의 양쪽 다리, 망울과 일치한다.

바워스는 음경 내부의 발기 조직을 음핵으로, 음경 귀두는 음핵 귀두로 새롭게 만든다. 완성된 새로운 음핵은 성적인 감각이 완전하게 살아 있다. 최대 1년 정도 시간이 걸리지만 록산처럼 이 수술을 받는 환자는 오르가슴을 느낄 수 있다. "일반적으로 수술 전에 오르가슴을 느낄 수 있는 사람은 수술 이후에도 느낄 수 있습니다." 바워스는 이렇게 설명하고 덧붙였다. "상대가 남자건 장난감이건 상관없어요."

잘라낼 부분을 정확히 잘라내는 것, 필요한 부분을 올바른 위치에 고정하는 것, 합병증이 생기지 않도록 주의하는 것 모두 수술에 포함되는 일이다. "가장 까다로운 단계는 보기에 완벽한 형태로 만드는 것입니다." 바워스는 이 수술에 고도의 기술과 함께 조각가의 미적 감각과 집중력도 필요하다고 이야기한다. 자신이 새로 만드는 여성 생식기가 "균형, 명료함, 우아함, 섬세함" 이 네 가지 요소를 모두 갖출 수 있도록 신경 쓴다. 그리고 수술할 때마다 환자가 남은 평생 만족하며 살 수 있는 신체 부위로 만들어야 한다는 점을 되새긴다. 바워스는 지금도 수술이 한 건 끝날 때마다 기적이 이루어진 기분이라고 했다.

"완벽하게 완성되면 그런 기분이 듭니다."

'성공적인' 수술의 기준

어떤 면에서 바워스가 하는 일은 여성의 해부학적 구조를 다시 만드는 일이다. 생식기 수술을 연구하는 애리조나대학교의 의학인류학자 에릭 플레먼스Eric Plemons는 생식기의 해부 구조를 재정의하는 일이기도 하다고 본다.

플레먼스는 코 성형을 예로 들었다. 코를 성형하는 의사는 이상적인 미적 기준에 맞추어 코의 형태와 크기를 바꾸고 연골을 다듬는다. 성형 방식은 의사마다 다르다. 좀더 곧게 뻗은 형태를 선호하는 의사가 있고 자그마한 코를 선호하는 의사가 있다. "하지만 '무엇이 코인가?'를 고민하지는 않습니다." 그러나 생식기 수술은 이와 다르다고 말했다. "특정 성별을 분명하게 나타내려면 생식기가 어떠해야 하는지, 즉 새로 만들 생식기는 어떤 기능을 해야 하고 어떤 형태여야 하는지, 용도는 무엇인지 의사들 사이에서 의견이 계속 엇갈리고 있습니다." 바워스 같은 의사들의 노력은 어떤 생식기를 '정상'으로 간주할 수 있는지를 정하는 일은 물론 생식기의 외관이나 감각에 관한 표준을 설정하는 과정에도 도움이 된다.[10]

성확정 수술을 하는 의사 거의 모두가 나름의 수술 방식이 있다. 미적인 요소에 더 중점을 두는 의사가 있고 성적인 쾌감을 더 중시하는 의사가 있다. 각자 보유한 기술이 워낙 고유하여 의사들은 성확정 수술을 받은 환자의 수술 부위를 슬쩍 보기만 해도 누가 수술했는지 알 정도다. "다들 자신만의 방식이 있습니다." 캐나다 몬트리올에서 성확정 수술을 집도하고 있는 피에르 브라사르Pierre Brassard 박사의 말이다. 현재 질 성형술만 연간 수백 회 하고 있다는 그는 자신만의 특별한 기술이 정확히 무엇인지는 말해주지 않았다. "몬트리올 밖으로 퍼지면 안 되거든요."[11] 브라사르는 난감한 얼굴로 말했다.

플레먼스는 예를 들어 벨기에 의사들이 정한 음경 성형술의 '최적 기준'은 소변을 서서 볼 수 있도록(이를 남성성의 핵심 지표로 여기는 환자들이 많다) 부속기관을 작고 간소하게 만든 다음 발기 기능을 부여할 보조 조직을 만드는 것이라고 설명했다. 미국 의사들은 "크기가 작아도 상관없다면 벨기에로 가라. 그러면 아주 멋진 음경을 갖게 될 것"이라는 농담을 주고받는다고 한다. 반대로 벨기에 의사들은 미국 의사들이 일상생활에 불편할 정도로 '과도하게 큰 음경'에 집착한다고 지적한다. "사람들이 놀라서 쳐다볼 정도로 큰 것을 원한다면, 그렇게 만들 수 있습니다. 음경을 어떻게 사용하고 싶은지에 달려 있겠지만, 그렇게 만들면 오히려 사용하기가 어려워질 수 있죠." 플레먼스의 설명이다.

신생 질은 예로부터 삽입 성교에 알맞은 형태로 만들어졌다. "질은 '전부 받아들일 수 있다'는 일종의 환상이 있어요. 아주 크면서도 신축성이 좋아야 한다고 생각하죠." 플레먼스의 말에 따르면 신생 질을 만드는 의사들은 자기 실력을 뽐내려고 '너무 진짜 같아서 성관계하는 남편도 새로 만든 질이라는 사실을 전혀 모를 것'이라는 호언장담을 가장 즐긴다. 성확정 수술 초기에 질의 형태가 보기에 썩 좋지 않았던 이유를 짐작할 수 있는 말이기도 하다. 다른 사람의 즐거움이 질의 주된 기능이라면 "누가 굳이 형태까지 신경 쓸까요?" 플레먼스는 이렇게 덧붙였다. "그게 주목적이라면 성인용품 판매점에서 사온 질 모양의 장난감과 비슷해도 상관없을 겁니다."

바워스처럼 보기에도 좋고 기능도 온전한 질을 만드는 것이 목표인 의사들도 있다.[12] 이들은 신생 질도 몸에 원래 있던 질처럼 스스로 방어하고, 청결을 유지하고, 성적 흥분을 느낄 수 있어야 하며, 무엇보다 그 질의 소유자가 즐거움을 느낄 수 있어야 한다고 본다.

의사의 관점에서는 새로운 도전이다. 윤활 물질을 생각해보자. 원래 질은 적절한 조건이 갖추어지면 스스로 그런 물질을 만든다. 즉 여성이 성적으로 흥분하면 혈관이 팽창하고 생식기 쪽으로 혈액이 몰린다. 특히 음핵과 소음순 쪽으로 혈액이 많이 몰리면 그 부근의 혈액 일부가 '누수'되어 질 내벽 세포 사이 공간으로 체액이 흘러나온다. 성적으로 흥분했을 때 나타나는 '젖은 상태'는 바로 이 삼출의 결과다. 음경의 피부에는 이런 특징이 없으므로 바워스와 같은 목적으로 성확정 수술을 하는 의사들은 윤활물질을 대체할 수 있는 수술 기법을 개발했다. 골반 내부의 장기를 감싼 점액질 내막인 복막을 고리 모양으로 만들어서 활용하는 것이다.[13] 이처럼 인체에는 자체적인 윤활 기능이 있는 곳이 소수지만 몇 군데 있다.

깊이와 신장성이 충분히 유지되는 통로 구조를 만드는 것도 중요하다. 록산은 수술 후 매일 20분 정도 확장기를 사용하게 될 것이다. 확장기는 속이 빈 관과 같은 통 모양의 단단한 기구로 신생 질의 깊이와 너비가 유지되도록 만드는 데 도움이 된다. 완전히 회복된 후에도 평생 매주 두 번씩 확장기를 사용해야 할 것이다. 봉합을 제거하고 나면 그 직후부터 신생 질에 인체를 보호하는 여러 미생물이 고유한 미생물군을 이루고 자리를 잡기 시작한다. 질 미생물군은 아직 밝혀지지 않은 것이 많고 성전환자의 질 미생물에 관한 정보는 더더욱 부족하다. 하지만 음경의 피부가 내막이 된 신생 질에 새로 형성되는 미생물의 종류는 피부와 장에서 발견되는 미생물과 비슷하다는 연구 결과가 있다. 다른 장기를 활용하여 만든 신생 질에도 기존 환경에 있던 미생물군이 발견된다.* [14]

오늘날 성확정 수술을 집도하는 의사들이 성적 쾌락과 질의 습도, 보호 기능까지 생각한다는 건 이 수술이 얼마나 발전했는지를 보여준다. 분명한 사실은 성확정 수술의 초기 개발자들이 생각했던 신생 질의 이상적인 기준과 바워스가 생각하는 기준이 굉장히 다르다는 것이다. 과거에는 음경과 고환을 제거하는 것만으로도 충분했다. 겉으로 가장 뚜렷하게 드러나는 남성성의 상징과 테스토스테론이 생산되는 분비샘을 없애고 이성과의 성교에 필요한 구멍을 만들 수 있다면 족하다고 여겼다. 이후 길고 긴 우여곡절을 거쳐 이제 생식기 수술은 여성으로 성을 전환하고자 하는 사람들이 자기 몸과 성을 온전히 경험하는 방식의 하나로 여겨지게 되었다.

새로운 희망, 새로운 인생

1952년 12월 1일 세상은 인간의 삶을 향상시키는 동시에 파괴할 수도 있는 과학과 기술의 힘으로 들끓었다. 페니실린이 널리 사용되기 시작했고 조너스 소크Jonas Salk는 소아마비 백신 개발의 마무리 단계에 이르렀다. 미국은 인류가 만든 가장 강력한 무기인 수소폭탄의 첫 번째 핵실험을 막 마쳤다. 미국인이 최초로 달

✳   성확정 수술을 받은 환자는 신생 질의 미생물군에서 나타나는 이런 특징 덕분에 효모에 감염될 확률이 낮고 임질, 클라미디아 같은 성병에도 취약하지 않다는 사실이 여러 연구로 밝혀졌다.

에 갈 것이라는 소문도 돌았다. 하지만 그해 12월 1일 《뉴욕 데일리 뉴스New York Daily News》 독자들이 접한 소식은 이런 성취들과는 거리가 멀었다. 아침 일찍 현관에 배달된 신문을 집어 든 사람들이 본 1면에는 대서특필로 보도된 기사에 이런 제목이 붙어 있었다. "전직 군인, 금발 미녀가 되다."[15]

나란히 배치된 두 장의 사진에는 왼쪽으로 기울여 쓴 모자 아래로 귀가 툭 튀어나온 멀쑥한 젊은 군인의 모습과 둥근 눈썹에 고대 그리스인을 떠올리게 하는 곧게 뻗은 콧날, 긴 금발 머리카락을 뒤로 틀어 올린 아름다운 여성의 모습이 각각 담겨 있었다. "천지 차이"라는 표현이 등장하는 기사에는 덴마크인인 양친에게서 태어난 스물여섯 살의 미군 크리스틴 예르겐센Christine Jorgensen 이 "이례적이고 복잡한 치료"를 위해 덴마크에 다녀왔다는 내용이 실려 있었다. 마침내 과학이 자연을 이긴 듯하다는 내용도 있었다. "말도 안 되는 소리였다! 나는 그런 말들이 도전장으로 느껴졌다. 원자력의 시대에 어떻게 감히 그런 말을 입에 올릴 수 있었을까?" 예르겐센은 자신의 회고록에서 당시 언론 보도를 보고 느낀 감상을 이렇게 전했다.

예르겐센은 1926년 미국 브롱크스에서 태어났다. 원래 이름이 조지였던 이 소년은 부끄러움이 많고 굉장히 불안정했다. "황갈색 머리카락에 내성적이고 허약한 아이였다." 자서전에도 자신을 그렇게 소개했다. 딱히 하고 싶은 일이 없었던 조지는 사진 일을 하다가 치과대학에 입학했다. 좀더 큰 집단에 속해보고 싶어서 전쟁에 자원하기로 결심했다. 하지만 입대 허가가 나올 즈

버자이너

음 미국의 승리로 전쟁이 끝났고 예르겐센은 군인들의 귀환을 돕는 일을 맡았다.

미국 전역에 불안감이 팽배하던 시대였다. 제2차 세계대전 기간에 여성들은 전쟁 중인 조국에 보탬이 될 만한 일을 하기 위해 집을 떠나 공장에 다니며 남자들이 하던 일을 도맡아 성실하게 일했다. 남자들이 집으로 돌아오자 그간의 노력은 흐지부지되고 다시 가정주부의 삶으로 복귀해야 했다. 10여 년 전 오이겐 슈타이나흐를 비롯한 여러 과학자가 빛이 입자이자 파동인 것처럼 남녀 모두 남성과 여성의 요소를 다 가지고 있고 큰 차이가 없다는 의견을 제기했지만 문화의 흐름은 다시 바뀌었다. 여자다움, 남자다움이 중시되는 분위기였고 동성애는 혼란의 원인으로 여겨졌다.

예르겐센은 자신이 동성애자라고 생각해본 적이 한 번도 없었다. 기독교 집안에서 자라 동성애라는 단어에 깊은 반감을 가지고 있었다. 하지만 사회에서 남성에게 기대하는 역할들이 자신과는 맞지 않는다고 느꼈다. 군인으로 잠시 복무한 다음에는 코네티컷주 뉴헤이븐에 있는 사진 학교에 입학했다. 1948년 10월의 어느 날 신문을 읽다가 과학자들이 호르몬을 이용하여 수탉을 암탉으로, 암탉을 수탉으로 바꾸었다는 기사를 발견했다. 그때 처음으로 실낱같은 희망을 느꼈다. 더 남자다워지려고 애쓰는 대신 더 여성스러워지면 어떨까?

예르겐센은 뉴욕의학협회도서관에 몇 시간씩 틀어박혀 희귀한 분비샘 질병과 '성별 전환'에 관한 문헌을 읽기 시작했다. 폴드 크루이프Paul de Kruif가 쓴《남성호르몬The Male Hormone》이라는 얇은 책에서 호르몬 분비가 남성성과 여성성에 똑같이 영향을 준다는 내용을 보았다. 크루이프는 이 세상의 모든 것이 화학으로 귀결된다고 주장했다. "화학적으로 보면 우리는 전부 남자인 동시에 여자다. 인체에서는 남성호르몬과 여성호르몬이 모두 만들어지기 때문이다. 테스토스테론이 많으면 남자가 되고, 여성호르몬이 많으면 여자가 된다." 크루이프의 책에 나오는 내용이었다. "또한 테스토스테론과 에스트라디올의 화학적 차이는 수소 원자 네 개와 탄소 원자 한 개에 불과하다."

예르겐센은 두 성별의 차이가 이렇게까지 미미하다는 사실에 깜짝 놀랐다. "그 순간 나를 구원할 방법이 내 손 안에 있을지도 모른다는 생각이 들었다. 인체의 화학적 특성에 해답이 있는 것 같았다." 1949년에 학교를 졸업한 후 예르겐센은 한 약국을 찾아가서 약사를 설득하여 에스트라디올 100정을 샀다. 라벨에 "의사와 상담 없이 복용하지 마시오"라는 문구가 적혀 있었지만 예르겐센은 몸과 영혼이 달라지기를 바라는 마음으로 그 알약을 매주 한 알씩 몰래 삼켰다.

미국에서 자신의 계획을 도와줄 의사를 찾기란 쉬운 일이 아니었다. 예르겐센은 유럽에서 실험적인 '성전환'이 가능하다는 사실을 알게 되었고 그간 모아둔 돈을 전부 들고 배에 올라 10일 만에 바다 건너 유럽에 도착했다. 그리고 코펜하겐에서 자신을 따뜻하게 맞아주는 사람과 만났다. 외과 의사이자 내분비학자인 크리스티안 함부르게르Christian Hamburger였다. 슈타이나흐가 분비샘과 성을 연구할 때 그의 조수였던 함부르게르는 예르겐센의 지나온 인생 이야기와 성전환 수술에 대한 열망을 듣고 이렇게 말했다. "제 생각에는 당신의 인체 세포에 아주 뿌리 깊은 문제가 있는 것 같군요. 당신의 몸, 그리고 뇌세포를 포함한 몸의 모든 세포가 여성일지도 모릅니다."

함부르게르는 먼저 여성호르몬으로 남성성을 억제한 다음 수술로 생식기를 바꿀 수 있다고 설명했다. 그리고 성별을 바꾼 최초 사례를 논문으로 쓸 수 있게 허락해준다면 이 실험적인 치료를 전부 무상으로 해주겠다고 했다. 예르겐센의 귀에 들린 것은 성별을 바꾸는 것이 '가능하다'는 말뿐이었다. 망설일 이유가 없었다. 1950년 예르겐센은 수술 전 단계로 함부르게르의 관리를 받으며 고강도 에스트로겐 알약을 복용하기 시작했다. 그러자 마음이 차분해지는 기분이 들었다. 가슴이 커지고 피부도 매끈해졌다. 예르겐센은 나중에 분석할 수 있도록 소변 전부를 약 1리터짜리 병에 모아서 검은 가방에 숨겨두었다(예르겐센은 그 병을 '산파의 가방'이라는 뜻의 덴마크어 '위오르 모르 타스케yor mor taske'라고 불렀다).

1951년 9월 의료진은 덴마크 법무부로부터 공식적인 '거세 허가' 절차까지 마쳤고 마침내 오랫동안 기다린 수술을 시작했다. 의료진은 채 1시간도 지나기 전에 테스토스테론의 주요 원천인 고환을 제거했다. 나중에 의료진이 밝힌 내용에 따르면 "환자가 굉장히 열정적으로 바란 일이 한 가지 있었다. 자기 몸에서 제거된 남성성의 가시적 상징을 자신이 갖고 싶다는 것이었다."[16] 1년 뒤인 1952년 11월 20일 의료진은 음경 절제술을 실시했다. 음경을 제거하고 이전 수술에서 남겨둔 고환의 외피로 '음순과 유사한 형태'를 만드는 수술이었다. 집도의는 이제 예르겐센의 '육체와 정신이 조화로운 균형'을 이루게 되었다고 했다.

예르겐센은 1954년 뉴저지에서 성전환의 세 번째이자 마지막 절차를 마쳤다. 이 세 번째 수술에 대한 자세한 기록은 남아 있지 않지만 예르겐센의 자서전에 따르면 7시간이나 걸릴 정도로 "극히 까다로운 수술"이었다. "허벅지 위쪽에서 채취한 피부 절편으로 질관과 여성의 외부 생식기를 성형하는 수술이었다." 예르겐센은 이렇게 설명했다. "이 수술까지 끝내고 나자 드디어 여성이 되는 과정을 모두 마친 기분이었다. 아이를 갖지 못하는 것만 제외하면 내가 바라던 사람이 되었다."

1951년 예르겐센이 미국의 친구에게 보낸 편지에는 "수줍고 절망적인 심정"으로 미국을 떠났던 사람은 이제 없다는 내용이 있다. 예르겐센은 자신의 소망을 기꺼이 들어준 크리스티안 함부르게르를 향한 존경심을 담아 자신의 새 이름을 크리스틴Christine이라고 지었다.

예르겐센은 두 번째 수술까지 마쳤을 때 뉴욕에 있는 부모님에게 편지를 보냈다. 부모님은 예르겐센이 덴마크에 사는 친척들을 만나러 간 줄로만 알고 있었다. "세상에서 가장 위대한 화학 반응은 아마도 우리 인간이라는 존재일 것입니다. 그렇게 생각하면 우리 몸에 생기는 병이 그토록 많은 것도 그리 놀랍지 않습니다. 우리 몸에서 화학 반응이 가장 활발한 곳은 분비샘입니다. 별로 중요해 보이지 않는 몇 개의 작은 분비샘이 우리 몸 전체를 지배합니다. 이 분비샘 체계의 균형이 깨지면 몸은 그 불균형에 적응하느라 고통을 겪습니다." 예르겐센은 부모님에게 자신이 "그런 불균형 상태였다"라고 전했다. 그리고 그해에 찍어둔 사진 몇 장을 편지와 함께 보냈다. "저는 변함없이 두 분의 '브루드Brud'예요." 브루드는 어릴 때 예르겐센의 애칭이었다. "하지만 자연이 저지른 실수를 제가 바로잡고 있습니다. 이제 저는 두 분의 딸입니다."

몇 주 후에 전보로 답장이 왔다. "편지와 사진 잘 받았다. 그 어느 때보다도 널 사랑한다. 엄마 아빠가."

하지만 마침내 찾은 평화는 오래가지 않았다. 미국에서 한 기자가 부모님이 받은 편지의 사본을 입수하여 자극적인 기사로 내보낸 것이다. 뉴욕국제공항(현재 존 F. 케네디 국제공항)에 도착한 날 비행기에서 내린 예르겐센은 카메라 플래시를 정신없이 터뜨리며 고함치는 수많은 기자 무리에 둘러싸였다. 두툼한 밍크코트를 걸치고 진주 귀걸이와 하이힐 차림으로 나타난 예르겐센은 언론에서 차갑고 세련된 분위기와 여성미를 물씬 풍겼던 매릴린 먼로에 비유되며 일약 스타가 되었다. 남성성의 정점으로 여겨지는 군인이 "섹시한 금발 미녀"로 바뀌었다는 오해하기 쉬운 기사들도 있었다. 지극히 개인적인 일이었던 예르겐센의 여정은 순식간에 전 세계 대중이 주목하는 상징적인 여정이 되었다.

예르겐센은 그런 상징이 되고 싶지 않았다. "나는 자연의 잘못된 판단으로 생긴 일을 바로잡아서 신체적으로나 법적으로 처음부터 나였어야 할 사람이 되고 싶었을 뿐이다." 예르겐센은 이렇게 밝혔다. 그러나 이 모든 일을 겪는 동안 예르겐센은 의학계가 자신과 같은 처지의 사람들을 도우려 하지 않는 것이 얼마나 부당한 일인지 깨달았다. 자신이 받은 것과 같은 치료를 받고 싶다고 이야기하는 사람들의 절박한 편지도 수천 통 받았다. "내 개인의 성공이 과장이 아니라 정말로 수천 명에게 어떤 의미일지 너희는 짐작도 못 할 거야." 예르겐센은 뉴저지에 있는 친구들에게 쓴 편지에서 이렇게 말했다. "어쩌면 그 많은 이가 새로운 희망과 새로운 인생을 얻을 수도 있어."

점묘법으로 그려진 작품

예르겐센이 받은 편지들에는 해리 베냐민Harry Benjamin 박사가 보낸 것도 있었다. 독일에서 태어나 내분비학과 성과학을 공부한 베냐민은 슈타이나흐의 제자였고 분비샘에 관한 슈타이나흐의 견해를 뉴욕에도 전파하려고 노력했다.[17] 1948년 베냐민은 동료인 앨프리드 킨제이의 첫 번째 '성전환' 환자와 만난 것을 계기로 잘못된 성별로 태어났다고 느끼는 사람들에게 점점 관심을 쏟기 시작했다.* 20세기 초반까지는 이런 사람들에 관한 이해 수준도 낮고 관련 문서도 거의 없었다. 그나마 있는 자료들은 대부분 동성애

---

*   당시 영어에서는 자신의 성별이 생물학적 성별과 정반대라고 느끼는 사람들을 'transsexual(성전환자)', 외모와 옷차림이 생물학적 성별과 반대인 사람들을 'transvestism(복장 도착)'이라고 표현했다. 1980년대에 들어 성전환자를 뜻하는 표현은 'transsexual'에서 'transgender'로 대체되었다. 이제 transsexual과 transvestism은 모두 구시대적인 표현으로 여겨진다.

나 여장 남자, 남장 여자에 관한 내용이었다.

나중에 성전환자의 아버지라 불리게 된 베냐민은 억압과 오해에 시달리는 이 소수자들의 상황을 미국 의사들에게 제대로 설명하는 것이 자신의 사명이라고 느꼈다.[18] "저에게는 인간의 고통을 최대한 덜어주는 일입니다."[19] 1967년에 《에스콰이어 Esquire》와의 인터뷰에서 베냐민이 한 말이다. 베냐민은 예르겐센의 사연, 예르겐센이 만난 덴마크 의료진의 용기에 깊은 인상을 받고 예르겐센에게 편지를 보내 자신도 돕고 싶다는 뜻을 전했다. 구체적으로는 예르겐센 앞으로 오는 편지들에 자신이 대신 답장을 보내주겠다고 제안했다. 베냐민 역시 예르겐센이 받은 것과 같은 치료를 문의하는 절박한 편지를 받고 있던 터였다. 예르겐센은 자신에게 온 편지들을 베냐민에게 보내기 시작했다. 처음에는 수십 통 정도였지만 수백 통, 수천 통으로 늘어났다.

예르겐센은 성전환자들이 맞닥뜨리는 법조계와 의료계의 장벽을 무너뜨리기 위한 베냐민의 고투에 큰 감명을 받았다. "제가 하려는 일이 과거 의학에서 위대한 발견을 한 사람들의 업적만큼 대단하지는 않겠지만, 그래도 도움이 될 수 있다고 생각합니다." 1953년에 예르겐센은 베냐민에게 쓴 편지에서 이렇게 전했다. "신의 도움으로, 그리고 선생님과 같은 몇몇 분 덕분에 저는 이 일이 장차 인류를 더 깊이 이해하는 길이 되리라고 믿습니다." 베냐민에게 예르겐센은 아주 특별하고 흥미로운 사례였다. 예르겐센의 사례는 여러 편의 의학 논문으로도 다루어졌다. 베냐민은 환자이자 오랜 친구에게 보낸 편지에서 "크리스틴의 '복장 도착'

은 실질적인 문제의 외형적인 부분, 혹은 상징적인 일부분일 뿐"
이라고 설명했다. "크리스틴이 느끼는 충동은 훨씬 뿌리가 깊네.
그것을 지칭할 적절한 과학 용어가 없어. 나는 그 충동을 '다른 성
별이 되려는 강박적인 충동'이라고 묘사하겠네."

베냐민은 1933년 나치가 집권하기 전까지 성확정 수술이
시행된 베를린에서 태어나 그곳에서 공부를 마쳤다. 미국으로 온
후에는 마거릿 생어, 킨제이 등 성개혁에 앞장선 사람들과 친분
을 맺고 피임과 자유로운 이혼을 보장하는 법률 제정을 위한 투쟁
에 동참했다. 그가 보기에 미국 의학계는 덴마크, 네덜란드, 스웨
덴 같은 '더 깨어 있는' 국가들보다 수십 년은 뒤처졌다. 독일에서
는 생식기 수술이 코 성형 수술만큼 흔한데, 미국인들은 그 수술
을 받으려고 아프리카나 아시아, 유럽으로 가야 하는 판국이라며
한탄하기도 했다. 그러면서 50년 전까지만 해도 독일에서 성형외
과 의사는 다 돌팔이로 치부되었으나 지금은 성형 수술이 일상적
인 일이 되었다고 지적했다.

베냐민은 성이 점묘법으로 그려진 작품과 같다고 보았
다.[20] 가까이 다가가서 자세히 살펴볼수록 점과 점의 구분이 흐릿
해지는 점묘화처럼 성도 마찬가지라는 의미였다. "해부학적 차이
를 기준으로 성별을 가르는 전통적인 관점과 달리 성별의 개념과
겉으로 드러나는 성별의 유형은 최대 열 가지, 또는 그 이상일 수
있다. 그 각각의 유형은 개개인에게 너무나 중요한 의미가 있다."
1966년 베냐민이 발표한 저서《성전환 현상The Transsexual Phenomenon》에
나오는 내용이다. 그는 겉으로 드러나는 성별 유형에는 염색체,

생식샘, 유전, 정신적 성별과 그 밖에 여러 가지가 반영될 수 있다고 보았다. 또한 대다수는 '다양한 성별의 교향곡', 즉 성정체성을 구성하는 각 요소가 서로 일치하는 조화로움을 경험하는 반면, 성전환자는 '정신적 성별'과 육체의 성별 사이에 심각한 불협화음을 경험한다고 설명했다.

생식샘을 기준으로 남자인 베냐민은 예르겐센이 겪은 일이 생물학적 문제라고 보았다. 그리고 그런 문제를 정신분석으로 '치료'하려는 시도에 반대하며 조만간 과학자들이 생물학적 원인을 밝혀낼 것이라고 예상했다. 유전학적 요인이 있을 수도 있고, 태아가 발달하는 시기에 호르몬이 영향을 줄 수도 있다고 보았다. 원인이 무엇이건 베냐민은 그런 사람들이 정신적 성과 생물학적 성 사이에 조화를 찾도록 도울 방법은 성별의 완전한 전환뿐이고 그 과정에는 수술도 포함되는 경우가 많다고 설명했다. "연민의 시선으로 본다면, 또는 상식적으로 내가 생각하는 성별이 몸의 성별과 일치하지 않고 그 확신을 바꿀 수가 없다면, 특정한 경우에는 몸을 그에 맞게 바꿔야 하지 않을까?"

그러나 베냐민이 그 문제로 자신을 찾아오는 환자들에게 해줄 수 있는 것은 공감하고, 진단을 내려주고, (대부분) 여성화를 촉진하는 호르몬을 처방하는 것이 전부였다.* 그는 몇 년 동안 미

---

* 베냐민의 환자들은 대부분 남자로 태어난 사람들이었으나 자선가 리드 에릭슨 (Reed Erickson)은 예외였다. 여성으로 태어나 남성으로 성을 전환한 에릭슨은 나중에 베냐민의 활동을 적극 지지하며 주요한 경제적 후원자가 되었다. 에릭슨은 재단을 설립하여 베냐민에게 연구비를 지원하는 한편, 존스홉킨스대학교에도 자금을 지원했다.

국에서 유일하게 에스트로겐 주사를 투여하고 초창기 피임약인 에노비드Enovid를 처방한 의사이기도 했다(이런 방법들은 베냐민이 처음 떠올린 것이 아니었다. 1920년대에 한 성전환자가 당시 개발된 지 얼마 안된 호르몬제 프로기논 데포Progynon Depot를 시험적으로 써보고 싶다고 요청했고 베냐민은 동의했다. 성별 불쾌감에 시달리던 그 환자가 호르몬제 투여 후 상태가 완화되는 것을 직접 확인한 베냐민은 다른 환자들에게도 권하기 시작했다. 그리고 에스트로겐을 투여하면 환자가 차분해지고, 성욕이 감소하며, 유방이 커지는 등 여성성이 발달한다는 사실을 알게 되었다).

베냐민과 예르겐센은 성전환을 갈망한 수천 명의 미국인에게 가장 필요했던 것을 선사했다. 바로 희망이다. 예르겐센은 한계 없는 과학의 힘을 보여준 상징이 되었을 뿐 아니라 자신이 어디에도 속하지 못하는 존재라고 생각하며 살아온 사람들이 새로운 가능성을 떠올리는 계기가 되었다. 수천 명의 사람이 예르겐센의 여정을 청사진으로 삼아 호르몬과 수술을 통해 자신이 느끼는 성별대로 온전하게 살 수 있다는 꿈을 꾸게 되었다.

간성 수술의 역사

하지만 예르겐센의 여정을 똑같이 밟을 수 있었던 사람은 극소수였다. 1953년 덴마크는 성전환 수술의 수요가 감당하기 힘들 만큼 늘어나자 400명이 넘는 신청자를 돌려보냈는데, 대부분 미국인이었다.[21] 미국에서는 선천적으로 비정형적인 생식기를 가지고 태어나는 간성이 아닌 이상 성확정 수술을 해주는 의사를 찾을 수 없었다.

1960년대까지도 미국에서 성확정 수술은 불가능한 일이었다. 위험하고 비윤리적인 수술이라고 생각하는 의사가 많았다는 것이 가장 큰 이유였다. 의사가 수술할 의지가 있어도 '상해법 mayhem statutes'으로 불리던 모호한 법률에 가로막혔다.[22] 먼 옛날 헨리 8세 Henry VIII 시대에 일부 영국 청년이 징병을 피하려고 의사를 찾아가 손가락, 발가락, 심지어 손과 발까지 전투에 꼭 필요한 멀쩡한 신체 일부를 잘라달라고 요구하는 일이 생기자 이런 사태를 막기 위해 제정된 법으로, 군인은 자신을 방어하는 데 필요한 신체 부위를 고의로 없앨 수 없다는 내용이었다.

상해법이 제정된 이래 이 법을 어겨서 적발된 의사는 한 명도 없었지만 미국 의사들은 혹시라도 불리한 일을 당할 수 있다는 두려움에 성확정 수술을 거부했다. 베냐민은 상해법은 비인간적이고 윤리적으로 퇴보하는 법이라고 목소리를 높였다. "의사들에게 영향을 주는 망령과도 같은 상해법을 폐지하고, 의사가 과학과 각자의 양심에 따라 행동할 수 있도록 대법원이 결정을 내려야 한다." 베냐민이 쓴 글이다. 그러는 동안에도 환자들에게 계속해서 호르몬 치료를 제공하고 미국에서 성확정 수술을 해주던 몇 안 되는 의사들을 소개하는 것이 그가 할 수 있는 전부였다.

이런 분위기 탓에 20세기 중반 미국에서 행해진 수십여 건의 성확정 수술은 극비리에 위태롭고 위험하게 이루어졌다. 성 노동자였던 퍼트리샤 모건 Patricia Morgan도 베냐민을 통해 성확정 수술을 해주겠다는 의사를 만나 이 초창기 수술을 받은 환자 중 한 명이었다. 퍼트리샤는 로스앤젤레스에서 활동하던 그 의사에게 1961년에 받은 첫 번째 수술이 총 8시간 걸렸다고 기억한다. 의료진은 음경을 제거한 뒤 고환을 복부 쪽으로 밀어 넣었다. 고환을 제거하지 않았기 때문에 상해법에 저촉되지 않으리라는 생각으로 그와 같은 방식을 택한 것이다. 마취에서 깬 퍼트리샤는 핏자국과 통증, 몸에 잔뜩 연결된 선들과 관들, 카테터와 마주했다. "고통에 시달리는 살덩어리가 된 기분이었어요."[23]

1966년 성전환을 원하는 사람들에게 새로운 길이 열렸다. 볼티모어에 생긴 존스홉킨스 성정체성클리닉 Johns Hopkins Gender Identity Clinic이었다.

존스홉킨스대학교는 1950년대에 선천적으로 비정상적인 생식기를 가지고 태어난 간성 아동의 치료 분야에서 미국의 핵심 기관으로 꼽혔다. 음핵이 정상 기준보다 크거나 음경이 정상 기준보다 작은 아이들이 그 대상이었다(정상과 비정상을 구분하기 힘든 경우가 많아 최종 판단은 임의로 내려졌다). 의사들은 이렇게 태어난 아이들에게 문제가 있다고 보았다. 인간은 태어날 때 거의 전부 남자나 여자로 나뉘어야 하는데, 남자면서 남자의 몸이 아니고 여자면서 여자의 몸이 아닌 존재는 이 단순한 분류 체계를 위협한다고 여겼다. 성교는 두 성별의 노력이 하나로 합쳐지는 행위이자 서로가 가진 도구가 자물쇠에 꼭 맞는 열쇠처럼 조화를 이루는 행위라고 확고히 믿는 사람들에게 그런 아이들은 위협적인 존재였다. 베냐민처럼 성전환자들의 상황을 아는 사람들은 그런 생각에 의문을 제기하기 시작했다.

간성으로 태어난 아이들*을 어떻게 해야 할지 방법을 제시한 사람은 뉴질랜드 출신 심리학자 존 머니John Money였다. 하버드 대학교 학위 논문의 주제로 선천적으로 생식기가 기형인 사람들의 정신 상태를 연구한 머니는 그런 환자들이 커서 성공한 사례를 찾아보면 전부 어릴 때부터 남성이나 여성 둘 중 한 가지 확실한 성별로 살아온 사람들이라고 밝혔다. 따라서 '정상적인' 성인, 즉 여성이나 남성 중 한 가지 성에 속하는 성인이 되려면 최대한 어릴 때부터 성역할을 선택하고 그것을 지켜야 한다고 주장했다. 그렇다면 간성으로 태어난 아이를 어떤 성별로 키울지는 어떻게 정할까? 머니는 염색체, 호르몬, 심지어 생식샘도 결정적 요소가 아니라고 보았다. 그가 중시한 건 외부 생식기의 형태, 그리고 "수술로 생식기를 특정 성별에 알맞은 형태로 얼마나 적절하게 재건할 수 있는지"[24]였다.

머니는 개개인이 스스로 남성 또는 여성이라고 느끼는 감각을 성역할이라고 칭했다. 나중에 이 표현은 성역할, 또는 성정체성의 의미로 쓰이게 되었다. 머니는 간성으로 태어난 아이들

---

* 오늘날 의학계에서는 이런 아이들의 상태를 표현할 때 '성발달 장애(또는 성발달상의 차이)'라는 용어를 쓰는 사람들이 있다. 과거 《정신 질환 진단 및 통계 편람》에는 '성정체성 장애'가 포함되어 있었으나 '장애'라는 표현에 치료가 필요한 병, 무언가 문제가 생긴 사람이라는 의미를 내포하고 있다는 엄격한 평가에 따라 삭제되었다. 성발달 장애라는 표현 역시 이와 같은 이유로 문제가 제기되고 있다. 간성인 사람들을 위해 싸우는 사회운동가들은 바꾸어야 하는 건 이들의 몸이 아니라 문화라고 주장한다.

의 성역할은 해부학적 특징이 아닌 환경의 영향으로 형성되며 생후 18개월경에 성정체성이 확고해진다고 주장했다. 그리고 포춘쿠키를 만들 때 반죽이 딱딱하게 굳기 전에 알맞은 형태로 접어야 하듯 간성인 아이들은 최대한 어릴 때 적절한 성별을 정하고 그 성별에 맞게 살아가도록 키우는 것이 중요하다고 설명했다. 부모가 아이를 정해진 성별대로 살도록 양육하고 사춘기가 되었을 때 그 성별에 맞는 호르몬을 추가로 투여하면 성역할이 더욱 공고해진다고 보았다.

머니의 주장에는 간성인 사람의 비정상적인 생식기를 질과 외음부로 바꾸어야 한다는 의미가 담겨 있었다. 남성 생식기를 만드는 것보다 여성 생식기를 만드는 것이 외과적으로 더 간단하기 때문이다.* 또한 수술로 음핵의 형태를 바로잡은 여성보다 음경이 작은 남성이 겪는 심리적인 고통이 더 크다고 믿었다. 이런 원칙에 따라 머니는 간성으로 태어난 아이는 음핵 크기를 줄이거나 일부를 잘라내서 '적정 크기의 음핵'으로 만들고 질을 넓혀 여자아이로 퇴원시키도록 했다.[25] 환자의 쾌락이나 감각보다는 삽입 성교(가능하면 임신과 출산까지)를 가장 우선시한 조치였다. "지금까지 우리가 확인한 증거로 볼 때 과도하게 큰 음핵을 수술로 절단하고 여성으로 살게 된 환자들은 질이 제대로 발달하기만 한다면 성적 감각과 반응성이 손상되지 않는다."

---

* 한 저명한 비뇨기과 전문의는 이렇게 표현했다. "구멍을 파는 것은 가능해도 없던 기둥을 세울 수는 없습니다."[26]

머니의 이론은 여성의 성에 관한 지크문트 프로이트의 주장과 일치하는 부분이 있다. 사람들이 골치 아프고 미묘하다고 여기는 문제에 해답을 제시한 것도 공통점이다. 더욱이 심리학이라는 '과학적인' 언어로 뒷받침하는 확실한 답이라는 인상을 주었다. 역사가 엘리자베스 라이스Elizabeth Reis는 2009년에 발표한 저서 《불확실한 몸: 미국 간성의 역사Bodies in Doubt: An American History of Intersex》에서 머니의 이론이 지식의 공백을 메우고 이른바 '남녀한몸'의 수수께끼로 여겨지던 간성 환자를 어떻게 해야 할지 당혹스러워하던 미국 전역의 의사들에게 그 문제를 해결할 수 있다는 확신, 그런 아이들도 건강한 이성애자 성인으로 자라도록 만들 수 있다는 확신을 주었다고 설명했다. 라이스는 머니가 의사가 아닌 심리학자였는데도 그가 제시한 이론이 40년 가까이 의학계의 지배적인 인식 체계로 뿌리내렸다는 점도 지적했다.

　　머니의 원칙에 따라 수술받은 아이들은 자라면서 끔찍한 합병증에 시달렸다. 수많은 환자가 찌르는 듯한 통증과 비뇨기 문제, 성적 감각과 오르가슴 결여, 흉터와 더불어 평생 깊은 수치심을 안고 살았다. 그중에서도 간성이 아닌데 간성 수술을 받고 생식기가 절단된 데이비드 라이머David Reimer라는 환자의 사례는 머니에게 가장 큰 오명을 안겨주었다.[27] 머니의 의료진은 라이머의 생식기를 수술로 여성 생식기의 형태로 바꾸어 여자아이로 퇴원시켰다. 어린 시절을 혼란스럽게 보낸 라이머는 뒤늦게 자신이 무슨 일을 겪었는지 알게 되었고 남자로 살기로 했으나 서른여덟 살에 결국 자살로 생을 마감했다. 수십 년의 세월이 흐른 뒤에야 일부 의사와 간성인 사람들의 인권 보호에 나선 단체들이 이런 수술이 얼마나 심각하고 지속적인 피해를 주는지를 깨닫고 강경하게 반발하기 시작했다. 이 힘든 싸움은 지금도 병원과 의료계에서 계속되고 있다.

머니는 간성 수술이 자연의 '실수'를 의학적으로 바로잡는 일이라고 주장했다. 예르겐센도 자신의 상태를 자연의 실수라고 표현했지만 간성 수술은 그렇게 태어난 아기에게 선택권이 전혀 없다는 중대한 차이가 있다.* 현재 이 문제를 위해 싸우는 시민운동가들은 간성으로 태어난 사람이 사춘기가 될 때까지는 의학적으로 불필요한 수술을 전면 금지해야한다고 주장한다. 또한 자신에게 필요한 것을 판단할 수 있는 나이가 되면 알아서 선택하도록 해야 한다는 의견이 다수다.[28] 성전환의 역사를 연구하는 애리조나대학교의 수잔 스트라이커Susan Stryker 명예교수는 성확정 수술과 간성인 사람을 대상으로 한 생식기 수술은 "당사자가 원해서 받는 수술과 그렇지 않은 수술의 차이이므로 피임과 불임만큼 전혀 다른 개념"이라고 설명했다.

존스홉킨스 성정체성클리닉에서는 수십 년간 간성 수술을 수백 건 시행했다. 대다수가 의학적으로 불필요한 수술이었고 재앙이나 다름없는 결과에 시달린 환자도 많았다. 그런데 뜻밖에도 간성 수술은 목적도, 윤리적 의미도 전혀 다른 수술에 외과학적인

---

* 당시 간성 아기의 부모들은 수술에 대한 설명을 자세히 듣지 못하고 수술에 동의했다가 뒤늦게 결과를 보고 큰 충격에 빠지는 경우가 많았다.

기본 틀을 제공했다. 바로 수많은 성전환자가 간절히 바라던 수술이었다.

병원들의 진짜 의도

머니는 생후 초기 몇 개월이 지난 이후에 아이의 성역할이 바뀌면 "심리적으로 나쁜 영향이 발생한다"라고 주장하면서도 성확정 수술을 초창기부터 지지했다. 예르겐센의 성전환 사례가 알려진 후에는 존스홉킨스대학교에서도 비슷한 수술을 시행해야 한다고 설득했다. 이에 존스홉킨스대학병원은 1966년 미국 병원 중에서는 최초로 조용히 성확정 수술을 시작했다.[29] 이 소식이 전해지자마자 수술받으려는 사람들이 물밀듯 몰려왔다. "2주 동안 미국 전역의 성전환자로부터 약 3,000통의 편지를 받았다."[30] 당시 성형외과 과장이었던 밀턴 에저턴Milton Edgerton은 2016년에 이렇게 전했다. 편지마다 "기본이 여덟 장에서 열 장씩이었고 수술받고 싶다는 간절함이 가득했다"라고도 덧붙였다.

존스홉킨스대학병원은 미국 성확정 수술의 대표 주자가 되었다. 1970년대가 되자 스탠퍼드대학교, 노스웨스턴대학교, 미네소타대학교 등 비슷한 수술을 제공하는 대학병원이 20곳으로 늘어났다. 존스홉킨스대학병원에서 처음 성확정 수술을 시작하고 첫 2년간 최소 2,000명이 수술을 신청했는데, 대부분 베냐민을 통해 찾아온 사람들이었다. 하지만 수술받은 사람은 24명에 불과했다. 1972년까지 미국에서 성확정 수술을 받은 500여 명 중 존스홉킨스대학병원에서 수술받은 사람은 겨우 32명이었다.[31] 그곳에서 수술받으려면 심리 검사, 환자 가족의 의료진 면담, 지능지수IQ 검사, 신체검사 등 엄격한 절차를 통과해야 했고, 전부 통과하더라도 호르몬 요법부터 시작하여 최소 6개월간 자신이 선택한 성별로 살아본 다음에 1,500달러(2022년 현재 가치로는 약 1만 달러)라는 거액을 지불해야 수술받을 수 있었다.

존스홉킨스대학병원이 특정 유형의 환자를 골라서 받았다는 사실은 나중에 드러났다. 의료진이 선별한 대상은 이미 여성성이 매우 명확하게 나타나는 사람, 새로운 성역할의 기준을 쉽게 '통과'할 수 있는 사람이었다. 베냐민조차도 성확정 수술을 받으면 "'여성'으로서 성공적으로 살 수 있는지" 궁금하다고 언급했다(베냐민은 여성이 된다는 것은 "여성으로 기능한다는 의미이며 이는 배우자와의 성관계가 가능한 것"을 뜻한다고 쓴 적이 있다). 존스홉킨스대학병원의 성확정 수술 기준은 간성 환자 수술로 얻고자 한 결과와 정확히 일치한다. 즉 두 경우 모두 수술 후 사회 안에서 도드라지지 않는 존재로 만드는 것이 수술의 궁극적인 성공이라고 보았다. 존스홉킨스 성정체성클리닉 원장인 성형외과 전문의 존 후프스John Hoopes는 자신이 성확정 수술로 '변화시킨' 열 명의 환자 중 세 명이 이미 결혼했고 다른 세 명도 약혼했다는 사실을 자랑스럽게 이야기했다.[32]

존스홉킨스대학병원은 성확정 수술의 문을 활짝 열 생각 같은 건 전혀 없었다. 미국 최초로 그 수술을 시작한 것도 실험이 목적이었기 때문이다. "수술을 포함해서 이 사업의 목적은 연구입니다." 후프스는 1966년 《뉴욕 타임스》와의 인터뷰에서 이렇게 밝혔다. "우리 연구로 밝혀진 가장 중요한 결과는 성전환자의 특징과 무엇이 그런 상태를 지속시키는지를 정확히 찾아냈다는 것입니다." 존스홉킨스대학병원을 포함하여 이 수술을 제공한 병원들은 성역할에 관한 고정관념에 의문을 제기하는 것이 아니라 그런 고정관념을 더 확고히 다지는 일에 초점을 맞추었다. "성전환은 차단해야 하는 위협 요소로 여겨진다." 스트라이커의 저서 《트랜스젠더의 역사: 현대 미국 트랜스젠더 운동의 이론, 역사, 정치 Transgender History: The Roots of Today's Revolution》에 나오는 내용이다. "스프레드시트 A열 또는 B열에 데이터를 각각 나누어서 입력하듯 사람도 남자 또는 여자로 명확히 나눌 수 있어야 한다고 여긴다."

환자들도 이런 보수적인 저의를 모르지 않았다. 데이나 바이어Dana Beyer는 10대 시절 《타임》과 《뉴스위크》에서 존스홉킨스 성정체성클리닉에 관한 기사를 읽고 1970년대에 성확정 수술 상담을 받으려고 찾아갔다. 하지만 첫 상담부터 큰 충격을 받았다. "성적 특징에 굉장히 치중하더군요. 저는 그런 식으로 살지 않았고, 무엇보다 그런 이유로 성전환을 고려한 것도 아니었어요. 그래서 바로 자리에서 일어나서 나왔습니다. 거기선 아무것도 하고 싶지 않았어요."[33] 현재 인권 단체 '젠더라이츠메릴랜드Gender Rights Marylands'에서 활동 중인 바이어는 2014년 《존스홉킨스 뉴스레터》와의 인터뷰에서 이렇게 전했다. "누구도 분명하게 말하진 않았지만, 그곳의 수술은 오로지 성기 삽입이 가능한 질을 만들려는 의도가 명확하게 깔려 있었습니다."

바이어는 수십 년 뒤인 2003년에 콜로라도의 한 개인 병원에서 수술을 받았다.

성확정 수술의 권위자

스탠리 비버Stanley Biber 박사는 작은 동네에서 15년간 외과 의사로 일했다. 그러다가 그의 개인적인 인생은 물론 의사로서의 삶을 통째로 바꾸어놓은 부탁을 받았다. 1969년 평소 알고 지내던 한 자원봉사자가 비버를 찾아왔다. 선천적으로 구순열, 구개열이 있는 어린아이들이 치료받을 수 있도록 병원에 데려오던 여성 자원봉사자였다. 지난 몇 년간 비버의 뛰어난 수술 실력에 내심 감탄했던 이 여성은 혹시 자신도 수술해줄 수 있느냐고 물었다.

"그럼요, 어떤 수술이 필요하십니까?"

"전 성전환자예요."

비버는 놀라서 입을 쩍 벌렸다. "그게 뭐죠?"

비버는 그때까지 성전환자라는 말을 한 번도 들어본 적이 없었다. 그 자원봉사자는 자신이 생물학적 남자로 태어났으나 지금까지 여자로 살았으며 해리 베냐민 박사의 관리를 받으면서 에스트로겐을 복용하고 있다고 설명했다. 그리고 비버에게 성전환이 완료될 수 있도록 성기와 고환을 질과 외음부로 바꾸는 수술을 해주었으면 좋겠다고 했다.

주민 수가 1만 명 남짓한 지역에서 일반의 겸 유일한 외과 의사로 일한 마흔여섯 살의 비버가 평생 해온 수술이라곤 출산, 담낭 제거, 맹장 수술이 전부였다. 처음에는 어떤 수술을 해달라는 것인지 감도 잡히지 않았다. 그런데도 해보겠다고 했다. "그 시절에 저는 그리 겸손하지 못했습니다." 나중에 비버는 이렇게 회상했다.

콜로라도주 트리니대드는 미국의 몇 안 되는 진짜 변경 지역 중 한 곳이다. 덴버에서 남쪽으로 3시간 거리, 뉴멕시코주 북쪽 경계와 겨우 몇 킬로미터 떨어진 트리니대드는 로키산맥 동쪽 구릉 지대의 그림자가 길게 드리운 곳에 자리하고 있다. 높은 산 봉우리 하나에는 할리우드의 오랜 상징과 비슷하게 '트리니대드'라고 적힌 구조물이 설치되어 있다. 한때는 금광을 찾는 사람들과 선교사들, 정착지를 찾아 미국 서부로 가는 사람들이 몰려들던 샌타페이 가도의 주요 정차 지역이었다. 1800년대에 광산 마을로 호황을 누리다가 광산이 폐쇄되자 경제도 무너지고 인구수도 급감했다. 운이 다하고 내리막길로 접어든 듯했지만 개척자들과 혁신을 꿈꾸는 사람들, 행동하는 사람들이 여전히 트리니대드를 지키고 있었다. 그리고 비버도 그 대열에 끼게 되었다. 그때는 그도 그렇게 될 줄 몰랐다.

트리니대드는 성확정 수술을 시행하는 대형 병원들과 멀리 떨어져 있었다. 비버는 우선 어떤 수술인지 알아보려고 뉴욕에 있는 베냐민에게 전화를 걸었고 베냐민은 그를 존스홉킨스대학병원 외과에 소개했다. 당시 존스홉킨스 성정체성클리닉 원장이던 후프스는 남성 생식기를 여성 생식기로 바꾸는 방법을 그림으로 그리고 직접 메모도 곁들여서 비버에게 보냈다. 잉크 펜으로 그려진 그 스케치에는 1952년 크리스틴 예르겐센이 받은 수술과 비슷한 과정이 담겨 있었다. "남성 생식기 음낭 피판 수술법"[34]이라는 제목 아래 음낭을 제거하고 음경으로 피부 절편을 만들어서 질 내벽으로 바꾸는 방법이 그려져 있었다. 비버는 너무 기초적이고 조악하다는 느낌을 받았다. 하지만 지침으로는 충분했다.

비버는 과거 가톨릭 수녀들이 운영했던 병상 40개 규모의 자그마한 의료시설인 마운트샌러펠병원에서 처음 성확정 수술을 집도했다. "내가 보기엔 엉망진창이었지만 효과는 있었다." 비버는 이렇게 회상했다. 가장 중요한 건 환자가 수술 결과에 만족했다는 사실이다. 곧 트리니대드라는 작은 마을에 온갖 악조건에도 불구하고 성확정 수술을 해주는 유능한 의사가 있다는 소문이 파다하게 퍼졌다.

비버는 어떤 면에서도 성확정 수술 분야의 최고 실력자가 되리라고 예상하기 힘든 사람이었다. 아이오와에서 태어나 어린 시절에는 랍비나 피아니스트가 장래 희망이었고, 제2차 세계대전이 발발하자 정보병으로 복무한 후 의과대학에 진학하여 외과의사가 되었다. 한국전쟁 때는 육군 이동 병원을 지휘했다. 귀국 후 미국 광부 노조가 콜로라도 트리니대드에 다친 광부들을 위한 병원을 설립한다는 소식을 듣고 1년, 길어야 2년 정도 경험을 쌓을 생각으로 서부행을 결심했다. 하지만 그곳에 완전히 정착했다. 트리니대드의 유서 깊은 시내 중심에 자리한 퍼스트 내셔널 뱅크의 5층짜리 사암 건물에서 환자들을 치료하기 시작한 후부터는 이 도시의 유일한 외과 의사가 되었다.

비버는 거친 서부생활에 잘 적응했다. 160센티미터도 안 되는 작은 키에 진흙이 잔뜩 묻은 낡아빠진 카우보이 부츠를 신고 청바지에 은색 버클이 달린 벨트 차림으로 출근했다. 벗겨진 머리에는 늘 카우보이모자가 얹혀 있었다. 시내에서 벗어나 사방으로 드넓게 펼쳐진 농장 지역에서 아내, 아이들과 살면서 말 타는 법과 픽업트럭 모는 법도 독학으로 익혔다. 평생 체력 단련에 매진하여 미국 올림픽 역도 대표팀 선발을 노렸다가 아깝게 떨어졌다는 소문도 있을 정도였다. 한국전쟁 때 적진 한가운데에서 개복 수술을 37회나 연달아 하다가 쓰러진 적이 있다는 무용담을 자랑스레 늘어놓기도 했다.

하지만 그보다도 비버에게는 환자들이 절실히 바랐던 특별한 것이 있었다. 존스홉킨스대학병원 의사들은 배운 적이 없는 그것은 바로 연민이었다. 성확정 수술을 원하는 환자를 똑같은 인간으로 대하는 의사를 찾기 힘들던 시절이었다. 1960년대에 존스홉킨스대학병원에서 수술받는 행운을 얻지 못한 사람들은 멕시코, 모로코로 가거나 '도살장'과 다름없는 곳에서 돌팔이를 만날 위험을 감수하고 수술을 받았다. 비버는 그와 대조되는 사려 깊고 다정한 의사로 금세 명성을 얻기 시작했다. "그 사람들과 만나고 그들에 관해 알아야만 공감할 수 있다."[35] 그가 한 말이다. 열린 마음과 우연히 찾아온 첫 환자 덕분에 비버는 삽시간에 '성확정 수술의 권위자'로 떠올랐다.

비버는 자신이 시작한 수술을 병원이 알면 어떤 반응을 보일지 몰라 첫 세 건의 수술 의료 기록을 병원장실 금고에 숨겨두었다. 그러나 종교 지도자들을 대상으로 성별 불쾌감과 성확정 수술에 관한 강연을 여러 차례 실시한 후부터는 분위기가 어느 정도 안정되기 시작했다. 비버가 하는 수술에 찬성하지 않는 주민도 많았지만 도시 전체가 경제적으로 혜택을 입은 것도 분명한 사실이었기 때문이다. 비버의 수술로 병원은 연간 75만 달러를 벌어들였고 지역 관광업도 활성화되었다. "지역 경제에도 큰 도움이 됩니다." 그는 1998년 《뉴욕 타임스》와의 인터뷰에서 이렇게 밝혔다. "수술받는 사람들은 가족과 함께 옵니다. 호텔에서 지내고, 음식점을 이용하고, 꽃집에서 꽃도 사죠."

얼마 지나지 않아 비버에게 수술받으려는 사람들이 거의 전 세계에서 트리니대드로 몰려들었다. 그는 자신이 수술한 사람들을 "나의 성전환자들"[36]이라고 불렀다. '세 자매'가 된 세 형제도 있었고, 아내가 세상을 떠날 때까지 기다렸다가 마침내 성전환을 완료한 일흔네 살의 노인도 있었다. 여성으로 생을 마감하고 싶다며 찾아온 여든네 살의 노인도 있었다. 뉴질랜드 국회의원 조지나 바이어Georgina Beyer도 비버의 환자였다. "영화배우, 판사, 시장, 모두가 찾아왔습니다."[37] 비버는 1998년 인터뷰에서 말했다. "미국 대통령 빼고는 다 만나본 것 같아요."

기자들도 모여들었다. 이들의 목격담은 자극적인 표현과 함께 기사화되는 경우가 많았다. "오전 9시에 남자였던 사람이 정오에 여자가 된다." 1985년 AP통신은 이렇게 전했다. 1993년에는 TV쇼 진행자인 제럴도 리베라Geraldo Rivera가 트리니대드로 찾아왔다. 스물두 살의 환자가 비버에게 수술받는 과정을 지켜보기 위해서였다. "제 평생에 이런 건 처음 봅니다. 저는 상당히 많은 것을 보면서 살았는데도 말이죠." 리베라는 방송에서 이렇게 말했다. 카메라맨들을 대동하고 나타났지만 제작진이 실제 수술 장면까지 촬영하려고 하자 그가 먼저 막았다. "텔레비전에 내보내기에는 과한 것 같군요."

비버는 자신의 성취를 전혀 감추려고 하지 않았다. "제 수술은 최고입니다."[38] 1984년에 그는 한 기자에게 이렇게 말했다. "기술적으로 최고죠. 수술받은 사람인지, 아닌지 구분할 수 없을 정도로요. 제 환자들은 산부인과 의사들도 대부분 알아채지 못한다고 이야기합니다." 비버는 자기 실력을 뽐낼 때 환자 중에 수술 후 산부인과 의사와 결혼한 사람도 있다는 말을 자주 했다. 비버는 그 남편이 아내가 수술받은 사실을 전혀 모른다고 주장했다.*

비버의 성공은 시기적으로도 딱 맞아떨어졌다. 1979년 존스홉킨스대학병원은 소속 의사들이 발표한 연구 보고서가 논란이 되면서 성확정 수술을 돌연 중단하기로 했다. 조사 방법과 결론 도출 방식이 적절하지 않다는 지적을 받은 문제의 보고서에 따르면 성확정 수술을 받은 환자 50명을 조사한 결과 수술 후에 전보다 나아졌다고 느낀 사람은 한 명도 없었다.[39] 이 연구를 추진한 정신의학과 과장 폴 맥휴Paul McHugh는 "존스홉킨스는 이 수술을 감

---

*   내가 이야기를 나누어본 산부인과 의사들은 다들 그럴 리 없다고 했다.

행함으로써 근본적으로 정신 질환을 부채질했다"[40]라는 결론을
내렸다(나중에 맥휴는 자신이 존스홉킨스대학병원으로 온 것은 이 수술을
중단시켜야 한다는 명백한 목표가 있었기 때문이라고 밝혔다).[41] 이 보고
서는 성확정 수술에 내려진 사망 선고나 다름없었다.

비버는 그 추세로 수십 년간 독자적으로 성확정 수술을 했
던 몇 안 되는 의사 중 한 명이 될 수도 있었다. 그러나 대학병원
이 성확정 수술을 중단하자 미국 전역에서 그 공백을 채우려는
개인 병원과 수술 센터가 대거 늘어났다. 1970년대에는 뉴욕, 투
손, 잭슨빌, 시카고에서도 성확정 수술을 받을 수 있게 되었다. 대
학병원에서 수술을 거부당한 환자들도 생전 처음 기꺼이 수술해
주겠다는 의사를 찾을 수 있었다. 물론 수술비를 마련할 수 있을
때의 이야기였다.[42] 성확정 수술은 수십 년간 건강보험이 적용되
지 않았다. 1960년대에 비버에게 수술받으려면 그와 의료진에게
3,225달러, 병원에 따로 3,000달러를 현찰로 내야 했다. 오늘날
화폐 가치로는 5만 2,000달러에 달하는 금액이다.

2000년대에 이르자 트리니대드는 '전 세계 성전환의 수
도'가 되었다. 비버의 손이 빚어낸 이 결과를 일부 보수적인 지역
민들은 몹시 유감스럽게 생각했다.《로스앤젤레스 타임스Los Angeles
Times》보도에 따르면 성확정 수술을 받은 전 세계 환자를 통틀어 비
버가 수술한 환자가 60퍼센트를 차지한 때도 있었다.[43] 30년 동안
그의 손에서 5,000여 명이 남성에서 여성으로, 800여 명이 여성
에서 남성으로 성별을 전환했다. 나중에는 "트리니대드에 다녀온
다"라는 말이 성확정 수술을 받는다는 의미로 쓰일 정도였다.

비버는 70대에도 은퇴할 마음이 전혀 없었다. "내 손이 멀쩡하고 내 정신이 멀쩡하다면 성전환자들을 계속 수술할 겁니다."[44] 1995년에 그가 한 말이다. 하지만 그때는 이미 미국 전역에 이 분야에서 유명해진 의사가 열 명 이상으로 늘어나서 비버를 찾아오는 환자는 점점 줄고 있었다. 비버는 2003년에 마지막 수술을 마쳤다. 그로부터 6개월 전 비버는 시애틀에서 산부인과 전문의로 성공을 거둔 마시 바워스를 채용했다. 바워스는 비버와 한 팀이 되고 채 1년도 지나지 않아 성확정 수술을 처음 집도했다.

여성의 몸을 재현한다는 것의 의미

바워스가 비버를 만나러 콜로라도로 올 때, 비버는 이미 전설적인 인물이었다. 두 사람이 만나기로 한 2000년 5월 25일에 비버는 《USA 투데이 USA Today》 표지를 장식했다. 그는 바워스가 자신의 후계자가 되어주기를 바라는 마음으로 당분간 함께 일해보자고 제안했다. "비버가 제 마음에 씨앗을 심었어요." 바워스의 말이다. 바워스는 시애틀 성전환자 커뮤니티에서 자신과 같은 성전환자들의 일에 관심을 기울이며 자궁 절제술과 질 성형술 환자의 회복을 도왔다. 비버가 함께 일하자고 제안했을 때 마침 다른 기회도 있었기에 바워스는 어느 쪽을 택할지 갈등했다.

그러나 상황이 비버의 제안에 더 솔깃해질 수밖에 없도록 돌아갔다. 바워스가 성확정 수술을 받고 시애틀에서 회복 중일 때 과거 산부인과 의사로 일하면서 만난 여러 환자와 동료들이 꽃을 보내왔지만 일부 환자는 더 이상 치료를 맡기고 싶지 않다며 떠났다. 담당 의사가 성전환자라는 사실이 불편하다는 이유에서였다. 워싱턴주 정부가 운영하는 가족계획 사업에 참여하고 싶어 지원한 일도 또 다른 계기가 되었다. 최종 후보까지 올랐지만 면접관으로 나온 한 의사가 다른 면접관들 앞에서 바워스가 성전환자라는 사실을 공개했다. 얼마 지나지 않아 정중한 거절과 함께 채용에서 탈락했다는 소식이 전해졌다. 바워스는 차선책으로 시애틀 외곽에 있는 어느 작은 기독교 병원 산부인과에서 제안한 첫 여성 의사 자리도 고려해보았지만 이번에도 면접 과정에서 성전환자라는 사실이 공개되었다.

'해리 베냐민 국제 성별 불쾌감 협회(지금은 세계성전환자보건의료전문가협회 World Professional Association for Transgender Health로 명칭이 바뀌었고, 2022년에 바워스가 협회장이 되었다)' 1차 회의에 다녀온 바워스는 월요일 아침에 출근하자마자 채용 제안을 철회한다는 팩스를 받았다. 그 순간 자신이 무엇을 해야 할지 깨달았다. "이건 운명이라는 확신이 들었습니다." 그렇게 해서 바워스는 '사람보다 트럭이 세 배쯤 더 많은' 콜로라도로 향했다.

2003년까지 바워스는 성확정 수술을 한 번도 직접 본 적이 없었다.* 하지만 수술실에서 비버의 집도를 지켜보는 동안 자신이 보유한 기술을 잘 활용할 수 있겠다고 느꼈다. 바워스는 수술

---

* 바워스는 물론 "어느 정도는 알고 있었다"라고 말했다.

을 조금씩 직접 해보기 시작했고, 비버는 바워스가 자신의 뒤를 이을 적임자임을 곧바로 알아보았다. "'이 수술'을 배우려고 트리니대드로 찾아온 사람들은 많았습니다." 비버는 세상을 떠나기 2년 전인 2004년에 이렇게 밝혔다. "하지만 손 기술이 부족하거나 자신감이 부족했어요. 진심이 부족한 사람들도 있었고요. 그 세 가지를 모두 가진 사람은 마시가 처음이었습니다."

비버의 수술법은 안정적이었고, 배우면 그대로 따라 할 수 있었으며, 환자들이 어떤 수술 결과를 얻을지도 충분히 예상할 수 있었다. 하지만 바워스는 개선이 필요한 부분들을 찾아냈다. 비버가 성확정 수술을 처음 시작한 1960년대에 의사들이 여성의 성을 대하는 태도는 지금과 큰 차이가 있었다. 그때는 음핵이 기능적이면서도 민감성을 잃지 않도록 만드는 일이 크게 중시되지 않았지만 바워스는 음핵이 필수라고 보았다. "그런 관점에서 보면 비버의 수술 방식에는 몇 가지 심각한 결점이 있었습니다." 바워스의 말이다. "하지만 비버는 저에게 앞으로 나아갈 길을 활짝 열어주었습니다." 2007년에 《덴버 포스트 Denver Post》는 바워스를 "트리니대드에서 활동하는 성전환자들의 록스타"[45]라고 보도했다.

현재 바워스는 자신이 활용하는 수술법이 비버와는 80퍼센트 정도 다르다고 했다. 바뀐 부분은 대부분 외적인 형태, 성적 쾌감과 관련이 있다. "저는 이 수술로 생식기의 해부학적 재현성을 새로운 수준으로 끌어올렸다고 생각합니다." 바워스의 말이다.

하지만 여성의 몸을 재현한다는 건 무슨 의미일까? '평범'하고 '자연스러운' 생식기를 목표로 삼는다면 그 목표에 근접할 수는 있어도 절대 완전하게 도달할 수는 없다. 기술이 부족해서가 아니라 애초에 그런 생식기는 존재할 수 없기 때문이다. 지금까지 이 책에서 살펴보았듯 여성의 몸은 하나의 관념이자 이상이다. 바워스가 생각하는 새로운 이상은 과거 해부학자들이 떠올린 이상보다 훨씬 매력적이다. 바워스의 관점은 온전함, 조화로움, 완전성을 추구한다는 점에서 마리 보나파르트, 아미나타 수마레, 록산 유버와 일치하는 부분이 있다. 성을 오케스트라라고 한다면 바워스는 몇 가지 악기를 바꾸어 새로운 교향곡을 연주하도록 지휘하려고 노력한다. 예전과는 조금 다르겠지만 여전히 풍성하고 복합적인 곡이 될 것이다.

'나 이제 질이 있어, 마침내'

록산 유버는 마취에서 깨어나자마자 소변이 너무 마려웠다. "정신을 차렸는데, 여기가 어디인지 모르겠더라고요." 록산의 말이다. "정말 푹 자고 일어난 기분이었습니다." 간호사가 와서 수술이 끝났고, 전부 잘 되었다고 이야기하자 모든 기억이 한꺼번에 떠올랐다. "그때부터 웃음이 나기 시작했어요."

록산은 병원 4층 회복실에 누워서 룸서비스로 음식을 주문했다. 배가 너무 고팠다. 과일과 코티지치즈를 고르고, 엘리 몫으로는 레몬 케이퍼 소스가 뿌려진 연어와 초콜릿 아이스크림을 선택했다. 친구들이 안부를 물었다. "페이스북, 인스타그램, 전부 아주 난리가 났어요." 록산은 이렇게 말했다. "다들 잔뜩 흥분해서는 '오, 세상에 드디어!'라고 했죠." 음식이 오자 록산은 작은 소금 봉지를 뜯어 코티지치즈에 뿌렸다. 그리고 허니듀 멜론과 캔털루프 멜론, 파인애플을 천천히 씹으며 음미했다.

록산과 엘리는 평소처럼 일상적인 대화를 나누었다. 내야 할 공과금 이야기, 예전 남자 친구와 여자 친구 이야기, 록산이 성전환을 시작하기 전에 목소리 연습을 하려고 레이디 가가의 〈본 디스 웨이 Born This Way〉를 귀청이 떨어질 만큼 크게 틀어놓고 따라 부르던 일까지 이야기했다.

그러다가 록산은 갑자기 씩 웃으며 음모라도 꾸미듯 나직이 말했다.

"근데 있잖아, 그거 알아? 나 이제 질이 있어. 마침내."

엘리는 어이없다는 표정으로 대답했다. "그래, 대단하셔. 이제 문자로도 이러는 거 아니야? '똑똑' '누구시죠' '네, 접니다, 전 질이 있어요.'"

"더 중요한 건 '그거'가 영원히 사라졌다는 거야." 록산이 말했다. "세상에, 그게 없어지다니. 정말 싫었거든."

수술로 모든 여정이 끝난 게 아니라는 사실은 록산도 잘 알고 있었다. 새로운 생식기가 아무리 멋지고 잘 만들어져도 모든 문제를 해결해주지는 않는다. 우리 사회가 생식기에 지나치게 의미를 부여한 것도 사실이지만, 그럼에도 불구하고(또는 그 의미의 무게 때문에) 생식기가 매우 중요한 것도 사실이다. "세상만사가 다리 사이에 무엇이 있는지에 따라 너무 과하게 좌우되고 있어요." 록산은 나와 처음 만났을 때 이렇게 말했다. "제가 태어날 때부터 발이 물갈퀴처럼 생겼다면 아마 아무도 신경 쓰지 않았을 거예요. 하지만 진짜 성별과 정반대의 성별인 몸으로 태어나서 이렇게 모두의 관심사가 되었어요."

록산은 수술로 행복해졌다고 했다. "드디어 제 몸과 하나가 된 것 같아요. 몸이 저와 하나가 되었다고도 할 수 있겠죠. 말로 다 표현할 수 없을 만큼 행복해요."

에필로그

2020년 9월 2일 보 로런트Bo Laurent라는 사람이 보낸 이메일을 받았다. 왠지 낯익은 이름이었다. 보는 내가《사이언티픽 아메리칸 Scientific American》에서 만든〈클리토리스의 발견Clitoris, Uncovered〉이라는 교육용 영상을 보았다고 했다. 그 영상에서 나는 내 머릿속에서 늘 반짝거리며 유령처럼 끊임없이 맴도는 음핵의 특징들을 강조하고, 과학계가 이 놀라운 기관을 제대로 이해하기까지 왜 그토록 오랜 시간이 걸렸는지 몇 가지 이유를 짚었다. 영상의 시작 부분에서는 음핵의 해부학적 구조를 아는 것이 왜 중요한지부터 설명했다. 성확정 수술과 절단된 생식기의 복원 수술을 시행하는 의사들에게는 기본적인 지식이라고도 밝혔다.

보는 음핵의 해부학적 특징에 관한 무지함이 낳은 또 다른 결과를 조사하고 싶어서 용기 내어 나에게 이메일을 쓰게 되었다고 했다. 즉 선천적으로 '생식기의 해부학적 구조가 특이한' 아이들이 지금도 미국에서 생식기 절단의 한 종류라고 할 만한 일을 겪고 있다는 것이었다. 보가 말한 수술은 마리 보나파르트가 살던 시대에 여성의 자위행위를 '치료'가 필요한 일로 여기고 음핵을 절단하거나 아미나타, 아이사 같은 여성들의 생식기를 절단한 것과 비슷한 수술이었다. 보는 자신이 그 수술을 잘 아는 건 직접 겪었기 때문이라고 하면서[*] 이렇게 덧붙였다. "위키피디아를 찾아보면 제가 어떤 사람인지 어느 정도는 알게 될 겁니다."[1]

그래서 나는 검색을 해보았고 처음 메일을 받았을 때 왜 익숙하다고 느꼈는지 곧바로 알게 되었다. 과거에 체릴 체이스Cheryl Chase라는 이름으로 활동하며 책을 내기도 했던 보는 간성 분야에서 가장 유명한 시민운동가다. 나는 2년쯤 전에 MIT에서 '성과 인종, 성별의 과학'이라는 수업을 들을 때 보가 해온 일들을 처음 접했던 기억이 떠올랐다. 보는 1956년에 음핵이 정상 기준보다 큰 비정형적인 생식기를 가지고 태어났다. 의사들은 보를 남자아이로 퇴원시켰는데, 1년 6개월 뒤 개복 수술 중에 새로운 사실이 드러났다. 보의 몸속에서 난소와 고환 조직이 둘 다 발견된 것이다. 의료진은 보의 차트에 이렇게 기록했다. "진성자웅동체true hermaphrodite(참남녀한몸)."

의료진은 보의 인생을 바꾼 결정을 내렸다. 음핵 조직을 최대한 제거하고 주변 피부를 봉합한 다음 보의 부모에게 아이 이름

---

[*] 보는 자신을 여성형 대명사로 지칭하는 것이 자신에게 더 잘 맞는다고 생각하지만 중성으로 표현해도 상관없다고 말했다. "전 대다수의 다른 여성들과는 다르니까요."

을 바꾸고 새로운 지역으로 이사 가서 아이를 딸로 키우라고 조언한 것이다. 그리고 어릴 때 이런 일이 있었다는 사실을 절대 입 밖에 내지 말라고 했다. 그때부터 보는 보니 설리번^{Bonnie Sullivan}으로 살았다.

수술 후 몇 년간은 평온했다.[2] 하지만 청소년기가 찾아오자 어릴 적 무슨 일이 있었는지 처음으로 깨달았고, 보의 세상은 무너져 내렸다. 수술 결과도 엉망이었다. 오르가슴이나 생식기를 통한 성적 쾌감은 전혀 느끼지 못했다. 그보다 더 견딜 수 없었던 건 평생 가장 믿고 의지했던 의사, 부모님, 가족들이 전부 자신을 속였다는 사실이었다. 보는 몇 년간 정서적인 혼란에서 벗어나지 못했다. 스물한 살이 되어서야 자신의 의료 기록을 열람할 수 있었고 모든 걸 알게 되었다. 하지만 그대로 끝낼 생각은 없었다.

문화와 의학이 몸을 형성한다

보는 몸을 해부학적으로 바꿀 수는 없어도 자기 삶의 이야기는 스스로 바꿀 수 있음을 깨달았다. "그들이 저에게 남긴 최악의 결과는 제가 수치심을 느끼도록 만들었다는 거예요."[3] 보는 2020년 10월에 줌으로 나와 이야기를 나누면서 이렇게 말했다. "그 문제는 제가 바꿀 수 있다고 생각했습니다."

보는 앨프리드 킨제이의 성 연구 자료를 읽기 시작했다. 간성 수술을 집도한 경험이 있는 의사들에게 편지를 쓰고 샌프란시스코에 있는 '성 학교'(이제는 없어진 '인간성고등연구소Advanced Study of Human Sexuality')도 다녔다. 얼마 지나지 않아 자신과 처지가 똑같은 사람들, 수치심과 거짓말에 붙들린 채 살아온 사람들이 수백 명, 어쩌면 수천 명이라는 사실을 알게 되었다. 다들 서로의 존재를 모르고 살아왔다는 것을 알게 된 보는 간성으로 태어난 사람들을 위한 공동체 '북아메리카간성협회Intersex Society of North America, ISNA'를 처음으로 설립했다. 간성인 사람들을 돕는 것에 그치지 않고 누구도 자신과 같은 일을 겪지 않도록 의료계를 변화시키겠다는 목표를 세웠다.

30년 가까이 의료계의 변화를 위해 싸워온 보는 나에게 보낸 첫 번째 이메일에서 최근에 거둔 중요한 첫 성과를 전했다. 시카고에 있는 루리아동병원이 미국에서는 처음으로 간성 수술을 공식적으로 금지한 것이다. 간성으로 태어난 영아의 생식기 수술은 지난 수십 년간 의무적인 조치로 여겨졌고 '응급' 수술로 시행되었다. 하지만 이제는 인권 단체들도 수술에 동의할 능력이 없는 어린 아기에게 이런 극단적이고 영원히 상처가 남는 수술을 감행하는 것은 잔인한 일이며 어린 아기도 한 인간으로서 성적 쾌감과 온전함, 건강을 누릴 권리가 있다는 사실을 마침내 인지하기 시작했다.

나는 보의 이야기를 듣고 한 가지 분명하게 깨달았다. 해부학적 지식은 학문의 영역에만 머무르지 않고 의학, 정치, 문화라는 신경망을 통해 멀리 퍼져나간다는 사실이다. 허술한 과학은 허술한 교과서와 허술한 의학 교육을 만든다. 그것도 중요한 문제지만 '여성이란 무엇이고 어떤 존재가 되어야 하는가? 그리고 여성

을 그 기준에 꿰맞추는 일에 의학은 어디까지 개입할 수 있을까?'
와 같은 문화적 개념에 자기 몸과 삶 전체가 좌우된 사람과 실제
로 마주하는 건 전혀 다른 문제다. 나는 보를 통해 이전까지 몰랐
던 사실을 알게 되었다. 바로 사회 전체가 공유하는 생물학적 성
별과 사회적 성별에 관한 신념은 모두에게 해가 된다는 것이다.
문화, 그리고 의학은 몸에 대한 사람들의 생각을 만든다.

무한한 조합으로 제각기 가장 아름다운 몸

한번은 나와 줌으로 대화하던 중에 보가 5센티미터짜리 자를 하
나 보여주었다. '생식기 측정기Phall-O-Meter'라고 부른다는 그 자에는
0과 1센티미터 사이에 '수술'이라고 적혀 있었고 슬픈 표정의 얼굴
모양 스티커도 붙어 있었다. 여성을 나타내는 기호와 남성을 상징
하는 기호도 보였다. 간성으로 태어난 아이가 남자인지 여자인지
의사들이 어떻게 판별하는지를 보여주기 위해서 만든 자였다. "음
경은 2.5센티미터보다 길고 일자로 곧게 뻗은 형태여야 하고 음
핵은 0.9센티미터보다 작아야 합니다." 보가 설명했다. "음핵이
이 기준보다 크면 잘라내고 여자아이가 되었다고 말합니다."

　　　이것이 의사들이 남성의 몸과 여성의 몸을 구분하는 기본
적인 방식이다. 객관적인 과학적 사실이 아니라 남성의 특징과 여
성의 특징에 관한 뒤엉킨 생각들이 판단 기준이다. 그리고 여전히
생식기가 남녀를 구분하는 최종 기준이 되는 경우가 많다. 성 연

구자 주디스 버틀러Judith Butler는 이런 상황을 "정치가 생식기를 넘어선" 세상은 아직 도래하지 않았다고 표현했다. 보에게 시행된 수술에는 여성의 몸은 '불충분'하다는 해묵은 전제가 깔려 있다. 발달이 덜 된 인체, 조작하기 쉬운 몸으로 여기는 것이다. 실제로 간성 수술은 아기의 음핵 조직을 제거하거나 몸속에 묻고 남근의 형태가 남지 않게 하여 성별을 여성으로 만드는 수술이 대부분이다. 이런 수술을 받고 질을 통한 삽입 성교에 출산까지 가능해지면 수술이 '성공적'이었다고 평가한다.

"훌륭한 여성을 만들 수는 있지만 남성을 만드는 건 굉장히 어려운 일이다."[4] 소아내분비 전문의이자 빌 클린턴 정부의 보건총감이었던 조슬린 엘더스Jocelyn Elders가 한 말이다(나중에 조슬린은 이 발언에 대해 사과했다).

'생물학적 남성'과 '생물학적 여성'의 범위, 그리고 이 두 범주의 어느 쪽에도 속하지 않는 사람들이 결혼, 입양, 스포츠, 화장실 이용, 입대에 어떤 권리를 가지는지에 관한 논쟁은 지금도 여전히 격렬하다. 이제는 호르몬과 염색체, 최첨단 '성별 검사' 기술까지 이 혼란에 가세한 상황이다. 최종 결정권은 '과학'이 쥐고 있다는 주장이 많다. 하지만 성별은 인종과 마찬가지로 사회적인 틀이며 인체, 장기, 유전, 염색체에 관한 우리의 지식과 정확히 일치하지 않는다.

이 책 첫 장을 펼쳤을 때부터 여성이란 어떤 존재인가라는 질문의 답을 찾을 수 없다는 것은 모두 짐작했을 것이다. 여성의 몸에 관한 탐구는 지금도 계속되고 있다. 여성의 몸을 정의하는 일도 현재진행형이며 앞으로 꾸준히 수정되고 확장될 것이다. 여성의 몸을 정의하는 경계는 그 어느 때보다 모호하다. 과학이 성별에 보탬이 될 수 있는 부분이 있다면 우리 개개인은 차이점보다 유사점이 더 많다는 사실을 알려준다는 것이다. 성별은 범위가 넓으며 호르몬과 염색체, 생식기는 다윈의 표현을 빌리면 "무한한 조합으로 제각기 가장 아름다운" 형태를 이룬다. 그러므로 여성의 몸을 정의한다면 변화의 매개체, 경계를 무너뜨리는 매개체라고 할 수 있을 것이다.

록산은 생식기와 자신의 정체성이 일치하는 특권을 가지지 못하고 태어났다. 보는 사회가 인정하는 정상인의 기준에 부합하는 남성과 여성 어느 쪽에도 속하지 않는 존재로 태어났다. 둘 다 다리 사이에 있는 것, 스스로 정하지도 않은 그것 때문에 부당하게 평가되고 분류되어 고유한 권리가 축소되는 일을 겪었다. 하지만 그런 몸, 그리고 그 몸으로 살아온 삶은 남들은 보지 못하는 것들, 대다수가 지극히 당연하게 여기는 시스템을 두 사람이 바깥에서 바라볼 수 있게 했고 그것은 두 사람의 유리한 지점이 되었다.

몸은 우리를 눈뜬장님으로 만들 수도 있고 다른 시각으로 보는 자유를 선사할 수도 있다. 또한 몸을 통해 우리는 얼마나 많은 사람과 몸, 관점이 외면당하는지 스스로 목격할 수 있다. 여성의 몸에 관한 과학적 탐구는 단절된 부분보다는 연결된 부분을, 차이점보다는 같은 점을 볼 때 비로소 발전할 것이다. 그리고 모든 몸을 더욱 정확하게, 더욱 충실하게 이해하는 방향으로 나아갈 수 있을 것이다.

에필로그

감사의 말

책과 음핵은 조금 비슷한 면이 있다. 눈으로 보고 손으로 만질 수 있다는 것도 그렇지만 지금 여러분이 들고 있는 책은 전체의 10퍼센트 정도밖에 안 된다는 점도 그렇다. 눈에 띄지 않지만 친구들, 가족들, 동료들, 처음 만난 나에게 이 책을 쓸 수 있도록 생각과 마음을 기꺼이 나누어준 다정한 분들이 있다. 그 모든 이가 이 책의 신경, 살, 혈관이다. 그들이 없었다면 이 책은 텅 빈 껍데기가 되었을 것이다.

자신의 연구와 삶에 내가 들어갈 수 있게 허락해준 뛰어난 과학자들께 가장 먼저 감사의 말을 전하고 싶다. 비뇨기 전문의 헬렌 오코넬, 산부인과·외과 전문의 가다 하템, 생물학자 패티 브레넌, 질 미생물 연구자 캐럴라인 미첼, 난소생물학자 도리 우즈와 조너선 틸리, 생명공학자 린다 그리피스, 성확정 수술 전문의 마시 바워스가 그 주인공이다. 다들 전문 지식과 연구 내용을 나에게 알려주었을 뿐 아니라 내가 그들에게 현미경을 들이대도 기꺼이 받아주었고 연구 범위를 한참 벗어난 질문을 던져도 답해주었다. 그리고 지금 하는 일과 세계관에 영향을 준, 과학적으로 설명할 수 없는 일들을 나와 공유해주었다. 나는 그들의 개방적이고 너그러운 성정에 큰 빚을 졌다. 내 글이 그들의 뜻을 적절하고 정확하게 전달했기를 바란다.

개인적인 인생 여정과 나도 겪어본 의료계의 힘든 경험을 너그럽게 공유해준 분들께도 고마움을 전한다. 보 로런트, 록산 유버, 아미나타 수마레, 아이사 에돈, '알마', 빅토리아 필드, 메이샤 존슨, 자이프리트 비르디, 코리 스미스까지 모두 평생 겪은 일들을 내가 충분히 이해할 수 있도록 며칠, 몇 주씩 참을성 있게 기다려주었다. 이들은 모두 처음에는 여성의 몸을 탐험할 계획이 없었으나 상황에 떠밀려 어쩔 수 없이 기존과는 다른 해부학적 탐험에 직접 나서야만 했다. 의학계의 무지와 무관심, 때로는 적개심과도 맞닥뜨리며 스스로 길을 개척했고 그 과정에서 알게 된 것들을 지식으로 만들었다.

마리 보나파르트, 미리엄 멘킨 같은 역사 속 인물들의 생애를 조각조각 맞추어볼 수 있었던 것은 나에게는 영웅과도 같은 기록 보관소 직원들, 도서관 사서들 덕분이다. 특히 멘킨에 관한 자료를 인내심 있게 안내해준 하버드카운트웨이도서관의학사센터의 스테퍼니 크라우스와 제시카 머피, 스콧 포돌스키와 멘킨의 과학적 연구 성과를 찾을 수 있게 도와준 국립의료박물관 소장품 관리자 엘리자베스 로킷에게 감사드린다. 국회도서관의 기록보관소 담당자 마거릿 매컬리어는 마리 보나파르트에 관한 자료를 나만큼 열성적으로 찾아주었고 스케치, 논문 초록 등 새로 공개된 자료들도 안내해주었다. MIT에서 여성과 성을 연구하는 사서 제니퍼 그린리프는 도서관의 핵심 서고에 들어갈 수 있게 해주었고 정말 찾기 힘든 몇 가지 문서를 직접 찾아주었다.

내 원고를 검토하고 새로운 가능성을 떠올릴 수 있도록 해준 분들께도 마음 깊이 감사드린다. 서던메인대학교의 생물인류학자 헤더 새턱하이돈은 성 이론이 과학 지식을 비평하는 것을 넘어 과학 지식을 이끌고, 형성하고, 만들 수 있음을 보여주었다. 생식인류학자 케이트 클랜시와 어배너 샘페인 일리노이대학교에 있는 클랜시의 연구소에서 오랫동안 일한 밸러리 스게이자, 메리 윌슨, 케이티 리, 엠마 버스트라트는 이 책에 담을 수 있도록 방대한 지식을 제공하고 나의 맹점이나 놓친 부분들을 찾아내 채워 넣을 수 있도록 도와주었다. 에머리대학교의 여성 보건 간호사 겸 HIV 연구자 제시카 웰스는 성별과 건강, 인종에 관한 내용에 비판적인 시각을 더해주었고 엘리자베스 라이스, 바누 수브라마니암, 디어드러 쿠퍼 오언스, 수잔 스트라이커, 세라 리처드슨, 랜디 엡스타인은 책의 각 장과 절을 세심하게 검토해주었다.

성 이론과 생식생물학을 깊이 공부하고 이 두 가지를 하나의 이야기로 풀어낼 수 있도록 해준 MIT 과학 저널리즘 프로그램에도 감사드린다. 프로그램 담당자인 데버라 블룸과 애슐리 스마트, 베티나 어퀴올리는 2018년에 시작한 나의 프로젝트가 형태를 갖출 수 있도록 이끌어주었다. 그리고 이곳의 저널리즘 연구원 파키남 아머와 그녀스 비에르, 탤리아 브론스타인, 제이슨 디어런, 리사 드 보드, 팀 드 샌트, 제프리 델비쇼, 일레나 고든, 아미나 칸과는 나초 접시를 앞에 놓고 서로의 생각과 지혜를 공유했다. 특히 내 글쓰기 멘토이자 정신적 지주이며 평생 친구인 제이슨과 내가 꿈꾸었던 3차원 음핵 영상을 실현해준 제프리, 이 책이 왜 시급하고 꼭 필요한지를 나에게 상기시켜준 리사에게 감사 인사를 전하고 싶다.

앨프리드 P. 슬론 재단에도 큰 신세를 졌다. 나는 이 재단의 도움으로 추가 조사와 사실 확인 작업을 거쳐 책에 최대한 정확한 내용을 담을 수 있었다. 남아 있는 오류가 있다면 전적으로 내 책임이다. 뉴햄프셔 숲에서 4주간 마법 같은 시간을 보내며 다른 예술가들, 작가들과 교류할 귀중한 기회를 제공해준 맥다월 연구 지원 프로그램에도 감사한다.

사실 확인 작업을 멋지게 해준 켈시 쿠닥에게도 큰 빚을 졌다. 켈시는 내 글에서 수많은 오류와 누락을 잡아주었을 뿐 아니라 나 혼자서는 찾아볼 생각도 하지 못했을 보도 기록과 자료 등을 파헤쳐 찾아주었다. 켈시와 이 책을 함께 작업할 수 있었던 건 나에게 주어진 특권이었다.

이제 고마운 마음을 전하는 마땅한 표현이 슬슬 바닥나고 있지만 그래도 W. W. 노턴 앤드 컴퍼니 W. W. Norton & Company 출판사의 내 담당 편집자 멜라니 토토롤리에게 진심으로 감사한다. 멜라니는 늘 변함없이 도와주고, 출판업계에 관한 무수한 질문을 받아주고, 무엇보다 내 원고를 가장 아끼는 속옷처럼 감사주었는데, 잘 지탱해주면서도 한껏 끌어 올려주고 필요한 부분은 단단하게 잡아주었다. 보조 편집자 모 크리스트는 내가 전제에 이의를 제기하고 날카로운 질문을 던져서 내용을 더 유익한 방향으로 깊이 있게 파헤쳐볼 수 있도록 해준 귀중한 독자였다. 나를 출판의 세계로 안내한 러빈 그린버그 로스탠 문학 에이전시의 내 담당 에이전트 대니엘 스베트코프는 잡초 너머에 있는 큰 그림에 집중할 수 있도록 도와주었다. 대니엘 덕분에 나는 이 책이 어떻게 완성될지 조금은 내다볼 수 있었다. 《슬레이트》에서 내 첫 번째 멘토이자 편집자로 만난 로라 헬무트는 내가 과학 기자로서 사람들에게 전달해야만 하는 이야기가 있음을 깨우쳐 주었다. 그리고 《뉴욕 타임스》의 내 담당 편집자 앨런 버딕은 정자에 관한 과학적인 글을 쓸 때나 코알라에게 발생하는 클라미디아 감염에 관한 글을 쓸 때나 한결같이 내 이야기를 믿어주고 내 목소리를 들어주었다.

사랑하는 친구들, 가족들에게도 내 한없는 감사의 마음을 전한다. 내가 편집 작업을 도와달라고 부당하게 종용해도 기꺼이 손을 보태준 리즈 포크트, 재클린 맨스키, 로레인 보이소노, 재클린 버크먼은 전혀 다듬어지지 않은 초고를 읽고 훨씬 나은 글로 만들어주었다. 특히 로레인과 캐서린 베넷은 번역과 보도라는 중요한 역할을 맡아주었다. 여동생 오브리 그로스, 올케 누르 이브라힘, 아버지 마크 그로스, 새엄마 웨이민 선, 우리 가족 모두 내가 여성 생식기에 관해 새로 알게 된 사실들을 잔뜩 늘어놓아도 귀담아듣고 응원해주었다. 나의 형제이자 기자인 대니얼 A. 그로스는 나에게 무엇과도 바꿀 수 없는 귀중한 영감을 주었다. 그의 기사와 이야기 전달 능력, 날카로운 정의감은 오래전부터 나에게는 북극성과도 같았다. 의학박사인 우리 엄마 데지레 리에는 무한한 응원과 함께 엄마, 교사, 작가, 편집자, 의사로서 가진 모든 실력을 동원하여 세대 차이와 정서적 차이를 뛰어넘어 늘 나와 같은 곳에 있어주었다.

마지막으로 이 책이 나오기까지 함께한 모든 분께 감사드린다. 대범한 상상력과 깊은 지식, 끝없는 연민을 나와 공유해준 덕분에 이 책은 물론 나도 한결 발전할 수 있었다.

프롤로그

1   Anthony P. Restuccio et al., "Fatal ingestion of boric acid in an adult." *The American Journal of Emergency Medicine* 10, no. 6 (1992): 545–547. DOI: 10.1016/0735–6757(92)90180–6.

2   "History of Women's Participation in Clinical Research," Office of Research on Women's Health, National Institutes of Health, orwh.od.nih. gov/toolkit/recruitment/history. (정확히 말하면 NIH는 1986년부터 이 방침을 권장했지만 법으로 의무화하지는 않았다.)

3   Diana Bianci, interview by the author, September 14, 2020.

4   Rachel E. Gross, "Taking the 'Shame Part' out of Female Anatomy," *New York Times*, September 21, 2021, www.nytimes.com/2021/09/21/science/ pudendum–women–anatomy.html.

5   Kate Watson, "Way Too Many Women Don't Know Where Their Vaginas Are," *Vice*, September 8, 2016; Jade Bremmer, "Quarter of American Women Don't Know Where Their Vagina Is," *Independent*, November 10, 2020.

6   Claire Answorth, "Sex Redefined: The Idea of 2 Sexes Is Overly Simplistic," *Nature* 518 (2015): 288–291.

이 장에서 인용한 인용문과 마리 보나파르트의 개인적인 생애에 관한 자세한 내용은 대부분 마리의 대표 저서인 《여성의 성》(1953)과 셀리아 베르탱(Celia Bertin)이 쓴 마리의 전기 《마리 보나파르트의 삶(Marie Bonaparte: A Life)》(1992), 2020년 1월 1일 미국 의회도서관이 공개한 마리의 방대한 논문을 참고했다. 프랑스어 번역은 로렌 부아소노 기자가 제공했다.

1   A. Narjani, "Considerations sur les causes anatomiques de frigidite chez la femme," *Bruxelles-Medical* 27 (1924): 768. 778.

2   Marie Bonaparte, *Female Sexuality* (New York: International Universities Press, Inc., 1951), 151.

3   Celia Bertin, *Marie Bonaparte* (Paris: Perrin, 1992), 94.

4   Bertin, *Marie*, 184.

5   성교만으로 오르가슴을 느끼는 여성의 비율은 조사마다 결과가 천차만별이지만 대체로 20퍼센트에서 30퍼센트에 이른다.

    2017년 데비 허베닉(Debby Herbernick) 연구진이 미국 전역에서 여성 1,000명 이상을 조사한 결과에서는 성교만으로 오르가슴을 느낀다고 밝힌 응답자가 18퍼센트였고 음핵 자극 시 오르가슴이 증대된다고 밝힌 응답자는 36퍼센트였다(성교만으로 오르가슴을 느낀다고 한 응답자 중 절반 이상이 오르가슴을 느끼는 빈도가 '불규칙하다'라고 답했다). 킴 월렌(Kim Wallen) 연구진이 여성 1,500명을 대상으로 진행한 온라인 조사에서는 '다른 보조 수단 없이' 성교 중에 오르가슴을 느낀다고 답한 여성이 21퍼센트에서 30퍼센트였고 '보조 수단(음핵 자극)'이 동반될 때 성교 중 오르가슴을 느낀다고 답한 여성은 51퍼센트에서 60퍼센트였다.

    이제는 고전이 된 성 연구자 셰어 하이트(Shere Hite)의 1976년 연구에서 3,000명이 넘는 미국 여성 중 성교만으로 오르가슴을 느낀다고 밝힌 응답자는 30퍼센트 미만이었다. 하이트는 여성이 자신의 성 경험을 남성의 기대치나 이야기에 꿰맞추도록 강요당하는 일이 너무 빈번하게 일어난다는 점을 남성과 여성의 성 경험에 이런 차이가 발생하는 이유 중 하나라고 지적하며 다음과 같이 설명했다. "성교 중에 또는 성교에서 오르가슴을 느끼는 여성은 많지 않다. 그러므로 질문부터가 틀렸다고 할 수 있다. '왜 여성들은 성교로 오르가슴을 느끼지 못하는가?'라고 물을 게 아니라 '왜 우리는 여성이 성교에서 오르가슴을 느껴야만 한다고 주장하는가?'라고 물어야 한다."

조사마다 응답자에게 제시하는 질문이 다르고(예를 들어 "가장 확실하게 오르가슴을 느끼는 경로는 무엇입니까?"라고 묻는 조사도 있고, "성교 시 오르가슴을 느끼기 위한 필수 조건은 무엇입니까?"라고 묻는 조사도 있다) 질문에 따라 결과가 달라질 수 있다는 점까지 고려하면 이런 데이터는 해석하기가 더욱 까다롭다. 조사할 때 사용된 표현이 부정확하면 결과 전체가 모호해지기도 한다. 가령 여성에게 '성교 중에' 오르가슴을 느끼는지를 묻는 조사는 '성교'의 범위에 음핵 자극도 포함되는지, 안 되는지를 명확히 밝히지 않는 경우가 많다. 문화적인 압박감에 자신은 삽입 성교만으로 오르가슴을 느낀다고 답했지만 실제로는 그렇지 않은 여성들도 있다. 그런 경우 역시 통계 결과가 실제와 다르게 나오는 원인이 될 수 있다는 점을 고려해야 한다.

6 Marie-Monique Huss, "Pronatalism in the Inter-War Period in France," *Journal of Contemporary History* 25, no. 1 (1990): 39.

7 Marie Bonaparte, *Female Sexuality* (New York: International Universities Press, Inc., 1951), 1.

8 Bertin, *Marie*, 161.

9 Bertin, *Marie*, 170.

10 Bertin, *Marie*, 157.

11 Bertin, *Marie*, 157.

12 Sigmund Freud, "Female Sexuality," in The *Standard Edition of the Complete Psychological Works of Sigmund Freud*, vol. 21 (London: Hogarth Press and the Institute of Psycho-Analysis, 1953), 221–244.

13 Nellie L. Thompson, "Marie Bonaparte's Theory of Female Sexuality: Fantasy and Biology," *American Imago* 60, no. 3 (2003): 349.

14 Bertin, *Marie*, 146.

15 Thomas Laqueur, *Making Sex: Body and Gender from the Greeks to Freud*

(Cambridge, MA: Harvard University Press, 1990), 4.

16 Saladin, *Human Anatomy*, 1124-1126.

17 Kenneth Saladin, *Human Anatomy*, 5th ed. (New York: McGraw-Hill Education, 2017), 727-729.

18 Saladin, *Human Anatomy*, 729.

19 Jerome F. Strauss, Robert L. Barbieri, and Samuel S. C. Yen, *Yen & Jaffe's Reproductive Endocrinology: Physiology, Pathophysiology, and Clinical Management*, 8th ed. (Philadelphia: Elsevier, 2019), 170.

20 Vincent Di Marino and Hubert Lepidi, *Anatomic Study of the Clitoris and the Bulbo-Clitoral Organ* (Springer International Publishing, 2014).

21 Gary Cunningham et al., *Williams Obstetrics*, 25th ed. (New York: McGraw-Hill Education, 2018), 33-38.

22 Johannes Sobotta, W. Hersey Thomas, and James Playfair McMurrich, *Atlas and Text-Book of Human Anatomy* (Philadelphia: W. B. Saunders Company, 1909), 148.

23 Vincent Di Marino and Hubert Lepidi, *Anatomic Study of the Clitoris and the Bulbo-Clitoral Organ* (Springer International Publishing, 2014), 3.

24 Jonathan Sawday, *The Body Emblazoned: Dissection and the Human Body in Renaissance Culture* (London, New York: Routledge, 1995), 66-72.

25 Katharine Park, *Secrets of Women: Gender, Generation, and the Origins of Human Dissection* (New York: Zone Books, 2010), 218-219.

26 Thomas P. Lowry, ed., *The Classic Clitoris: Historic Contributions to Scientific Sexuality*. (United States: Nelson-Hall, 1978): 20-24.

27 Thompson, "Marie Bonaparte's Theory," 347.

28 Alison M. Moore, "Victorian Medicine Was Not Responsible for Repressing the Clitoris: Rethinking Homology in the Long History of Women's Genital Anatomy," *Signs* 44, no. 1 (2018): 68. For a full discussion on the (re)construction of femininity in interwar France, see: Marie-Louise, Roberts, *Civilization without Sexes: Reconstructing Gender in Postwar France, 1917-1927* (Chicago: University of Chicago Press, 1994).

29 Moore, "Victorian Medicine," 63.

30 J. H. Kellogg, *Plain Facts for Old and Young: Embracing the Natural History and Hygiene of Organic Life* (Burlington, IA: I. F. Segner, 1886), 296.

31 Bonaparte, *Female Sexuality*, 157.

32 Sarah B. Rodriguez, *Female Circumcision and Clitoridectomy in the United States: A History of a Medical Treatment* (Rochester, NY: Boydell & Brewer, 2014), 12.

33 Adam Phillips, *Becoming Freud: The Making of a Psychoanalyst* (New Haven: Yale University Press, 2014), 73.

34 Peter Gay, *Freud: A Life for Our Time* (New York: W. W. Norton, 2006), 60.

35 Sigmund Freud and Elisabeth Young-Bruehl, *Freud on Women: A Reader* (New York: W. W. Norton, 1992), 347.

36 Freud and Young-Bruehl, *Freud on Women*, 158.

37 Lucille B. Ritvo, *Darwin's Influence on Freud: A Tale of Two Sciences* (New Haven: Yale University Press, 1990), 3.

38 Richard Gilman, "The FemLib Case Against Freud," *New York Times*, January 31, 1973.

39 Sigmund Freud, "The Question of Lay Analysis," in *The Standard Edition of the Complete Psychological Works of Sigmund Freud*, vol. 20 (London: The Hogarth Press, 1959), 177–258.

40 Sigmund Freud, *Three Essays on the Theory of Sexuality*. (London: Imago Pub. Co, 1905), 151.

41 Freud and Young-Bruehl, *Freud on Women*, 98.

42 Ernest Jones, *The Life and Work of Sigmund Freud*, vol. 2 (London: Hogarth Press, 1955), 421.

43 Marie Bonaparte Papers, Box 17, Folder 13.

44 Bertin, *Marie*, 120–124.

45 A. E. Narjani, "Considerations sur les causes anatomiques de frigidité chez la femme," *Bruxelles-Médical* 27 (1924): 768–778.

46 Marie Bonaparte Papers, Library of Congress, Box 22, Folder 8.

47 Mary Roach, *Bonk: The Curious Coupling of Science and Sex.* (New York: W. W. Norton, 2008), 68.

48 Kim Wallen and Elisabeth A. Lloyd, "Female Sexual Arousal: Genital Anatomy and Orgasm in Intercourse," *Hormones and Behavior* (May 2011): 780–792.

49 Bonaparte, *Female Sexuality.*

50 Marie Bonaparte, "Les Deux Frigidités de la femme," Bulletin de la Société de Sexologie 1 (1932): 161–170.

51 Marie Bonaparte Papers, Box 17, Folder 12.

52 Marie Bonaparte Papers, Box 17, Folder 12.

53 Marie Bonaparte Papers, Box 17, Folder 12.

54 Marie Bonaparte Papers, Box 17, Folder 12.

55 Marie Bonaparte Papers, Box 17, Folder 12.

56 Bonaparte, *Female Sexuality*, 150.

57 Bonaparte, *Female Sexuality*, 170.

58 Thompson, "Marie Bonaparte's Theory," 343.

59 Daniel J. Fairbanks, "Mendel and Darwin: Untangling a Persistent Enigma," *Heredity*, December 17, 2009.

2장   몸 내부의 음핵 화성의 표면보다도 연구가 덜 된 곳

파리에서 음핵 수술을 시행하는 의사들과 '여성의 집'에서 프랑스어로 인터뷰한 내용은 캐서린 베넷 기자가 번역해주었다.

1 Helen O'Connell, interview with author, February 28, 2020.

2 Cheryl Shih, Christopher Cold, and Claire Yang, "Cutaneous Corpuscular Receptors of the Human Glans Clitoris: Descriptive Characteristics and Comparison with the Glans Penis," *Journal of Sexual Medicine* 10, no. 7 (July 2013): 1783–1789.

3 Helen Elizabeth O'Connell, *Review of the Anatomy of the Clitoris*, Thesis for the Degree of Doctor of Medicine, University of Melbourne, April 2004.

4 Sharon Mascall, "Time for Rethink on the Clitoris," *BBC*, June 11, 2006.

5 Raymond Jack Last, *Anatomy: regional and applied* (Edinburgh: Churchill Livingstone, 1985), 354–355.

6 Suzann Gage, Carol Downer, and Rebecca Chalker, "The Clitoris: A Feminist Perspective," in *A New View of a Woman's Body* (West Hollywood, CA: Feminist Health Press, 1981), 33–57.

7 Rachel Nowak and Susan Williamson, "The Truth About Women," *New Scientist*, August 1, 1998.

8 Megan Rees, interview by the author, February 26, 2020.

9 Helen O'Connell, "Get Cliterate," TEDxMacRobHS, September 2020, www.ted.com/talks/professor_helen_o_connell_get_cliterate.

10 Rob Plenter, interview by the author, February 29, 2020.

11 Helen O'Connell and John O. DeLancey, "Clitoral Anatomy in Nulliparous, Healthy, Premenopausal Volunteers Using Unenhanced Magnetic Resonance Imaging," *The Journal of Urology* 173, no. 6 (June 2005), 2060–2063.

12 Lisa Jean Moore and Adele E. Clarke, "Clitoral Conventions and Transgressions: Graphic Representations in Anatomy Texts, c1900–1991," *Feminist Studies* 21, no. 2 (Summer 1995): 255–301.

13 Helen O'Connell, Kalavampara V. Sanjeevan, and John M. Hutson, "Anatomy of the Clitoris," *The Journal of Urology* 174, no. 4 Pt 1 (October 2005), 1189–1195.

14 Fyfe, Melissa, "Get Cliterate: How a Melbourne Doctor Is Redefining Female Sexuality," *Sydney Morning Herald*, December 8, 2018.

15 Rachel Nowak and Susan Williamson, "New Study of the Clitoris Reveals Truths Missed by Anatomy Textbooks," *New Scientist*, July 31, 1998.

16 "Anatomy of a Revolution," *Sydney Morning Herald*, September 8, 2005.

17 Norman Eizenberg, interview by the author, February 27, 2020.

18 Thomas P. Lowry, ed., *The Classic Clitoris: Historic Contributions to Scientific Sexuality* (United States: Nelson-Hall, 1978), 22.

19 Aminata Soumare, interview by the author, November 22, 2019. (Translation by Catherine Bennett.)

20 Brian Earp et al., "The Need for a Unified Ethical Stance on Child Genital Cutting," *Nursing Ethics* (March 2021); Nancy Ehrenreich and Mark Barr, "Intersex Surgery, Female Genital Cutting, and the Selective Condemnation of 'Cultural Practices,'" *Harvard Civil Rights-Civil Liberties Law Review* 71 (2005); Brian D. Earp and Sara Johnsdotter, "Current Critiques of the WHO Policy on Female Genital Mutilation," *International Journal of Impotence Research* 33 (2021): 196–209; Cheryl Chase, "'Cultural Practice' or 'Reconstructive Surgery'? U.S. Genital Cutting, the Intersex Movement, and Medical Double Standards," in *Genital Cutting and Transnational Sisterhood*, eds. Stanlie M. James and Claire C. Robertson (Urbana, IL: University of Illinois Press, 2002), 145–146.

21 UNICEF, "Mali: Statistical Profile on Female Genital Mutilation," January 2019, available at: www.ecoi.net/en/document/2025689.html.

22 US Department of State, Bureau of Consular Affairs, Country Profile on Republic of Mali, travel.state.gov/content/travel/en/international-travel/International-Travel-Country-Information-Pages/Mali.html/.

23 Sokhna Fall Ba, interview by the author, November 20, 2019. (Translation by Catherine Bennett.)

24 Quoted in Fran P. Hosken, *The Hosken Report: Genital and Sexual Mutilation of Females* (Lexington, MA: Women's International Network News, 1979), 192–202.

25 Reporting details gathered in person at La Maison de Femmes on November 18, 2019.

26 Corinne, interview by the author, November 18, 2019. (Translation by Catherine Bennett.)

27 Kim Willsher, "'No More Shame': The French Women Breaking the Law to Highlight Femicide," *The Guardian*, March 23, 2021.

28 Ghada Hatem, interview by the author, November 18, 2019. (Translation by Catherine Bennett.)

29 Catherine Robin, "Ghada Hatem-Gantzer, la Dr House des femmes," *Elle*, www.elle.fr/Societe/Interviews/Ghada-Hatem-Gantzer-la-Dr-House-des-femmes-2867670.

30 Pierre Foldés, Béatrice Cuzin, and Armelle Andro, "Reconstructive Surgery after Female Genital Mutilation: A Prospective Cohort Study," *Lancet* 380, no. 9837 (July 14, 2012): 134. 141.

31 R. L. Dickinson, *Human Sex Anatomy: a Topographical Hand Atlas*, 2nd edition (Baltimore: Williams & Wilkins Company, 1949), VII.

32 Peter M. Cryle and Elizabeth Stephen, *Normality: A Critical Genealogy* (Chicago: Chicago University Press, 2017), 286-287.

33 R. L. Dickinson, *A Thousand Marriages; A Medical Study of Sex Adjustment* (Baltimore: The Williams & Wilkins Company, 1932), 66.

34 Roy Porter and Mikulas Teich, eds., *Sexual Knowledge, Sexual Science* (United Kingdom: Cambridge University Press, 1994), 311.

35 Shih, Cold, and Yang, "Cutaneous Corpuscular Receptors."

36 Rose Holz, "The 1939 Dickinson-Belskie Birth Series Sculptures: The Rise of Modern Visions of Pregnancy, the Roots of Modern Pro-Life Imagery, and Dr. Dickinson's Religious Case for Abortion," *Journal of Social History* 51, no. 4 (Summer 2018): 980-1022.

37 Jonathan Eig, *The Birth of the Pill: How Four Crusaders Reinvented Sex and Launched a Revolution* (United Kingdom: W. W. Norton, 2014), 313.

38 William Masters and Virginia Johnson, *Human Sexual Response* (New York: HarperCollins Publishers, 1981), 66-67.

39 Mundasad Smitha, "The Midwife Who Is Trying to Save Women from FGM," *BBC News*, November 24, 2015, www.bbc.com/news/health-34809550.

40 Melissa Fyfe, "Get Cliterate: How a Melbourne Doctor Is Redefining Female Sexuality," *Sydney Morning Herald*, December 8, 2018.

41 Ernst Grafenberg, "The Role of the Urethra in Female Orgasm," *International Journal of Sexology* 3 (1950): 145–148.

42 Wendy Zuckerberg, "The G-Spot," *Science Vs*, podcast, Gimlet Media, September 1, 2016.

43 Rebecca Chalker, *The Clitoral Truth*, 2nd ed. (New York: Seven Stories Press, 2018), 48.

44 Melissa Healy, "Doctor Says He's Found the Actual G-Spot," *Sydney Morning Herald*, April 26, 2012.

45 Lowry, *Classic Clitoris*, 47.

46 Lowry, *Classic Clitoris*, 25.

47 Nathan Hoag, Janet R. Keast, and Helen E. O'Connell, "The 'G-Spot' Is Not a Structure Evident on Macroscopic Anatomic Dissection of the Vaginal Wall," *Journal of Sexual Medicine* 12 (December 2017): 1524–1532.

48 Helen O'Connell, interview by the author, February 28, 2020.

49 Beverly Whipple, interview by the author, May 7, 2021.

3장 질 보려고 하지 않으면 볼 수 없다

1 Patty Brennan, interview by the author, May 7, 2021.

2 Carl Zimmer, "In Ducks, War of the Sexes Plays Out in the Evolution of Genitalia," *New York Times*, May 1, 2007.

3 Patricia L. R. Brennan and Richard O. Prum, "Mechanisms and Evidence of Genital Coevolution: The Roles of Natural Selection, Mate Choice, and Sexual Conflict," *Cold Spring Harbor Perspectives in Biology* 7, no. 7 (July 2015): a017749.

4 Emily Willingham, *Phallacy: Life Lessons from the Animal Penis* (New York: Avery, 2020), 80.

5   Anne Koedt, *Myth of the Vaginal Orgasm* (Boston: New England Free Press, 1970).

6   Emily Willingham, interview by the author, February 17, 2021.

7   Willingham, *Phallacy*, 129.

8   Patricia L. R. Brennan and Tim R. Birkhead, "Elaborate Vaginas and Long Phalli: Post-Copulatory Sexual Selection in Birds," *Biologist*, Institute of Biology 56, no. 1 (February 2009), 35.

9   Kevin McCracken et al., "Sexual Selection: Are Ducks Impressed by Drakes' Display?" *Nature* 413, no. 6852 (September 2001): 128.

10 Kevin McCracken, interview by the author, February 23, 2021.

11 Patricia L. R. Brennan et al., "Coevolution of Male and Female Genital Morphology in Waterfowl," *PLoS One* (May 2007), journals.plos.org/plosone/article?id=10.1371/journal.pone.0000418.

12 Kevin McCracken, email to the author, March 4, 2021.

13 Zimmer, "In Ducks."

14 Richard Prum, "Duck Sex and the Patriarchy," *The New Yorker*, 2017; Patricia Brennan and Richard Prum, "The Limits of Sexual Conflict in the Narrow Sense: New Insights from Waterfowl Biology," Philosophical Transactions of the Royal Society B, 2012.

15 "Darwin in Letters, 1879," Darwin Correspondence Project, www.darwinproject.ac.uk/letters/darwins-life-letters/iable-letters-1879-tracing-roots/.

16 Charles Darwin, "Sexual Selection in Relation to Monkeys," *Nature* 15 (1876): 18.

17 Charles Darwin, *The Descent of Man: And Selection in Relation to Sex* (London: J. Murray, 1871), 539.

18 Evelleen Richards, interview by the author, January 3, 2021.

19 Sadiah Qureshi, "Displaying Sara Baartman, the 'Hottentot Venus," *History of Science* 42, no. 2 (June 2004): 233-257; Sabrina Strings, *Fearing the Black Body: The Racial Origins of Fat Phobia* (New York: New York

University Press: 2019).

20 Evelleen Richards, *Darwin and the Making of Sexual Selection* (Chicago: The University of Chicago Press, 2017), 396.

21 Gowan Dawson, *Darwin, Literature and Victorian Respectability* (Kiribati: Cambridge University Press, 2007), 38.

22 Anne Fausto-Sterling, "Gender, Race, and Nation: The Comparative Anatomy of 'Hottentot' Women in Europe, 1815-1817," in *Deviant Bodies*, eds. J. Terry and J. Urla (Bloomington: Indiana University Press, 1995), 19-48.

23 Banu Subramanian, interview by the author, May 3, 2021. For a deeper look at how the ghosts of racism and sexism continue to haunt evolutionary biology, see: Subramaniam, Banu, *Ghost Stories for Darwin: The Science of Variation and the Politics of Diversity* (Champaign: University of Illinois Press, 2014).

24 Richards, *Darwin and the Making*, 396.

25 Keith Wilson, ed. *A Companion to Thomas Hardy* (United Kingdom, Wiley-Blackwell, 2009).

26 Jim Endersby, "Gentlemanly Generation: Pangenesis and Sexual Selection," in *The Cambridge Companion to Darwin* (Cambridge, UK: Cambridge University Press, 2003), 73.

27 Virginia Woolf, *A Room of One's Own* (United Kingdom: Harcourt Brace Jovanovich, 1989), 35.

28 Edward Hammond Clarke, *Sex in Education: Or, A Fair Chance for the Girls* (United States: J. R. Osgood, 1873), 39.

29 Mary Roth Walsh, *"Doctors Wanted, No Women Need Apply": Sexual Barriers in the Medical Profession,* 1835-1975 (New Haven and London: Yale University Press, 1977), 232.

30 W. G. Eberhard, "Post-Copulatory Sexual Selection: Darwin's Omission and Its Consequences," *Proceedings of the National Academy of Sciences* 106, Suppl (2009): 10025-10032.

31 T. R. Birkhead and A. P. Møller, *Sperm Competition and Sexual Selection*

(San Diego: Academic Press, 1998), 96.

32 William Eberhard, email to the author, January 5, 2021.

33 William G. Eberhard, *Female Control: Sexual Selection by Cryptic Female Choice* (Princeton: Princeton University Press, 1996,) 81.

34 Brennan and Prum, "Mechanisms and Evidence."

35 M. Ah-King, A. B. Barron, and M. E. Herberstein, "Genital Evolution: Why Are Females Still Understudied?" *PloS Biol* 12, no. 5 (2014): e1001851.

36 Prum, "Duck Sex."

37 Asawin Suebsaeng, "The Latest Conservative Outrage Is About Duck Penis," *Mother Jones*, March 26, 2013.

38 Patricia Brennan, "Why I Study Duck Genitalia," *Slate*, April 2, 2013, slate.com/technology/2013/04/duck-penis-controversy-nsf-is-right-to-fund-basic-research-that-conservatives-misrepresent.html.

39 "The Morphological Diversity of Intromittent Organs," Society for Integrative and Comparative Biology Annual Meeting, January 4, 2016, sicb.burkclients.com/meetings/2016/symposia/intromittent.php/.

40 E. J. Slijper, *Whales: The Biology of the Cetaceans*, trans. A. J. Pomerans (New York, Basic Books: 1962), 356; Dara N. Orbach et al., "Patterns of Cetacean Vaginal Folds Yield Insights into Functionality," *PloS One* 12, no. 3 (2017): e0175037.

41 Paula Pendergrass, interview by the author, September 19, 2021; Rose Eveleth, "The Failed Vagina Story," *The Last Word on Nothing*, July 28, 2016, www.lastwordonnothing.com/2016/07/28/the-failed-vagina-story/.

42 Dara N. Orbach et al., "Genital Interactions During Simulated Copulation Among Marine Mammals," *Proceedings of the Royal Society B: Biological Sciences* 284, no. 1864 (2017): 20171265.

43 Dara Orbach, interview by the author, December 29, 2020.

44 Brian S. Mautz, et al., "Penis size influences male attractiveness,"

Proceedings of the National Academy of Sciences April 2013, 110 (17), 6925–6930.

45 Alan F. Dixson, *Sexual Selection and the Origins of Human Mating Systems* (United Kingdom: OUP Oxford, 2009), 65.

46 James A. Ashton-Miller and John O. L. DeLancey, "On the Biomechanics of Vaginal Birth and Common Sequelae," *Annual Review of Biomedical Engineering* 11 (August 2009): 163–176.

47 "Newborn Measurements," Stanford Children's Health, www.stanford-childrens.org/en/topic/default?id=measurements-90-P02673.

48 Miranda A. Farage and Howard I. Maibach, eds., *The Vulva: Physiology and Clinical Management* (Boca Raton, FL: CRC Press, 2017), 18.

49 Cesare Battaglia et al., "Morphometric and Vascular Modifications of the Clitoris During Pregnancy: A Longitudinal, Pilot Study," *Archives of Sexual Behavior* 47, no. 5 (2018): 1497–1505. DOI: 10.1007/s10508.017.1046-x.

50 Holly Dunsworth, "Why Is the Human Vagina So Big?" The Evolution Institute, December 3, 2015; Holly Dunsworth, "Why Is No One Interested in Vagina Size?" *New York Magazine*, December 16, 2015.

51 Holly Dunsworth, "Expanding the Evolutionary Explanations for Sex Differences in the Human Skeleton," *Evolutionary Anthropology: Issues, News, and Reviews* 29, no. 3 (2020): 108–116.

52 Joan Roughgarden, *Evolution's Rainbow: Diversity, Gender, and Sexuality in Nature and People* (Berkeley: University of California Press, 2013), 158.

53 Joan Roughgarden, interview by the author, July 6, 2021.

54 Amy Parish, "The Evolution of the Bonobo Clitoris Through Sexual Selection," Presidential Session on the Science and Culture of the Orgasm, American Association of Anthropology, Annual Meetings, San Jose, CA, November 2006.

55 Amy Parish, interview by the author, July 29, 2021.

56 Frans B. M. De Waal, "Bonobo Sex and Society," *Scientific American*, June

1, 2006.

57 Virginia Gewin, "A Plea for Diversity," *Nature* 422 (March 27, 2003): 368, 369.

58 Roughgarden, *Evolution's Rainbow*, 180.

59 Personal communication with documentary filmmaker Drew Denny, October 6, 2021.

4장   질 미생물군 사소한 여자들 문제가 아니다

1 Ahinoam Lev-Sagie, interview by the author, April 10, 2020.

2 "Alma," interview by the author, April 16, 2020.

3 "Bacterial Vaginosis (BV) Statistics," Centers for Disease Control and Prevention, February 10, 2020, www.cdc.gov/std/bv/stats.htm/.

4 Els van Nood et al., "Duodenal Infusion of Feces for Recurrent Clostridium Difficile," *The New England Journal of Medicine* 368, no. 22 (2013): 407-415.

5 Monique Brouillette, "Decoding the Vaginal Microbiome," *Scientific American*, February 28, 2020.

6 Fernanda C Lessa et al., "Burden of Clostridium Difficile Infection in the United States," *The New England Journal of Medicine* 372, no. 24 (2015): 2369-2370.

7 Caroline Mitchell, interview by the author, April 9, 2020.

8 Jade E. Bilardi, Catriona Bradshaw, et al., "The Burden of Bacterial Vaginosis: Women's Experience of the Physical, Emotional, Sexual and Social Impact of Living with Recurrent Bacterial Vaginosis," *PloS ONE* 8, no. 9 (2013): e74378.

9 Gabrielle Emanuel, "First Vaginal Bacteria Transplants in the US to Begin at Mass. General Hospital," *GBH* 89, no. 7 (2020); Herald Leitich and Herbert Kiss, "Asymptomatic Bacterial Vaginosis and Intermediate

Flora as Risk Factors for Adverse Pregnancy Outcome," *Best Practice & Research: Clinical Obstetrics & Gynaecology* 21, no. 3 (2007): 375–390.

10 Craig R. Cohen et al., "Bacterial Vaginosis Associated with Increased Risk of Female-to-Male HIV-1 Transmission: A Prospective Cohort Analysis Among African Couples," *PloS Medicine* 9, no. 6 (2012): e1001251, 1–9; Julius Atashili et al., "Bacterial Vaginosis and HIV Acquisition: A Meta-Analysis of Published Studies," *AIDS* (London) 22, no. 12 (2008): 1493–1501.

11 Victoria Field, interview by the author, May 18, 2021.

12 Ahinoam Lev-Sagie et al., "Vaginal Microbiome Transplantation in Women with Intractable Bacterial Vaginosis," *Nature Medicine* 25, no.10 (2019): 1500–1504.

13 Erica L. Plummer et al., "Sexual Practices Have a Significant Impact on the Vaginal Microbiota of Women Who Have Sex with Women," *Scientific Reports* 9, no.1 (December 2019): 19749.

14 Herman Gardner and Charles Dukes, "Identification of Haemophilus Vaginalis," *Journal of Bacteriology* 81, no. 2 (1961): 277–283; "Haemophilus Vaginalis Vaginitis After Twenty-Five Years," *American Journal of Obstetrics & Gynecology*. 137, no. 3 (June 1980): 385–391.

15 Herman Gardner and Charles Dukes, "Haemophilus Vaginalis Vaginitis," *Central Association of Obstetricians and Gynecologists* 69, no. 5 (May 1955): 962–976.

16 Marcela Zozaya et al., "Bacterial Communities in Penile Skin, Male Urethra, and Vaginas of Heterosexual Couples with and Without Bacterial Vaginosis," *Microbiome* 4 (2016): 16.

17 Deirdre Cooper Owens, *Medical Bondage: Race, Gender, and the Origins of American Gynecology* (Athens, GA: University of Georgia Press, 2017).

18 Deirdre Cooper Owens, interview by the author, June 11, 2021.

19 Kelly M. Hoffman et al., "Racial Bias in Pain Assessment and Treatment Recommendations, and False Beliefs About Biological Differences

Between Blacks and Whites" *Proceedings of the National Academy of Sciences of the United States of America* 113, no.16 (2016): 4296-4301.

20 L. L. Wall, "The Medical Ethics of Dr. J. Marion Sims: A Fresh Look at the Historical Record," *Journal of Medical Ethics*, 32, no. 6 (June 2006): 346-350.

21 J. Marion Sims, *The Story of My Life, ed. H. Marion-Sims* (New York: D. Appleton and Company, 1884), 234.

22 Camila Domonoske, " 'Father of Gynecology,' Who Experimented on Slaves, No Longer on Pedestal in NYC," *The Two-Way*, NPR, April 17, 2018.

23 Ed Yong, *I Contain Multitudes* (New York: HarperCollins, 2016), 10.

24 David A. Relman, "Learning about who we are," *Nature* 486 (2012), 194-195. DOI: 10.1038/486194a; email communication with Jacques Ravel by the author, September 30, 2021.

25 William Herbert et al., *Obstetrics and Gynecology* (United States: Wolters Kluwer Health, 2013), 260.

26 Simone de Beauvoir, *The Second Sex*, ed. Constance Borde (United Kingdom: Vintage, 2011), 46.

27 Chen Chen et al., "The Microbiota Continuum Along the Female Reproductive Tract and Its Relation to Uterine-Related Diseases," *Nature Communications* 8 (2017): 875.

28 Jacques Ravel, interview by the author, February 7, 2020.

29 "Lydia E. Pinkham's Sanative Wash," Smithsonian National Museum of American History, www.si.edu/object/iabl-e-pinkhams-sanative-wash%3Anmah_1339291/.

30 Andrea Tone, *Devices and Desires: A History of Contraceptives in America* (United States: Farrar, Straus and Giroux, 2002), 160-164.

31 Miranda A. Farage and Howard I. Maibach, eds., *The Vulva: Physiology and Clinical Management* (Boca Raton, FL: CRC Press, 2017), 18.

32 "Douching," NIH Office on Women's Health, https://www.women-

shealth.gov/a-z-topics/douching/.

33 Jennifer Gunter, *The Vagina Bible: The Vulva and the Vagina* (New York: Citadel Press, 2019), 104.

34 Olga Khazan: "The Blesser's Curse," *The Atlantic*, March 2018.

35 Jacques Ravel et al., "Vaginal Microbiome of Reproductive-Age Women," *Proceedings of the National Academy of Sciences* 108, Supplement 1 (March 2011): 4680–4687.

36 Jessica Wells, interview by the author, April 28, 2021.

37 Tonja R. Nansel, et al, "The association of psychosocial stress and bacterial vaginosis in a longitudinal cohort," *American Journal of Obstetrics and Gynecology* 194, no. 2 (2006): 381–386. DOI: 10.1016/j.ajog.2005.07.047.

38 J. F. Culhane, V. A. Rauh, and R. L. Goldenberg, "Stress, Bacterial Vaginosis, and the Role of Immune Processes," *Current Infectious Disease Reports* 8, no. 6 (November 2006): 459–464.

39 Jessica S. Wells et al., "The Vaginal Microbiome in U.S. Black Women: A Systematic Review," *Journal of Women's Health* (March 2020).

40 E. A. Miller et al., "Lactobacilli Dominance and Vaginal pH: Why Is the Human Vaginal Microbiome Unique?" *Frontiers in Microbiology* 7 (2016): 1936.

41 Willa Huston, interview by the author, March 6, 2020.

42 Jo-Ann S. Passmore and Heather B. Jaspan, "Vaginal Microbes, Inflammation, and HIV Risk in African Women," *Lancet Infectious Diseases* 18, no. 5 (2018): 483–484.

43 JoAnn Passmore, interview by the author, February 23, 2021.

5장   **난자** 여성의 역할을 무시하면 제대로 이해할 수 없다

미리엄 멘킨이 연구에서 새로운 사실을 발견한 순간과 상세한 개인사를 비롯한 생애 정보는 대부분 하버드 카운트웨이 도서관 내 의학사센터 기록

보관소의 자료를 참고하여 재구성했다. 멘킨이 작성한 연구 기록, 신문 기사, 미발표된 시, 저장되어 있던 사진, 강의 기록, 친구들과 동료들, 친인척들에게 쓴 편지 등이 그런 자료로 활용되었다.

1 Marsh and Bonner, *The Fertility Doctor*, 72.

2 Sarah Rodriguez, "Watching the Watch-Glass: Miriam Menkin and One Woman's Work in Reproductive Science, 1938-1952," *Women's Studies* 44 (2015): 451-467.

3 Margaret Marsh, interview by the author, October 1, 2019.

4 Transcripts from interviews with journalist Loretta McLaughlin for her 1982 book *The Pill, John Rock and the Church*, Box 2, Folder 9, Countway Harvard Library.

5 Margaret S. Marsh and Wanda Ronner, *The Fertility Doctor: John Rock and the Reproductive Revolution* (Baltimore: Johns Hopkins University Press, 2008), 131.

6 "Conception in a Watch Glass," *The New England Journal of Medicine* 217 (October 1937): 678.

7 Marsh, interview, October 1, 2019.

8 McLaughlin transcripts, Box 2, Folder 8.

9 McLaughlin transcripts, Box 2, Folder 9.

10 Rachel E. Gross, "The Female Scientist Who Changed Human Fertility Forever," *BBC Future*, January 5, 2020, www.bbc.com/future/article/20200103-the-female-scientist-who-changed-human-fertility-forever.

11 McLaughlin transcripts, Box 2, Folder 8.

12 McLaughlin transcripts, Box 2, Folder 8.

13 McLaughlin transcripts, Box 2, Folder 10.

14 Rodriguez, "Watching the Watch-Glass."

15 McLaughlin transcripts, Box 2, Folder 8.

16 Miriam F. Menkin and John Rock, "In Vitro Fertilization and Cleavage of Human Ovarian Eggs," *American Journal of Obstetrics and Gynecology* 55,

no. 3 (1948): 440–452.

17 Marsh and Ronner, *Fertility Doctor*, 141.

18 William L. Laurence, "Life Is Generated in Scientist's Tube," *New York Times*, March 27, 1936.

19 Wanda Ronner and Margaret Marsh, *The Pursuit of Parenthood: Reproductive Technology from Test-Tube Babies to Uterus Transplants* (Baltimore: Johns Hopkins University Press, 2019), 19.

20 Marsh and Ronner, *Fertility Doctor*, 141.

21 David A. Valone, "The Changing Moral Landscape of Human Reproduction: Two Moments in the History of In Vitro Fertilization," *The Mount Sinai Journal of Medicine* 65, no. 3 (May 1998).

22 "On Nature's Heels," *Time*, August 14, 1944.

23 "World's First *In Vitro* Fertilized Egg," *Inside AHC*. Monthly bulletin published for employees of the Affiliated Hospitals Center, February 1979, page 3.

24 McLaughlin transcripts, Box 2, Folder 8.

25 "Biologist Miriam Menkin Recalls Pioneer Efforts," *Morning Call* (Allentown, PA), July 30, 1978.

26 McLaughlin transcripts, Box 2, Folder 8.

27 John Rock and Miriam F. Menkin, "In Vitro Fertilization and Cleavage of Human Ovarian Eggs," *Science* 100, no. 2588 (1944): 105–107. DOI: 10.1126/science.100.2588.105.

28 Robert S. Bird, "A Human Ovum Is Fertilized in Test Tube for the First Time," Menkin Papers, undated Boston newspaper clipping August 1944.

29 "Momentous Conception: A New Human Life Formed Under the Microscope," *Science Illustrated*, September 1944, 49.

30 McLaughlin transcripts, Box 2, Folder 8.

31 McLaughlin transcripts, Box 2, Folder 98.

32 Marsh and Ronner, *Fertility Doctor*, 109.

33 Menkin papers, Box 5, Folder 6.

34 McLaughlin transcripts, Box 2, Folder 8.

35 Scott Pitnick, interview by the author, November 17, 2019.

36 Edward Dolnick, *The Seeds of Life: From Aristotle to da Vinci, from Sharks' Teeth to Frogs' Pants, the Long and Strange Quest to Discover Where Babies Come From* (New York: Basic Books, 2017), 45.

37 Gerald Schatten and Heide Schatten, "The Energetic Egg," *Medical World News* 23 (January 23, 1984): 51.

38 Emily Martin, "The Egg and the Sperm," *Signs* 16, no. 3 (Spring 1991): 485–501

39 Dolnick, *Seeds of Life*, 114–121.

40 Dolnick, *Seeds of Life*, 114.

41 Kenneth Saladin, *Human Anatomy*, 5th ed. (New York: McGraw-Hill Education, 2017), 1093.

42 Scott Pitnick, Mariana F. Wolfner, and Steve Dorus, "Post-Ejaculatory Modifications to Sperm (PEMS)," *Biological reviews of the Cambridge Philosophical Society* 95, no. 2 (April 2020): 365–392.

43 Kurt Barnhart, interview by the author, October 23, 2019.

44 Martin, "The Egg."

45 Pitnick, interview by the author, 2019.

46 Dolnick, *Seeds of Life*, 256.

47 Dolnick, *Seeds of Life*, 262.

48 Dolnick, *Seeds of Life*, 262.

49 Susan G. Ernst, "A Century of Sea Urchin Development." *American Zoologist* 37, no. 3 (1997): 250–259, www.jstor.org/stable/3883920.

50 E. B. Wilson, *An Atlas of the Fertilization and Karyokinesis of the Ovum* (New York and London: Macmillan, 1895).

51 Menkin papers, Box 1, Folder 53.

52 Sarah Rodriguez, interview by the author, January 28, 2019.

53 McLaughlin transcripts, Box 2, Folder 8.

54 Menkin and Rock, "In Vitro fertilization and Cleavage."

55 Marsh and Ronner, *Fertility Doctor*, 109.

56 Menkin Papers, Box 2, Folder 9.

57 Menkin Papers, Box 2, Folder 62.

58 Menkin Papers, Box 2, Folder 62.

59 Menkin Papers, Box 2, Folder 62.

60 McLaughlin transcripts, Box 2, Folder 8.

61 McLaughlin transcripts, Box 2, Folder 8.

62 David Albertini, interview by the author, May 11, 2020.

63 Georg Griesinger, "Is Progress in Clinical Reproductive Medicine Happening Fast Enough?" *Upsala Journal of Medical Sciences* 125, no. 2 (2020), 65–67.

64 Anne Taylor Fleming, "New Frontiers in Conception," *New York Times*, July 20, 1980.

65 Rene Almeling, interview by the author, May 13, 2021.

66 Elizabeth Carr, interview by the author, May 12, 2021.

67) Adrianne Noe, "The Human Embryo Collection" in *Centennial History of the Carnegie Institute of Washington*, ed. Jane Maienshein (Cambridge University Press, 2004), 35.

68 Valone, "Changing Moral Landscape," 170.

69 Noe, "Human Embryo Collection," 36.

70 Elizabeth Lockett, interview by the author, October 9, 2019.

6장 난소 지도를 처음부터 다시 그리다

1 Jon Tilly, interview by the author, January 22, 2021.

2 Jon Tilly, "The Genes of Cell Death and Cellular Susceptibility to Apoptosis in the Ovary: A Hypothesis," *Cell Death & Differentiation* 4 (1997): 180–187.

3 Jon Tilly, "Commuting the Death Sentence: How Oocytes Strive to Sur-

vive," *Nature Reviews Molecular Cell Biology* 2 (2001): 838-848.

4   Jerome F. Strauss, Robert L. Barbieri, and Samuel S. C. Yen, *Yen & Jaffe's Reproductive Endocrinology: Physiology, Pathophysiology, and Clinical Management*, 8th ed, (Philadelphia: Elsevier, 2019), 172.

5   Michael Lemonick, "Of Mice and Menopause," *Time*, March 22, 2004.

6   Christine Dell'Amore, "How a Man Produces 1,500 Sperm a Second," *National Geographic*, March 19, 2010.

7   Arslan A. Zaidi et al, "Bottleneck and selection in the germline and maternal age influence transmission of mitochondrial DNA in human pedigrees," *Proceedings of the National Academy of Sciences*, December 2019, 116 (50) 25172-25178. DOI: 10.1073/pnas.1906331116.

8   Evelyn Telfer and Jonathan Tilly, "Purification of Germline Stem Cells from Adult Mammalian Ovaries: A Step Closer Towards Control of the Female Biological Clock?" *Molecular Human Reproduction* 15, no. 7 (July 2009): 393-398.

9   Alvin Powell, "Examining Cell Death, Researchers Explode Belief About Life," *The Harvard Gazette*, March 25, 2004.

10 Joshua Johnson et al., "Germline Stem Cells and Follicular Renewal in the Postnatal Mammalian Ovary," *Nature* 428, no. 6979 (March 2004): 145-150.

11 Emma Croager, "Egg-Citing Fertility Finding," *Nature Reviews Molecular Cell Biology* 5, no. 256 (2004), www.nature.com/articles/nrm1376.

12 Roger Highfield, "Scientists Find a Way to Beat the Menopause," *The Telegraph*, March 11, 2004.

13 Natalie Angier, "Scientists Find Indications That Ovaries May Be Replenished," *New York Times*, March 10, 2004.

14 Evelyn Telfer, "Germline stem Cells in the Postnatal Mammalian Ovary: A Phenomenon of Prosimian Primates and Mice?" *Reproductive Biology and Endocrinology* 2, no. 24 (2004), www.ncbi.nlm.nih.gov/pmc/articles/PMC434530/.

15 Kendall Powell, "Going Against the Grain," *PloS Biology* 5, no. 12 (2007): e338. DOI: 10.1371/journal.pbio.0050338.

16 Joshua Johnson, interview by the author, May 11, 2020.

17 Nanette Santoro, "The SWAN Song: Study of Women's Health Across the Nation's Recurring Themes," *Obstetrics and Gynecology Clinics of North America* 38, no. 3 (September 2011): 417–423.

18 Dori Woods, interview with the author, May 12, 2020.

19 Rebecca Jordan-Young and Katrina Karkazis, *Testosterone: An Unauthorized Biography* (Cambridge, MA: Harvard University Press, 2019): 38–39.

20 John Eppig, interview by the author, May 8, 2020.

21 Stephen S. Hall, "The Good Egg," *Discover*, May 28, 2004.

22 Strauss, Barbieri, and Yen, Reproductive Endocrinology, 204; Jen Gunter, *The Menopause Manifesto* (New York: Citadel Press, 2021), 31.

23 T. Akahori, D. C. Woods, and J. L. Tilly, "Female Fertility Preservation through Stem Cell-based Ovarian Tissue Reconstitution In Vitro and Ovarian Regeneration In Vivo," *Clinical Medicine Insights: Reproductive Health* 13 (May 2019): 1–10.

24 Q. Wu et al., "CARM1 Is Required in Embryonic Stem Cells to Maintain Pluripotency and Resist Differentiation," *Stem Cells* 27, no. 11 (November 2009): 2637–2645.

25 Dolnick, *Seeds of Life*, 99.

26 Thomas Schlich, "Cutting the Body to Cure the Mind," *The Lancet Psychiatry* 2, no. 5, (May 2015): 390–392.

27 Battey, Robert. "Normal Ovariotomy," *Atlanta Medical and Surgical Journal* 10, no. 6 (September 1872), collections.nlm.nih.gov/ext/dw/66970270R/PDF/66970270R.pdf/.

28 Lawrence D. Longo, "The Rise and Fall of Battey's Operation: A Fashion in Surgery," *Bulletin of the History of Medicine* 53, no. 2 (Summer 1979): 244–267.

29 Longo, "Battey's Operation," 265–266.

30 Longo, "Battey's Operation," 252.

31 Longo, "Battey's Operation," 253.

32 Sir T. Spencer Wells. "Modern Abdominal Surgery, with an Appendix on the Castration of Women," The Bradshaw Lecture, delivered December 18, 1890, London: J. & A. Churchill (1891).

33 Sir T. Spencer Wells, "Castration in Mental and Nervous Diseases," The American Journal of the Medical Sciences (J. B. Lippincott, Company, 1886), 456.

34 Longo, "Battey's Operation," 250.

35 Longo, "Battey's Operation," 263.

36 Longo, "Battey's Operation," 259.

37 Sally Frampton, Belly-Rippers: Surgical Innovation and the Ovariotomy Controversy (Palgrave Macmillan, 2018), 119, library.oapen.org/bitstream/20.500.12657/22950/1/1007211.pdf

38 Longo, "Battey's Operation," 261.

39 Eugen Steinach and Josef Loebel, Sex and Life (New York: The Viking Press, 1940), 49.

40 Longo, "Battey's Operation," 244.

41 Longo, "Battey's Operation," 265-266.

42 Randi Epstein, Aroused: The History of Hormones and How They Control Just About Everything, (New York W. W. Norton & Company, 2018), 28-29.

43 Buren Thorne, "The Craze for Rejuvenation," New York Times, June 4, 1922, 54.

44 Steinach and Loebel, Sex and Life, 3.

45 Steinach and Loebel, Sex and Life, 61.

46 John R. Herman, "Rejuvenation: Brown-Sequard to Brinkley: Monkey Glands to Goat Glands," New York State Journal of Medicine 82, no. 2 (1982): 1731-1739.

47 "Doctor Undergoes Steinach Operation: Dr. David T. Marshall Submits to Knife to Relieve High Blood Pressure," New York Times, 1923.

48 Chandak Sengoopta, "'Dr. Steinach Coming to Make Old Young!': Sex

Glands, Vasectomy and the Quest for Rejuvenation in the Roaring Twenties," *Endeavor* 27, no. 3 (September 2003).

49 "Doctor Offers Cure for Age," *Toledo Blade*, August 30, 1923.

50 Associated Press, "Mrs. Atherton Causes Amusement in Berlin. Newspapers Ridicule Her Suggestion for Rejuvenation of All Germany's 'Supermen,'" *New York Times*, April 6, 1924.

51 Edgar Allen and Edward A. Doisy, "An Ovarian Hormone," *The Journal of the American Medical Association* 81 (1923): 819–821.

52 Richard J. Santen and Evan Simpson, "History of Estrogen: Its Purification, Structure, Synthesis, Biologic Actions, and Clinical Implications," *Endocrinology* 160, no. 3 (March 2019): 605–625.

53 Arthur T. Hertig, "Allen and Doisy's 'An Ovarian Hormone,'" *The Journal of the American Medical Association* 250, no. 19 (November 18, 1983): 2684–2688.

54 Nelly Oudshoorn, *Beyond the Natural Body: An Archeology of Sex Hormones* (United Kingdom: Taylor & Francis, 2003), 95.

55 Frances B. McCrea, "The Politics of Menopause: The 'Discovery' of a Deficiency Disease," *Social Problems* 31, no. 1 (October 1983): 111–123.

56 "How Women Over 35 Can Look Younger," *LIFE*, January 23, 1950, 40.

57 Robert A. Wilson and Thelma A. Wilson, "The Fate of the Nontreated Postmenopausal Woman: A Plea for the Maintenance of Adequate Oestrogen From Puberty to the Grave," *Journal of the American Geriatric Society*, no. 11 (1963), 347–362.

58 Morton Mintz, *The Pill: An Alarming Report* (Boston: Beacon Press, 1970), 30.

59 T. S. Cairns and W. De Villiers, "Vaginoplasty," *South African Medical Journal* 57, no. 2 (1980): 52.

60 Matthew C. S. Denley et al., "Estradiol and the Development of the Cerebral Cortex: An Unexpected Role?" *Frontiers in Neuroscience* 12 (2018): 245. DOI: 10.3389/fnins.2018.00245.

61 Anne Fausto-Sterling, *Sexing the Body: Gender Politics and the Construc-*

tion of Sexuality. (New York: Basic Books, 2008), 193.

62 Michael Schulster, Aaron M. Bernie, Ranjith Ramasamy, "The Role of Estradiol in Male Reproductive Function," *Asian Journal of Andrology* 18, no. 3 (2016): 435–440. DOI: 10.4103/1008 – 682X.173932.

63 Jordan–Young and Karkazis, *Testosterone*, 38–39. For a full discussion of the wide–ranging, messy effects of estrogen and testosterone. and testosterone's role in ovulation and ovarian health, see Young and Karkazis, *Testosterone.* For an examination of how estrogen and testosterone became known as sex hormones, see *Beyond the Natural Body: An Archeology of Sex Hormones* by Nelly Oudshoorn.

64 McCrea, "Politics of Menopause," 114.

65 J. E. Manson et al. "Menopausal Hormone Therapy and Health Outcomes During the Intervention and Extended Poststopping Phases of the Women's Health Initiative Randomized Trials," *The Journal of the American Medical Association* 310, no. 13 (2013): 1353–1368.

66 Strauss, Barbieri, and Yen, *Reproductive Endocrinology*, 204; Jen Gunter, *The Menopause Manifesto* (New York: Citadel Press, 2021), 31.

67 Jen Gunter, interview by the author, July 9, 2021.

68 Clare Wilson, "Ovary Freezing Offers a Drug–Free Way to Tame Menopause," *New Scientist*, December 30, 2015.

69 Sherman Silber, interview by the author, May 15, 2020.

70 Charlotte Hayward, "Concerns over New 'Menopause Delay' Procedure," *BBC News*, January 28, 2020, www.bbc.com/news/health–51269237.

71 Dori Woods, interview by the author, January 22, 2021.

72 Jonathan Tilly and Evelyn Telfer, "Purification of Germline Stem Cells from Adult Mammalian Ovaries: A Step Closer Towards Control of the Female Biological Clock?" *Molecular Human Reproduction* 15, no. 7 (2009): 393–398. DOI: 10.1093/molehr/gap036.

이 장 내용 중 일부는 2021년 4월 27일자《뉴욕 타임스》에 "'여성 질환'으로 불리는 병을 재정의하려는 사람들"이라는 제목으로 게재된 바 있다.

1 그리피스의 유방암과 관련된 대부분의 장면은 그리피스 본인과 남편, 친구, 동료의 인터뷰를 통해 재구성되었다.

2 Gina Kolata, "Cancer Fight: Unclear Tests for New Drug," *New York Times*, April 19, 2010.

3 Nicole Doyle, interview by the author, September 18, 2020.

4 Amanda Schaffer, "The Practical Activist," *MIT Technology Review*, August 19, 2014.

5 M. T. Beste et al., "Molecular Network Analysis of Endometriosis Reveals a Role for C-Jun-Regulated Macrophage Activation," *Science Translational Medicine* 5, no. 6 (February 2014): 222ra16.

6 Doug Lauffenburger, interview by the author, August 24, 2020.

7 Video recording of NIH Meeting on Menstruation: Science and Society, September 20, 2018, videocast.nih.gov/watch=28461/.

8 Susan Berthelot, interview with the author, September 1, 2020.

9 Linda Griffith, interview with the author, July 20, 2020.

10 W. S. Kim et al., "Cartilage Engineered in Predetermined Shapes Employing Cell Transplantation on Synthetic Biodegradable Polymers," *Plastic and Reconstructive Surgery*. 94, no. 2 (August 1994): 233-237.

11 C. Vacanti et al., "Tissue Engineered Growth of New Cartilage in the Shape of a Human Ear Using Synthetic Polymers Seeded with Chondrocytes," *MRS Proceedings* 25 (1991): 367.

12 Carolyn Carpan, "Representations of Endometriosis in the Popular Press: 'The Career Woman's Disease,'" *Atlantis* 27, no. 2 Health Panic and Women's Health (2003).

13 S. L. Darrow et al., "Sexual Activity, Contraception, and Reproductive

Factors in Predicting Endometriosis," *American Journal of Epidemiology* 140 (1994): 500–509.

14 J. W. McArthur, "The effect of Pregnancy Upon Endometriosis," *Obstetrical & Gynecological Survey* 20, no. 5 (October 1965): 709–733.

15 Brigitte Leeners et al., "The Effect of Pregnancy on Endometriosis—Facts or Fiction?" *Human Reproduction Update* 24, no. 3 (May–June 2018): 290–299.

16 Kate Young, "Infertility Is an Issue for Some Women with Endometriosis, But It's Not the Whole Story," *The Guardian*, December 2, 2018.

17 Helen King, *Hippocrates' Woman: Reading the Female Body in Ancient Greece* (London: Routledge, 1998), 28.

18 Helen King, "Once Upon a Text," in *Hysteria Beyond Freud*, eds. Sander L. Gilman et al. (Berkeley: University of California Press, 1993), 14.

19 Helen King, interview by the author, October 29, 2020.

20 André Brouillet, *A Clinical Lesson at the Salpêtrière*, painting, 1887.

21 Gilman et al., *Hysteria Beyond Freud* (Berkeley: University of California Press, 1993), 13.

22 Barry Stephenson, "Charcot's Theatre of Hysteria," *Journal of Ritual Studies* 15, no. 1 (2001): 27–37.

23 Gilman et al., *Hysteria Beyond Freud*, 307.

24 Elaine Showalter, "Hysteria, Feminism, and Gender," in Gilman et al., *Hysteria Beyond Freud*, 314.

25 L. C. Triarhou, "Exploring the Mind with a Microscope: Freud's Beginnings in Neurobiology," *Hellenic Journal of Psychology* 6, no. (2009): 1–13.

26 Sigmund Freud, "An Autobiographical Study," *The Standard Edition of the Complete Psychological Works of Sigmund Freud* (London: Hogarth Press, 1959), 15. (Translation from German by James Strachey.)

27 Sigmund Freud, "Some Points for a Comparative Study of Organic and Hysterical Motor Paralyses," (1893 Standard Edition 1: 157–172, 1966.

28 Maya Dusenbery, *Doing Harm: The Truth About How Bad Medicine and*

Lazy Science Leave Women Dismissed, Misdiagnosed, and Sick, First edition (New York: HarperOne, 2018), 78.

29 Abby Norman, *Ask Me About My Uterus: A Quest to Make Doctors Believe in Women's Pain* (New York: Nation Books, 2018), 128.

30 Kate Young, Maggie Kirkman, and Jane Fisher, "Is Endometriosis the New Hysteria? Modern Day Implications for Medicine's Historical Construction of Women and Their Bodies," Paper presented at the Australian Society for Psychosocial Obstetrics & Gynaecology 41st Annual Scientific Meeting in Melbourne, Australia, August 2015; Kate Young, Jane Fisher, and Maggie Kirkman, "Do Mad People Get Endo or Does Endo Make You Mad?: Clinicians' Discursive Constructions of Medicine and Women with Endometriosis," *Feminism & Psychology* 29, no. 3 (August 2019): 337–356.

31 Pardis Sabetti, interview by the author, August 26, 2020.

32 Steven Tannenbaum, interview by the author, September 13, 2020.

33 Linda Griffith, interview by the author, August 25, 2020.

34 B. Rizk et al., "Recurrence of Endometriosis After Hysterectomy," *Facts, Views, and Vision in Obstetrics and Gynaecology* 6, no. 4 (2014): 219–227.

35 Recording of Women in Science and Engineering Luncheon, 2007, vimeo.com/449799275/3c42a9ee94/.

36 Recording of Padma Lakshmi speech at launch of CGR, www.youtube.com/watch?v=WKnDjTUnKEA/.

37 Hilary Critchley, interview by the author, August 25, 2020.

38 H.O.D. Critchley et al., "Menstruation: Science and Society," *American Journal of Obstetrics and Gynecology* 223, no. 5 (November 2020): 624–664.

39 Shreya Dasgupta, "Why Do Women Have Periods When Most Animals Don't?" *BBC Earth*, April 20, 2015, www.bbc.com/earth/story/20150420-why-do-women-have-periods.

40 N. Bellofiore et al., "A Missing Piece: The Spiny Mouse and the Puzzle of Menstruating Species," *Journal of Molecular Endocrinology* 61, no. 1 (July

2018): R25-R41.

41 Nadia Bellofiore, interview by the author, December 28, 2020.

42 Margie Profet, "Menstruation as a Defense Against Pathogens Transported by Sperm," *The Quarterly Review of Biology* 68, n. 3 (September 1993): 335-386.

43 Deena Emera et al., "The Evolution of Menstruation: A New Model for Genetic Assimilation: Explaining Molecular Origins of Maternal Responses to Fetal Invasiveness," *BioEssays* 34, no. 1 (2012): 26-35.

44 Critchley et al., "Menstruation: Science and Society," 624-664.

45 Günter Wagner, interview by the author, December 9, 2020.

46 Laura Catalini and Jens Fedder, "Characteristics of the Endometrium in Menstruating Species: Lessons Learned from the Animal Kingdom," *Biology of Reproduction* 102, no. 6 (June 2020): 1160-1169.

47 Nick S. Macklon and Jan J. Brosens, "The Human Endometrium as a Sensor of Embryo Quality," *Biology of Reproduction* 91, no. 4 (October 2014), 1-8.

48 Kate Clancy, interview by the author, September 14, 2020.

49 John A. Sampson, "The Development of the Implantation Theory for the Origin of Peritoneal Endometriosis," *American Journal of Obstetrics and Gynecology* 40, no. 4 (October 1940): 549-557.

50 John A. Sampson, "Perforating Hemorrhagic (Chocolate) Cysts of the Ovary," *Archives of Surgery* 3 (September 1921): 245-323.

51 Adi E. Dastur and P. D. Tank, "John A Sampson and the Origins of Endometriosis," *Journal of Obstetrics and Gynaecology of India* 60, no. 4 (2010): 299-300.

52 Clayton T. Beecham, "Surgical Treatment of Endometriosis with Special Reference to Conservative Surgery in Young Women," *The Journal of the American Medical Association* 139, no. 15 (1949): 971.

53 Linda Giudice, interview by the author, August 19, 2020.

54 Hugh S. Taylor, Alexander M. Kotlyar, and Valerie A. Flores, "Endo-

metriosis Is a Chronic Systemic Disease: Clinical Challenges and Novel Innovations," *Lancet* 27, no. 397 (February 2021): 839–852.

55 Elise Courtois, interview by the author, March 25, 2021.

56 A. Nayyar et al., "Menstrual Effluent Provides a Novel Diagnostic Window on the Pathogenesis of Endometriosis," *Frontiers in Reproductive Health* 2, no. 3 (2020).

57 Peter Gregersen, interview by the author, August 12, 2020.

58 Kevin Osteen, interview by the author, October 8, 2020.

59 Maisha Johnson, "I'm Black. I Have Endometriosis. and Here's Why My Race Matters," *Healthline*, July 10, 2019, www.healthline.com/health/endometriosis/endo-race-matters.

60 Maisha Johnson, interview by the author, May 20, 2021.

61 Jaipreet Virdi, "Getting the Measure of Pain," Wellcome Collection, August 15, 2019, wellcomecollection.org/articles/XTg6QxAAACIAP5f7/.

62 Jaipreet Virdi, interview by the author, May 11, 2021.

63 J. Obedin-Maliver et al., "Lesbian, Gay, Bisexual, and Transgender-Related Content in Undergraduate Medical Education," *The Journal of the American Medical Association* 306, no. 9 (2011): 971–977; Pauline W. Chen, "Medical Schools Neglect Gay and Gender Issues," *New York Times* Well Blog, November 10, 2016, well.blogs.nytimes.com/2011/11/10/medical-schools-teach-little-about-gay-health-issues/.

64 Emily Lipstein, "Treating Endometriosis as a Women's Disease Hurts Patients of All Genders," *Vice*, November 11, 2020.

65 "Living with Endometriosis as a Transgender Patient," Video interview with *NowThis News*, October 18, 2018, www.youtube.com/watch?v=eczx-r0bYAxw

66 Alexandra Stovicek, "He Is 1 in 10: A Trans Man Shares What Life Is Like with Endometriosis," EndoFound, June 4, 2018 www.endofound.org/he-is-1-in-10-a-trans-man-shares-what-life-is-like-with-endometriosis.

67 Cori Smith, interview by the author, May 16, 2021.

8장 신생 질 우리는 모두 여자인 동시에 남자다

이번 장은 다음 책 세 권에서 발췌한 내용이 큰 부분을 차지한다. 역사가 조앤 마이어로비츠(Joanne Meyerowitz)의 《성별은 어떻게 바뀔까(How Sex Changed)》, 역사가 엘리자베스 라이스(Elizabeth Reis)의 《의심받는 몸들(Bodies in Doubt)》, 역사가 수잔 스트라이커(Susan Stryker)의 《트랜스젠더의 역사》다.

1   Marci Bowers, in P. J. Raval and Jay Hodges, *Trinidad: Transgender Frontier*, documentary film, New Day Films, 2007.

2   Marci Bowers, interview with the author, August 23, 2019.

3   Raval and Hodges, *Trinidad*, 2007.

4   Raval and Hodges, *Trinidad*, 2007.

5   "Gender Identity," *Oprah Winfrey Show*, September 28, 2007, www.oprah.com/oprahshow/gender-identity/9.

6   "Gender Identity," *Oprah*.

7   Lisa Capretto, "Inside the Practice of a Doctor Who Has Performed 1,500 Gender Reassignment Surgeries," *Huffington Post*, April 1, 2015, www.huffpost.com/entry/marci-bowers-gender-reassignment-transgender_n_6980782/.

8   Marci Bowers, "Converging Identities in a Changing World," TEDxPaloAlto, May 4, 2017, www.youtube.com/watch?v=fdNM2rFfVFY.

9   Roxanne Euber, interview by the author, June 2, 2019.

10 Eric Plemons, "Anatomical Authorities: On the Epistemological Exclusion of Trans-Surgical Patients," *Medical Anthropology* 34, no. 5 (2015): 425-441.

11 Pierre Brassard, interview with the author, September 13, 2019.

12 Plemons, Eric. "It Is as It Does: Genital Form and Function in Sex Reassignment Surgery," *Journal of Medical Humanities* 35, no. 1 (2014): 37-55.

13 Megan Molteni, "A Patient Gets the New Transgender Surgery She Helped Invent," *Wired*, September 11, 2017, www.wired.com/story/a-patient-gets-the-new-transgender-surgery-she-helped-invent/.

14 K. D. Birse et al., "The Neovaginal Microbiome of Transgender Women Post-Gender Reassignment Surgery," *Microbiome* 8, no. 61 (2020).

15 Joanne Meyerowitz, *How Sex Changed: A History of Transsexuality in the United States* (Cambridge: Harvard University Press, 2002), 62.

16 Meyerowitz, *How Sex Changed*, 61.

17 "Doctor Undergoes Steinach Operation: Dr. David T. Marshall Submits to Knife to Relieve High Blood Pressure," *New York Times*, 1923.

18 C. Wolf-Gould, "History of Transgender Medicine in the United States," in *The SAGE Encyclopedia of LGBTQ Studies*, ed A. Goldberg (SAGE Publications, Inc., 2016), 508-512.

19 Tom Buckley, "The Transsexual Operation," *Esquire* (April 1967), 111-116.

20 Harry Benjamin, *The Transsexual Phenomenon* (New York: Ace Pub. Co, 1966), 4.

21 Meyerowitz, *How Sex Changed*, 132.

22 Susan Stryker, *Transgender History* (Berkeley, CA: Seal Press, 2008), 44-45.

23 Meyerowitz, *How Sex Changed*, 147.

24 Elizabeth Reis, *Bodies in Doubt: An American History of Intersex*, Second Edition (Baltimore: Johns Hopkins University Press, 2021), 114.

25 Cheryl Chase, "'Cultural Practice' or 'Reconstructive Surgery'? U.S. Genital Cutting, the Intersex Movement, and Medical Double Standards," *Genital Cutting and Transnational Sisterhood* 126: 145-146; Brian D. Earp et al., "The Need for a Unified Ethical Stance on Child Genital Cutting," in *Nursing Ethics* 28, no. 6-7 (2021): 1294-1305.

26 Melissa Hendricks, "Is It a Boy or a Girl?," *Johns Hopkins Magazine*, no. 10 (November 1993), 15.

27 John Colapinto, *As Nature Made Him: The Boy Who Was Raised as a Girl* (Toronto: HarperCollins Publishers, 2000), 10.

28 Nancy Ehrenreich and Mark Barr, "Intersex Surgery, Female Genital Cutting, and the Selective Condemnation of 'Cultural Practices,'" *Harvard Civil Rights-Civil Liberties Law Review* 71 (March 2005), 74.

29 Thomas Buckley, "A Changing of Sex by Surgery Begun at Johns Hopkins," *New York Times*, November 21, 1966.

30 Kaitlyn Pacheco, "Ever Forward," *Baltimore Magazine*, June 2019.

31 Jane E. Brody, "500 in the U. S. Change Sex in Six Years with Surgery," *New York Times*, November 20, 1972.

32 Stuart H. Loory, "Surgery to Change Gender: The 'Transsexual'. A Case Study," *New York Times*, November 27, 1966.

33 Rachel Witkin, "Hopkins Hospital: A History of Sex Reassignment," *The Johns Hopkins Newsletter*, May 1, 2021.

34 Raval and Hodges, *Trinidad*.

35 S. J. Guffey, "Town Labeled 'Sex Change Capital of the World,'" *Associated Press*, January 27, 1985.

36 Dennis McClellan, "Dr. Stanley Biber, 82; World Renowned Sex-Change Surgeon," *Los Angeles Times*, January 22, 2006.

37 Margalit Fox, "Stanley H. Biber, 82, Surgeon Among First to Do Sex Changes, Dies," *New York Times*, January 21, 2006.

38 Bill Shaw, "The Sex-Change Doctor," *Dallas Morning News*, December 28, 1984.

39 Jane E. Brody, "Benefits of Transsexual Surgery Disputed as Leading Hospital Halts the Procedure," *New York Times*, October 2, 1979.

40 Amy Ellis Nutt, "Long Shadow Cast by Psychiatrist on Transgender Issues Finally Recedes at Johns Hopkins," *Washington Post*, April 5, 2017.

41 Charalampos Siotos et al, "Origins of Gender Affirmation Surgery: The History of the First Gender Identity Clinic in the United States at Johns Hopkins," *Annals of Plastic Surgery* 83, no. 2 (August 2019): 133.

42 Eric Plemons, "A Capable Surgeon and a Willing Electrologist: Challenges to the Expansion of Transgender Surgical Care in the United States,"

Medical Anthropology Quarterly 33, no. 2 (2019): 282–301.

43 McClellan, "Dr. Stanley Biber."

44 Michael Haederle, "The Body Builder: For 25 Years, Dr. Stanley Biber— America's Dean of Sex-Change Operations—Has Been Correcting Nature's Miscues," Los Angeles Times, January 23, 1995.

45 Douglas Brown, "Trinidad's Transgender Rock Star," Denver Post, June 29, 2007.

에필로그

1 Bo Laurent, email to the author, September 2, 2020.

2 Elizabeth Weil, "What If It's (Sort of a Boy and (Sort of) a Girl?" New York Times, September 24, 2006.

3 Bo Laurent, interview by the author, October 24, 2020.

4 Norman Atkins, "Dr. Elders' Medical History," The New Yorker, September 26, 1994, 45.

찾아보기

과학의 '아버지'들을 추방하고 직접 찾아나선

버자이너

1판 1쇄 발행일 2024년 3월 4일

지은이 레이철 E. 그로스
옮긴이 제효영

발행인 김학원
발행처 (주)휴머니스트출판그룹
출판등록 제313-2007-000007호(2007년 1월 5일)
주소 (03991) 서울시 마포구 동교로23길 76(연남동)
전화 02-335-4422 **팩스** 02-334-3427
저자·독자 서비스 humanist@humanistbooks.com
홈페이지 www.humanistbooks.com
유튜브 youtube.com/user/humanistma **포스트** post.naver.com/hmcv
페이스북 facebook.com/hmcv2001 **인스타그램** @humanist_insta

편집주간 황서현 **편집** 박나영 신영숙 박민영 강창훈 **디자인** 차민지
조판 홍영사 **용지** 화인페이퍼 **인쇄** 삼조인쇄 **제본** 해피문화사

ⓒ (주)휴머니스트출판그룹, 2024

ISBN 979-11-7087-117-0 03400